TEORÍA DE LA SEÑAL

TEORÍA DE LA SEÑAL

L. E. Franks

Bell Telephone Laboratories
North Andover, Massachusetts

EDITORIAL
REVERTÉ

Barcelona · Bogotá · Buenos Aires · Caracas · México

Título de la obra original:
Signal Theory

Edición original en lengua inglesa publicada por:
Prentice-Hall, Inc., Englewood Cliffs, N. J

Edición en español:

ISBN: 978-84-291-4034-7

Versión española traducida por
Dr. Julián Fernández Ferrer
Catedrático de Física de la Universidad Politécnica de Barcelona
Fellow of the Institute of Mathematics and its Applications

Propiedad de:
EDITORIAL REVERTÉ, S. A.
Loreto, 13-15. Local B
08029 Barcelona. ESPAÑA
Tel: (34) 93 419 33 36
Fax: (34) 93 419 51 89
reverte@reverte.com
www.reverte.com

Impreso en España - *Printed in Spain*

ISBN: 978-84-291-4034-7
Depósito legal: B 4316-1975

566

Prólogo

Todo aquel que estudie los atributos observables de un sistema físico se enfrenta a la tarea de hallar medios adecuados para representar y clasificar señales. Al considerar las señales como entes en sí mismas, en forma más o menos separada de los sistemas que las producen, nos hallamos ante una inmensa variedad de posibilidades para su representación y clasificación. La adecuación de las diversas técnicas depende principalmente de cómo pretenda el observador utilizar la información transportada por las señales. En gran parte, un tratamiento generalizado y unificado de estas técnicas lo proporcionan los conceptos matemáticos englobados en el tema del Análisis Funcional. En este libro, he intentado presentar un subconjunto de dichos conceptos, particularmente los que se refieren a espacios vectoriales, con el fin de reunir muchas técnicas familiares del análisis de señales y proporcionar la estructura de una aplicación más generalizada y eficaz de dichas técnicas a los problemas de ingeniería. Una parte importante de la ventaja obtenida al familiarizarse con estas ideas la constituye la profunda visión que ofrece la visualización geométrica de las señales y las operaciones del proceso de las mismas. En cada capítulo he hecho resaltar, mediante varios ejemplos, la interpretación física de los conceptos más que el rigor matemático. A causa de mi propia formación, los ejemplos tienen un fuerte sabor a sistemas de comunicación, si bien resultarán evidentes las aplicaciones más amplias de las ideas, por ejemplo, al mando automático, a sistemas biofísicos y geofísicos. Además, los ejemplos tienden a ser idealizados y suelen tener solución por medio de métodos menos generales. He elegido a propósito estos ejemplos conocidos, a menudo clásicos, con el fin de servir mejor el propósito de aclarar la interpretación física de los conceptos matemáticos.

Por lo que respecta al contenido y organización del libro, los cinco primeros capítulos presentan un desarrollo paso a paso del concepto de espacio de señal, comenzando con conjuntos y relaciones de equivalencia, pasando luego a espacios métricos y, por último, a espacios vectoriales de número finito e infinito de dimensiones con un producto interior. El capítulo 5, que trata de operadores lineales, puede considerarse como introducción a los aspectos más abstractos de la teoría de la señal. Gran parte de la materia tratada en este capítulo no resulta esencial para comprender los restantes temas del libro. Para esta primera mitad de la obra, el lector puede necesitar disponer de algún libro de naturaleza matemática más fundamental. A tal fin puedo recomendar el texto de muy fácil lectura debido a G. F. SIMMONSS, *"Introduction to Topology and Modern Anal* ysis, *New York, McGraw-Hill Book Company, 1963. Los cinco capítulos restantes representan el desquite mediante aplicaciones a problemas técnicos prácticos. Varias clases de problemas de importancia práctica reconocida se vuelven a examinar desde el punto de vista del espacio de la señal. Empezando con el capítulo 7, se introducen problemas en los que intervienen procesos de señales aleatorias además de señales deterministas y elementos de sistema. Como referencia general particularmente adecuada, sugeriría el texto de* A. PAPOULIS, Probability, Random Variables, and Stochastic Proceses, *New York, McGraw-Hill Book Company, 1965. Al final de cada capítulo se consignan otras referencias. Es evidente que no he pretendido dar una bibliografía completa de publicaciones y textos importantes. En vez de ello he consignado algunas referencias que considero podrían ser especialmente útiles como materias base y como punto de partida para un ulterior estudio de los diversos temas mencionados. En su mayor parte, los ejercicios no constituyen una simple rutina de manipulación de ecuaciones. Se han introducido en el texto como medio conveniente de presentación de conceptos relacionados y para proporcionar ejemplos adicionales.*

Como oferta a un curso formal, el nivel del texto es adecuado para estudiantes graduados de un primer curso de ingeniería que hayan superado un curso de sistemas lineales (donde se insista en aplicaciones de la transformada de Fourier) y una introducción a las probabilidades y variables aleatorias. Aun cuando el texto puede utilizarse como material complementario en un curso superior de teoría de la comunicación, está destinado principalmente a un curso independiente, más fundamental, de la teoría de la señal. Es bien evidente que dicho curso constituiría una asignatura muy conveniente como preparación para cursos superiores de teoría de sistemas, tales como teoría de la detección y la estimación, técnicas de variables de estado y control óptimo. Los temas correspondientes a funciones generalizadas, proceso de señales digitales, filtrado de Kalman, aproximación estocástica y teoría de la información, que no figuran en este libro, son ciertamente importantes en la materia citada; no obstante, lo razonable es relegarlos a cursos posteriores.

La materia presentada ha alcanzado su forma actual evolucionando a partir de unos cuantos apuntes preparados para distintas versiones de un curso dado en los últimos años en el Communications Technology Program de los Bell Telephone Laboratories y para un curso para graduados dado en la Universidad de Columbia durante 1965. Mi contacto con los estudiantes participantes en dichos cursos ha influido mucho en la selección y organización de los temas y quiero reconocer con agradecimiento los beneficios que he obtenido de las discusiones con aquéllos. También he recibido orientación de otras fuentes. En particular, quisiera agradecer la contribución de algunos de mis colegas de los Bell Telephone Laboratories —Dres. Allen Gersho, Francis S. Hill, Jr. y Robert E. Maurer— por su ahínco en la revisión del manuscrito y sus múltiples y valiosas sugerencias para mejorar la presentación.

L. E. FRANKS

Índice analítico

Introducción

I

1.1 Sistemas de proceso de señales

Se interpreta comúnmente que lo que se entiende por *señal* es una cantidad que, de algún modo, transporta información acerca del estado de un sistema físico. En este contexto, es natural pensar que una señal es el resultado de una medida del sistema físico que se observa. El instrumento de medida funciona como un elemento de proceso de señal, tomando datos "crudos" y transformándolos en una forma reconocible para beneficio del observador. Este instrumento puede constituir un sistema muy complejo que convendrá separarlo en subsistemas menores, cada uno de los cuales realice una operación especial del proceso de la señal. En la figura 1.1 se ilustra una descomposición típica en subsistemas, la cual proporciona un modelo suficientemente general para nuestros estudios subsiguientes. Los bloques representan una división un tanto arbitraria de la operación total de proceso; no obstante, la mayoría de los sistemas de interés contienen estos componentes, aun cuando puedan aparecer en forma muy elemental. El primer *transductor* hace las veces de "sonda" que convierte las cantidades físicas (mecánicas, eléctricas, ópticas, térmicas, químicas, etc.), representadas por x_1, en otro sistema de cantidades físicas x_2, más manejables en el proceso posterior. El tipo de transductor a emplear depende en gran manera del "estado de desarrollo" de las distintas tecnologías que intervengan. Por ejemplo, con la tecnología actual resulta evidente que la emisión de televisión basada en un sistema electro-óptico es mucho más factible que la basada en un sistema puramente óptico. Habiendo convertido las cantidades físicas en señales eléctricas, por ejemplo, podemos pasar a alterar la forma de las señales de manera que se resalten los atributos más importantes y se atenúe o borre la información que no nos convenga tener acerca del estado del sistema en observación. Ésta es, en líneas generales, la función del *codificador.* La del *modulador* es proporcionar una señal x_4 que se adapte convenientemente a las características del *canal de transmisión* que se utilizará en caso de observaciones lejanas. Por ejemplo, si hay que utilizar una guía de ondas, la señal x_3 deberá modular normalmente la amplitud o fase de una portadora sinusoidal cuya frecuencia corresponda al dominio de las microondas. El demodulador y el descodificador sirven para "deshacer" el proceso especial que se ha introducido a fin de acomodarse a las características del canal de transmisión y proporcionan una señal eléctrica que, después de pasar por un transductor, toma la forma adecuada para su reconocimiento por un observador. El lector puede darse cuenta de la amplia variedad de formas posible en la instrumentación de estas distintas funciones recordando las características del proyecto de sistemas conocidos por él. Como ejemplos inmediatos de sistemas citaremos la comunicación voz a voz, los datos telemétricos, el radar, la dirección de naves espaciales, el control de procesos de fabricación, la televisión, la telegrafía, los diagnósticos médicos, el reconocimiento automático de caracteres y modelos y la detección de partículas atómicas. También debe observarse que el sistema de proceso esquematizado en la figura 1.1 podría representar un subsistema de un sistema mayor; por ejemplo, podría formar el camino de realimentación que dé las señales de mando en una instalación industrial gobernada automáticamente.

El objeto del anterior estudio no es otro que el de señalar la amplia variedad de formas de señal que aparecen, incluso dentro de un sistema de proceso particular. Una teoría de la señal debe ser suficientemente general para aco-

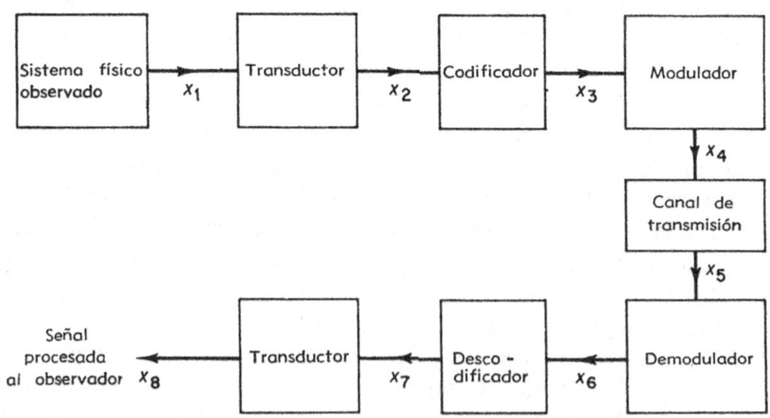

Figura 1.1. Sistema de proceso de una señal

modarse a esta variedad de formas. Teniendo esto presente, podemos decir que el ámbito de la teoría de la señal incluye el estudio de métodos para la representación analítica de las señales, la caracterización numérica de propiedades importantes de la señal y la caracterización de las propiedades transformadoras de la señal en diversos dispositivos para proceso. Dentro de este ámbito, examinaremos en este texto algunos de los aspectos de estos problemas tratables más matemáticamente.

En los ejemplos antes mencionados, la mayoría de las señales son cantidades que fluctúan con el tiempo. Nos resulta natural y conveniente pensar de manera indistinta en señales y en funciones del tiempo, aun cuando ello signifique ocasionalmente una introducción artificial de una dependencia del tiempo. Por ejemplo, una imagen óptica podría describirse por medio de una función de las coordenadas del espacio. No obstante, los métodos utilizados para tratar con funciones del tiempo suelen poderse adaptar para ser utilizados con funciones de otras variables.

En este momento nos enfrentamos al problema de asignar una representación numérica a una función del tiempo [representada de manera abstracta por $x(t)$] que sirva para identificar la función y distinguirla de otras funciones que sean sustancialmente diferentes de ella. Una representación conocida, profundamente arraigada por el uso, es la *gráfica* de una función. La gráfica es el conjunto de todos los pares de números ordenados $\{t, x(t)\}$ que en la mayoría de los casos se representa en coordenadas cartesianas rectangulares, tal como se indica en la figura 1.2.

Comentemos ahora que en el significado de $x(t)$ existe desde hace tiempo una ambigüedad. En rigor, $x(t)$ no es más que un número el cual es el valor que toma la función en el instante t. Sin embargo, la costumbre nos permite llamar $x(t)$ a la función, la cual es en realidad la regla por medio de la cual se aparean los valores de t y x. Utilizaremos indistintamente x y $x(t)$ para representar la función, cuando ello pueda realizarse sin posibilidad de confusión. Algunos autores prefieren utilizar el símbolo $x(\cdot)$ para distinguir la función del número $x(t)$.

El observador humano, en un ambiente tecnológico, se ha acostumbrado mucho a las señales presentadas gráficamente y ha desarrollado una amplia

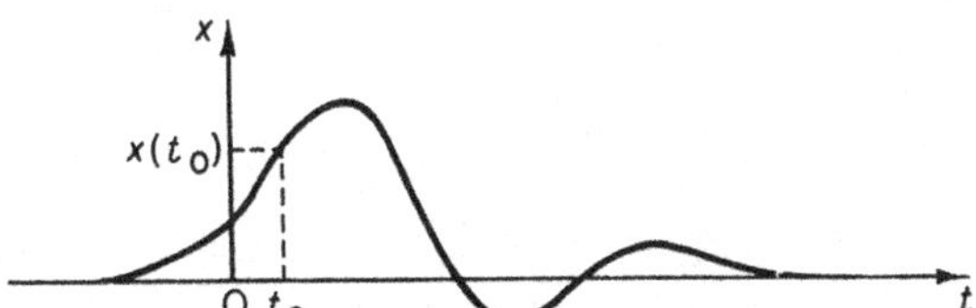

Figura 1.2. Gráfica de una señal

variedad de instrumentos oscilográficos destinados a tal fin. Se puede entrenar a una persona para que extraiga con gran sensibilidad información de las pantallas de radar, sismógrafos, cardiogramas, poligráficas, etc., si bien su método de proceso de las señales podrá resultar un tanto misterioso y no será fácilmente adaptable al análisis numérico o al proceso mecanizado. Desde el punto de vista del proyectista del sistema, la representación gráfica será inmanejable simplemente porque consta de demasiados puntos. El simple recurso de representar una señal por un subconjunto de su gráfica, por ejemplo: los valores de x en un conjunto de instantes igualmente espaciados en el tiempo, no es más que un ejemplo de las técnicas generales de representación de la señal que se estudiarán en los capítulos siguientes.

1.2 *Conjuntos de señales*

En contraste con la representación gráfica en la que las señales vienen representadas por una colección complicada de puntos en un marco simple, por ejemplo un espacio bidimensional, estableceremos marcos mucho más estructurados, llamados *espacios de señal,* en los que una señal pueda considerarse como un ente o punto del espacio.[1] Como primer paso en esta dirección, consideremos una señal como elemento de un conjunto S. El propio conjunto está descrito con arreglo a una propiedad P que es una exposición que debe cumplir todo elemento que pertenezca al conjunto. Esto se indica simbólicamente por $S = \{x; P\}$, es decir, el conjunto de todas las x tales que hagan P cierta. Para introducir una notación adicional, podemos escribir $P \Rightarrow x \in S$, que se lee: "P cierta implica que x está contenida en S". La propiedad P definidora de un conjunto crea un subconjunto de todas las señales posibles. Si dicha propiedad fuese suficientemente restrictiva, el subconjunto S podrá ser más fácilmente manejable que un conjunto no restringido. Desde luego, si la propiedad fuese demasiado restrictiva, el subconjunto excluiría demasiadas señales de interés. La elección de P debe necesariamente hechurarse al problema en cuestión. A continuación daremos algunos ejemplos de conjuntos de señales que se encuentran frecuentemente en los problemas de análisis de la señal.

Señales sinusoidales. Representaremos por S_C el conjunto de todas las señales sinusoidales; es decir,

$$S_C = \{x; x(t) = Re\,[e^{\alpha + j(\theta + 2\pi f t)}], -\infty < t < \infty, \quad \alpha, \theta, f \in R\} \quad (1.1)$$

La exposición, $\alpha, \theta, f \in R$, de (1.1) significa que estos parámetros pueden seleccionarse arbitrariamente del conjunto de todos los números reales R. Ello implica que S_C contiene sinusoides que tienen todos los valores posibles de la amplitud, la fase y la frecuencia. A menudo puede expresarse de otra manera la propiedad definidora de un sistema particular; así,

$$S_C = \left\{ x; \frac{d^2x(t)}{dt^2} + \lambda^2 x(t) = 0, -\infty < t < \infty, \lambda \in R \right\} \tag{1.2}$$

Señales periódicas. Sea $S_R(T)$ el conjunto de señales que son periódicas, de período T. Entonces,

$$S_R(T) = \{x; x(t + T) = x(t), -\infty < t < \infty\} \tag{1.3}$$

Señales acotadas. El conjunto de señales cuyos valores instantáneos están acotados en magnitud por el número real y positivo K se representa por

$$S_M(K) = \{x; |x(t)| \leqslant K, -\infty < t < \infty\} \tag{1.4}$$

Está claro que

$$x \in S_M(K_1) \Rightarrow x \in S_M(K_2) \qquad \text{si } K_2 \geqslant K_1$$

Señales de energía limitada. Las señales en

$$S_E(K) = \left\{ x; \int_{-\infty}^{\infty} x^2(t)\, dt \leqslant K \right\} \tag{1.5}$$

se dice que tienen energía limitada a K, donde K es un número real y positivo. Es corriente interpretar físicamente la integral de (1.5) diciendo que es el contenido energético de la señal. Esto no es más que una normalización conveniente, ya que si $x(t)$ es una tensión que aparece entre los extremos de una carga resistiva de 1 ohm, la integral extendida al tiempo del cuadrado de esta tensión será la energía total disipada en la carga.

Señales de duración limitada. Sea $S_D(T)$ el conjunto de señales que se anulan fuera de un intervalo de tiempo especificado $-T \leqslant t \leqslant T$.

$$S_D(T) = \{x; x(t) = 0 \text{ para todo } |t| > T\} \tag{1.6}$$

Obsérvese que

$$x \in S_D(T_1) \Rightarrow x \in S_D(T_2) \qquad \text{si } T_2 \geqslant T_1$$

Señales de banda limitada. Sea $S_B(W)$ el conjunto de señales de banda limitada a frecuencias inferiores a una cierta frecuencia W especificada, es decir,

$$S_B(W) = \left\{x;\ X(f) = \int_{-\infty}^{\infty} x(t)e^{-j2\pi ft}\,dt = 0 \text{ para todo} |f| > W\right\} \quad (1.7)$$

donde $X(f)$ es la transformada de Fourier[1] de la función del tiempo $x(t)$.[2]

Operaciones de conjuntos

Al tratar con conjuntos de señales resulta útil utilizar dos de las operaciones elementales de conjuntos: (1) la *reunión,* definida por

$$S_1 \cup S_2 = \{x;\ x \in S_1 \text{ o } x \in S_2\} \quad (1.8)$$

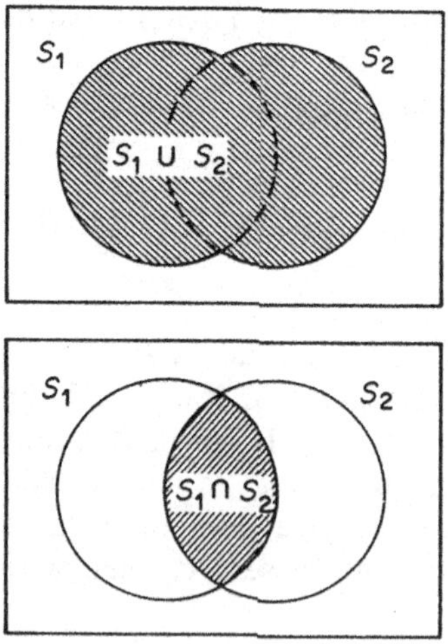

Figura 1.3. Representación intuitiva de la reunión e intersección de dos conjuntos

[1] Seguiremos el convenio de asignar la mayúscula correspondiente para representar la transformada de Fourier de una función del tiempo.

y (2) la *intersección*, definida por

$$S_1 \cap S_2 = \{x;\, x \in S_1 \;\text{ y }\; x \in S_2\} \tag{1.9}$$

En la figura 1.3 se han representado intuitivamente los conjuntos creados por estas operaciones.

Ejemplo 1.1. Es hecho bien conocido de los ingenieros de Telecomunicación que una señal no puede ser de duración limitada y de banda limitada, al propio tiempo. Ello se debe a que la integral

$$\int_{-T}^{T} x(t) e^{-j2\pi f t}\, dt$$

sólo puede ser nula para valores aislados de f a menos que $x(t) = 0$ para todo $|t| \leqslant T$. Por tanto, tenemos

$$S_D(T) \cap S_B(W) = \{0\} = \{x;\, x(t) = 0 \text{para todo } t\} \tag{1.10}$$ ▮

Aunque pueda parecer trivial, es importante distinguir $\{0\}$ del conjunto *vacío*, o *nulo*, $\varnothing$ que no contiene ningún elemento, mientras que $\{0\}$ contiene uno.

Ejercicio 1.1. Considérese el conjunto numerable de señales

$$S_A = \{x_n(t);\, n = 1, 2, 3, \ldots\}$$

donde

$$\begin{aligned} x_n(t) &= ne^{-nt} && \text{para } t \geqslant 0 \\ &= 0 && \text{para } t < 0 \end{aligned}$$

Enumerar los elementos de $S = S_A \cap S_M(10) \cap S_E(4)$.

Ejercicio 1.2. Describir el conjunto que sea intersección del $S_R(T)$ con el $S_E(K)$.

Particiones y relaciones de equivalencia

Las operaciones de conjuntos $\cup$ y $\cap$ se pueden utilizar para describir la *partición*[3],[4] de un conjunto en una sucesión de subconjuntos disjuntos, representados intuitivamente en la figura 1.4. Diremos que el conjunto de conjuntos $\{S_1, S_2, S_3, \ldots\}$ forma una partición de S si

$$S = S_1 \cup S_2 \cup S_3 \cup \cdots$$

y

$$S_i \cap S_j = \varnothing \quad \text{para } i \neq j \tag{1.11}$$

El motivo de efectuar la partición de conjuntos de señales es, simplemente, crear conjuntos que sean más manejables. Por ejemplo, se puede efectuar la partición de conjuntos no numerables en un número finito o un conjunto numerable de subconjuntos, como se indica en algunos de los ejemplos que se darán a continuación. Se puede generar una partición por una *relación de equivalencia* y es a menudo la manera más conveniente para definir una partición particular. Decimos que dos elementos son equivalentes, $x \sim y$, si la relación $\sim$, definida para todos los pares de elementos, satisface las siguientes propiedades:[3],[4]

$$\begin{aligned} &\text{a.}\quad x \sim x \quad \text{para todo } x \text{ (reflexividad)} \\ &\text{b.}\quad x \sim y \Rightarrow y \sim x \quad \text{(simetría)} \\ &\text{c.}\quad x \sim y \quad \text{e} \quad y \sim z \Rightarrow x \sim z \quad \text{(transitividad)} \end{aligned} \tag{1.12}$$

La partición resultante es, simplemente, el conjunto de subconjuntos distintos, llamados *conjuntos de equivalencia,* con un conjunto de equivalencia típico (que contiene el elemento x) dado por

$$S_x = \{y; y \sim x\} \tag{1.13}$$

No es difícil demostrar que toda partición genera una relación de equivalencia; por tanto, estos dos conceptos equivalen en realidad a lo mismo, cual es

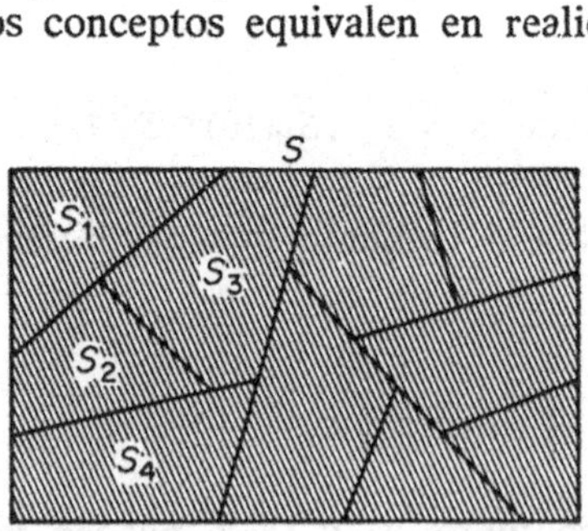

Figura 1.4. Partición de un conjunto en subconjuntos disjuntos

el agrupar en subconjuntos disjuntos todos los elementos que son equivalentes entre sí en cierto sentido.

Ejercicio 1.3. Demostrar que una partición arbitraria (1.11) genera una relación de equivalencia; es decir, "$x \sim y$ si, y sólo si, x e y están contenidos en el mismo subconjunto" satisface a (1.12) y por tanto es una relación de equivalencia válida. Recíprocamente, demostrar que una relación de equivalencia arbitraria (1.12) genera una partición; es decir, los distintos subconjuntos definidos por $S_x = \{y;\ y \sim x\}$ son disjuntos y su reunión es el conjunto total según exige la condición (1.11).

Ejemplo 1.2. La igualdad es una relación de equivalencia, pero los conjuntos de equivalencia sólo contienen a los elementos individuales. ∎

Ejemplo 1.3. Tomando un ejemplo conocido de la teoría de números, consideremos la partición del conjunto de enteros $\{n;\ n = 0, \pm 1, \pm 2, \ldots\}$ en un número finito m de conjuntos de equivalencia

$$S_i = \{n;\ n = pm + i\} \qquad i = 0, 1, 2, \ldots, m-1 \tag{1.14}$$

donde p es un entero cualquiera. A la correspondiente relación de equivalencia $n_1 \sim n_2 \Rightarrow n_1 - n_2 = pm \Rightarrow n_1 = n_2 (\text{mod } m)$ se le llama *congruencia de módulo m*. Por ejemplo, la congruencia de módulo 2 efectúa la partición de los enteros en los conjuntos de enteros *pares* e *impares*. ∎

Ejemplo 1.4. Si excluimos de nuestra consideración el subconjunto de señales $S_0 = \{x;\ x(t_0) = 0\}$, la relación de equivalencia $x \sim y \Leftarrow x(t_0)y(t_0) > 0$ efectúa las particiones de las señales restantes en los dos conjuntos de equivalencia[2]

$$\begin{aligned} S_+ &= \{x;\ x(t_0) > 0\} \\ S_- &= \{x;\ x(t_0) < 0\} \end{aligned} \tag{1.15}$$

Esta manera de efectuar particiones se utiliza mucho en la transmisión de datos binarios en donde se asocia un dígito binario a todas las señales de S_+ y el otro a todas las señales de S_-. En la figura 1.5 puede verse una instrumentación típica. Aun cuando el conjunto transmitido de señales sólo puede contener dos elementos, las señales recibidas pueden formar un conjunto muy gran-

[2] $\Leftarrow$ puede leerse *siempre y cuando*.

de a causa del ruido o de otras perturbaciones introducidas por el canal de transmisión. El observador decide qué señal se transmitía de acuerdo con la partición (1.15), la cual está indicada por la salida del umbral y los circuitos de muestreo. En la práctica, se puede añadir S_0 a S_+ o a S_- sin que se produzca efecto alguno sobre el funcionamiento a causa de la pequeñez de la probabilidad de que caiga en este conjunto una señal recibida. ∎

Ejemplo 1.5. Otro tipo de receptor utilizado en la transmisión de datos binarios, que resulta estar más inmunizado contra las perturbacioses del canal, es el que utiliza una señal de referencia φ para efectuar la partición en dos conjuntos de las señales recibidas. La partición en dos conjuntos S_1 y S_2, correspondientes a las decisiones de si se transmitió x_1 o x_2, se efectúa sobre señales recibidas y de acuerdo con

$$\begin{aligned} S_1 &= \left\{y; \int_0^T y(t)\varphi(t)\,dt \leqslant r\right\} \\ S_2 &= \left\{y; \int_0^T y(t)\varphi(t)\,dt > r\right\} \end{aligned} \tag{1.16}$$

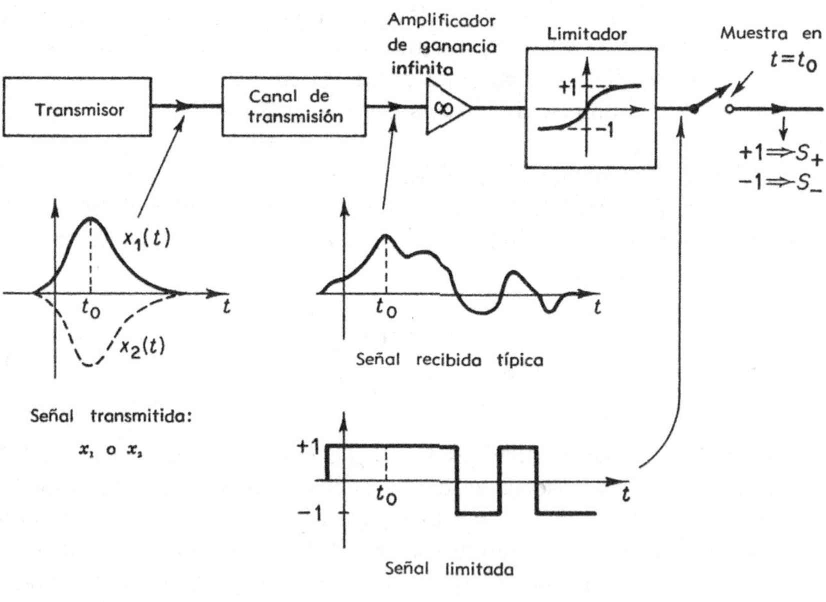

Figura 1.5. Comunicación de datos binarios

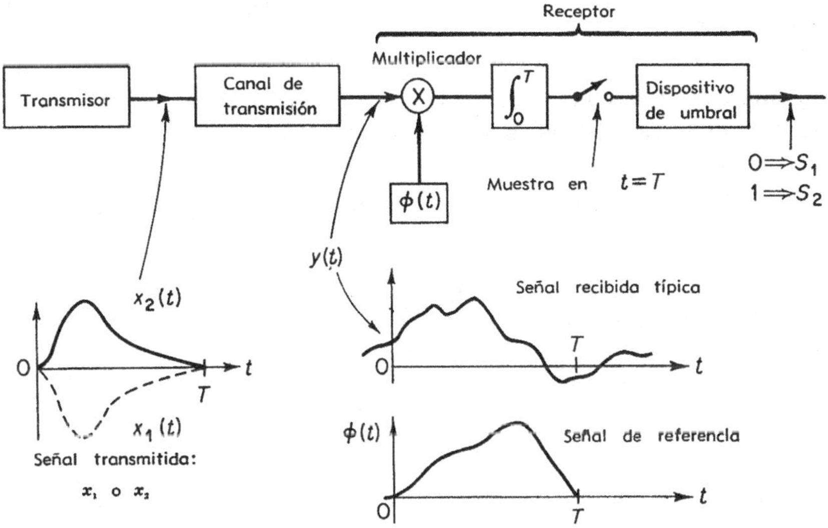

Figura 1.6. Comunicación de datos binarios que utiliza una señal de referencia en el receptor

donde r es un cierto valor umbral prefijado. Para instrumentar este receptor se utiliza un multiplicador, un integrador, un dispositivo de muestreo y un dispositivo umbral, según se indica en la figura 1.6. En el capítulo 10 se estudiarán con cierto detalle las técnicas para la selección óptima de la señal de referencia y del valor umbral. ∎

Ejemplo 1.6. Otra posibilidad de distinguir señales consiste en contar el número de ceros que contienen las funciones del tiempo en cierto intervalo de tiempo elegido. Definamos la partición

$$S_n = \{x;\ x(t) \text{ tiene } n \text{ ceros distintos en el intervalo de tiempo}\} \quad \text{donde } n = 0, 1, 2, \ldots \tag{1.17}$$

Podríamos formar una partición finita,

$$S = S_0 \cup S_1 \cup S_2 \cup \cdots S_{N-1} \cup S_{N^+}$$

con tal que se defina S_{N^+} como el subconjunto de todas las señales que tengan N o más ceros en el intervalo. La instrumentación de un sistema de transmisión de datos alfabéticos $(N + 1)$-ario basado en esta partición puede verse en la figura 1.7.

Ejemplo 1.7. Dado un conjunto de funciones del tiempo $\{\varphi_i;\ i = 1, 2, ..., n\}$, podemos definir una relación de equivalencia mediante

$$x \sim y \Rightarrow \int_{-\infty}^{\infty} x(t)\varphi_i(t)\,dt = \int_{-\infty}^{\infty} y(t)\varphi_i(t)\,dt \text{ para toda } i = 1, 2, \ldots, n \quad (1.18)$$

Esta relación de equivalencia es, en realidad, una forma generalizada de congruencia (Ejemplo 1.3), donde

$$x \sim y \Rightarrow x = y(\text{mod } M) \Rightarrow x - y \in M$$

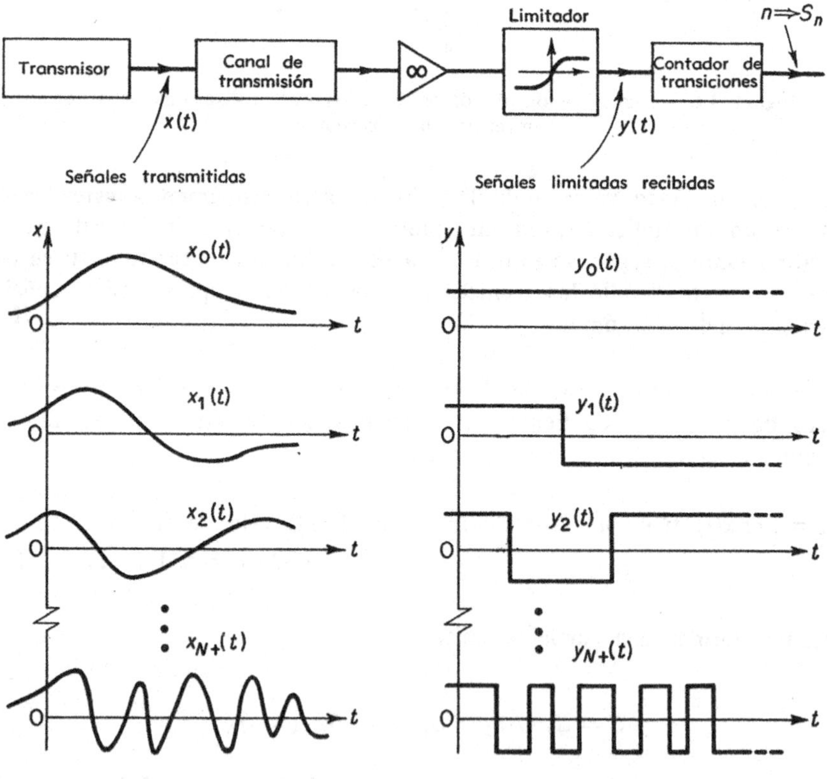

Figura 1.7. Sistema de señalización por ceros

y M es el subconjunto de funciones definido por

$$M = \left\{ z; \int_{-\infty}^{\infty} z(t)\varphi_i(t)\, dt = 0 \qquad i = 1, 2, \ldots, n \right\} \tag{1.19}$$

Los conjuntos de equivalencia resultantes pueden caracterizarse cada uno de ellos por un *elemento representativo* $\hat{x}$ en el sentido que

$$S_{\hat{x}} = \{x; x \sim \hat{x}\} = \{x; x = \hat{x} + z\}$$

donde

$$z \in M \quad \text{ y } \quad \hat{x}(t) = \sum_{k=1}^{n} a_k \varphi_k(t) \tag{1.20}$$

En ciertas condiciones impuestas al conjunto $\{\varphi_i; i = 1, 2, \ldots, n\}$, existe una correspondencia biunívoca entre los conjuntos de equivalencia $S_{\hat{x}}$ y las sucesiones ordenadas de números reales $\{a_1, a_2, \ldots, a_n\}$, llamadas *n-plas.* Vemos, pues, que el conjunto de conjuntos de equivalencia, definido en este ejemplo, constituye un conjunto razonablemente manejable, cual es el conjunto de todas las n-plas o, como veremos más adelante, un *espacio vectorial de n dimensiones.* Este ejemplo tiene una importancia fundamental para nuestros estudios posteriores, ya que proporciona un método de representación de señales aplicable de manera general y susceptible de ser tratado matemáticamente. Para que tenga significado, será precisa una comprensión básica de los conceptos de *espacios métricos* y *espacios vectoriales,* los cuales se introducirán en el próximo capítulo. ∎

1.3 Aplicaciones y funcionales

En el apartado anterior se ha introducido, por medio de relaciones de equivalencia, el concepto de proporcionar otros conjuntos para la caracterización de señales. Un nuevo concepto útil, que es en realidad una forma más general de relación entre elementos, es el de *aplicación* de elementos de un conjunto en elementos de otro. Una aplicación no es más que la regla por la cual elementos de un conjunto, al que podemos llamar S_1, se asignan a elementos de otro conjunto, al que llamaremos S_2. Simbólicamente, la aplicación se representa por $f\colon S_1 \to S_2$, que es una notación compacta de

$$y = f(x); \qquad x \in S_1 \quad \text{ e } \quad y \in S_2 \tag{1.21}$$

El elemento y de S_2 se denomina *imagen* de x bajo la aplicación f. El conjunto S_1 es el *conjunto de definición* o dominio de la aplicación, y el conjunto de todas las imágenes de elementos de S_1 (contenidas en S_2) es la *imagen* de la aplicación. Si la imagen de f es idéntica a S_2, se dice que f es una aplicación de S_1 *sobre* S_2. Si no fuese así, si hubiera elementos de S_2 que no fuesen imágenes de elementos de S_1, la aplicación se dice que es *en* S_2. Una aplicación es siempre *uniforme* en el sentido de que existe siempre una imagen única para cada elemento de S_1. Sin embargo, si las imágenes de elementos distintos de S_1 son siempre elementos distintos de S_2, se dirá que la aplicación es *uno a uno*. Si una aplicación, además de ser uno a uno es sobre, podremos hablar de una aplicación de S_2 sobre S_1, f^{-1}: $S_2 \to S_1$, donde a f^{-1} se la denomina aplicación *inversa*. En este caso, resulta existir una *correspondencia biunívoca* entre los elementos de S_1 y los de S_2.

A menudo es conveniente tratar con una aplicación *compuesta* resultante de dos o más aplicaciones consecutivas entre conjuntos. En la figura 1.8 puede verse la aplicación $f: S_1 \to S_3$ resultante de las dos aplicaciones $f_1: S_1 \to S_2$ y $f_2: S_2 \to S_3$. En este caso escribiremos $f = f_2 f_1$, lo cual significa que

$$f: S_1 \to S_3 \Rightarrow z = f_2(y) = f_2[f_1(x)] = f(x) \text{ para todo } x \in S_1 \tag{1.22}$$

Para ilustrar la idea de una aplicación compuesta, podemos descomponer los circuitos de umbral y de muestreo del ejemplo 1.4 en dos aplicaciones: (1) la aplicación que implica la relación de equivalencia (1.15)

$$f_1: S \to \{S_+, S_-\}$$

donde

$$S = \{x; x(t_0) \neq 0\}$$

y

$$\begin{aligned} f_1(x) &= S_+ \qquad \text{si } x(t_0) > 0 \\ &= S_- \qquad \text{si } x(t_0) < 0 \end{aligned} \tag{1.23}$$

y (2) la aplicación de los conjuntos de equivalencia en valores numéricos

$$\begin{gathered} f_2: \{S_+, S_-\} \to \{+1, -1\} \\ f_2(S_+) = +1; \qquad f_2(S_-) = -1 \end{gathered} \tag{1.24}$$

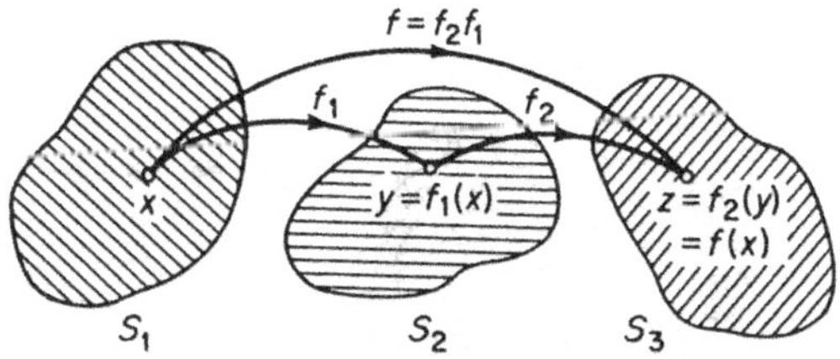

Figura 1.8. Composición de dos aplicaciones de conjuntos

La aplicación compuesta es, simplemente,

$$\begin{aligned} f(x) &= +1 \quad \text{para } x(t_0) > 0 \\ &= -1 \quad \text{para } x(t_0) < 0 \end{aligned} \tag{1.25}$$

En este ejemplo hemos utilizado el hecho de que una relación de equivalencia (1.12) se puede interpretar como aplicación, generalmente no uno a uno, de elementos en sus conjuntos de equivalencia (1.13). Dicho de otro modo, toda relación de equivalencia puede expresarse por $f_\sim$, donde

$$f_\sim : \{x\} \to \{S_x\} \Rightarrow f_\sim(x) = S_x \tag{1.26}$$

Tal vez sea más interesante el hecho de que toda aplicación da origen a una relación de equivalencia. Para una aplicación arbitraria $f: S_1 \to S_2$, la relación

$$x_1 \sim x_2 \Leftarrow f(x_1) = f(x_2) \tag{1.27}$$

entre cualquier par de elementos x_1 y x_2 de S_1 constituye una relación de equivalencia para el conjunto S_1. Por ejemplo, sea f la aplicación descrita por

$$f(x) = \int_{-\infty}^{\infty} x^2(t)\, dt$$

Entonces tenemos una aplicación del conjunto de señales en el eje real según el contenido energético de las señales, tal como se indica en la figura 1.9. La relación de equivalencia correspondiente a f efectúa la partición de S_1 en conjuntos de señales de igual energía.

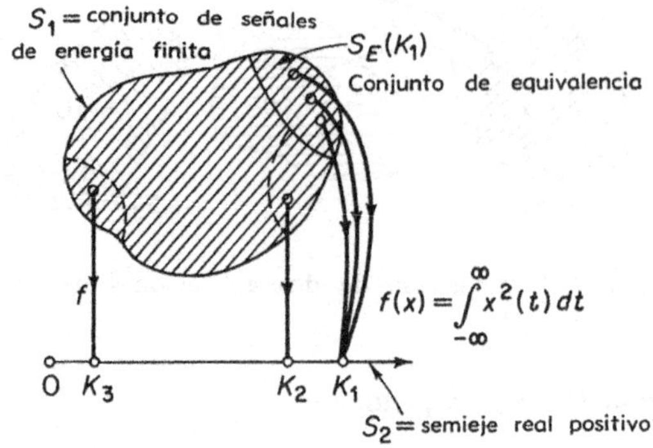

Figura 1.9. Aplicación de señales en el eje real

Transformadas de Fourier

Una aplicación muy utilizada en análisis de señales es la transformación de Fourier. Si es S_1 el conjunto de señales de energía acotada

$$S_1 = \left\{x; \int_{-\infty}^{\infty} x^2(t)\,dt < \infty\right\}$$

la transformación de Fourier $\mathscr{F}: S_1 \rightarrow S_2$ es una aplicación en otro conjunto de funciones de cuadrado integrable [3]

$$S_2 = \left\{X; \int_{-\infty}^{\infty} |X(f)|^2\,df < \infty\right\}$$

Dicha aplicación está descrita por

$$\mathscr{F}: S_1 \rightarrow S_2 \Rightarrow X(f) = \int_{-\infty}^{\infty} x(t)e^{-j2\pi ft}\,dt \tag{1.28}$$

En rigor, esta aplicación no es uno a uno. Es posible tener dos o más funciones del tiempo, como las representadas en la figura 1.10, que tengan transformadas de Fourier iguales.

[3] La integrabilidad del cuadrado de $x(t)$ es sólo condición suficiente, no necesaria, para la existencia de una transformada de Fourier $X(f)$. [2]

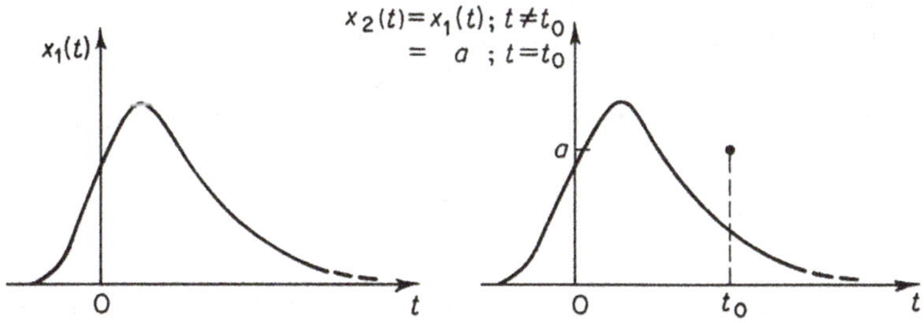

Figura 1.10. Dos funciones del tiempo que tienen la misma transformada de Fourier

Desde este punto de vista, está claro que en la aplicación $\mathcal{F}$ a varios elementos de un conjunto corresponde uno del otro. Los conjuntos de equivalencia definidos por $\mathcal{F}$ contienen funciones del tiempo que pueden diferir en un conjunto numerable de puntos en todo intervalo de tiempo. Está claro también que un tal comportamiento discontinuo de las señales no tiene importancia práctica y que querremos considerar cada conjunto de equivalencia como señal única. A este tipo de equivalencia le llamaremos *igual casi por doquier* y de ahora en adelante no nos molestaremos en distinguir entre señales y sus conjuntos de equivalencia correspondientes a la relación igual casi por doquier. Utilizando esta relación en S_1 y S_2, podemos interpretar ahora $\mathcal{F}$ como aplicación uno a uno y sobre. La transformación inversa está descrita por

$$\mathcal{F}^{-1}: S_2 \to S_1 \Rightarrow x(t) = \int_{-\infty}^{\infty} X(f) e^{j2\pi f t}\, df \tag{1.29}$$

Las relaciones (1.28) y (1.29) tomadas juntas se denominan *par de transformadas de Fourier.*

Ejercicio 1.4. Demostrar que, para una aplicación arbitraria f, (1.27) describe una relación de equivalencia válida con conjuntos de equivalencia dados por

$$S_x = \{y; f(y) = f(x)\}$$

Ejercicio 1.5. Considérense los conjuntos de equivalencia correspondientes a la aplicación F descrita por $F(x) = |X(f)|^2$. Demostrar con ejemplos particulares que, al revés de lo que sucede en la aplicación $\mathcal{F}$ (1.28), los elementos de un mismo conjunto de equivalencia pueden ser sustancialmente diferentes unos de otros. *Sugerencia:* $X(f)$ y $X(f)e^{j\theta}(f)$, donde $\theta(f)$ es una función de fase arbitraria, son transformadas de Fourier de elementos del mismo conjunto de equivalencia.

Ejercicio 1.6. Para una señal arbitraria x de energía finita, demostrar que

$$\int_{-\infty}^{\infty} x^2(t)\, dt = \int_{-\infty}^{\infty} |X(f)|^2\, df$$

Funcionales

Las aplicaciones de los conjuntos de señales más abstractos en valores numéricos tienen una importancia especial, ya que podríamos esperar que cualquier medida física de una señal produjera un valor numérico particular. A una aplicación de un conjunto arbitrario en un conjunto de valores numéricos se la suele denominar *función.*[4] Sin embargo, en nuestras aplicaciones el conjunto de definición suele ser un conjunto de funciones en el sentido ordinario (aplicaciones de un conjunto de valores numéricos en otro conjunto de valores numéricos, p. e., funciones del tiempo, funciones de la frecuencia, etc.). Para evitar confusiones, se suele llamar *funcional* a una aplicación de un conjunto de definición de funciones ordinarias en valores numéricos. Así pues, a menudo pensaremos en un funcional como en una "función de función".

Debemos concretar ahora qué queremos significar por valores numéricos. Una elección razonable sería el conjunto R de los números reales; sin embargo, existen razones analíticas que nos impelen a extender el conjunto de manera que incluya a los números complejos C, aun cuando esto parezca constituir un paso en el que no caben las medidas físicas. Restableceremos la "realidad" observando que cada número complejo puede asociarse a un par ordenado de números reales. Teniendo esto presente podemos enumerar algunos funcionales típicos.[5]

[4] Algunos autores utilizan como sinónimos «aplicación» y «función», pero se conviene, de manera general, en reservar la palabra «función» para las aplicaciones antes descritas.

[5] El símbolo $\triangleq$ se lee *igual por definición a.*

$$
\begin{aligned}
f_1(x) &= \int_{-\infty}^{\infty} x(t)\varphi(t)\, dt \\
f_2(x) &= \int_{-\infty}^{\infty} w(t)x^2(t)\, dt \\
f_3(x) &= \int_{-\infty}^{\infty} x(t)e^{-j\Omega t}\, dt \triangleq X\left(\frac{\Omega}{2\pi}\right) \\
f_4(x) &= \int_{-\infty}^{\infty} x(t)\, \delta(t-t_0)\, dt \triangleq x(t_0) \\
f_5(x) &= \int_{-\infty}^{\infty} x(t)\, \delta^{(n)}(t-t_0)\, dt \triangleq (-1)^n \left.\frac{d^n x}{dt^n}\right|_{t=t_0} \\
f_6(x) &= \max\{|x(t)|;\, t_1 \leqslant t \leqslant t_2\} = \lim_{n\to\infty}\left[\int_{t_1}^{t_2} |x(t)|^n\, dt\right]^{1/n}
\end{aligned}
\tag{1.30}
$$

No es accidental que los funcionales anteriores estén todos expresados en forma de integral extendida al tiempo; esta forma de funcional es extraordinariamente conveniente y se utiliza incluso cuando para hacer válido este tipo de expresión haya que definir un tipo especial de función, tal como la función δ de f_4 y f_5.[2]

Representaciones por serie

Anticipando lo que ha de venir (en el cap. 3), nuestra meta en la representación de señales será hallar representaciones aproximadas por series, designadas por $\cong$, que puedan describirse mediante una sucesión numerable de funcionales $\{f_k;\, k = 1, 2, \ldots\}$ de la manera siguiente.[6]

$$
x(t) \cong \sum_k f_k(x)\varphi_k(t); \qquad t \in T \tag{1.31}
$$

donde $\{\varphi_k(t);\, k = 1, 2, \ldots\}$ es un conjunto básico dado de señales elegidas independientemente de la señal particular $x(t)$ que se represente. Como ejemplo conocido, la *representación por serie en el tiempo* de una señal lleva consigo un conjunto básico formado a partir de versiones, trasladadas en el tiempo. de una sola señal pulsátil;

$$
\{\varphi_k(t);\, \varphi_k(t) = \varphi(t - k\tau),\, k = 0, \pm 1, \pm 2, \ldots\}
$$

Tal como se usa en (1.31) y en otras muchas ecuaciones posteriores, T no es un número sino un subconjunto del eje real R que representa el intervalo de tiempo en el cual es aplicable la representación por serie.

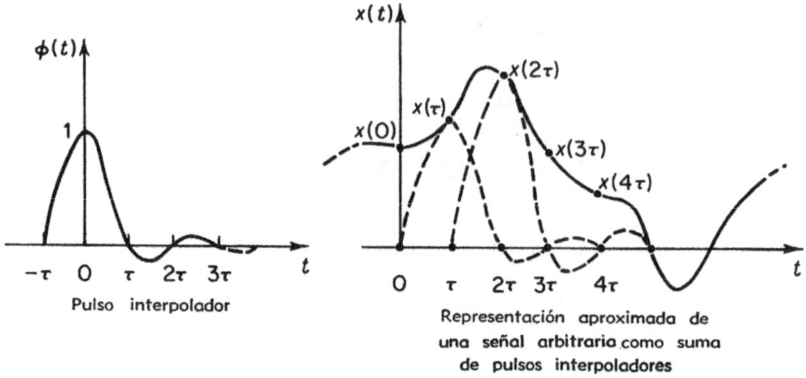

Figura 1.11. Representación por serie en el tiempo

Al pulso $\varphi(t)$ se le llama *pulso interpolador* si tiene la propiedad de que

$$\varphi(0) = 1$$

y

$$\varphi(k\tau) = 0 \quad \text{para } k \neq 0$$

según se indica en la figura 1.11.

Con este conjunto básico, se puede obtener una representación sensible haciendo que las f_k de (1.31) correspondan a una aplicación de la señal en sus *valores muestra;* es decir,

$$f_k(x) = x(k\tau); \qquad k = 0, \pm 1, \pm 2, \ldots \tag{1.32}$$

y

$$x(t) \cong \sum_k x(k\tau)\varphi(t - k\tau); \qquad -\infty < t < \infty \tag{1.33}$$

Queda claro que esta representación es exacta en los instantes particulares $t = k\tau$, y si $x(t)$ no fluctúa demasiado rápidamente (o si τ es suficientemente pequeño), con un pulso interpolador adecuadamente elegido se podrá hacer tolerablemente pequeño el error de la representación por serie (en la región entre muestras). Si restringiéramos $x(t)$ obligándole a permanecer en el conjunto de señales de banda limitada, podría darse un enunciado mucho más definido. Éste es el conocido *teorema del muestreo,*[1],[2] que dice que si $x \in S_B(W)$ [v. (1.7)] entonces

$$x(t) = \sum_{k=-\infty}^{\infty} x\left(\frac{k}{2W}\right)\frac{\operatorname{sen} 2\pi W[t - (k/2W)]}{2\pi W[t - (k/2W)]}; \qquad -\infty < t < \infty \tag{1.34}$$

Una señal de banda limitada, con anchura de banda W, que se muestree cada $\tau = 1/2W$ segundos, como en (1.34), se dice que está muestreada al *ritmo de Nyquist* y tiene una representación por serie en el tiempo única y exacta utilizando el pulso interpolador indicado en (1.34).

Otro ejemplo conocido de representación por serie, aplicable a señales de duración limitada (o periódicas), es la *representación por serie de Fourier.* Si $x \in S_D(T)$ [v. (1.6)], tendremos[7]

$$x(t) = \sum_{m=-\infty}^{\infty} c_m e^{j\frac{\pi m t}{T}}; \qquad |t| \leqslant T \tag{1.35}$$

donde los coeficientes c_m del desarrollo en serie vienen dados por los funcionales

$$f_m(x) = c_m = \frac{1}{2T}\int_{-T}^{T} x(t)e^{-j\frac{\pi m t}{T}}\,dt; \qquad m = 0, \pm 1, \pm 2, \ldots \tag{1.36}$$

Dualidad tiempo-frecuencia

Como comentario final acerca de aplicaciones y funcionales, recordemos la correspondencia uno a uno entre los conjuntos de funciones de cuadrado integrable relacionados por la transformación de Fourier y observemos también la naturaleza esencialmente simétrica de la aplicación de la transformación de Fourier y su inversa. A causa de ello hallamos que para toda relación en la que intervengan funciones del tiempo existe una relación dual correspondiente en la que intervienen las transformadas de Fourier. Esta propiedad de *dualidad tiempo-frecuencia*[5] que presentan las funciones del tiempo y sus transformadas de Fourier se aprovecha a menudo en los problemas de análisis de señales y en los capítulos siguientes aparecerán muchos ejemplos de esta dualidad. Para cada problema de análisis de señales que resolvamos, tendremos también la solución del problema dual, la cual podrá tener, o no, interés práctico. Ejemplo sencillo de los resultados obtenidos por dualidad lo podemos ofrecer reconsiderando las representaciones por serie en el tiempo y por serie de Fourier. De (1.35) y (1.36) tenemos

$$x \in S_D(T) \Rightarrow X(f) = \sum_{m=-\infty}^{\infty} X\left(\frac{m}{2T}\right)\frac{\operatorname{sen} 2\pi T[f-(m/2T)]}{2\pi T[f-(m/2T)]}; \qquad -\infty < f < \infty \tag{1.37}$$

[7] La representación (1.35) es también adecuada para las señales periódicas de $S_R(2T)$ [v. (1.3)]. En este caso, $-\infty < t < \infty$.

mientras de (1.34),

$$x \in S_B(W) \Rightarrow X(f) = \frac{1}{2W} \sum_{k=-\infty}^{\infty} x\left(\frac{k}{2W}\right) e^{-j\frac{\pi k f}{W}}; \qquad |f| \leqslant W$$

donde

$$x\left(\frac{k}{2W}\right) = \int_{-W}^{W} X(f) e^{j\frac{\pi k f}{W}}\, df \tag{1.38}$$

Ejercicio 1.7. Discutir las diversas posibilidades de interpretar como relación de equivalencia la relación "aproximadamente igual" ($\cong$). Utilizada como en (1.31), ¿se implica una relación de equivalencia obvia? Si es así, describir los conjuntos de equivalencia.

Ejercicio 1.8. Calcular la transformada de Fourier de

$$x(t) = \frac{\operatorname{sen} 2\pi W t}{2\pi W t}; \qquad -\infty < t < \infty$$

Ejercicio 1.9. Utilizando el teorema de muestreo (1.34), demostrar que el conjunto de señales periódicas de banda limitada puede representarse exactamente en función de un conjunto finito de funcionales. En particular, si es T el período de $x(t)$ y si $x(t)$ no tiene componentes de frecuencias por encima de $W = N/T$, entonces

$$x(t) = \sum_{\ell=0}^{2N} x\left(\frac{\ell T}{2N+1}\right) \varphi\left(t - \frac{\ell T}{2N+1}\right); \qquad -\infty < t < \infty$$

donde

$$\varphi(t) = \frac{\operatorname{sen}(2N+1)(\pi t/T)}{(2N+1)\operatorname{sen}(\pi t/T)}$$

Sugerencia: Considerando las representaciones por serie en el tiempo y por serie de Fourier de x, tenemos

$$x(t) = \sum_{\ell=0}^{2V} \sum_{k=-\infty}^{\infty} x\left(\frac{\ell T}{2N+1} + kT\right) \frac{\operatorname{sen}(2N+1)(\pi/T)[t - kT - \ell T/(2N+1)]}{(2N+1)(\pi/T)[t - kT - \ell T/(2N+1)]}$$

y

$$x(t) = \frac{1}{T} \sum_{m=-N}^{N} \int_T x(s) e^{j\frac{2\pi m(t-s)}{T}}\, ds$$

Combinando estas expresiones y efectuando algunas manipulaciones más se llega al resultado buscado.

Ejercicio 1.10. Demostrar el teorema del muestreo (1.34) para el caso de señales de energía finita y banda limitada. *Sugerencia:* Considerar un desarrollo en serie de Fourier de la transformada de Fourier de la señal.

Ejercicio 1. 11. Considerar la aplicación f que aplique señales reales en una sucesión finita de números reales de acuerdo con

$$f(x) = \{x(k\tau); k = 0, \pm 1, \pm 2, \ldots\}$$

Existe una relación muy útil en la que intervienen transformadas de Fourier de todo par de elementos del mismo conjunto de equivalencia definido por esta aplicación. Demostrar que si x e y están en el mismo conjunto de equivalencia, o sea, si tienen los mismos valores muestra, será

$$\sum_{m=-\infty}^{\infty} X\left(f - \frac{m}{\tau}\right) = \sum_{m=-\infty}^{\infty} Y\left(f - \frac{m}{\tau}\right); \qquad -\infty < f < \infty$$

A partir de este resultado, demostrar que si x tiene los valores muestra $x(0) = 1$ y $x(k\tau) = 0$ para $k \neq 0$, es decir, si x satisface los requisitos de un pulso interpolador, será

$$\sum_{m=-\infty}^{\infty} X\left(f - \frac{m}{\tau}\right) = \tau; \qquad -\infty < f < \infty$$

REFERENCIAS

1. C. E. SHANNON, "Communication in the Presence of Noise", *Proc. IRE,* Vol. 37, n.º 1, pp. 10-21 (enero, 1949).
2. A. PAPOULIS, *The Fourier Integral and Its Applications,* McGraw-Hill, 1962.
3. G. F. SIMMONS, *Introduction to Topology and Modern Analysis,* McGraw-Hill, 1963.
4. A. N. KOLMOGOROV y S. V. FOMIN, *Elements of the Theory of Functions and Functional Analysis, Vol. 1, Metric and Normed Spaces,* Graylock Press, 1957.
5. P. BELLO, "Time-frequency Duality", *Trans. IEEE,* Vol. IT-10, n.º 1, pp. 18-33, enero, 1964.

Espacios de señales

2

2.1 *Espacios métricos*

Habiendo reunido en un conjunto todas las señales que presentan alguna propiedad común, pasemos a examinar las propiedades distintivas de los elementos dentro del conjunto. Una señal particular sólo interesa en relación con las demás señales del conjunto. Por ejemplo, podemos preguntar acerca de una señal respecto a las demás: ¿tiene más energía?, ¿dura más?, ¿fluctúa más rápidamente?, ¿tiene más ceros?, ¿tiene un valor de pico mayor?, etcétera. Un método general, que es intuitivamente satisfactorio, para caracterizar la diferencia entre dos elementos de un conjunto consiste en asignar a cada par de elementos un número real positivo. Éste se interpreta como *distancia* entre los elementos y el propio conjunto comienza a tomar un carácter geométrico. Al conjunto, con una distancia definida adecuadamente, le llamaremos *espacio de señales.* Para definir una distancia, necesitamos un funcional que aplique todos los pares de elementos del conjunto en el eje real. A dicho funcional, $d: \{x, y\} \rightarrow R$, se dice que es una *métrica* si posee las siguientes propiedades:

$$\begin{aligned} &\text{a.}\quad d(x,y) \geqslant 0 \quad \text{y} \quad d(x,y) = 0 \quad \text{si, y sólo si, } x = y \\ &\text{b.}\quad d(x,y) = d(y,x) \quad \text{(simetría)} \\ &\text{c.}\quad d(x,z) \leqslant d(x,y) + d(y,z) \quad \text{(desigualdad del triángulo)} \end{aligned} \tag{2.1}$$

Estos requisitos no son más que enunciados formalizados que reflejan las propiedades asociadas intuitivamente a la distancia: (a) La distancia es un número no negativo. (b) La distancia de x a y es la misma que de y a x. (c) La longitud de un lado de un triángulo no puede ser mayor que la suma de las longitudes de los otros dos (aquí interpretamos geométricamente los elementos x, y y z como vértices de un triángulo).

Un conjunto de elementos $\mathscr{X}$, junto con una métrica d, se denomina *espacio métrico* $(\mathscr{X}, d)$. Debe notarse que dos métricas diferentes, definidas sobre el mismo conjunto de elementos, forman dos espacios métricos diferentes.

Ejemplo 2.1. El eje real R, que comprende el conjunto de todos los números reales, es un espacio métrico con una métrica dada por

$$d(x, y) = |x - y|; \qquad x, y \in R \tag{2.2}$$

A ésta se la conoce por *métrica usual* sobre R. Será útil pensar en varios espacios métricos como generalización de este ejemplo familiar. ▮

Ejemplo 2.2. El conjunto R^n de sucesiones ordenadas de n números reales (n-plas) puede hacerse espacio métrico de varias maneras. Si hacemos $x = \{\alpha_1, \alpha_2, \ldots, \alpha_n\}$ e $y = \{\beta_1, \beta_2, \ldots, \beta_n\}$, los funcionales siguientes serán ejemplos de métricas que se pueden utilizar.

$$\begin{aligned} &\text{a. } d_1(x, y) = \sum_{i=1}^{n} |\alpha_i - \beta_i| \\ &\text{b. } d_2(x, y) = \left[\sum_{i=1}^{n} |\alpha_i - \beta_i|^2 \right]^{\frac{1}{2}} \\ &\text{c. } d_3(x, y) = \max \{|\alpha_i - \beta_i|;\ i = 1, 2, \ldots, n\} \end{aligned} \tag{2.3}$$

Estas métricas pueden aplicarse directamente al conjunto C^n de n-plas complejas (siendo α_i y β_i números complejos) expresando el módulo del número complejo como raíz cuadrada de la suma de los cuadrados de las partes real e imaginaria; es decir, si $\alpha = a + jb$, será $|\alpha| = (a^2 + b^2)^{1/2}$. Las definiciones pueden también extenderse para ser aplicadas a sucesiones infinitas, proporcionando así métricas para R^∞ y C^∞. En este caso, a la métrica (2.3c) se le suele llamar *supremo,* o cota superior mínima, del conjunto $\{|\alpha_i - \beta_i|;\ i = 1, 2, \ldots\}$ y se escribe

$$d_3(x, y) = \sup \{|\alpha_i - \beta_i|;\ i = 1, 2, \ldots\}$$

La métrica (2.3b) coincide con el concepto usual de distancia en un espacio tridimensional y se denomina *métrica euclídea.* ▮

Ejemplo 2.3. En un sistema de comunicación que transmita información en forma de sucesión de símbolos binarios (0 y 1), la sucesión mensaje puede interpretarse a menudo como una sucesión de bloques o palabras de código de longitud fija, digamos n símbolos. Las palabras de código son n-plas cuyos elementos toman los valores 0 o 1. El conjunto de 2^n palabras distintas puede hacerse espacio métrico definiendo la distancia entre cualquier par de palabras como el número de posiciones en las palabras donde difieren los símbolos. Ello es equivalente a tomar la suma ordinaria, para todas las posiciones, de la suma módulo 2 de los símbolos en cada posición

$$d(x, y) = \sum_{i=1}^{n} [(\alpha_i + \beta_i) \bmod 2] \tag{2.4}$$

	Dígitos de información			Dígito de comprobación de la paridad
	α_1	α_2	α_3	α_4
x_1 :	0	0	0	0
x_2 :	0	0	1	1
x_3 :	0	1	0	1
x_4 :	0	1	1	0
x_5 :	1	0	0	1
x_6 :	1	0	1	0
x_7 :	1	1	0	0
x_8 :	1	1	1	1

$\alpha_4 = (\alpha_1 + \alpha_2 + \alpha_3) \bmod 2$

Figura 2.1. Conjunto de palabras de código que tiene una distancia mínima igual a 2

A esta métrica se le llama *distancia Hamming* para palabras de código binario y es útil para el estudio de los códigos de detección de errores y de corrección de errores.[1],[2] En la figura 2.1 puede verse un ejemplo de código detector de errores en el que se han seleccionado ocho palabras de código de un conjunto de dieciséis de tal manera que la distancia mínima entre pares de palabras sea 2. Ello se logra añadiendo a los tres dígitos de información un *dígito de comprobación de la paridad* tal que cada palabra contenga un número par de "unos". Como la distancia mínima entre pares de palabras es 2, podrá detectarse la aparición de un error único en cualquier palabra de cuatro dígitos.

Añadiendo dígitos de comprobación de la paridad adicionales, podemos crear un conjunto de palabras de código que presente una distancia mínima de 3. En este caso resulta un código corrector de errores puesto que un error único

	Dígitos de información				Dígitos de comprobación		
	α_1	α_2	α_3	α_4	α_5	α_6	α_7
x_1 :	0	0	0	0	0	0	0
x_2 :	0	0	0	1	1	1	1
x_3 :	0	0	1	0	0	1	1
x_4 :	0	0	1	1	1	0	0
x_5 :	0	1	0	0	1	0	1
•							
•							
•							
•							
x_{16} :	1	1	1	1	1	1	1

$$\alpha_5 = (\alpha_1 + \alpha_2 + \alpha_4) \bmod 2$$
$$\alpha_6 = (\alpha_1 + \alpha_3 + \alpha_4) \bmod 2$$
$$\alpha_7 = (\alpha_2 + \alpha_3 + \alpha_4) \bmod 2$$

Figura 2.2. Conjunto de palabras de código que tiene una distancia mínima de 3

en la transmisión da origen a una palabra de código más próxima a la correcta que ninguna otra palabra. En la figura 2.2 puede verse un ejemplo de código de siete dígitos que tiene cuatro dígitos de información y tres de comprobación. ▮

Ejemplo 2.4. Para un conjunto arbitrario de funciones del tiempo reales o complejas definido en un intervalo de tiempo prefijado $T = \{t;\, a \leqslant t \leqslant b\}$, pueden definirse métricas análogas a las del ejemplo 2.2.

$$\begin{aligned} &\text{a. } d_1(x, y) = \int_T |x(t) - y(t)|\, dt \\ &\text{b. } d_2(x, y) = \left[\int_T |x(t) - y(t)|^2\, dt \right]^{\frac{1}{2}} \\ &\text{c. } d_3(x, y) = \sup \{ |x(t) - y(t)|;\, t \in T \} \end{aligned} \tag{2.5}$$

Para las métricas d_1 y d_2 de (2.5) existe una dificultad aparente consistente en que x e y podrían diferir en un punto único, digamos $x(t_0) \neq y(t_0)$; $t_0 \in T$; y sin embargo, $d(x, y) = 0$ (v. fig. 1.10). Salvamos esta dificultad identificando las funciones que difieran a lo sumo en un conjunto numerable de puntos en el intervalo T como si ocuparan el mismo punto en el espacio métrico. En esta situación decimos que x e y son *iguales casi por doquier.* ▮

Ejemplo 2.5. Para un conjunto arbitrario $\mathscr{X}$, se puede definir una métrica por medio de la función d tal que

$$\begin{aligned} d(x, y) &= 0 \quad \text{para } x = y \\ &= 1 \quad \text{para } x \neq y \end{aligned} \tag{2.6}$$

Aun cuando esta métrica sea un tanto trivial, resulta a veces útil para demostrar teoremas generales y proporcionar contraejemplos, ya que puede utilizarse con cualquier conjunto. ▮

Ejercicio 2.1. Si se hacen algo menos restrictivas las relaciones (2.1) de definición de una métrica de manera que (a) $d(x, y) \geqslant 0$ y $d(x, y) = 0$ si $x = y$, (b) $d(x, y) = d(y, x)$ y (c) $d(x, z) \leqslant d(x, y) + d(y, z)$, el funcional $d(x, y)$ definido sobre el conjunto $\mathscr{X}$ se dice que es una *seudométrica.*[3] Una seudométrica sólo difiere de una métrica en que puede anularse para $x \neq y$. Demostrar que

$$x \sim y \Leftarrow d(x, y) = 0$$

es una relación de equivalencia válida en $\mathscr{X}$. Mostrar cómo puede hacerse espacio métrico el conjunto de conjuntos de equivalencia generado por esta relación de equivalencia. Interpretar en este sentido la relación "igual casi por doquier".

Ejercicio 2.2. Sea $f\colon \mathscr{X} \to R$ un funcional arbitrario definido sobre $\mathscr{X}$. Demostrar que

$$d(x, y) = |f(x) - f(y)|$$

es seudométrica.

Ejercicio 2.3. Sea $(\mathscr{X}, d)$ un espacio métrico y sea

$$\tilde{d}(x, y) = \frac{d(x, y)}{1 + d(x, y)}; \qquad x, y \in \mathscr{X}$$

Demostrar que $(\mathscr{X}, \tilde{d})$ es un espacio métrico. ¿Qué característica importante posee este espacio métrico?

2.2 *Convergencia y continuidad*

En los problemas de análisis nos encontramos a menudo con sucesiones infinitas de elementos $\{x_1, x_2, x_3, \ldots\}$ seleccionadas de un cierto conjunto $\mathscr{X}$. El concepto de distancia de un espacio métrico nos permite examinar dichas sucesiones en lo que respecta a la propiedad fundamental llamada *convergencia.*

Decimos que una sucesión $\{x_n;\ x_n \in \mathscr{X}, n = 1, 2, \ldots\}$ es convergente si existe una $x \in \mathscr{X}$ tal que para todo $\varepsilon > 0$, existe un entero positivo n_0 tal que

$$n \geqslant n_0 \Rightarrow d(x_n, x) < \varepsilon$$

Esto se expresa a menudo en la forma

$$\lim_{n\to\infty} x_n = x$$

Es intuitivamente aparente que puntos sucesivos de una sucesión convergente deben tender a estar cada vez más próximos al ir creciendo n. Toda sucesión que tenga esta propiedad se denomina *sucesión de Cauchy.* Concretamente, si para todo $\varepsilon > 0$ existe un entero positivo n_0 tal que $m, n \geqslant n_0 \Rightarrow d(x_m, x_n) < \varepsilon$, la sucesión será una sucesión de Cauchy. De la desigualdad del triángulo $d(x_n, x_m) \leqslant d(x_n, x) + d(x, x_m)$ queda claro que una sucesión convergente debe ser una sucesión de Cauchy. En cambio, una sucesión de Cauchy puede no ser convergente simplemente porque el elemento al cual tiende la sucesión en el límite puede no estar en el conjunto $\mathscr{X}$. A continuación damos

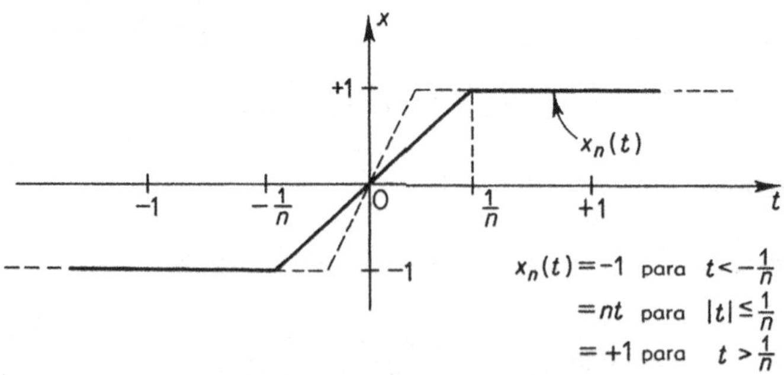

Figura 2.3. Sucesión de Cauchy de funciones continuas

un ejemplo de sucesión que tiene un límite fuera del conjunto de definición. Ciertos espacios métricos tienen la conveniente propiedad de que toda sucesión de Cauchy es convergente. A dichos espacios se les llama espacios métricos *completos.*

Ejemplo 2.6. Representemos por $C[T]$ al conjunto de funciones del tiempo reales continuas definidas en un intervalo $T = \{t;\ a \leqslant t \leqslant b\}$ y sea la métrica asociada la dada en (2.5b). Podemos demostrar que este espacio métrico no es completo construyendo una sucesión de Cauchy no convergente en la forma indicada en la figura 2.3.

Haciendo $a = -1$, $b = +1$, tenemos

$$\begin{aligned} d_2(x_m, x_n) &= \left[\int_{-1}^{1} |x_m(t) - x_n(t)|^2\, dt\right]^{\frac{1}{2}} \\ &= \sqrt{\frac{2}{3n}}\left(1 - \frac{n}{m}\right) \qquad \text{para}\, m > n \end{aligned} \tag{2.7}$$

Por tanto, $\{x_1(t), x_2(t), \ldots\}$ es una sucesión de Cauchy (de funciones) pero tiende en el límite a la función discontinua $\operatorname{sgn} t = t/|t|$. Por medio de este contraejemplo, hemos establecido que el espacio métrico $(C[T], d_2)$ no es completo.

Utilizando la métrica de (2.5c) con $C[T]$, vemos que la sucesión representada en la figura 2.3 no es de Cauchy, puesto que

$$\begin{aligned} d_3(x_m, x_n) &= \sup\{|x_m(t) - x_n(t)|;\ -1 \leqslant t \leqslant +1\} \\ &= 1 - \frac{n}{m} \qquad \text{para } m > n \end{aligned} \tag{2.8}$$

Luego esta sucesión no servirá como contraejemplo para probar que $(C[T], d_3)$ no es completo. En realidad, podemos demostrar que $(C[T], d_3)$ es completo mediante el razonamiento siguiente. Sea $\{x_n;\ n = 1, 2, 3, \ldots\}$ una sucesión de Cauchy cualquiera, entonces para todo $\varepsilon > 0$ tenemos

$$d_3(x_m, x_n) = \sup\{|x_m(t) - x_n(t)|;\ t \in T\} < \varepsilon$$

para m y n suficientemente grandes. Pero esto dice que $|x_m(t) - x_n(t)| < \varepsilon$ para todo $t \in T$; luego $\{x_n(t)\}$ es una sucesión de Cauchy en R para cada t y converge hacia un límite que llamamos $x(t)$. Podemos decir que $|x_n(t) - x(t)| < \varepsilon/3$, para n suficientemente grande. Tenemos que demostrar ahora que x es una función continua de t; es decir, para todo $\varepsilon > 0$ y todo $t_0 \in T$, podemos hallar un $\delta > 0$ tal que

$$|x(t) - x(t_0)| < \varepsilon \qquad \text{si } |t - t_0| < \delta \tag{2.9}$$

Como x_n es una función continua, podemos hallar un δ que haga $|x_n(t) - x_n(t_0)| < \varepsilon/3$; entonces

$$\begin{aligned}|x(t) - x(t_0)| &= |[x(t) - x_n(t)] + [x_n(t) - x_n(t_0)] + [x_n(t_0) - x(t_0)]| \\ &\leqslant |x(t) - x_n(t)| + |x_n(t) - x_n(t_0)| + |x_n(t_0) - x(t_0)| < \varepsilon\end{aligned}$$

Así pues, $x(t)$ es continua en todo $t_0 \in T$ y $(C[T], d_3)$ es un espacio métrico completo. ∎

Una de las consecuencias importantes del establecimiento de espacios métricos es que puede generalizarse el concepto ordinario de continuidad estudiado antes para aplicarlo a aplicaciones arbitrarias de un espacio métrico en otro. Sea $f: (\mathscr{X}, d_1) \to (\mathscr{Y}, d_2)$, diremos entonces que f es *continua en* x_0 si para todo $\varepsilon > 0$ existe un $\delta > 0$ tal que

$$d_1(x, x_0) < \delta \Rightarrow d_2(y, y_0) < \varepsilon; \qquad x \in \mathscr{X} \quad \text{e} \quad y \in \mathscr{Y} \tag{2.10}$$

donde $y = f(x)$ e $y_0 = f(x_0)$. Si es f continua en cada punto de su conjunto de definición se dice que f es una aplicación *continua.*

Ejemplo 2.7. Para ilustrar este concepto más general de continuidad, consideremos una aplicación del espacio de funciones del tiempo reales en R, es decir, un funcional. Para el espacio de funciones del tiempo reales utilizaremos la métrica d_2 de (2.5) y para R la métrica usual (2.2). La aplicación está definida por

$$f_\varphi(x) = \int_{-\infty}^{\infty} x(t)\varphi(t)\, dt \tag{2.11}$$

Tenemos, para todo x_0,

$$\begin{aligned} d(f_\varphi(x), f_\varphi(x_0)) &= |f_\varphi(x) - f_\varphi(x_0)| \\ &= \left| \int_{-\infty}^{\infty} \{x(t) - x_0(t)\}\varphi(t)\, dt \right| \end{aligned} \tag{2.12}$$

Aplicando una forma particular de la *desigualdad de Schwartz* [(§ 2.5) a (2.12)] se tiene la desigualdad

$$\left| \int_{-\infty}^{\infty} \{x(t) - x_0(t)\}\varphi(t)\, dt \right| \leqslant \left[\int_{-\infty}^{\infty} \{x(t) - x_0(t)\}^2\, dt \right]^{\frac{1}{2}} \left[\int_{-\infty}^{\infty} \varphi^2(t)\, dt \right]^{\frac{1}{2}} \tag{2.13}$$

Así pues, si φ es de cuadrado integrable,

$$\left[\int_{-\infty}^{\infty} \varphi^2(t)\, dt \right]^{\frac{1}{2}} < K,$$

donde K es un número real positivo, entonces

$$|f_\varphi(x) - f_\varphi(x_0)| < K\, d_2(x, x_0) < \varepsilon \qquad \text{si } d_2(x, x_0) < \delta = \frac{\varepsilon}{K} \tag{2.14}$$

y f_φ es un funcional continuo. ∎

Ejercicio 2.4. Para ilustrar el hecho de que la continuidad depende mucho de los espacios métricos que intervienen, demostrar que *toda* aplicación de un espacio que utilice la métrica del ejemplo 2.5 en otro espacio métrico cualquiera es continua.

Otras dos propiedades de los espacios métricos, que son útiles en análisis, son las propiedades de *separabilidad* y *compacidad*. A grandes rasgos, estas propiedades proporcionan una útil visión del grado de complejidad de un espacio métrico que contenga infinitos elementos. Un espacio métrico $(\mathscr{X}, d)$ es separable si, para todo $\varepsilon > 0$, podemos hallar una sucesión *numerable* de elementos de $\mathscr{X}$, $\{x_1, x_2, \ldots\}$, tal que $d(x, x_i) < \varepsilon$ para algún i y cualquier $x \in \mathscr{X}$. El espacio métrico es compacto si podemos hallar una sucesión *finita* $\{x_1, x_2, \ldots, x_{n(\varepsilon)}\}$ tal que $d(x, x_i) < \varepsilon$ para algún i; $1 \leqslant i \leqslant n(\varepsilon)$ y cualquier $x \in \mathscr{X}$. Podemos pensar en un espacio compacto como en uno capaz de ser "cubierto" por un conjunto finito de "esferas" de radio ε. Un espacio separable puede ser "más grande" que un espacio compacto, pero al menos puede "cubrirse" con un conjunto numerable de esferas.

2.3 *Espacios vectoriales*

Nuestro siguiente paso en el desarrollo de espacios de señales será añadir una estructura algebraica simple a los conjuntos de señales en consideración. Dicha estructura la proporciona un *espacio vectorial,* el cual se define de la manera siguiente.

Un espacio vectorial es un conjunto de elementos (llamados *vectores* e indicados por letras negritas) con las siguientes propiedades:

A. Para cada par de vectores $\mathbf{x}$ e $\mathbf{y}$ del conjunto, existe en éste un vector correspondiente $\mathbf{x} + \mathbf{y}$ llamado *suma* de $\mathbf{x}$ e $\mathbf{y}$, tal que

(a) La adición es conmutativa: $\mathbf{x} + \mathbf{y} = \mathbf{y} + \mathbf{x}$.

(b) La adición es asociativa: $\mathbf{x} + (\mathbf{y} + \mathbf{z}) = (\mathbf{x} + \mathbf{y}) + \mathbf{z}$.

(c) El conjunto contiene un vector único $\mathbf{0}$ (llamado *origen*) tal que

$$\mathbf{x} + \mathbf{0} = \mathbf{x} \text{ para todo } \mathbf{x}. \tag{2.15A}$$

(d) Para cada $\mathbf{x}$, existe un vector único $(-\mathbf{x})$ tal que $\mathbf{x} + (-\mathbf{x}) = \mathbf{0}$.

B. Existe un conjunto de elementos (llamados *escalares*) que forman un *campo* y una operación (llamada *multiplicación por un escalar*) tal que para todo escalar α y todo vector $\mathbf{x}$ existe un vector $\alpha\mathbf{x}$, y

(a) La multiplicación por escalares es asociativa: $\alpha(\beta\mathbf{x}) = \alpha\beta\mathbf{x}$. (2.15B)

(b) $1\mathbf{x} = \mathbf{x}$ y $0\mathbf{x} = \mathbf{0}$ para cada $\mathbf{x}$.

(c) $\alpha(\mathbf{x} + \mathbf{y}) = \alpha\mathbf{x} + \alpha\mathbf{y}$.

(d) $(\alpha + \beta)\mathbf{x} = \alpha\mathbf{x} + \beta\mathbf{x}$.

} leyes distributivas

Los lectores familiarizados con el álgebra moderna se darán cuenta de que (2.15A) constituyen los postulados de un grupo conmutativo bajo la operación simbolizada por (+). La segunda parte de la definición introduce otra operación y especifica su interacción con la primera operación. Un campo es un conjunto de elementos que presenta esencialmente una estructura de grupo conmutativo doble, con las operaciones de adición y multiplicación, con la excepción de que el 0 de la identidad aditiva no tiene un inverso multiplicativo.[3] El campo de escalares contiene así un elemento 0 de identidad aditiva y un elemento 1 de identidad multiplicativa. Vemos que un espacio vectorial contiene dos identidades aditivas diferentes, una para vectores y otra para escalares, ambas llamadas cero. Simbólicamente, estos ceros serán distintos porque el cero vectorial estará en negrita, mientras que el cero escalar no.

Simplificaría la cuestión, y sería adecuado para nuestros fines, identificar los escalares o con el conjunto de los números reales R o con el conjunto de los números complejos C, los cuales son campos los dos. Sin embargo, se presenta la definición más general de espacio vectorial porque hay aplicaciones importantes en la teoría de la señal (especialmente en la teoría de la codificación) que llevan consigo campos finitos de escalares. Por ejemplo, el conjunto binario $\{0, 1\}$ junto con las operaciones aritméticas módulo 2 convencionales forman un campo finito, y los espacios vectoriales que utilizan estos escalares se han estudiado a fondo desde el punto de vista de las aplicaciones a sistemas de comunicación.[2]

Si como sistema de escalares se utilizan números reales, el espacio vectorial resultante se denomina *espacio vectorial real.* Utilizando los números complejos para los escalares, tenemos un *espacio vectorial complejo.* El vector obtenido tomando la suma de n vectores particulares, multiplicado cada uno de ellos por un coeficiente escalar

$$\mathbf{x} = \sum_{i=1}^{n} \alpha_i \mathbf{x}_i \tag{2.16}$$

se denomina *combinación lineal.* Fácil es ver que el conjunto de todas las combinaciones lineales de $\{\mathbf{x}_1, \mathbf{x}_2, \ldots, \mathbf{x}_n\}$ forman un espacio vectorial. Es más, si tomamos un subconjunto de

$$\{\mathbf{x}_1, \mathbf{x}_2, \ldots, \mathbf{x}_n\}, \qquad \text{p.e.,} \ \{\mathbf{x}_1, \mathbf{x}_2, \ldots, \mathbf{x}_m\}; \qquad m < n$$

el conjunto de combinaciones lineales formará un espacio vectorial que es un subconjunto del espacio vectorial formado a partir de las combinaciones lineales de $\{\mathbf{x}_1, \mathbf{x}_2, \ldots, \mathbf{x}_n\}$. A dicho subconjunto se le llama *subespacio vectorial.* Un conjunto de vectores $\{\mathbf{x}_i;\ i = 1, 2, \ldots, n\}$ se dice que es *linealmente independiente* si la relación

$$\sum_{i=1}^{n} \alpha_i \mathbf{x}_i = \mathbf{0} \tag{2.17}$$

sólo puede satisfacerse siendo nulos todos los escalares α_i. Dicho de otro modo, un vector de un conjunto linealmente independiente no puede expresarse como combinación lineal de los demás vectores del conjunto. Sea M el espacio de las combinaciones lineales de los n vectores linealmente independientes $\{\mathbf{x}_i;\ i = 1, 2, \ldots, n\}$. Cada vector de M es una combinación lineal única de los $\{\mathbf{x}_i\}$ (conjunto único de coeficientes escalares). Se dice que M es un espacio vectorial *n-dimensional.* Al conjunto $\{\mathbf{x}_i\}$ se le denomina *base* de M y se dice que M está *engendrado* por esta base. Todo conjunto de n vectores de M linealmente independientes servirá de base para M; por tanto, un espacio vectorial no tendrá base única.

Para presentar los espacios que utilizaremos en los problemas de análisis de señales bastarán dos ejemplos de tipos particulares de espacios vectoriales.

Ejemplo 2.8. El conjunto de n-plas de escalares R^n o C^n forma un espacio vectorial n-dimensional. Sean $\mathbf{x} = \{\alpha_1, \alpha_2, \ldots, \alpha_n\}$ e $\mathbf{y} = \{\beta_1, \beta_2, \ldots, \beta_n\}$. La suma de vectores está definida por

$$\mathbf{x} + \mathbf{y} = \{\alpha_1 + \beta_1, \alpha_2 + \beta_2, \ldots, \alpha_n + \beta_n\} \tag{2.18}$$

y la multiplicación por un escalar por

$$\alpha\mathbf{x} = \{\alpha\alpha_1, \alpha\alpha_2, \ldots, \alpha\alpha_n\} \tag{2.19}$$

Está claro que cada vector puede expresarse como combinación lineal del tipo

$$\mathbf{x} = \sum_{i=1}^{n} \alpha_i \mathbf{e}_i \tag{2.20}$$

donde los n vectores linealmente independientes $\{\mathbf{e}_i\}$ están dados por

$$\begin{aligned} \mathbf{e}_1 &= \{1, 0, 0, \ldots, 0\} \\ \mathbf{e}_2 &= \{0, 1, 0, \ldots, 0\} \\ &\;\;\vdots \\ \mathbf{e}_n &= \{0, 0, 0, \ldots, 1\} \end{aligned} \tag{2.21}$$

∎

Representación de vectores de un número finito de dimensiones

Sea ahora M un espacio vectorial n-dimensional arbitrario engendrado por la base $\{\mathbf{u}_i; i = 1, 2, \ldots, n\}$. Todo $\mathbf{x} \in M$ puede expresarse unívocamente en la forma

$$\mathbf{x} = \sum_{i=1}^{n} \alpha_i \mathbf{u}_i \tag{2.22}$$

La sucesión ordenada de coeficientes escalares $\{\alpha_i\}$ se puede interpretar como n-pla. Así pues, existe una correspondencia uno a uno entre vectores del espacio arbitrario M y el espacio de n-plas, y R^n o C^n se pueden utilizar como modelo para cualquier espacio n-dimensional real o complejo. Decimos que la *n-pla* $\boldsymbol{\alpha} = \{\alpha_i\}$ es una *representación* (en R^n o C^n) para $\mathbf{x}$ relativa a la base

$\{\mathbf{u}_i\}$. Importa recordar que una representación no tiene significado por sí misma sino que debe estar siempre referida a una base particular. Una n-pla diferente podría representar la misma $\mathbf{x}$ relativa a una base diferente.

Ejemplo 2.9. El conjunto de funciones del tiempo reales o complejas definidas en un intervalo $T = \{t;\ a \leqslant t \leqslant b\}$ es un espacio vectorial en donde la adición de vectores y la multiplicación por un escalar se definen puntualmente; es decir,

$$\left.\begin{array}{l} \mathbf{z} = \mathbf{x} + \mathbf{y} \Rightarrow z(t) = x(t) + y(t) \\ \mathbf{z} = \alpha\mathbf{x} \Rightarrow z(t) = \alpha x(t) \end{array}\right\} \quad \text{para todo } t \in T \qquad (2.23)$$

Este espacio se dice que es un *espacio de funciones*. En la mayoría de casos de interés, estos espacios tienen infinitas dimensiones. Suele ser fácil establecer este hecho construyendo infinitas sucesiones de funciones en el espacio, siendo linealmente independientes un número finito cualquiera de las mismas. En el capítulo 3 se tratará el problema de la aplicación en espacios de funciones de número finito de dimensiones, de sus estados naturales en espacios de funciones. Aquéllos son más manejables que éstos.

Ejercicio 2.5. Demostrar que el subconjunto de un espacio de funciones definido por $\{\mathbf{x};\ x(0) = 0\}$ es él mismo un espacio vectorial. ▮

Ejercicio 2.6. Demostrar que $C[T]$ utilizado en el ejemplo 2.6 es un espacio vectorial.

2.4 *Espacios vectoriales normados*

Vamos a combinar los conceptos geométricos asociados a los espacios métricos con los conceptos algebraicos asociados a los espacios vectoriales. Ello se logra asignando un número real que refleje el "tamaño" de un elemento cualquiera de un espacio vectorial. A dicho número se le llama *norma* de un vector (se representa por $\|\mathbf{x}\|$) y se puede definir en función de una aplicación cualquiera del espacio vectorial en el eje real, la cual satisfaga las siguientes propiedades:

$$\begin{array}{ll} \text{a.} & \|\mathbf{x}\| \geqslant 0 \quad \text{y} \quad \|\mathbf{x}\| = 0 \quad \text{si, y sólo si, } \mathbf{x} = \mathbf{0} \\ \text{b.} & \|\mathbf{x} + \mathbf{y}\| \leqslant \|\mathbf{x}\| + \|\mathbf{y}\| \\ \text{c.} & \|\alpha\mathbf{x}\| = |\alpha|\, \|\mathbf{x}\| \end{array} \qquad (2.24)$$

A partir de estas propiedades, es fácil demostrar que

$$d(\mathbf{x}, \mathbf{y}) = \|\mathbf{x} - \mathbf{y}\| \tag{2.25}$$

es una métrica (2.1) y esta métrica está implícita cuando hablamos de un espacio vectorial normado como de un espacio métrico. Nótese que la norma de un vector es su distancia al origen. Cuando un espacio vectorial normado sea completo como espacio métrico, le llamamos *espacio de Banach.*

En cada uno de los ejemplos de § 2.1, excepto en el ejemplo 2.5, las métricas pueden interpretarse como inducidas por una norma. Así, por ejemplo, podemos definir una norma en R^n o C^n mediante la expresión

$$\|\mathbf{x}\| = \left[\sum_{i=1}^{n} |\alpha_i|^2\right]^{\frac{1}{2}} \tag{2.26}$$

y para funciones del tiempo reales o complejas definidas en T, podemos definir

$$\|\mathbf{x}\| = \left[\int_T |x(t)|^2\, dt\right]^{\frac{1}{2}} \tag{2.27}$$

Esta es la norma que elegimos para representar una señal, en parte a causa de la conveniencia de interpretar físicamente el cuadrado de la norma como energía de la señal (1.5) y en parte porque esta norma surge de manera natural en los espacios vectoriales más estructurados que se presentan en el apartado siguiente. El conjunto de todas las funciones para las cuales está acotada la norma (2.27) se denomina *espacio* L^2 y se representa por $L^2(T)$.[1] El origen de este espacio es la función que es cero casi por doquier sobre el intervalo T.

Ejercicio 2.7. Demostrar que la aplicación f: $\mathscr{X} \to R$ definida por $f(\mathbf{x}) = \|\mathbf{x}\|$ es continua.

[1] Introducimos ahora una notación más conveniente para definir intervalos de tiempo. Convendremos en escribir

$$[a, b] = \{t; a \leqslant t \leqslant b\}, \qquad [a, b) = \{t; a \leqslant t < b\}$$
$$(a, b] = \{t; a < t \leqslant b\}, \qquad (a, b) = \{t; a < t < b\}$$

En consecuencia, diversos tipos de espacios de funciones L^2 se representarán por $L^2(-\infty, \infty)$, $L^2[0, \infty)$, $L^2[-1, +1]$, etc.

2.5 *Espacios con producto escalar*

El paso final en el desarrollo de espacios de señales es proporcionar estructura geométrica adicional en forma de una relación de *producto interior* entre pares de vectores. De ahora en adelante trataremos de espacios vectoriales complejos, ya que los espacios reales se pueden tratar siempre como caso particular. El producto interior es una aplicación de pares ordenados de vectores del espacio vectorial en el plano complejo. Esta aplicación, con imágenes representadas por $(\mathbf{x}, \mathbf{y})$ en C, satisface las propiedades siguientes: [2]

$$\begin{aligned} &\text{a.}\quad (\mathbf{x}, \mathbf{y}) = (\mathbf{y}, \mathbf{x})^* \\ &\text{b.}\quad (\alpha\mathbf{x} + \beta\mathbf{y}, \mathbf{z}) = \alpha(\mathbf{x}, \mathbf{z}) + \beta(\mathbf{y}, \mathbf{z}) \\ &\text{c.}\quad (\mathbf{x}, \mathbf{x}) \geqslant 0 \quad \text{y} \quad (\mathbf{x}, \mathbf{x}) = 0 \qquad \text{si, y sólo si, } \mathbf{x} = \mathbf{0} \end{aligned} \tag{2.28}$$

De (2.28a y b) vemos que $(\alpha\mathbf{x},\mathbf{y}) = \alpha(\mathbf{x}, \mathbf{y})$, $(\mathbf{x}, \alpha\mathbf{y}) = \alpha^*(\mathbf{x}, \mathbf{y})$, y que $(\mathbf{x}, \mathbf{x})$ es real. Al producto interior también se le llama *producto escalar*. Consecuencia importante de la definición de producto interior es que

$$\|\mathbf{x}\| = (\mathbf{x}, \mathbf{x})^{\frac{1}{2}} \tag{2.29}$$

es norma válida para el espacio vectorial. Se ve fácilmente que se cumplen las propiedades (a) y (c) de (2.24) que definen una norma. La propiedad (b), o desigualdad del triángulo, exige mayor esfuerzo. Establezcamos primeramente una relación muy útil, conocida por el nombre de *desigualdad de Schwartz,*

$$|(\mathbf{x}, \mathbf{y})|^2 \leqslant (\mathbf{x}, \mathbf{x})(\mathbf{y}, \mathbf{y}) \tag{2.30}$$

Para demostrarla, utilizamos la propiedad (c) de (2.28) con el vector $\mathbf{x} + \alpha\mathbf{y}$, donde α es un escalar cualquiera.

$$\begin{aligned} 0 &\leqslant (\mathbf{x} + \alpha\mathbf{y}, \mathbf{x} + \alpha\mathbf{y}) \\ &= (\mathbf{x}, \mathbf{x}) + \alpha(\mathbf{y}, \mathbf{x}) + \alpha^*(\mathbf{x}, \mathbf{y}) + |\alpha|^2 (\mathbf{y}, \mathbf{y}) \end{aligned} \tag{2.31}$$

En particular, (2.31) vale para $\alpha = -(\mathbf{x}, \mathbf{y})/(\mathbf{y}, \mathbf{y})$, dando

$$(\mathbf{x}, \mathbf{x}) - \frac{|(\mathbf{x}, \mathbf{y})|^2}{(\mathbf{y}, \mathbf{y})} \geqslant 0 \tag{2.32}$$

[2] El asterisco designa el complejo conjugado.

de donde se deduce (2.30). Nótese que el signo igual de (2.30) valdrá si $\mathbf{x} = \alpha\mathbf{y}$, para todo α. En virtud de la desigualdad del triángulo, utilizando $\|\mathbf{x}\|^2 = (\mathbf{x}, \mathbf{x})$, tendremos

$$\begin{aligned}\|\mathbf{x} + \mathbf{y}\|^2 &= (\mathbf{x} + \mathbf{y}, \mathbf{x} + \mathbf{y}) \\ &= (\mathbf{x}, \mathbf{x}) + (\mathbf{x}, \mathbf{y}) + (\mathbf{y}, \mathbf{x}) + (\mathbf{y}, \mathbf{y}) \\ &\leq \|\mathbf{x}\|^2 + \|\mathbf{y}\|^2 + 2\,\|\mathbf{x}\|\,\|\mathbf{y}\| \\ &= (\|\mathbf{x}\| + \|\mathbf{y}\|)^2\end{aligned}$$

Luego

$$\|\mathbf{x} + \mathbf{y}\| \leq \|\mathbf{x}\| + \|\mathbf{y}\| \tag{2.33}$$

y (2.29) da una norma válida. El producto escalar introduce, pues, una norma que a su vez introduce una métrica, por (2.25), por lo que un espacio con producto escalar será un espacio métrico que lleva implícita una métrica particular. Un espacio con producto escalar que sea también completo, como espacio métrico, se denomina *espacio de Hilbert.*

A veces es útil pensar en el producto escalar como algo que proporciona una relación angular entre vectores. Como la desigualdad de Schwartz podemos escribirla en la forma

$$|(\mathbf{x}, \mathbf{y})| \leq \|\mathbf{x}\|\,\|\mathbf{y}\| \tag{2.34}$$

podemos definir un ángulo real θ formado por $\mathbf{x}$ e $\mathbf{y}$ tal que

$$\cos\theta = \frac{\operatorname{Re}(\mathbf{x}, \mathbf{y})}{\|\mathbf{x}\|\,\|\mathbf{y}\|} \tag{2.35}$$

Sin embargo, para el análisis sólo utilizaremos el concepto de ortogonalidad entre pares de vectores. Diremos que $\mathbf{x}$ e $\mathbf{y}$ son ortogonales si, y sólo si, $(\mathbf{x}, \mathbf{y}) = 0$. Se ve en seguida la dificultad que presenta (2.35) aplicada a espacios complejos, ya que podríamos tener $\theta = \pm\,\pi/2$ con $(\mathbf{x}, \mathbf{y}) \neq 0$. En cambio, si sustituimos $\operatorname{Re}(\mathbf{x}, \mathbf{y})$ por $|(\mathbf{x}, \mathbf{y})|$ en (2.35), no podríamos generar ángulos en los cuadrantes segundo y tercero.

Los espacios de los que nos ocuparemos primordialmente tienen productos escalares dados por

$$(\mathbf{x}, \mathbf{y}) = \sum_{i=1}^{n} \alpha_i \beta_i^*; \qquad \mathbf{x}, \mathbf{y} \in C^n \tag{2.36}$$

y

$$(\mathbf{x}, \mathbf{y}) = \int_T x(t) y^*(t)\, dt; \qquad \mathbf{x}, \mathbf{y} \in L^2(T) \tag{2.37}$$

Ejercicio 2.8. Sean $\mathbf{x}$ e $\mathbf{y}$ vectores de norma unidad en un espacio con producto escalar real. Demostrar que $\mathbf{x} + \mathbf{y}$ y $\mathbf{x} - \mathbf{y}$ son ortogonales. ¿Se mantiene la ortogonalidad en un espacio complejo? ¿Cuál es, en el caso complejo, el ángulo que forman $\mathbf{x} + \mathbf{y}$ y $\mathbf{x} - \mathbf{y}$, definido según (2.35)?

Ejercicio 2.9. En el caso de un espacio con producto escalar con $\|\mathbf{x}\|^2 = (\mathbf{x}, \mathbf{x})$, verificar la *igualdad del paralelogramo*

$$\|\mathbf{x} + \mathbf{y}\|^2 + \|\mathbf{x} - \mathbf{y}\|^2 = 2\,\|\mathbf{x}\|^2 + 2\,\|\mathbf{y}\|^2$$

Ejercicio 2.10. Demostrar que un producto escalar, en un espacio complejo, satisface la *identidad de polarización*

$$4(\mathbf{x}, \mathbf{y}) = \|\mathbf{x} + \mathbf{y}\|^2 - \|\mathbf{x} - \mathbf{y}\|^2 + j\,\|\mathbf{x} + j\mathbf{y}\|^2 - j\,\|\mathbf{x} - j\mathbf{y}\|^2$$

Ejercicio 2.11. Sea $\mathscr{X}$ un espacio de Banach cuya norma satisface la igualdad del paralelogramo. Definir un producto escalar de acuerdo con la identidad de polarización. Demostrar que este producto escalar es válido y que, por tanto, $\mathscr{X}$ es un espacio de Hilbert.

Ejercicio 2.12. Dar un ejemplo de espacio vectorial normado en el que la norma no satisfaga la igualdad del paralelogramo.

Ejemplo 2.10. Funciones de ambigüedad en el tiempo: Una importante aplicación de los productos escalares aparece en relación con la caracterización de las propiedades de fluctuación en el tiempo de las señales de energía finita. Si una función del tiempo está caracterizada por fluctuaciones muy rápidas, podríamos esperar que traslaciones de la señal relativamente pequeñas en el tiempo dieran origen a un cambio sustancial del punto de la señal en el espacio de señales de interés, cual sería el $L^2(-\infty, \infty)$. En cambio, una señal que fluctúe lentamente permanecerá esencialmente invariada ante traslaciones pequeñas en el tiempo y el punto de la señal sólo se moverá una pequeña distancia. Para expresar esta separación en el espacio de las señales, sea $\mathbf{x}_\tau$ una versión desplazada en el tiempo (en τ segundos) de $\mathbf{x}$; es decir, $x_\tau(t) = x(t + \tau)$. Tenemos, pues,

$$\begin{aligned} d^2(\mathbf{x}, \mathbf{x}_\tau) &= \|\mathbf{x} - \mathbf{x}_\tau\|^2 = (\mathbf{x} - \mathbf{x}_\tau, \mathbf{x} - \mathbf{x}_\tau) \\ &= (\mathbf{x}, \mathbf{x}) + (\mathbf{x}_\tau, \mathbf{x}_\tau) - (\mathbf{x}_\tau, \mathbf{x}) - (\mathbf{x}, \mathbf{x}_\tau) \\ &= \|\mathbf{x}\|^2 + \|\mathbf{x}_\tau\|^2 - 2\,\mathrm{Re}\,(\mathbf{x}, \mathbf{x}_\tau) \end{aligned} \tag{2.38}$$

El contenido energético de la señal no está afectado por la traslación temporal; $\|\mathbf{x}\|^2 = \|\mathbf{x}_\tau\|^2$; luego

$$d^2(\mathbf{x}, \mathbf{x}_\tau) = 2[\|\mathbf{x}\|^2 - \operatorname{Re}(\mathbf{x}, \mathbf{x}_\tau)]$$
$$= 2[r_x(0) - r_x(\tau)] \tag{2.39}$$

donde hemos definido

$$r_x(\tau) = \operatorname{Re}(\mathbf{x}, \mathbf{x}_\tau)$$
$$= \operatorname{Re}\int_{-\infty}^{\infty} x(t)x^*(t+\tau)\,dt \tag{2.40}$$

Luego, para cada señal **x**, existe una función real del traslado en el tiempo τ que caracteriza la separación en el espacio de señales debida a la traslación en el tiempo. En el caso de una señal rápidamente fluctuante, podríamos esperar que $r_x(\tau)$ disminuyera rápidamente con τ. En el caso de un pulso de señal estrecho, está claro que $r_x(\tau)$ es estrecha, pero la señal podría tener una larga duración y seguir originando una $r_x(\tau)$ estrecha según se indica en la figura 2.4. En muchas aplicaciones, por ejemplo en sistemas de radar, conviene utilizar señales que den origen a una $r_x(\tau)$ estrecha de manera que se pueda obtener una localización precisa de la señal en el tiempo por medio de medidas efec-

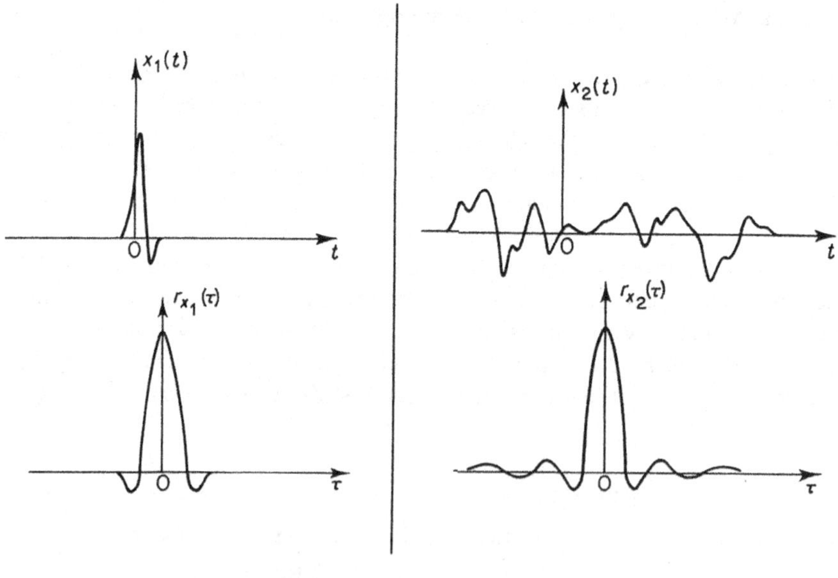

Figura 2.4. Dos señales que tienen aproximadamente características de ambigüedad en el tiempo iguales

tuadas sobre la señal.[5] En consecuencia, a $r_x(\tau)$ le llamaremos *función ambigüedad en el tiempo* de la señal $x(t)$. Una ambigüedad pequeña significa que la distancia (2.39) es grande. La función $r_x(\tau)$ también se denomina a veces *función de autocorrelación* para $x(t)$ por analogía con una caracterización similar de los procesos aleatorios. En el capítulo 7 se define la función de autocorrelación y en el capítulo 8 se presentan varias relaciones entre funciones de autocorrelación y funciones de ambigüedad en el tiempo. En el caso de señales reales, es fácil tomar la transformada de Fourier de (2.40),

$$R_x(f) = \int_{-\infty}^{\infty} r_x(\tau) e^{-j2\pi f\tau}\, d\tau = |X(f)|^2 \tag{2.41}$$

y vemos que las señales que presentan la misma ambigüedad en el tiempo tienen transformadas de Fourier que pueden diferir en un factor de fase arbitrario (v. ejercicio 1.5). ∎

Ejercicio 2.13. Demostrar que la función ambigüedad en el tiempo de una señal arbitraria de energía finita es continua (como función de τ). Para señales reales de energía finita, demostrar que $r_x(-\tau) = r_x(\tau)$ y $r_x(\tau) \leqslant r_x(0)$.

Ejercicio 2.14. Calcular y representar gráficamente funciones de ambigüedad en el tiempo para

a. $x(t) = 1; \quad 0 \leqslant t \leqslant T$
$ = 0;$ en caso contrario

b. $x(t) = \dfrac{\operatorname{sen} 2\pi W t}{2\pi W t}; \quad -\infty < t < \infty$

c. $x(t) = e^{-ut}; \quad t \geqslant 0$
$ = 0; \quad t < 0$

Sugerencia: Puede ser útil (2.41).

Obtención de la representación de un punto en un espacio con producto escalar

La característica más importante de un espacio con producto escalar como espacio de señales es que se proporciona una relación directa entre una señal y su representación. Supongamos que M sea un espacio n-dimensional arbitrario engendrado por la base $\{\mathbf{u}_i; i = 1, 2, \ldots, n\}$, entonces $\mathbf{x} \in M$ viene dado por

$$\mathbf{x} = \sum_{i=1}^{n} \alpha_i \mathbf{u}_i \tag{2.42}$$

Tomando productos escalares en ambos miembros de (2.42),

$$(\mathbf{x}, \mathbf{u}_j) = \sum_{i=1}^{n} (\mathbf{u}_i, \mathbf{u}_j)\alpha_i; \qquad j = 1, 2, \ldots, n \tag{2.43}$$

Es éste un sistema de n ecuaciones escalares lineales del que puede despejarse la n-pla $\boldsymbol{\alpha} = \{\alpha_1, \alpha_2, \ldots, \alpha_n\}$ que proporciona la representación (en C^n) de $\mathbf{x}$ relativa a la base $\{\mathbf{u}_i\}$. Otro método, más conveniente desde el punto de vista de la notación, consiste en establecer otra base $\{\mathbf{v}_i\}$ para M relacionada con $\{\mathbf{u}_i\}$ de manera ortogonal por pares de acuerdo con

$$(\mathbf{u}_i, \mathbf{v}_j) = \delta_{ij}; \qquad i, j = 1, 2, \ldots, n \tag{2.44}$$

donde δ_{ij} es la *delta de Krönecker* definida por $\delta_{ij} = 1$ para $i = j$, $\delta_{ij} = 0$ para $i \neq j$. Ahora, de (2.42),

$$(\mathbf{x}, \mathbf{v}_j) = \sum_{i=1}^{n} \alpha_i(\mathbf{u}_i, \mathbf{v}_j) \Rightarrow \alpha_j = (\mathbf{x}, \mathbf{v}_j); \qquad j = 1, 2, \ldots, n \tag{2.45}$$

Las bases que satisfagan (2.44) se denominan *bases recíprocas,* y tenemos

$$\mathbf{x} = \sum_{i=1}^{n} (\mathbf{x}, \mathbf{v}_i)\mathbf{u}_i = \sum_{i=1}^{n} (\mathbf{x}, \mathbf{u}_i)\mathbf{v}_i \tag{2.46}$$

para todo $\mathbf{x} \in M$ y todo par de bases recíprocas para M. Otro método que posee muchas características atractivas consiste en utilizar como base para M un *conjunto ortonormal.* Diremos que el conjunto $\{\mathbf{u}_i;\ i = 1, 2, \ldots, n\}$ es un conjunto ortonormal si es autorrecíproco, es decir, si los vectores son mutuamente ortogonales y tiene norma unidad.

$$(\mathbf{u}_i, \mathbf{u}_j) = \delta_{ij} \tag{2.47}$$

Entonces, para todo $\mathbf{x} \in M$,

$$\mathbf{x} = \sum_{i=1}^{n} (\mathbf{x}, \mathbf{u}_i)\mathbf{u}_i \tag{2.48}$$

Con una base ortonormal para M, no sólo tenemos una correspondencia uno a uno entre los vectores de M y su representación en C^n, sino una igualdad de productos escalares en ambos espacios. Para

$$\mathbf{x} = \sum_{i=1}^{n} \alpha_i\mathbf{u}_i \quad \text{e} \quad \mathbf{y} = \sum_{i=1}^{n} \beta_i\mathbf{u}_i$$

tenemos

$$(\mathbf{x}, \mathbf{y}) = \left(\sum_{i=1}^{n} \alpha_i \mathbf{u}_i, \sum_{j=1}^{n} \beta_j \mathbf{u}_j \right)$$
$$= \sum_{i=1}^{n} \sum_{j=1}^{n} \alpha_i \beta_j^* (\mathbf{u}_i, \mathbf{u}_j) = \sum_{i=1}^{n} \alpha_i \beta_i^* = (\boldsymbol{\alpha}, \boldsymbol{\beta}) \tag{2.49}$$

Dada la conveniencia de disponer de una base ortonormal, resultan interesantes los procedimientos de construcción de una tal base. Uno de ellos, ventajoso a causa de su naturaleza iterativa, es el *proceso de ortonormalización de Gram-Schmidt.* Dado un conjunto de n vectores linealmente independientes pertenecientes a M, $\{\mathbf{v}_i;\ i = 1, 2, \ldots, n\}$, el conjunto ortonormal $\{\mathbf{u}_i\}$ se genera normalizando el $\{\mathbf{w}_i\}$ obtenido de la manera siguiente:

$$\begin{aligned}
\mathbf{w}_1 &= \mathbf{v}_1 \\
\mathbf{w}_2 &= \mathbf{v}_2 - (\mathbf{v}_2, \mathbf{u}_1)\mathbf{u}_1 \\
\mathbf{w}_3 &= \mathbf{v}_3 - (\mathbf{v}_3, \mathbf{u}_2)\mathbf{u}_2 - (\mathbf{v}_3, \mathbf{u}_1)\mathbf{u}_1 \\
&\cdot \\
&\cdot \\
&\cdot \\
\mathbf{w}_i &= \mathbf{v}_i - \sum_{k=1}^{i-1} (\mathbf{v}_i, \mathbf{u}_k)\mathbf{u}_k \\
&\cdot \\
&\cdot \\
&\cdot
\end{aligned} \tag{2.50a}$$

donde

$$\mathbf{u}_i = \frac{\mathbf{w}_i}{\|\mathbf{w}_i\|}; \qquad i = 1, 2, \ldots, n \tag{2.50b}$$

Es importante observar que con diferentes reordenaciones del conjunto $\{\mathbf{v}_i\}$ en el proceso de Gram-Schmidt se generarán distintos sistemas ortonormales.

Ejercicio 2.15. Demostrar que el proceso de Gram-Schmidt (2.50) origina un conjunto ortonormal. *Sugerencia:* Demostrarlo por inducción, suponiendo que en la etapa i-ésima del proceso, los $\{\mathbf{u}_1, \mathbf{u}_2, \ldots, \mathbf{u}_i\}$ constituyen un conjunto ortonormal; demostrar después que ello implica que $\mathbf{w}_{i+1}$ sea ortogonal a cada uno de esos vectores. Deducir, también, la relación

$$\|\mathbf{w}_i\|^2 = \|\mathbf{v}_i\|^2 - \sum_{k=1}^{i-1} |(\mathbf{v}_i, \mathbf{u}_k)|^2$$

Ejercio 2.16. *Cambio de base:* Representemos $\mathbf{x} \in M$ por medio de $\boldsymbol{\alpha} \in C^n$ relativa a la base $\{\mathbf{u}_i;\, i = 1, 2, \ldots, n\}$. Sea $\{\mathbf{w}_i;\, i = 1, 2, \ldots, n\}$ otra base cualquiera para M, y sea $\boldsymbol{\beta} \in C^n$ la representación de $\mathbf{x}$ relativa a esta nueva base; es decir,

$$\mathbf{x} = \sum_{i=1}^{n} \alpha_i \mathbf{u}_i = \sum_{i=1}^{n} \beta_i \mathbf{w}_i$$

Demostrar que $\boldsymbol{\beta}$ está relacionada con $\boldsymbol{\alpha}$ por una multiplicación de matrices

$$\boldsymbol{\beta} = \boldsymbol{\Gamma\alpha} \Rightarrow \beta_i = \sum_{j=1}^{n} \gamma_{ij}\alpha_j; \qquad i = 1, 2, \ldots, n$$

donde los elementos de la matriz $n \times n$ $\boldsymbol{\Gamma}$ son $\gamma_{ij} = (\mathbf{u}_j, \mathbf{z}_i)$ y $\{\mathbf{z}_i;\, i = 1, 2, \ldots, n\}$ es la base recíproca de $\{\mathbf{w}_i;\, i = 1, 2, \ldots, n\}$.

Ejercicio 2.17. Dar la representación $\beta \in C^n$ para

$$\mathbf{x} = \sum_{i=1}^{n} \alpha_i \mathbf{u}_i$$

relativa a la base $\{\mathbf{w}_i;\, i = 1, 2, \ldots, n\}$, donde

$$\begin{aligned} \mathbf{w}_1 &= \mathbf{u}_1 \\ \mathbf{w}_2 &= \mathbf{u}_2 + \mathbf{u}_1 \\ &\vdots \\ \mathbf{w}_i &= \sum_{j=1}^{i} \mathbf{u}_j \end{aligned}$$

Sugerencia: $\mathbf{u}_i = \mathbf{w}_i - \mathbf{w}_{i-1}$ para $i \geqslant 2$.

2.6 *Funcionales lineales*

Habiendo presentado diversos tipos de espacios vectoriales para ser utilizados como espacios de señales, fijemos nuestra atención en las propiedades de las aplicaciones de estos espacios en valores numéricos. Estas aplicaciones son de interés práctico, ya que sus contrapartidas físicas son medidas efectuadas sobre señales. La clase de medidas lineales es especialmente importante desde el punto de vista de la identificación y representación de las señales. El motivo primordial de desarrollar espacios vectoriales de señales y dotarlos de una estructura geométrica particular es que resulta una correspondencia notable entre el conjunto de medidas lineales efectuadas sobre las señales y el conjunto de las propias señales. En este apartado examinaremos diversos aspectos de esta correspondencia.

Una aplicación de un espacio vectorial complejo $\mathscr{X}$ en los escalares complejos $f\colon \mathscr{X} \to C$ que tenga la propiedad de que

$$f(\alpha \mathbf{x} + \beta \mathbf{y}) = \alpha f(\mathbf{x}) + \beta f(\mathbf{y}) \tag{2.51}$$

para todo $\alpha, \beta \in C$ y todo $\mathbf{x}, \mathbf{y} \in \mathscr{X}$ se denomina *funcional lineal* o forma lineal. Si es $\mathscr{X}$ un espacio con producto escalar, por la propiedad (b) de (2.28), vemos que $\mathbf{f}_\varphi$ definido por[3]

$$f_\varphi(\mathbf{x}) = (\mathbf{x}, \boldsymbol{\varphi}) \tag{2.52}$$

es un funcional lineal. Es más, si $\| \boldsymbol{\varphi} \|$ está acotada, $\| \boldsymbol{\varphi} \| < K$, $\mathbf{f}_\varphi$ será un funcional lineal continuo. Esto se deduce directamente de la desigualdad de Schwartz, ya que

$$|f_\varphi(\mathbf{x}) - f_\varphi(\mathbf{x}_0)| = |(\mathbf{x} - \mathbf{x}_0, \boldsymbol{\varphi})| \leqslant \|\mathbf{x} - \mathbf{x}_0\| \, \|\boldsymbol{\varphi}\| < K \, \|\mathbf{x} - \mathbf{x}_0\| \tag{2.53}$$

para todo $\mathbf{x}_0 \in \mathscr{X}$. Este resultado es el mismo que se obtuvo en el ejemplo 2.7 de manera más general.

Resultado más importante es que si $\mathscr{X}$ es completo, es decir, es un espacio de Hilbert, *todo* funcional lineal continuo se podrá expresar como producto interior en la forma de (2.52). Para cada funcional lineal continuo existe un vector único $\boldsymbol{\varphi} \in \mathscr{X}$. La demostración de este enunciado puede verse en la mayoría de textos de Análisis funcional.[3],[4] Una parte fundamental de la demostración lleva consigo el hecho de que el conjunto de vectores que un funcional lineal aplica en cero es un subespacio vectorial de $\mathscr{X}$. Representemos por M_f este subespacio para el funcional $\mathbf{f}$; es decir, $M_f = \{\mathbf{x};\, f(\mathbf{x}) = 0\}$. Elijamos ahora un vector no nulo $\mathbf{x}_0$ ortogonal a M_f.

$$(\mathbf{y}, \mathbf{x}_0) = 0 \quad \text{para todo } \mathbf{y} \in M_f \tag{2.54}$$

[3] Pronto se verá la razón de indicar $\mathbf{f}_\varphi$ como cantidad vectorial.

Si no existe tal $\mathbf{x}_0$, sacamos la conclusión de que $\mathbf{f} = \mathbf{0}$. En caso contrario. $f(\mathbf{x}_0) \neq 0$ y para todo $\mathbf{x} \in \mathscr{X}$ el vector

$$\mathbf{y} = f(\mathbf{x})\mathbf{x}_0 - f(\mathbf{x}_0)\mathbf{x} \tag{2.55}$$

está en M_f, ya que $f(\mathbf{y}) = f(\mathbf{x})f(\mathbf{x}_0) - f(\mathbf{x}_0)f(\mathbf{x}) = 0$. Combinando (2.55) y (2.54) hallamos

$$\begin{aligned} f(\mathbf{x}) &= \frac{f(\mathbf{x}_0)}{(\mathbf{x}_0, \mathbf{x}_0)} (\mathbf{x}, \mathbf{x}_0) \\ &= (\mathbf{x}, \boldsymbol{\varphi}) \qquad \text{con } \boldsymbol{\varphi} = \frac{[f(\mathbf{x}_0)]^*}{(\mathbf{x}_0, \mathbf{x}_0)} \mathbf{x}_0 \end{aligned} \tag{2.56}$$

En la figura 2.5 se ilustra un ejemplo de esta construcción de un funcional lineal sobre R^2.

Podemos desarrollar aún más la correspondencia entre funcionales lineales y vectores notando que el conjunto de funcionales lineales sobre un espacio vectorial $\mathscr{X}$ forma en sí mismo un espacio vectorial. La adición vectorial y la multiplicación por un escalar para funcionales se definen puntualmente; es decir,

$$\mathbf{f} = \alpha\mathbf{f}_1 + \beta\mathbf{f}_2 \Rightarrow f(\mathbf{x}) = \alpha f_1(\mathbf{x}) + \beta f_2(\mathbf{x}) \text{ para todo } \mathbf{x} \in \mathscr{X} \tag{2.57}$$

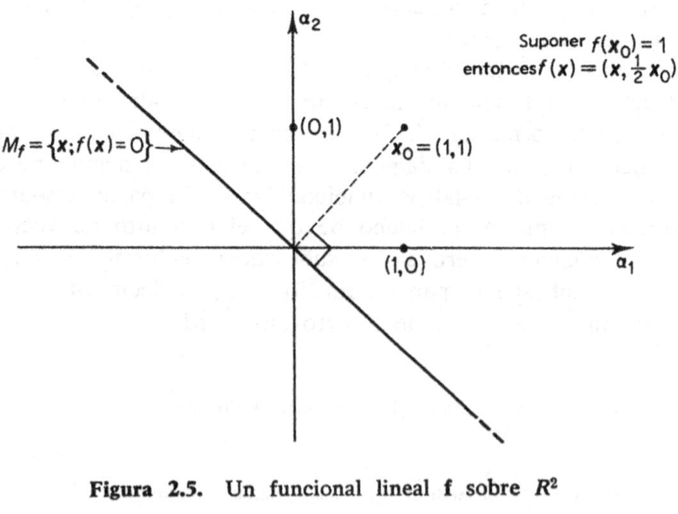

Figura 2.5. Un funcional lineal **f** sobre R^2

Podemos normar este espacio mediante la definición siguiente:

$$\|\mathbf{f}\| = \sup \{|f(\mathbf{x})|;\ \|\mathbf{x}\| \leqslant 1,\ \mathbf{x} \in \mathscr{X}\} \tag{2.58}$$

o, lo que es equivalente, por medio de

$$\|\mathbf{f}\| = \inf \{K;\ |f(\mathbf{x})| \leqslant K\, \|\mathbf{x}\|,\ \mathbf{x} \in \mathscr{X}\} \tag{2.59}$$

Si está acotada la norma de un funcional, decimos que éste está *acotado.* (Nótese que ello no implica que lo esté $|f(\mathbf{x})|$.) Un funcional lineal acotado es continuo puesto que tenemos $|f(\mathbf{x}) - f(\mathbf{x}_0)| = |f(\mathbf{x} - \mathbf{x}_0)| \leqslant \|\mathbf{f}\|\, \|\mathbf{x} - \mathbf{x}_0\|$ para todo $\mathbf{x}_0 \in \mathscr{X}$. La continuidad en $\mathbf{x}_0$ implica continuidad puesto que $\|f\|$ es independiente de $\mathbf{x}_0$. Recíprocamente, un funcional lineal continuo está acotado, puesto que la continuidad en el origen da

$$\|\mathbf{x}\| < \delta \Rightarrow |f(\mathbf{x})| < \varepsilon \Rightarrow |f(\mathbf{y})| < \frac{2\varepsilon}{\delta}$$

con $\|\mathbf{y}\| < 2$. *Luego la acotabilidad y la continuidad de un funcional lineal son equivalentes.*

En el caso de un funcional lineal expresado como producto escalar, vemos que

$$\|\mathbf{f}_\varphi\| = \|\boldsymbol{\varphi}\| \tag{2.60}$$

utilizando la desigualdad de Schwartz y notando que la igualdad se cumple para $\mathbf{x}$ proporcional a $\boldsymbol{\varphi}$.

Si restringimos nuestra consideración al espacio de todos los funcionales lineales continuos definidos sobre un espacio de Hilbert $\mathscr{X}$ (éste es un subespacio del espacio de todos los funcionales lineales sobre $\mathscr{X}$), hallaremos que dicho espacio es un espacio de Hilbert que está relacionado con $\mathscr{X}$ de manera muy sencilla. Al espacio en cuestión se le llama *espacio conjugado* $\mathscr{X}^*$. Hemos observado que existe una correspondencia uno a uno entre los elementos $\mathbf{f}_\varphi \in \mathscr{X}^*$ y $\boldsymbol{\varphi} \in \mathscr{X}$. Es más, los escalares correspondientes son, simplemente, complejos conjugados, ya que $f_{\alpha\varphi} = \alpha^* \mathbf{f}_\varphi$. Esto sugiere que

$$(\mathbf{f}_\varphi, \mathbf{f}_\psi) = (\boldsymbol{\varphi}, \boldsymbol{\psi})^* = (\boldsymbol{\psi}, \boldsymbol{\varphi}) \tag{2.61}$$

lo cual se demuestra fácilmente que es una definición válida para un producto interior en $\mathscr{X}^*$. La norma inducida por este producto interior $\|\mathbf{f}_\varphi\| = (\mathbf{f}_\varphi, \mathbf{f}_\varphi)^{1/2} = \|\boldsymbol{\varphi}\|$ es compatible con la de (2.60). Por último, si es $\{\mathbf{u}_i\}$ una base para $\mathscr{X}$,

$\{\mathbf{f}_{v_i}\}$ será una base para $\mathscr{X}^*$,donde $\{\mathbf{v}_i\}$ es la base recíproca $(\mathbf{u}_i, \mathbf{v}_j) = \delta_{ij}$]. Luego un funcional lineal continuo arbitrario **f** podrá expresarse mediante la combinación lineal

$$\mathbf{f} = \sum_i f(\mathbf{u}_i)\mathbf{f}_{v_i} \tag{2.62}$$

Con ciertos espacios de señales, digamos $L^2(T)$, tendremos ocasión de utilizar funcionales lineales que no sean continuos (acotados). El ejemplo primero de esto es el funcional sobre $L^2(T)$ correspondiente a la operación de muestreo sobre una función del tiempo. Está claro que $f(\mathbf{x}) = x(t_0)$ describe un funcional lineal, pero también lo está que existen funciones del tiempo de cuadrado integrable que no están acotadas para todo $t \in T$. Consideremos, por ejemplo, $x(t) = |t|^{-1/3}$, que está en $L^2(-1, 1)$ pero no está acotada en $t = 0$. Podemos conservar aún la representación del funcional como producto interior, en este caso definiendo la función δ (no está en L^2) tal que

$$f(\mathbf{x}) = x(t_0) = \int_T x(t)\,\delta(t - t_0)\,dt; \qquad t_0 \in T \tag{2.63}$$

En la práctica, la instrumentación física de la operación de muestreo será continua a causa de la imposibilidad de realizar una puerta de muestreo infinitamente estrecha. En la figura 2.6 puede verse una instrumentación típica de un dispositivo de muestreo en donde se multiplica la señal por una función puerta rectangular que es estrecha frente a los períodos de fluctuación de la señal que se quiere muestrear. La puerta suele realizarse en forma de interrup-

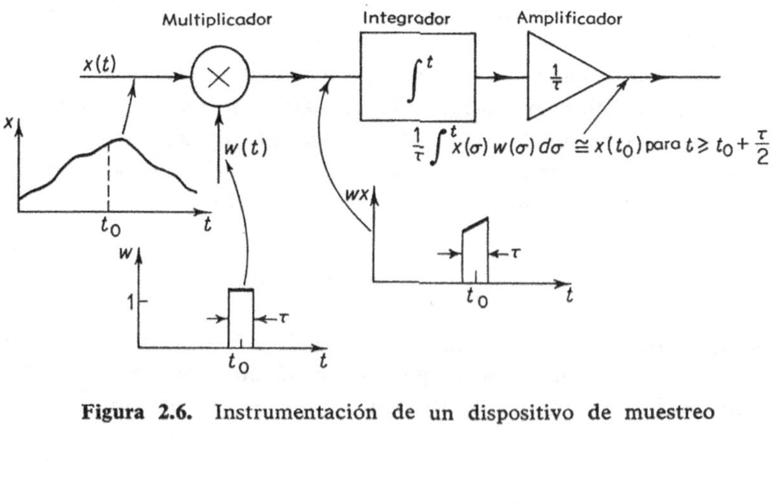

Figura 2.6. Instrumentación de un dispositivo de muestreo

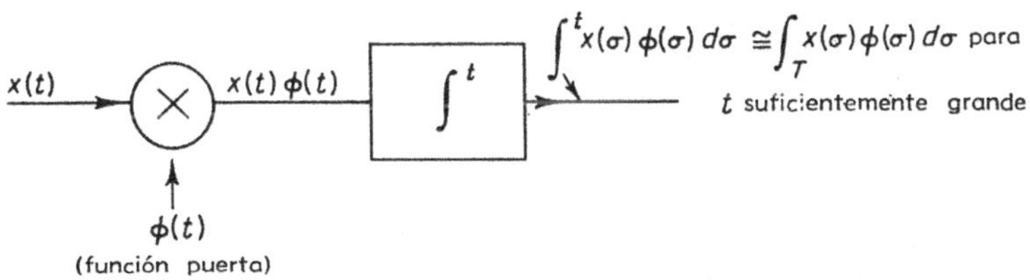

Figura 2.7. Instrumentación de un funcional lineal arbitrario, $f_\varphi(\mathbf{x}) = (\mathbf{x}, \boldsymbol{\varphi})$

tor que está cerrado durante $t_0 - \tau/2 \leqslant t \leqslant t_0 + \tau/2$ y abierto el resto del tiempo. La integral de la señal casi rectangular fuera de la puerta es aproximadamente proporcional a $x(t_0)$.

De manera análoga, un funcional lineal arbitrario para señales reales puede instrumentarse por medio de un multiplicador e integrador como se indica en la figura 2.7. Desde luego, se supone que o la señal o la función puerta llegarán a hacerse pequeñas de manera que al cabo de un tiempo finito la salida del integrador represente el valor del funcional.

Existe otra instrumentación de un funcional lineal que tiene la ventaja de sustituir la operación multiplicación por una operación de muestreo como se indica en la figura 2.8. Como la salida de la red lineal, invariante en el tiempo, en $t = t_0$ viene dada por la integral de convolución

$$y(t_0) = \int x(\sigma)h(t_0 - \sigma)\,d\sigma \tag{2.64}$$

el producto escalar buscado se obtendrá si la respuesta de la red al impulso viene dada por

$$h(t) = \varphi(t_0 - t) \tag{2.65}$$

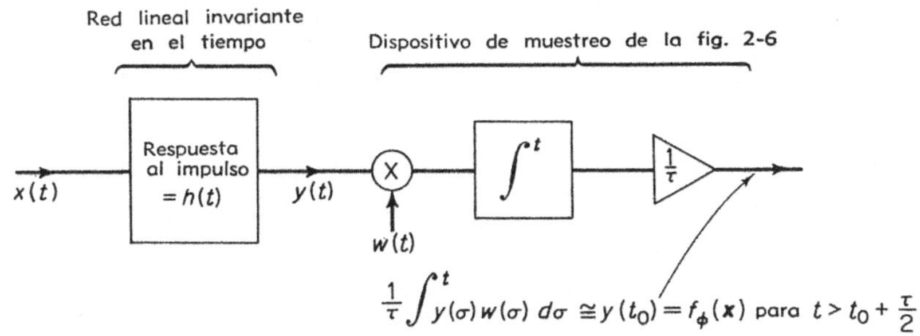

Figura 2.8. Otra instrumentación de $f_\varphi(\mathbf{x}) = (\mathbf{x}, \boldsymbol{\varphi})$

que es una versión invertida en el tiempo y retardada de la función puerta de la figura 2.7. Como para una red física $h(t)$ sólo será no nula para valores positivos de t, en el tiempo de muestreo podrá haber que incorporar un retardo adicional.

Ejercicio 2.18. Hemos demostrado que el espacio conjugado $\mathscr{X}^*$ es un espacio con producto escalar. Si debe ser un espacio de Hilbert, deberá ser completo. Considerar una sucesión de Cauchy arbitraria en $\mathscr{X}^*$ y demostrar que converge hacia un punto en $\mathscr{X}^*$. *Sugerencias:* (1) Para $\mathbf{f}_n, \mathbf{f}_m \in \mathscr{X}^*$, $\|\mathbf{f}_n - \mathbf{f}_m\| < \varepsilon \Rightarrow |f_n(\mathbf{x}) - f_m(\mathbf{x})| < \varepsilon \|\mathbf{x}\|$ para cada $\mathbf{x} \in \mathscr{X}$. (2) Suponer que la sucesión de números $\{f_n(\mathbf{x})\}$ converge hacia un número, llamémoslo $f(\mathbf{x})$, para cada $\mathbf{x}$. Demostrar que ello implica que $\mathbf{f}$, como aplicación, es lineal y continua. (3) $|f(\mathbf{x}) - f(\mathbf{x}_0)| \leqslant |f(\mathbf{x}) - f_n(\mathbf{x})| + |f_n(\mathbf{x}) - f_n(\mathbf{x}_0)| + |f_n(\mathbf{x}_0) - f(\mathbf{x}_0)|$.

REFERENCIAS

1. R. W. HAMMING, "Error Detecting and Error Correcting Codes", *Bell Sys. Tech. Jour.*, Vol. 29, pp. 147-160 (abril, 1950).

2. W. W. PETERSON, *Error Correcting Codes*, John Wiley & Sons, 1961.

3. G. F. SIMMONS, *Introduction to Topology and Modern Analysis*, McGraw-Hill, 1963.

4. N. I. AKHIEZER e I. M. GLAZMAN, *Theory of Linear Operators in Hilbert Space*, Vol. 1, Frederick Ungar, 1961.

5. P. M. WOODWARD, *Probability and Information Theory, with Applications to Radar*, Pergamon Press, 1953.

Representaciones de señales discretas

3

3.1 *Subespacios de $L^2(T)$*

Aplicando los conceptos introducidos en los capítulos anteriores, consideremos el problema de asociar una *representación numérica* a una señal arbitraria de energía finita, es decir, a una función del tiempo (quizá compleja) $\mathbf{x} \in L^2(T)$. Esto equivale a hallar una aplicación adecuada de $L^2(T)$ en C^n, donde n suele elegirse basándose en un compromiso entre la exactitud y la economía de la representación. De la dimensionalidad relativa de $L^2(T)$ y C^n, resulta evidente que la aplicación deberá presentar naturaleza multiforme e implicará una cierta aproximación, ya que cada señal en $L^2(T)$ no puede tener una representación distinta en C^n. Es natural pensar en esta aplicación con auxilio de una relación de equivalencia por la cual se efectúe la partición de $L^2(T)$ de tal manera que los conjuntos de equivalencia tengan una correspondencia uno a uno con los puntos de C^n.

El método de ataque normal de este problema consiste en seleccionar primeramente un subespacio n-dimensional particular de $L^2(T)$. Supongamos que $\{ \boldsymbol{\varphi}_i \, ; \, i = 1, 2, \ldots, n\}$ es un conjunto linealmente independiente de funciones en $L^2(T)$; es decir,

$$\sum_{i=1}^{n} \alpha_i \varphi_i(t) = 0 \quad \text{(casi por doquier) para } t \in T \tag{3.1}$$

si, y sólo si, $\alpha_i = 0$ para cada i. Representemos por M_n el subespacio lineal engendrado por estas funciones. Si la señal $\mathbf{x}$ que hay que representar se encuentra en M_n, tendrá una expresión única como combinación lineal de las $\{\boldsymbol{\varphi}_i\}$,

$$x(t) = \sum_{i=1}^{n} \alpha_i \varphi_i(t); \qquad \mathbf{x} \in M_n, \qquad t \in T \tag{3.2}$$

y la n-pla $\boldsymbol{\alpha} = \{\alpha_1, \alpha_2, \ldots, \alpha_n\}$ proporciona la representación buscada en C^n. Como $L^2(T)$ es un espacio con producto escalar, con productos escalares dados por

$$(\mathbf{x}, \mathbf{y}) = \int_T x(t) y^*(t)\, dt \tag{3.3}$$

la relación entre $\mathbf{x}$ y $\boldsymbol{\alpha}$ podrá establecerse de acuerdo con (2.43). Utilizando notación matricial,

$$\begin{bmatrix} (\boldsymbol{\varphi}_1, \boldsymbol{\varphi}_1) & (\boldsymbol{\varphi}_2, \boldsymbol{\varphi}_1) & \cdots & (\boldsymbol{\varphi}_n, \boldsymbol{\varphi}_1) \\ (\boldsymbol{\varphi}_1, \boldsymbol{\varphi}_2) & (\boldsymbol{\varphi}_2, \boldsymbol{\varphi}_2) & \cdots & (\boldsymbol{\varphi}_n, \boldsymbol{\varphi}_2) \\ \cdot & & & \\ \cdot & & & \\ \cdot & & & \\ (\boldsymbol{\varphi}_1, \boldsymbol{\varphi}_n) & (\boldsymbol{\varphi}_2, \boldsymbol{\varphi}_n) & \cdots & (\boldsymbol{\varphi}_n, \boldsymbol{\varphi}_n) \end{bmatrix} \begin{bmatrix} \alpha_1 \\ \alpha_2 \\ \cdot \\ \cdot \\ \cdot \\ \alpha_n \end{bmatrix} = \begin{bmatrix} (\mathbf{x}, \boldsymbol{\varphi}_1) \\ (\mathbf{x}, \boldsymbol{\varphi}_2) \\ \cdot \\ \cdot \\ \cdot \\ (\mathbf{x}, \boldsymbol{\varphi}_n) \end{bmatrix}$$

o sea

$$\mathbf{G}\boldsymbol{\alpha} = \boldsymbol{\beta} \Rightarrow \boldsymbol{\alpha} = \mathbf{G}^{-1}\boldsymbol{\beta} \tag{3.4}$$

con

$$\boldsymbol{\beta} = \{(\mathbf{x}, \boldsymbol{\varphi}_i); \quad i = 1, 2, \ldots, n\}$$

Empleando otra notación, la base recíproca $\{\boldsymbol{\theta}_i; i = 1, 2, \ldots, n\}$ para M_n se podrá expresar como combinaciones lineales de las $\{\boldsymbol{\varphi}_i\}$,

$$\theta_j(t) = \sum_{k=1}^{n} \gamma_{jk} \varphi_k(t) \tag{3.5}$$

donde

$$(\boldsymbol{\varphi}_i, \boldsymbol{\theta}_j) = \sum_{k=1}^{n} \gamma_{jk}^* (\boldsymbol{\varphi}_i, \boldsymbol{\varphi}_k) = \delta_{ij}$$

o, con notación matricial,

$$\boldsymbol{\Gamma}^*\mathbf{G} = \mathbf{I} \Rightarrow \boldsymbol{\Gamma} = [\mathbf{G}^{-1}]^* \tag{3.6}$$

Utilizando ahora la base recíproca, (3.4) es equivalente a

$$\alpha_i = (\mathbf{x}, \boldsymbol{\theta}_i); \qquad i = 1, 2, \ldots, n \tag{3.7}$$

si bien en uno y otro caso sea necesaria la inversión de una matriz.

Ejercicio 3.1. Demostrar que la representación para $\mathbf{x} \in M_n$ dada por (3.2) y (3.4) es única en virtud de la dependencia lineal de las funciones de la base.

Señales fuera de M_n (Teorema de la proyección)

Queda en pie la cuestión de cómo manejarnos para representar una señal que no esté contenida en M_n. Como $L^2(T)$ es un espacio métrico, parece razonable asociar a un $\mathbf{x}$ arbitrario el vector $\hat{\mathbf{x}}$ de M_n que esté más próximo a $\mathbf{x}$. De esta manera, cada vector de M_n genera un conjunto de equivalencia dado por

$$S_{\hat{x}} = \{\mathbf{x} \in L^2(T);\ \|\mathbf{x} - \hat{\mathbf{x}}\| \leqslant \|\mathbf{x} - \tilde{\mathbf{x}}\| \text{ para todo } \tilde{\mathbf{x}} \in M_n\} \tag{3.8}$$

y cada vector de $S_{\hat{x}}$ estará representado por la n-pla para $\hat{\mathbf{x}}$. Resulta bastante conveniente, que esta representación venga dada también por (3.7), incluso para un $\mathbf{x} \in L^2(T)$ arbitrario. Tal resultado sale del *teorema de la proyección:* Para todo $\mathbf{x} \in L^2(T)$, existe un $\hat{\mathbf{x}}$ único en M_n, dado por

$$\hat{\mathbf{x}} = \sum_{i=1}^{n} (\mathbf{x}, \boldsymbol{\theta}_i)\boldsymbol{\varphi}_i \tag{3.9}$$

tal que $\mathbf{x} - \hat{\mathbf{x}}$ es ortogonal a todo vector de M_n y además $\|\mathbf{x} - \hat{\mathbf{x}}\| < \|\mathbf{x} - \tilde{\mathbf{x}}\|$, donde $\tilde{\mathbf{x}}$ es cualquier otro vector de M_n. Para demostrarlo, observemos primero que $\mathbf{x} - \hat{\mathbf{x}}$ es ortogonal a cada uno de los vectores de la base $\{\boldsymbol{\theta}_i\}$ de M_n. De (3.9) y (3.5),

$$\begin{aligned}(\mathbf{x} - \hat{\mathbf{x}}, \boldsymbol{\theta}_i) &= (\mathbf{x}, \boldsymbol{\theta}_i) - \sum_{j=1}^{n} (\mathbf{x}, \boldsymbol{\theta}_j)(\boldsymbol{\varphi}_j, \boldsymbol{\theta}_i) \\ &= (\mathbf{x}, \boldsymbol{\theta}_i) - (\mathbf{x}, \boldsymbol{\theta}_i) = 0; \quad i = 1, 2, \ldots, n \end{aligned} \tag{3.10}$$

de donde se deduce que $\mathbf{x} - \hat{\mathbf{x}}$ es ortogonal a todo vector de M_n. Para demostrar que $\|\mathbf{x} - \hat{\mathbf{x}}\|$ es mínima, consideremos un $\tilde{\mathbf{x}} \in M_n$ arbitrario y

$$\begin{aligned}\|\mathbf{x} - \tilde{\mathbf{x}}\|^2 &= \|(\mathbf{x} - \hat{\mathbf{x}}) - (\tilde{\mathbf{x}} - \hat{\mathbf{x}})\|^2 \\ &= (\mathbf{x} - \hat{\mathbf{x}}, \mathbf{x} - \hat{\mathbf{x}}) - (\mathbf{x} - \hat{\mathbf{x}}, \tilde{\mathbf{x}} - \hat{\mathbf{x}}) \\ &\quad - (\tilde{\mathbf{x}} - \hat{\mathbf{x}}, \mathbf{x} - \hat{\mathbf{x}}) + (\tilde{\mathbf{x}} - \hat{\mathbf{x}}, \tilde{\mathbf{x}} - \hat{\mathbf{x}})\end{aligned}$$

Como $\tilde{\mathbf{x}} - \hat{\mathbf{x}} \in M_n$, los términos centrales se anulan y

$$\|\mathbf{x} - \tilde{\mathbf{x}}\|^2 = \|\mathbf{x} - \hat{\mathbf{x}}\|^2 + \|\tilde{\mathbf{x}} - \hat{\mathbf{x}}\|^2 \tag{3.11}$$

que se minimiza claramente haciendo $\tilde{\mathbf{x}} = \hat{\mathbf{x}}$. A $\hat{\mathbf{x}}$ le llamaremos *proyección ortogonal* de $\mathbf{x}$ sobre M_n y a $\boldsymbol{\eta} = \mathbf{x} - \hat{\mathbf{x}}$, *error* resultante de aproximar $\mathbf{x}$ por $\hat{\mathbf{x}}$. La proximidad de la aproximación está caracterizada numéricamente por la norma de $\boldsymbol{\eta}$ y, haciendo $\tilde{\mathbf{x}} = \mathbf{0}$ en (3.11), tenemos

$$\|\boldsymbol{\eta}\|^2 = \|\mathbf{x}\|^2 - \|\hat{\mathbf{x}}\|^2 \tag{3.12}$$

Queda ahora claro que la relación de equivalencia correspondiente a la partición de $L^2(T)$ indicada en (3.8) puede expresarse en la forma

$$\mathbf{x} \sim \mathbf{y} \Rightarrow (\mathbf{x}, \boldsymbol{\varphi}_i) = (\mathbf{y}, \boldsymbol{\varphi}_i); \qquad i = 1, 2, \ldots, n \tag{3.13}$$

correspondiente al ejemplo 1.7 ilustrativo de las relaciones de equivalencia y particiones. Prosiguiendo con los conceptos introducidos en este ejemplo observamos que (3.13) podría expresarse de la manera siguiente:

$$\mathbf{x} \sim \mathbf{y} \Rightarrow \mathbf{x} - \mathbf{y} \in M \tag{3.14}$$

donde

$$M = \{\mathbf{x}; (\mathbf{x}, \tilde{\mathbf{x}}) = 0 \text{ para todo } \tilde{\mathbf{x}} \in M_n\}$$

Es fácil demostrar que la M de (3.14) es un subespacio vectorial. A M se le llama *complemento ortogonal* de M_n porque todo vector de $L^2(T)$ se puede expresar de forma única como suma de un vector de M_n con un vector de M. Además, los dos vectores de la suma son ortogonales; es decir, para todo $\mathbf{x}$,

$$\mathbf{x} = \hat{\mathbf{x}} + \mathbf{z}; \qquad \hat{\mathbf{x}} \in M_n, \mathbf{z} \in M, (\hat{\mathbf{x}}, \mathbf{z}) = 0 \tag{3.15}$$

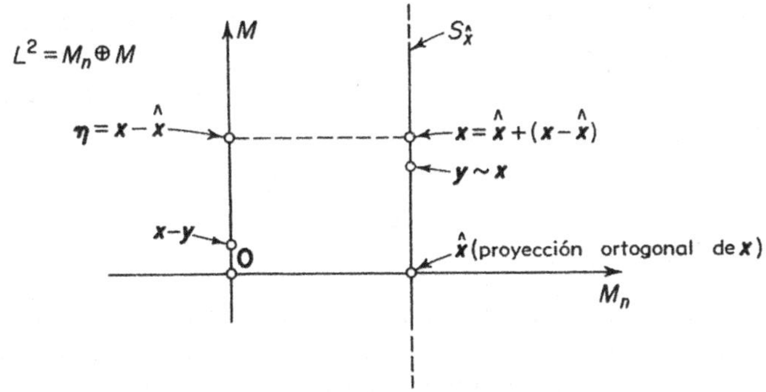

Figura 3.1. Interpretación de la proyección ortogonal de $\mathbf{x} \in L^2(T)$ sobre un subespacio de número finito de dimensiones

Por último, a $L^2(T)$ se le suele llamar *suma directa* $L^2(T) = M_n \oplus M$ de los subespacios M_n y M. Obsérvese que M_n y M sólo contienen en común el vector nulo. Estos conceptos pueden resumirse mediante el diagrama de la figura 3.1.

Ejercicio 3.2. *Sumas directas y proyecciones:* Podemos decir que un espacio vectorial L es la *suma* de dos subespacios $L = M + N$ si L es el espacio engendrado por el conjunto más numeroso de vectores linealmente independientes tomados de M y N. Entonces todo $\mathbf{z} \in L$ podrá expresarse en la forma $\mathbf{z} = \mathbf{x} + \mathbf{y}$ con $\mathbf{x} \in M$ e $\mathbf{y} \in N$. Demostrar que esta descomposición $\mathbf{z} = \mathbf{x} + \mathbf{y}$ es única si, y sólo si, $M \cap N = \{\mathbf{0}\}$, es decir, si M y N sólo contienen en común al vector nulo. En este caso se dice que L es la *suma directa* de M y N; $L = M \oplus N$. Nótese que M y N no son necesariamente ortogonales. Si $L = M \oplus N$ y $\mathbf{z} = \mathbf{x} + \mathbf{y}$ es un vector cualquiera de L, a $\mathbf{x} \in M$ se le llama *proyección de* $\mathbf{z}$ *sobre* M *a lo largo de* N (v. fig. 3.2). Supongamos que

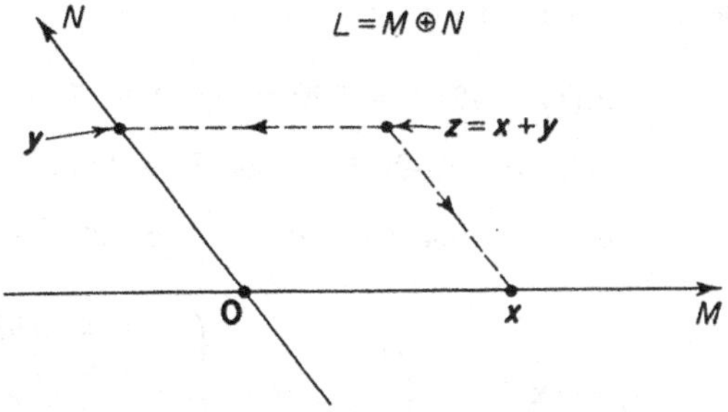

Figura 3.2. Proyecciones no ortogonales

$\{\varphi_i ; i=1,2,\ldots\}$ sea una base para L, y que $\{\theta_i ; i = 1, 2, \ldots\}$ es la base recíproca. Sea M el espacio engendrado por $\{\varphi_i ; i=1,2,\ldots,n\}$ y N el engendrado por $\{\varphi_i ; i=n+1, n+2, \ldots\}$. Demostrar que la proyección de $\mathbf{z}$ sobre M a lo largo de N viene para por

$$\mathbf{x} = \sum_{i=1}^{n} (\mathbf{z}, \theta_i)\varphi_i$$

pero que $\{\theta_i ; i=1,2,\ldots,n\}$ no es necesariamente la base recíproca para M. El concepto de proyecciones no ortogonales será útil en ciertos problemas de detección de señales que se estudiarán en el capítulo 10.

Ejemplo 3.1. Sea M_3 un subespacio de $L^2(T)$; $T=[0,\infty)$, engendrado por las funciones exponenciales reales $\{e^{-t}, e^{-2t}, e^{-3t}\}$. Supongamos que queremos hallar la mejor aproximación en M_3 a un pulso rectangular $x(t)=1$ para $0 \leqslant t \leqslant 1/2$; $x(t)=0$ para $t > 1/2$. Tenemos

$$(\varphi_k, \varphi_m) = \int_0^\infty e^{-(k+m)t}\,dt = \frac{1}{k+m}\,; \qquad k, m = 1, 2, 3$$

Luego, la matriz $\mathbf{G}$ de (3.4) será

$$\mathbf{G} = \begin{bmatrix} \frac{1}{2} & \frac{1}{3} & \frac{1}{4} \\ \frac{1}{3} & \frac{1}{4} & \frac{1}{5} \\ \frac{1}{4} & \frac{1}{5} & \frac{1}{6} \end{bmatrix} \Rightarrow \mathbf{G}^{-1} = \begin{bmatrix} 72 & -240 & 180 \\ -240 & 900 & -720 \\ 180 & -720 & 600 \end{bmatrix}$$

De (3.5), la base recíproca resulta ser

$$\theta_1(t) = 72e^{-t} - 240e^{-2t} + 180e^{-3t}$$
$$\theta_2(t) = -240e^{-t} + 900e^{-2t} - 720e^{-3t}$$
$$\theta_3(t) = 180e^{-t} - 720e^{-2t} + 600e^{-3t}$$

y

$$\alpha_i = (\mathbf{x}, \boldsymbol{\theta}_i) = \int_0^{\frac{1}{2}} \theta_i(t)\,dt \Rightarrow \begin{cases} \alpha_1 = -0{,}912 \\ \alpha_2 = 3{,}57 \\ \alpha_3 = -1{,}36 \end{cases}$$

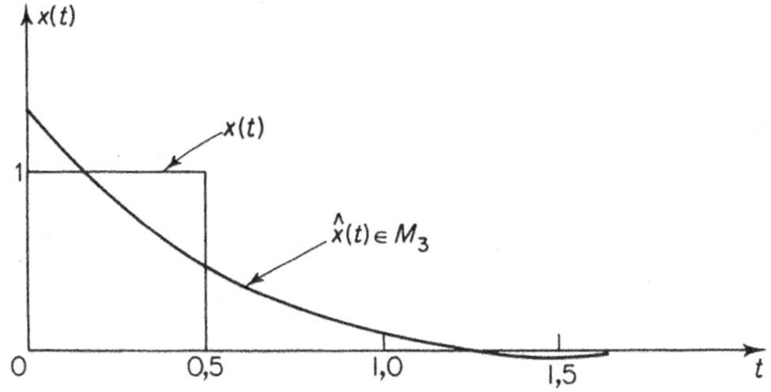

Figura 3.3. Aproximación del pulso rectangular **x**, por $\hat{\mathbf{x}} \in M_3$

Luego $\hat{\mathbf{x}}(t) = -0{,}912\, e^{-t} + 3{,}57\, e^{-2t} - 1{,}36\, e^{-3t}$ y $\boldsymbol{\alpha} = \{-0{,}912, 3{,}57, -1{,}36\}$ es la representación de $x(t)$ en R^3. En esta aproximación el error valdrá $\|\boldsymbol{\eta}\|^2 = \|\mathbf{x}\|^2 - \|\hat{\mathbf{x}}\|^2 \Rightarrow \|\boldsymbol{\eta}\| = 0{,}289$.

Ejemplo 3.2. No siempre es necesario efectuar la inversión de una matriz, cosa que resulta bastante difícil cuando n es grande, para generar una base recíproca. Ampliando el ejemplo anterior, vamos a dar un método para hallar la base recíproca del M_n engendrado por $\{e^{-kt};\, k = 1, 2, \ldots, n\}$ con $T = [0, \infty)$ y n arbitrario. Queremos que $\{\boldsymbol{\theta}_m\}$ sea tal que

$$(\boldsymbol{\varphi}_k, \boldsymbol{\theta}_m) = \int_0^\infty e^{-kt}\theta_m(t)\, dt = \Theta_m(s)\Big|_{s=k} = \delta_{km} \qquad (3.16)$$

donde $\Theta_m(s)$ es la transformada de Laplace[1] de $\theta_m(t)$. Como $\theta_m(t)$ es, en general, una combinación lineal de los $\{\boldsymbol{\varphi}_k;\, k = 1, 2, \ldots, n\}$, sabemos que $\Theta_m(s)$ será función racional de s con polos en $s = -1, -2, -3, \ldots, -n$, para cada m. Pero de (3.16) vemos que $\Theta_m(s)$ debe tener ceros en $s = 1, 2, 3, \ldots, n$; excepto en $s = m$. Así pues, $\Theta_m(s)$ podrá expresarse en la forma

$$\Theta_m(s) = \frac{K_m \prod_{k=1}^{n} (s - k)}{(s - m) \prod_{k=1}^{n} (s + k)} \qquad (3.17)$$

[1] Para las funciones del tiempo definidas sobre $T = [0, \infty)$, es a menudo conveniente utilizar la transformada de Laplace definida por $X(s) = \int_0^\infty x(t)e^{-st}\, dt$, donde s es una variable compleja. Ello permite una caracterización de las señales atendiendo a la configuración de polos y ceros (en el plano s) y evaluar las propiedades de la señal por medio del cálculo de residuos. Se supone al lector familiarizado con estos conceptos. Como referencia puede consultarse el capítulo 9 de [1].

También, de (3.16), tenemos $\Theta_m(m) = 1$ y podrá calcularse la constante K_m. Si definimos

$$C(j, n) \triangleq \prod_{\substack{k=1 \\ \neq j}}^{n} (j - k) \Rightarrow K_m = \frac{(-1)^n C(-m, n)}{C(m, n)} \tag{3.18}$$

tomando la transformada inversa de $\Theta_m(s)$ por el método normal de los residuos,

$$\theta_m(t) = \sum_{l=1}^{n} \gamma_{ml} \varphi_l(t) \tag{3.19}$$

donde

$$\gamma_{ml} = (s + l)\Theta_m(s) \Big|_{s=-l} = \frac{C(-m, n)C(-l, n)}{(l + m)C(m, n)C(l, n)}$$ ∎

Ejercicio 3.3. Comprobar la $\theta_i(t)$ del ejemplo 3.1 utilizando (3.19).

3.2 Conjuntos ortonormales completos

En lo anterior, hemos utilizado el teorema de la proyección a fin de hallar la mejor representación para una señal arbitraria relativa a un subespacio dado de un número finito de dimensiones M_n, si bien hemos evitado la cuestión de cómo agenciárnoslas para seleccionar un subespacio adecuado. Para un subespacio dado, está claro que existe un gran subconjunto de $L^2(T)$ que no está representado adecuadamente, cual es el de los puntos de $L^2(T)$ que son ortogonales a M_n. El problema de hallar un subespacio óptimo sólo tiene sentido cuando es respecto a cierto subconjunto adecuadamente restringido (usualmente compacto) de $L^2(T)$. En el capítulo 6 se examina un problema de este tipo. En este apartado vamos a considerar algunos aspectos preliminares de la convergencia, cuando se hace arbitrariamente grande la dimensión del subespacio, y presentaremos algunos ejemplos de métodos utilizados frecuentemente para generar conjuntos de funciones de la base sin atender particularmente a lo óptimo de los subespacios engendrados por estos conjuntos.

En la mayoría de textos de Análisis funcional se demuestra[2],[3] que el espacio $L^2(T)$ es *completo* y *separable*. A partir de estas propiedades se puede demostrar que la aproximación por medio de la proyección ortogonal,

$$\mathbf{x} \sim \mathbf{x}_n = \sum_{i=1}^{n} (\mathbf{x}, \boldsymbol{\varphi}_i)\boldsymbol{\varphi}_i \tag{3.20}$$

puede hacerse arbitrariamente precisa, eligiendo n suficientemente grande, para todo $\mathbf{x} \in L^2(T)$. En (3.20) se han seleccionado las $\boldsymbol{\varphi}_i$ de un conjunto numerable, infinito, ortonormal de funciones, el cual cumple ciertas condiciones.

En primer lugar observamos, de (3.12) con $\hat{\mathbf{x}} = \mathbf{x}_n$, que

$$\|\mathbf{x} - \mathbf{x}_n\|^2 = \|\mathbf{x}\|^2 - \sum_{i=1}^{n} |(\mathbf{x}, \boldsymbol{\varphi}_i)|^2$$

y, por tanto,

$$\sum_{i=1}^{n} |(\mathbf{x}, \boldsymbol{\varphi}_i)|^2 \leqslant \|\mathbf{x}\|^2 \text{ para todo } n \tag{3.21}$$

La relación (3.21) se conoce por el nombre de *desigualdad de Bessel* y establece el hecho de que los coeficientes del desarrollo $(\mathbf{x}, \boldsymbol{\varphi}_i)$ son de cuadrado sumable para todo $\mathbf{x} \in L^2(T)$. También indica que $\{\mathbf{x}_n\}$ de (3.20) es una sucesión de Cauchy, ya que, para todo $\varepsilon > 0$ con n_0 suficientemente grande,

$$\|\mathbf{x}_n - \mathbf{x}_m\|^2 = \sum_{i=m+1}^{n} |(\mathbf{x}, \boldsymbol{\varphi}_i)|^2 < \varepsilon^2; \qquad n > m > n_0 \tag{3.22}$$

y como $L^2(T)$ es completo, $\{\mathbf{x}_n\}$ convergerá hacia un cierto punto de $L^2(T)$. La sucesión convergerá hacia $\mathbf{x}$ si $\{\, \boldsymbol{\varphi}_i \,;\, i = 1, 2, \ldots\}$ es un *conjunto ortonormal completo*. Un conjunto ortonormal se dice que es completo si no hay vectores ortogonales adicionales no nulos que puedan añadirse al conjunto. La separabilidad de $L^2(T)$ es la que asegura que los conjuntos ortonormales completos sean numerables. Se ve que un conjunto ortonormal completo es para $L^2(T)$ la contrapartida de una base para un espacio de un número finito de dimensiones. Un conjunto ortonormal infinito arbitrario no es necesariamente completo; por ejemplo,

$$\left\{\sqrt{2W}\,\frac{\operatorname{sen} 2\pi W[t - (i/2W)]}{2\pi W[t - (i/2W)]}\,; \qquad i = 0, \pm 1, \pm 2, \ldots\right\}$$

utilizado en (1.34) para la representación por serie en el tiempo es ortonormal pero no completo en $L^2(-\infty, \infty)$, ya que las funciones con anchura de banda mayor que W no están en el subespacio engendrado por este conjunto. Hagamos notar que el concepto de que un conjunto ortonormal sea completo no debe confundirse con el de que sea completo un espacio métrico.

Para un conjunto ortonormal completo, la desigualdad de Bessel (3.21) será

$$\sum_{i=1}^{\infty} |(\mathbf{x}, \boldsymbol{\varphi}_i)|^2 = \|\mathbf{x}\|^2 \quad \text{para todo } \mathbf{x} \in L^2(T) \tag{3.23}$$

que se conoce también con el nombre de *relación de completitud*. Partiendo de estos hechos, podemos decir que, para todo $\varepsilon > 0$, existe un n_0 tal que

$$\left\| \mathbf{x} - \sum_{i=1}^{n} (\mathbf{x}, \boldsymbol{\varphi}_i)\boldsymbol{\varphi}_i \right\| < \varepsilon; \qquad n > n_0 \tag{3.24}$$

para todo $\mathbf{x} \in L^2(T)$; es decir, si utilizamos subespacios M_n, engendrados por los n primeros elementos de un conjunto ortonormal completo, para la representación de una señal arbitraria, la norma del error podrá hacerse arbitrariamente pequeña eligiendo n suficientemente grande. El inconveniente es que n_0 depende de $\mathbf{x}$, por lo que no podemos acotar uniformemente el error. A pesar de todo, desde un punto de vista práctico, este método tiene ciertos méritos que explican lo muy extendido de su utilización. Ante todo, existen muchos conjuntos ortonormales completos para los cuales se han deducido fórmulas para el elemento n-ésimo del conjunto y que se presentan en los textos normales. En segundo lugar, existen ciertas ventajas en caracterizar M_n por medio de una base ortonormal, la principal de las cuales es que se corresponden los productos escalares en M_n y C^n [v. (2.49)]. En tercer lugar, tampoco habrá que calcular por completo un resultado de la naturaleza autorrecíproca de la base ortonormal, la proyección de $\mathbf{x}$ sobre M_{n+1} si se conoce la proyección sobre M_n; sólo habrá que calcular $(\mathbf{x}, \boldsymbol{\varphi}_{n+1})$. Esto ahorra mucho trabajo si, basándonos en el cálculo del error, decidimos que debe aumentarse la dimensión de la representación. En realidad, con bases ortonormales, solemos tender a pensar en las proyecciones ortogonales como en un conjunto de proyecciones individuales, cada una sobre el espacio unidimensional engendrado por el vector de base i-ésimo y que dan directamente el elemento i-ésimo de la representación.

En los ejemplos que siguen, la mayoría de conjuntos se generan a partir de conjuntos de funciones relativamente elementales por medio del proceso de Gram-Schmidt (2.50a y b), el cual, a causa de la naturaleza iterativa del proceso, no tiene limitada su aplicación a conjuntos finitos. Siguiendo el estudio del párrafo anterior, resulta fácil dar una interpretación geométrica del proceso de Gram-Schmidt; en el paso i-ésimo del proceso se ha creado un subespacio M_{i-1} engendrado por una base ortonormal. Selecciónese una nueva función, que no esté en M_{i-1}, y réstese su proyección sobre M_{i-1}. El resultado es una función ortogonal a M_{i-1} y una vez normalizada se convierte en la función i-ésima de base para M_i.

Ejercicio 3.4. Para las funciones de base exponenciales, ordenadas como en el ejemplo 3.2, utilizar el procedimiento de Gram-Schmidt para construir los primeros elementos de un conjunto ortonormal. Los resultados se pueden comprobar en la referencia [6], página 463.

Ejercicio 3.5. Sea $\{ \boldsymbol{\varphi}_i \ ; i = 1, 2, \ldots \}$ un conjunto ortonormal completo de $L^2(T)$. Para todo **x** e **y** de $L^2(T)$, verificar la *relación de Parseval*

$$(\mathbf{x}, \mathbf{y}) = \sum_{i=1}^{\infty} (\mathbf{x}, \boldsymbol{\varphi}_i)(\boldsymbol{\varphi}_i, \mathbf{y})$$

Ésta es una versión algo más general de (3.23).

Al construir funciones de base para representación de señales, se utiliza a menudo el concepto de *norma ponderada.* En algún caso particular, puede ocurrir que al evaluar el error de aproximación sea deseable centrar la atención en una región particular del conjunto de definición del tiempo preferentemente a otras. Por ejemplo, la integral

$$\left[\int_T w(t)\,|x(t) - x_n(t)|^2\,dt \right]^{\frac{1}{2}} \tag{3.25}$$

donde $w(t)$ es una función no negativa definida en T, puede ser una medida realmente más importante del error de aproximación que lo es $\|\mathbf{x} - \mathbf{x}_n\|$. Ello sugiere la posibilidad de definir de nuevo una norma para $L^2(T)$. En efecto, si $w(t)$ es real y positiva excepto, quizás, en un conjunto numerable de puntos de T, podremos ver que

$$(\mathbf{x}, \mathbf{y})_w = \int_T w(t)x(t)y^*(t)\,dt \tag{3.26}$$

satisface los requisitos (2.28) para un producto escalar. Se dice que un conjunto de funciones $\{ \boldsymbol{\varphi}_i \}$ es *ortonormal respecto a la función peso* $w(t)$ si $(\boldsymbol{\varphi}_i, \boldsymbol{\varphi}_j)_w = \delta_{ij}$. No hemos mencionado antes esta generalidad en la definición de productos escalares porque sólo equivale a una modificación de las funciones de base de acuerdo con

$$\psi_i(t) = \sqrt{w(t)}\,\varphi_i(t); \qquad i = 1, 2, \ldots \tag{3.27}$$

donde las $\{\psi_i\}$ son ortonormales en el sentido usual si las $\{\varphi_i\}$ son ortonormales respecto a $w(t)$.

3.3 Ejemplos de conjuntos ortonormales completos

En este apartado consignaremos algunos de los conjuntos ortonormales más conocidos para un intervalo prefijado y una función peso $w(t)$ prefijada. Que estos conjuntos sean completos y ortogonales se demuestra en otras referencias.[3],[4],[5]

Sinusoides complejas

Para $T = [-1, +1]$ y $w(t) = 1$, las funciones sinusoidales complejas $\{e^{j\pi nt};\ n = 0, \pm 1, \pm 2, \ldots\}$ son ortogonales; por tanto, sólo habrá que normalizar para tener un conjunto ortonormal completo. El desarrollo

$$x(t) \sim \frac{1}{\sqrt{2}} \sum_{k=-n}^{n} \alpha_k e^{j(\pi kt)} \tag{3.28}$$

con

$$\alpha_k = \frac{1}{\sqrt{2}} \int_{-1}^{1} x(t) e^{-j(\pi kt)}\, dt$$

es la conocida representación por *serie de Fourier* de duración limitada a $[-1, 1]$, o periódicas de período 2. Observamos que esta representación es válida para todo intervalo finito, ya que un intervalo finito arbitrario puede aplicarse en $[-1, 1]$ por medio de la traslación y escala apropiada de la variable tiempo.

Polinomios de Legendre

Para $T = [-1, +1]$ y $w(t) = 1$, podemos generar otro conjunto ortonormal aplicando el proceso de Gram-Schmidt a la sucesión $\{1, t, t^2, t^3, \ldots\}$. Se tienen así los polinomios normalizados

$$\varphi_0(t) = \frac{1}{\sqrt{2}}; \quad \varphi_1(t) = \sqrt{\tfrac{3}{2}}\, t; \quad \varphi_2(t) = \sqrt{\tfrac{5}{2}}\left(\tfrac{3}{2}t^2 - \tfrac{1}{2}\right)$$

$$\varphi_3(t) = \sqrt{\tfrac{7}{2}}\left(\tfrac{5}{2}t^3 - \tfrac{3}{2}t\right); \quad \varphi_4(t) = \sqrt{\tfrac{9}{2}}\left(\tfrac{35}{8}t^4 - \tfrac{15}{4}t^2 + \tfrac{3}{8}\right)$$

$$\vdots$$

$$\varphi_n(t) = \sqrt{\frac{2n+1}{2}}\, P_n(t) \tag{3.29}$$

donde los $\{P_n(t)\}$ son los *polinomios de Legendre*. Estos polinomios están también caracterizados por

$$P_n(t) = \frac{1}{2^n n!} \frac{d^n}{dt^n} (t^2 - 1)^n \tag{3.30}$$

y por la fórmula recurrente

$$nP_n(t) = (2n - 1)tP_{n-1}(t) - (n - 1)P_{n-2}(t) \tag{3.31}$$

Los n ceros de $P_n(t)$ son todos reales y están comprendidos en el intervalo $[-1, 1]$. La aplicación de $[-1, 1]$ en un intervalo finito cualquiera, antes mencionada, también es adecuada aquí.

Polinomios de Chebichev

Para $T = [-1, +1]$ y $w(t) = [1 - t^2]^{-1/2}$, los polinomios

$$\varphi_n(t) = 2^n(2\pi)^{-\frac{1}{2}}T_n(t); \qquad n = 0, 1, 2, \ldots \tag{3.32}$$

forman un conjunto ortonormal. Las T_n representan los *polinomios de Chebichev* dados por

$$T_0(t) = 1; \qquad T_n(t) = \frac{1}{2^{n-1}} \cos(n \cos^{-1} t); \qquad n \geqslant 1 \tag{3.33}$$

que presentan la interesante propiedad de tener el valor absoluto máximo menor en $[-1, 1]$, es decir, la mínima desviación respecto a cero de todo polinomio de grado n con primer coeficiente igual a 1. Para $n \geqslant 3$, las T_n satisfacen la fórmula recurrente

$$T_n(t) = tT_{n-1}(t) - \tfrac{1}{4}T_{n-2}(t) \tag{3.34}$$

Funciones de Laguerre

Para $T = [0, \infty)$ y $w(t) = e^{-t}$, los polinomios

$$\varphi_n(t) = \frac{1}{n!} L_n(t); \qquad n = 0, 1, 2, \ldots \tag{3.35}$$

forman un conjunto ortonormal. Las L_n representan los *polinomios de Laguerre* dados por

$$L_n(t) = e^t \frac{d^n}{dt^n} (t^n e^{-t}) \tag{3.36}$$

con n ceros reales en $[0, \infty)$. La L_n satisface la fórmula recurrente

$$L_n(t) = (2n - 1 - t)L_{n-1}(t) - (n - 1)^2 L_{n-2}(t) \tag{3.37}$$

Las *funciones de Laguerre*

$$\psi_n(t) = \frac{e^{-\frac{t}{2}}}{n!} L_n(t)$$

ortonormales en $[0, \infty)$ con peso unidad pueden también obtenerse aplicando el proceso de Gram-Schmidt a $\{t^n e^{-t/2};\ n = 0, 1, 2, \ldots\}$. Las funciones de Laguerre tienen especial importancia en las aplicaciones prácticas por poder ser generadas como respuestas al impulso de redes físicas de primer orden relativamente simples.[6] Podemos demostrar que las funciones

$$f_n(t) = \psi_n(2pt) = \frac{e^{-pt}}{n!} L_n(2pt); \qquad t \geqslant 0 \tag{3.38}$$

donde p es un parámetro real positivo que permite dar flexibilidad a la escala del conjunto de definición del tiempo, tienen transformadas de Laplace dadas por

$$F_n(s) = \frac{(s - p)^n}{(s + p)^{n+1}} \tag{3.39}$$

De esta expresión se deduce que la n-ésima función de Laguerre es la respuesta al impulso de la combinación en cascada de una red unipolar y n redes pasatodo, cada una con un polo en $s = -p$, como se indica en la figura 3.4. Tomando las señales en las uniones de las redes y sumándolas tras multiplicarlas por coeficientes de peso adecuados, la red total, denominada *filtro transversal*, tiene una respuesta al impulso dada por una combinación lineal arbitraria de funciones de Laguerre. En la referencia [6] pueden verse también realizaciones de otros conjuntos ortonormales de respuestas al impulso.

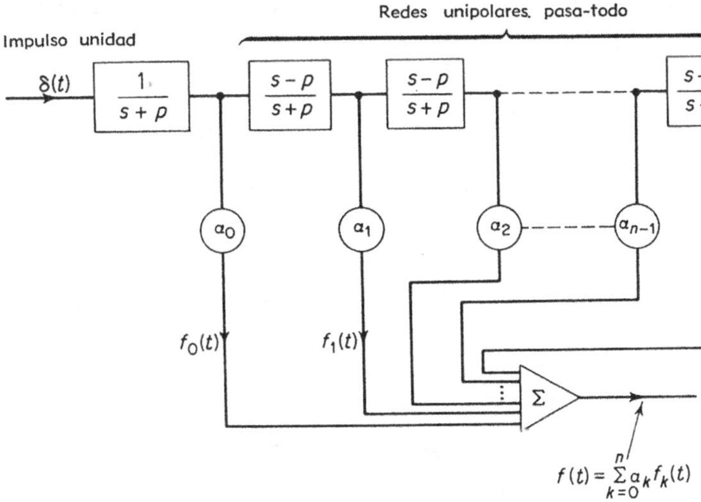

Figura 3.4. Generación de funciones de Laguerre y de combinaciones lineales de las mismas

Funciones de Legendre

Utilizando la aplicación $\tau = 1 - 2e^{-2pt}$, el intervalo $[-1, 1]$ de τ cae en el $[0, \infty)$ de t y a partir de los polinomios de Legendre se puede generar un nuevo conjunto de funciones ortonormales sobre $[0, \infty)$. (p es un parámetro real, positivo, arbitrario.) Las *funciones de Legendre*

$$\pi_n(t) = [2p(2n + 1)]^{\frac{1}{2}} e^{-pt} P_n(1 - 2e^{-2pt}) \tag{3.40}$$

constituyen un conjunto ortonormal, con peso unidad, sobre $[0, \infty)$. Las transformadas de Laplace de estas funciones tienen polos en $s = -p, -3p, -5p, \ldots$

Funciones de Chebichev

Utilizando $\tau = 1 - 2e^{-2pt}$, los polinomios de Chebichev dan las *funciones de Chebichev*

$$\rho_n(t) = 2^n \left(\frac{p}{\pi}\right)^{\frac{1}{2}} T_n(1 - 2e^{-2pt}) \tag{3.41}$$

que son ortonormales, con función de peso $w(t) = (e^{2pt} - 1)^{-1/2}$, sobre $[0, \infty)$. Sus transformadas de Laplace tienen polos en $s = 0, -2p, -4p, -6p, \ldots$

En las referencias [7] y [8] se presenta un tratamiento más amplio del problema de hallar conjuntos ortonormales sobre $[0, \infty)$ que estén caracterizados por las posiciones de los polos y ceros de sus transformadas de Laplace.

Funciones de Hermite

Para $T = (-\infty, \infty)$ y $w(t) = e^{-t^2}$, los polinomios

$$\varphi_n(t) = (2^n n!\sqrt{\pi})^{-\frac{1}{2}} H_n(t); \qquad n = 0, 1, 2, \ldots \tag{3.42}$$

forman un conjunto ortonormal. Las H_n representan los *polinomios de Hermite* dados por

$$H_n(t) = (-1)^n e^{t^2} \frac{d^n}{dt^n} (e^{-t^2}) \tag{3.43}$$

con la fórmula recurrente

$$H_n(t) = 2tH_{n-1}(t) - 2(n-1)H_{n-2}(t) \tag{3.44}$$

También las *funciones de Hermite*

$$\psi_n(t) = (2^n n!\sqrt{\pi})^{-\frac{1}{2}} e^{-\frac{t^2}{2}} H_n(t) \tag{3.45}$$

ortonormales con peso unidad sobre $(-\infty, \infty)$, pueden ser generadas aplicando el proceso de Gram-Schmidt al conjunto

$$\{t^n e^{-\frac{t^2}{2}}; n = 0, 1, 2, \ldots\}.$$

Funciones de Walsh

Para $T = [0, 1]$ y $w(t) = 1$, podemos hallar un conjunto ortonormal completo de funciones "onda cuadrada". Para definir las funciones convendrá utilizar un sistema de doble índice. Las funciones $\varphi_n^{(k)}(t)$ se denominan *funciones de Walsh*[9]-[11] y están definidas de la manera siguiente:

$$\begin{array}{llll}
\varphi_0(t) = 1; & 0 \leqslant t \leqslant 1; & \varphi_1(t) = 1; & 0 \leqslant t < \frac{1}{2} \\
 & & \quad\;\; = -1; & \frac{1}{2} < t \leqslant 1 \\
\varphi_2^{(1)}(t) = 1; & 0 \leqslant t < \frac{1}{4},\ \frac{3}{4} < t \leqslant 1 & & \\
\quad\;\; = -1; & \frac{1}{2} < t < \frac{3}{4} & & \\
\varphi_2^{(2)}(t) = 1; & 0 \leqslant t < \frac{1}{4},\ \frac{1}{2} < t < \frac{3}{4} & & \\
\quad\;\; = -1; & \frac{1}{4} < t < \frac{1}{2},\ \frac{3}{4} < t \leqslant 1 & & \\
\cdots & \cdots & \cdots & \cdots
\end{array} \tag{3.46}$$

$$\left.\begin{array}{ll}
\varphi_{m+1}^{(2k-1)}(t) = \varphi_m^{(k)}(2t); & 0 \leqslant t < \frac{1}{2} \\
\quad = (-1)^{k+1}\varphi_m^{(k)}(2t-1); & \frac{1}{2} < t \leqslant 1 \\
\varphi_{m+1}^{(2k)}(t) = \varphi_m^{(k)}(2t); & 0 \leqslant t < \frac{1}{2} \\
\quad = (-1)^{k}\varphi_m^{(k)}(2t-1); & \frac{1}{2} < t \leqslant 1
\end{array}\right\} \begin{array}{l} \text{para } m = 1, 2, 3, \ldots \\ \text{y } \; k = 1, 2, 3, \ldots, 2^{m-1} \end{array}$$

Este conjunto tiene una gran importancia práctica debido a que las funciones están definidas a tramos y al hecho de que sólo toman dos valores (+ 1 y — 1). La generación de una tal señal se logra fácilmente por medio de circuitos digitales lógicos. Además, la multiplicación de señales con estas funciones, es decir, formando productos escalares, es particularmente sencilla, ya que todo lo que se necesita es un conmutador que invierta la polaridad accionándolo en los instantes adecuados. Obsérvese que las funciones $\varphi_m^{(2^{m-1})}(t)$ corresponden a la forma convencional de una onda cuadrada.

Podemos pasar a un esquema de índice único que sea compatible con los conjuntos ortonormales anteriores disponiendo las funciones de (3.46) de manera que la función n-ésima tenga n ceros en $0 < t < 1$ (n cambios de signo). Ello se logra definiendo

$$\omega_0(t) = \varphi_0(t), \qquad \omega_1(t) = \varphi_1(t), \qquad \omega_n(t) = \varphi_m^{(k)}(t) \tag{3.47}$$

donde $n = 2^{m-1} + k - 1$ con $k \leqslant 2^{m-1}$.En la figura 3.5 pueden verse las gráficas de las 16 primeras funciones de Walsh.

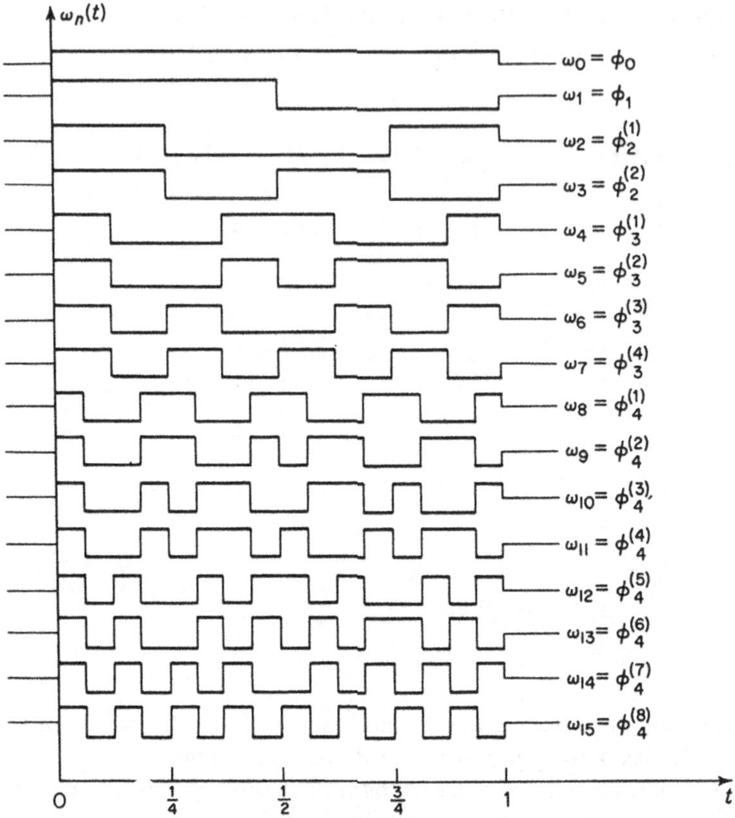

Figura 3.5. Funciones de Walsh con índices según el número de cambios de signo en $0 < t < 1$

3.4 *Instrumentación de la operación descomposición de la señal*

Para resumir el proceso de proporcionar una representación numérica aproximada de una señal arbitraria de energía finita, seleccionemos un conjunto de funciones de la base $\{ \boldsymbol{\varphi}_i \}$ (con base recíproca $\{ \boldsymbol{\theta}_i \}$) y establezcamos la equivalencia

$$\mathbf{x} \sim \sum_{i=1}^{n} \alpha_i \boldsymbol{\varphi}_i \tag{3.48a}$$

con

$$\alpha_i = f_{\theta_i}(\mathbf{x}) = (\mathbf{x}, \boldsymbol{\theta}_i); \qquad i = 1, 2, \ldots, n \tag{3.48b}$$

Por analogía con el empleo convencional de las transformadas de Fourier, podemos considerar (3.48) como un *par de transformadas.* En (3.48a) se representa la señal como combinación lineal particular de las $\{\boldsymbol{\varphi}_i\}$; mientras que en (3.48b) tenemos la fórmula, en función de un conjunto de formas lineales, para descomponer una señal cualquiera en las componentes de su representación. Esta operación descomposición puede considerarse inversa de la representación, y es esta operación la que queremos instrumentar por medio de dispositivos físicos. Utilizando la instrumentación de una forma lineal indicada en la figura 2.7, obtenemos una estructura que puede considerarse como versión generalizada del conocido instrumento de laboratorio denominado *analizador de ondas.* De otra manera, la estructura de la figura 3.6 se podría realizar sustituyendo las combinaciones multiplicador-integrador por combinaciones filtro-dispositivo de muestreo, como se indica en la figura 2.8.

En muchos casos, las ondas "de referencia" generadas localmente no pueden reproducir exactamente el conjunto $\{\boldsymbol{\theta}_i\}$ deseado. Por ejemplo, en ciertos sistemas de proceso de señales ópticas la operación multiplicación se instrumenta iluminando una trasparencia de densidad variable. En este caso conviene que las funciones multiplicador sean no negativas, por ejemplo, un conjunto de exponenciales reales. Otro ejemplo: A veces conviene utilizar funciones multiplicador "on-off" de manera que el multiplicador se pueda instrumentar como interruptor. Puede resultar que el diseñador no pueda elegir

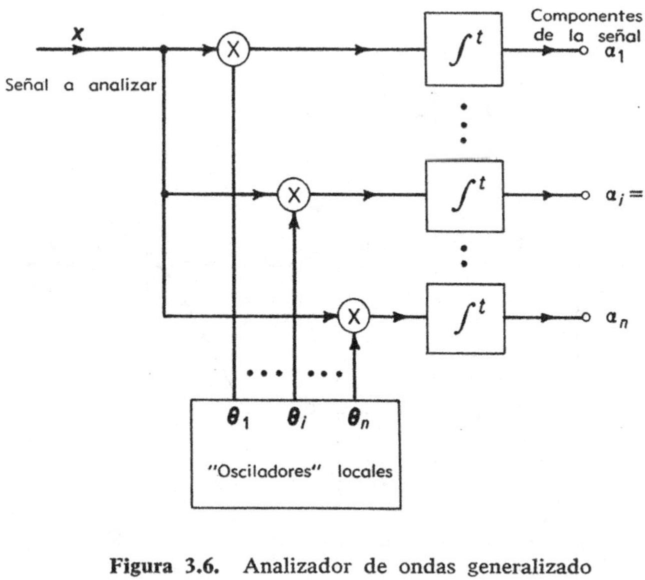

Figura 3.6. Analizador de ondas generalizado

y se vea obligado a trabajar con un sistema dado de formas de onda. Esto nos lleva a considerar un problema del tipo siguiente: Dado un conjunto de dispositivos correspondientes a los funcionales lineales $\{\mathbf{f}_{u_1}, \mathbf{f}_{u_2}, \ldots, \mathbf{f}_{u_m}\}$, ¿cómo podemos utilizar mejor estos dispositivos para instrumentar un funcional lineal arbitrario $\mathbf{f}_\theta$? Para responder a esta pregunta podemos echar mano de la correspondencia existente entre señales y funcionales lineales que se estudió en § 2.6. El problema se reduce a uno de aproximación a distancia mínima en el espacio conjugado tomando la proyección ortogonal de $\mathbf{f}_\theta \in [L^2(T)]^*$ sobre el subespacio de $[L^2(T)]^*$ engendrado por $\{\mathbf{f}_{u_1}, \mathbf{f}_{u_2}, \ldots, \mathbf{f}_{u_m}\}$. La aproximación de $\mathbf{f}_\theta$ por una combinación lineal de las $\mathbf{f}_{u_i}$ se instrumenta como una asociación paralelo de los dispositivos estudiados en § 2.6, con un elemento de ganancia a_i ajustable instalado en cada camino como se indica en la figura 3.7. Los valores deseados de las ganancias hacen mínima $\left\| \mathbf{f}_\theta - \sum_{k=1}^{m} a_k \mathbf{f}_{u_k} \right\|$ y se expresan en función de productos escalares en el espacio conjugado tal como se indicó en (2.61). Tomando la proyección ortogonal tenemos

$$\mathbf{f}_\theta \sim \sum_{k=1}^{m} a_k \mathbf{f}_{u_k} \tag{3.49a}$$

donde

$$a_k = (\mathbf{f}_\theta, \mathbf{f}_{v_k}) = (\mathbf{v}_k, \boldsymbol{\theta}) \tag{3.49b}$$

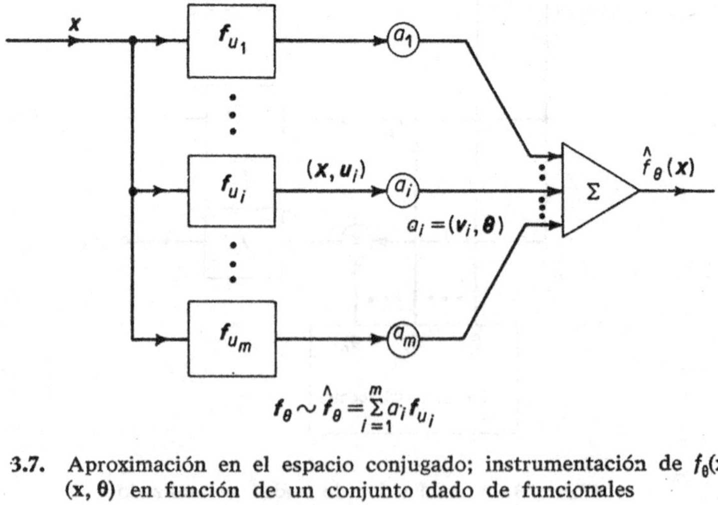

Figura 3.7. Aproximación en el espacio conjugado; instrumentación de $f_\theta(\mathbf{x}) = (\mathbf{x}, \boldsymbol{\theta})$ en función de un conjunto dado de funcionales

y $\{\mathbf{v}_k;\ k = 1, 2, \ldots, m\}$ es la base recíproca para el subespacio N_m engendrado por $\{\mathbf{u}_k;\ k = 1, 2, \ldots, m\}$. Fácil es ver que esta aproximación de $\mathbf{f}_\theta$ corresponde exactamente a una aproximación de $\boldsymbol{\theta}$ de mínima distancia por proyección sobre N_m. Observando equivalencia de normas, tenemos

$$\left\| \boldsymbol{\theta} - \sum_{k=1}^{m} a_k \mathbf{u}_k \right\| = \varepsilon \Rightarrow \left\| \mathbf{f}_\theta - \sum_{k=1}^{m} a_k \mathbf{f}_{u_k} \right\| = \varepsilon$$

$$\Rightarrow \left| f_\theta(\mathbf{x}) - \sum_{k=1}^{m} a_k f_{u_k}(\mathbf{x}) \right| \leqslant \varepsilon \tag{3.50}$$

para toda señal $\mathbf{x}$ de energía unidad en $L^2(T)$. También podemos decir que 100ε da el error máximo en la aplicación en forma de tanto por ciento relativo a $\|\mathbf{x}\|$.

Con este resultado, la instrumentación dc la operación descomposición de la señal por medio de dispositivos dados es inmediata. Queremos representar $\mathbf{x}$ por un punto del M_n engendrado por $\{\boldsymbol{\varphi}_i;\ i = 1, 2, \ldots, n\}$ pero sólo podemos formar los productos escalares $(\mathbf{x}, \mathbf{u}_i)$, donde el conjunto $\{\mathbf{u}_i;\ i = 1, 2, \ldots, m\}$ es una base para N_m (presumiblemente, $n \leqslant m$). La disposición que da lugar a la cota superior mínima del error en el cálculo de cada componente es, según (3.49),

$$\tilde{\alpha}_i = \sum_{k=1}^{m} a_{ik}(\mathbf{x}, \mathbf{u}_k); \qquad i = 1, 2, \ldots, n \tag{3.51}$$

donde

$$a_{ik} = (\mathbf{v}_k, \boldsymbol{\theta}_i)$$

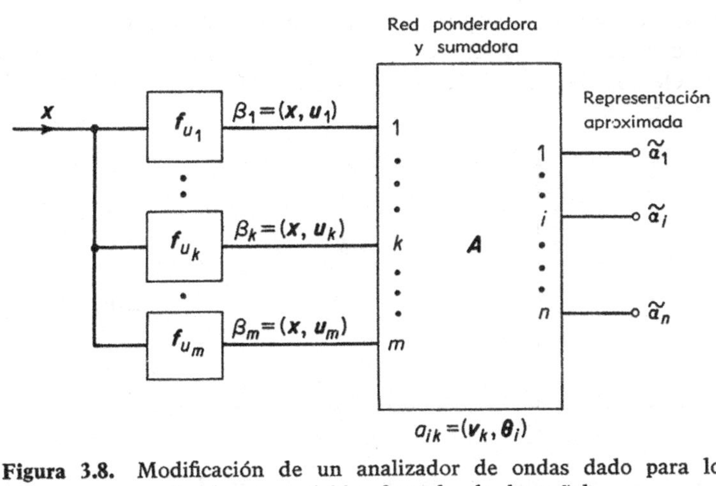

Figura 3.8. Modificación de un analizador de ondas dado para lograr la descomposición deseada de la señal

La instrumentación del analizador de ondas utiliza los funcionales lineales dados junto con una red sumadora-ponderadora descrita por la matriz **A**, donde los elementos de **A** son las $\{a_{ik}\}$ de (3.51). En la figura 3.8 puede verse esto de manera esquemática.

Con un pequeño esfuerzo imaginativo podemos expresar en forma de diagrama esta aproximación a la descomposición deseada de la señal, en la forma indicada en la figura 3.9. La representación de la señal se halla obteniendo primeramente la proyección ortogonal de **x** sobre N_m, estando representado éste por la m-pla $\boldsymbol{\beta} = \{\beta_1, \beta_2, ..., \beta_m\}$. Después, este punto de N_m se proyecta ortogonalmente sobre M_n, proporcionando una representación aproximada $\tilde{\mathbf{x}}$ en M_n para la representación buscada que es la proyección ortogonal $\hat{\mathbf{x}}$ de **x** directamente sobre M_n. La representación aproximada $\tilde{\boldsymbol{\alpha}} = \{\tilde{\alpha}_1, \tilde{\alpha}_2, \ldots, \tilde{\alpha}_n\}$ se obtiene por multiplicación de matrices sobre la representación $\boldsymbol{\beta} = \{(\mathbf{x}, \mathbf{u}_i); i = 1, 2, \ldots, m\}$, para **x** relativa a la base $\{\mathbf{v}_i; i = 1, 2, \ldots, m\}$ para N_m.

$$\begin{bmatrix} \tilde{\alpha}_1 \\ \tilde{\alpha}_2 \\ \cdot \\ \cdot \\ \cdot \\ \tilde{\alpha}_n \end{bmatrix} = \begin{bmatrix} a_{11} & a_{12} & \cdots & a_{1m} \\ a_{21} & a_{22} & \cdots & a_{2m} \\ \cdot & & & \\ \cdot & & & \\ \cdot & & & \\ a_{n1} & a_{n2} & \cdots & a_{nm} \end{bmatrix} \begin{bmatrix} \beta_1 \\ \beta_2 \\ \cdot \\ \cdot \\ \cdot \\ \beta_m \end{bmatrix} \tag{3.52}$$

Desde luego, si es M_n un subespacio de N_m, las dos proyecciones serán iguales y el analizador de ondas corresponderá exactamente al que se busca. Si M_n y N_m son idénticos, la **A** de (3.52) será no singular y la relación reflejará, simplemente, los efectos de un *cambio de base* para M_n (v. ejercicio 2.16).

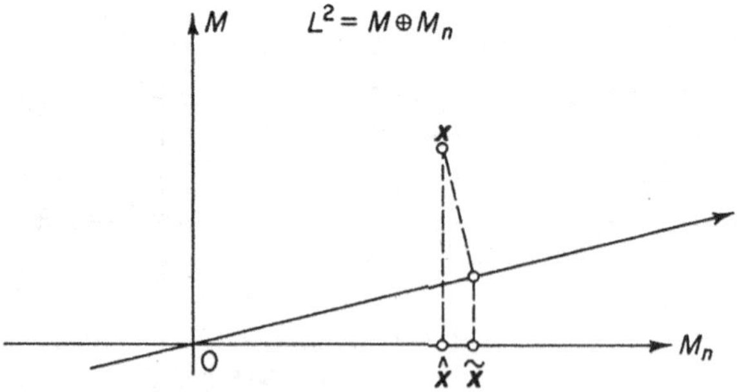

Figura 3.9. Interpretación de la descomposición aproximada de la señal por medio de un analizador de ondas dado

Ejemplo 3.3. Ilustraremos las anteriores ideas con un ejemplo que se encuentra frecuentemente en el análisis de señales. Supongamos que **x** puede considerarse de duración limitada al intervalo $[0, T)$ y que se dispone de un conmutador de muestreo que muestree la señal en m instantes uniformemente espaciados sobre este intervalo como se indica en la figura 3.10. Supongamos también que se quieren medir los coeficientes de una representación por serie de Fourier de la señal con período T. Por tanto

$$x(t) \sim \sum_{i=-\frac{n}{2}}^{\frac{n}{2}} \alpha_i e^{j\frac{2\pi i t}{T}} \qquad \text{con } n \leqslant m - 1 \tag{3.53}$$

será la representación deseada. Las funciones de la base son

$$\varphi_i(t) = e^{j\frac{2\pi i t}{T}}; \qquad \theta_i(t) = \frac{1}{T} e^{j\frac{2\pi i t}{T}} \tag{3.54}$$

Suponiendo que el rotor del conmutador no haga contacto en más de un polo en un instante cualquiera y que el tiempo entre contactos sea esencialmente nulo, se pueden tomar como ondas de referencia las que constituyen el conjunto ortogonal de funciones rectangulares

$$u_k(t) = u_1\left(t - (k-1)\frac{T}{m}\right); \qquad k = 1, 2, \ldots, m$$

donde

$$\begin{aligned} u_1(t) &= 1 \quad \text{para } 0 \leqslant t < \frac{T}{m} \\ &= 0 \quad \text{en caso contrario} \end{aligned} \tag{3.55}$$

Se deduce que el conjunto recíproco a $\{\mathbf{u}_k\}$ está dado por

$$v_k(t) = \frac{m}{T} u_k(t); \qquad k = 1, 2, \ldots, m \tag{3.56}$$

La conversión de los valores muestra $\beta_k = (\mathbf{x}, \mathbf{u}_k)$ en coeficientes de Fourier aproximadores $\alpha_i = (\mathbf{x}, \boldsymbol{\theta}_i)$ la realiza la matriz $\mathbf{A}$ dada en (3.51).

$$\tilde{\alpha}_i = \sum_{k=1}^{m} a_{ik}\beta_k; \qquad i = 0, \pm 1, \pm 2, \ldots, \pm \frac{n}{2} \tag{3.57}$$

donde

$$a_{ik} = (\mathbf{v}_k, \boldsymbol{\theta}_i) = \frac{m}{T^2}\int_0^T u_k(t)e^{-j\frac{2\pi i t}{T}}\,dt$$

$$= \frac{m}{T^2}\int_{\frac{(k-1)T}{m}}^{\frac{kT}{m}} e^{-j\frac{2\pi i t}{T}}\,dt = \frac{1}{T}\frac{\operatorname{sen}(\pi i/m)}{\pi i/m}\,e^{-j\frac{2\pi i(k-1/2)}{m}} \qquad (3.58)$$

Como no pueden realizarse físicamente coeficientes de peso complejos, lo que haremos será determinar por separado las partes real e imaginaria de $\tilde{\alpha}_i = p_i + jq_i$. La representación equivalente (para $x(t)$ real) viene dada por la serie trigonométrica

$$x(t) \sim p_0 + \sum_{i=1}^{n/2} 2p_i \cos\frac{2\pi i t}{T} - \sum_{i=1}^{n/2} 2q_i \operatorname{sen}\frac{2\pi i t}{T} \qquad (3.59)$$

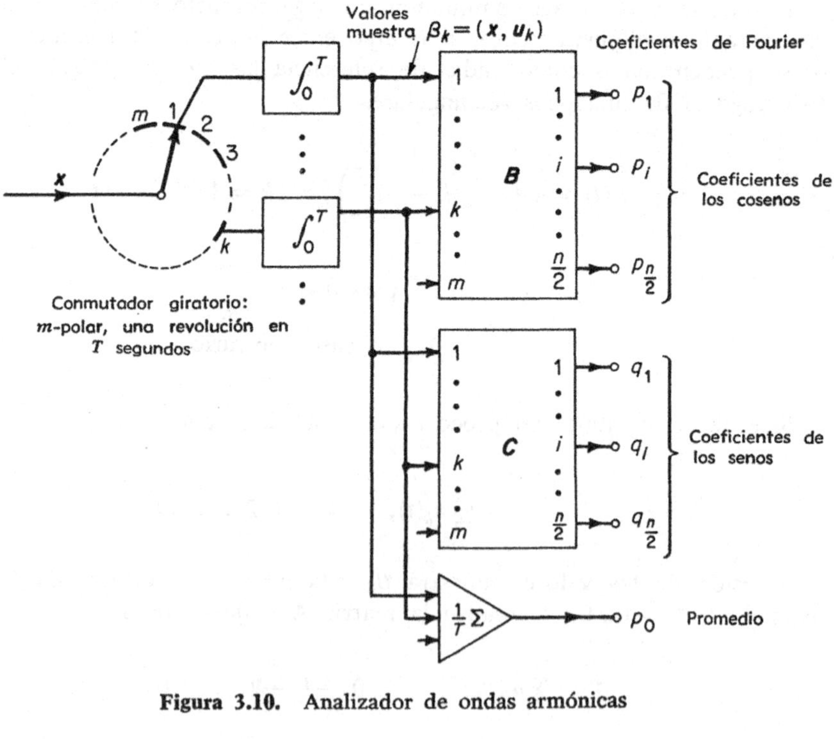

Figura 3.10. Analizador de ondas armónicas

La ventaja de partir de la forma compleja de la serie de Fourier es que la deducción de (3.58) es mucho más fácil. La medida de los coeficientes de (3.59) se instrumenta por medio de redes ponderadoras-sumadoras correspondientes a matrices $(n/2) \times m$ **B** y **C** de la figura 3.10. Dichas matrices se obtuvieron de las partes real e imaginaria de **A**.

$$p_i = \sum_{k=1}^{m} b_{ik}\beta_k; \qquad q_i = \sum_{k=1}^{m} c_{ik}\beta_k$$

$$p_0 = \sum_{k=1}^{m} \alpha_{0k}\beta_k = \frac{1}{T}\sum_{k=1}^{m}\beta_k$$

donde

$$b_{ik} = \frac{1}{T}\,\frac{\operatorname{sen}(\pi i/m)}{\pi i/m}\cos\frac{2\pi i(k-\frac{1}{2})}{m}$$

$$c_{ik} = \frac{-1}{T}\,\frac{\operatorname{sen}(\pi i/m)}{\pi i/m}\operatorname{sen}\frac{2\pi i(k-\frac{1}{2})}{m} \qquad (3.60)$$

$$i = 1, 2, \ldots, \frac{n}{2}; \qquad k = 1, 2, \ldots, m$$

Ejercicio 3.6. Al instrumentar el analizador de ondas armónicas descrito en el ejemplo 3.3, nos interesa de manera natural conocer la exactitud con que pueden determinarse los coeficientes de la serie de Fourier suponiendo comportamiento ideal del conmutador, integradores y redes ponderadoras-sumadoras. Considerando de energía unidad todas las señales en $L^2(T)$, demostrar que el error del i-ésimo coeficiente de Fourier está acotado por

$$|\alpha_i - \tilde{\alpha}_i|^2 \leqslant \frac{1}{T}\left[1 - \left(\frac{\operatorname{sen}(\pi i/m)}{\pi i/m}\right)^2\right]$$

Sugerencia:

$$|\alpha_i - \tilde{\alpha}_i| = \left|(\mathbf{x}, \boldsymbol{\theta}_i) - \sum_{k=1}^{m}(\mathbf{v}_k, \boldsymbol{\theta}_i)(\mathbf{x}, \mathbf{u}_k)\right|$$

$$\leqslant \|\mathbf{x}\| \cdot \left\| \boldsymbol{\theta}_i - \sum_{k=1}^{m}(\mathbf{v}_k, \boldsymbol{\theta}_i)\mathbf{u}_k \right\|$$

Supongamos que se exige que $|\alpha_i - \tilde{\alpha}_i| \leqslant 0{,}01/\sqrt{T}$, para $i = 0, \pm 1, \pm 2, \ldots, \pm n/2$, y que $\|\mathbf{x}\| \leqslant 1$; ¿cuánto deberá valer m? ¿Cómo variarían los resultados si, manteniendo el mismo número de contactos y la misma velocidad de giro, se reduce a su mitad el tiempo muerto que dura cada contacto?

REFERENCIAS

1. A. Papoulis, *The Fourier Integral and Its Applications,* McGraw-Hill, 1962.
2 F. Riesz y B. Sz.-Nagy, *Functional Analysis,* Frederick Ungar, 1955.
3. N. I. Akhiezer e I. M. Glazman, *Theory of Linear Operators in Hilbert Space,* Vol. 1, Frederick Ungar, 1961.
4. R. Courant y D. Hilbert, *Methods of Mathematical Physics,* Vol. 1, Interscience, 1953.
5. N. I. Akhieser, *Theory of Approximation,* Frederick Ungar, 1956.
6. Y. W. Lee, *Statistical Theory of Communication,* John Wiley & Sons, 1960.
7 W. H. Kautz, "Transient Synthesis in the Time Domain", *Trans. IRE,* Vol. CT-1, n.° 3, pp. 29-39, septiembre, 1954.
8 T. Y. Young y W. H. Huggins, "Complementary Signals and Orthogonalized Exponentials", *Trans. IRE,* Vol. CT-9, n.° 4, pp. 362-370, diciembre, 1962.
9 J. L. Walsh, "A Closed Set of Normal Orthogonal Functions", *American Jour. Math.,* 45, pp. 5-24 (1923).
10. J. L. Hammond y R. S. Johnson, "Review of Orthogonal Square-Wave Functions and their Application to Linear Networks", *Jour. Franklin Institute,* 273, pp. 211-225 (marzo, 1962).
11. H. F. Harmuth, "A Generalized Concept od Frequency and Some Applications", *Trans. IEEE,* Vol. IT-14, n.° 3, pp. 375-382, mayo, 1968.

Transformadas integrales para representación de señales

4

4.1 Representaciones continuas

Las representaciones de señales consideradas en los capítulos anteriores se denominaban *discretas* a causa de la característica de ser *numerable* la representación. El motivo primordial de este tipo de representación reside en los medios relativamente directos para obtener una representación apro ma- da *finita* necesaria en el análisis numérico y en la instrumentación física de las medidas de señales. En cambio, para consideraciones más teóricas, tales como la representación de los operadores lineales estudiada en el capítulo 5, resulta muy conveniente utilizar representaciones exactas de señales que se puedan manipular fácilmente y no exijan una atención constante al error de la aproximación. Para clases muy amplias de señales, tales como $L^2(-\infty, \infty)$, la representación discreta exacta puede resultar muy engorrosa y un tanto alejada de una interpretación física sencilla a causa de la naturaleza más o menos ingeniosa de los conjuntos ortonormales completos utilizados. La representación por serie en el tiempo, intuitivamente atractiva, que utiliza la base $\{\varphi_i(t) = \varphi(t - iT);\ i = 0, \pm 1, \pm 2, \ldots\}$ no es completa en $L^2(-\infty, \infty)$, independientemente de cuál pueda ser la función interpoladora $\varphi(t)$.

Sin embargo, para clases de señales prácticas, el error de aproximación puede hacerse tan pequeño como se quiera eligiendo T suficientemente pequeño. Nos vemos así conducidos de manera natural a examinar las posibilidades de representación de señales haciendo que el parámetro iT esté distribuido sobre el eje de tiempos de manera continua, en vez de estar en puntos aislados separados uniformemente. La generalización de esta idea de representación *continua* conduce a una variedad de *transformadas integrales* para representación de señales.[1] En este contexto, la expresión "continua" no se refiere al concepto usual de continuidad de una aplicación sino a la densidad del conjunto de parámetros que caracteriza la base de la representación de la señal.

El fin de este capítulo es examinar algunos aspectos generales de la representación con transformada integral por analogía o extensión de las ideas de la representación discreta. Al intentar hacer completa esta analogía aparecen ciertas dificultades matemáticas. A pesar de ello, la visión física que se gana con este método es muy valiosa. Por lo que se refiere al rigor matemático, deberemos confiar en los tratados más especializados en los tipos particulares de transformadas integrales.[2] Las transformadas de Fourier y Hilbert, ampliamente utilizadas en los problemas de análisis de señales, se interpretan de manera conveniente desde este punto de vista. De hecho, la mayoría de tratamientos de introducción a la integral de Fourier utilizan como punto de partida la serie de Fourier. La idea de que se pudiera desarrollar análogamente una amplia clase de transformadas integrales por extensión a partir de bases discretas ofrece muchas posibilidades que, en su mayoría, quedan para ser aprovechadas en aplicaciones prácticas.

4.2 *Núcleos básicos y núcleos básicos recíprocos*

La analogía continua de representación en un espacio de número finito de dimensiones presentada en el capítulo 3 se obtiene sustituyendo la variable discreta i, que sirve de índice a las funciones de la base en (3.2) por la variable $s \in S$. Como conjunto S suele tomarse un intervalo determinado en el eje real. Expresaremos ahora la base como una función $\varphi(t, s)$ de dos variables y (3.2) quedará en la forma

$$x(t) = \int_S u(s)\varphi(t, s)\, ds; \qquad t \in T \tag{4.1a}$$

donde $u(s)$ es la representación continua de $x(t)$ análoga a las α_i de (3.2). La función $u(s)$ es una función "densidad" que caracteriza la descomposición de $x(t)$, relativa a $\varphi(t, s)$, para diferentes regiones localizadas en el conjunto de definición de s. Siguiendo la terminología de las ecuaciones integrales, a $\varphi(t, s)$ le llamaremos *núcleo básico* o función núcleo de la representación de la señal por transformación integral. Prosiguiendo con la analogía, intentaremos expresar $u(s)$ por medio de un funcional lineal de $\mathbf{x}$ para cada valor de s. Así, (3.7) queda en la forma

$$u(s) = \int_T x(t)\theta(s, t)\, dt; \qquad s \in S \tag{4.1b}$$

donde a la función $\theta(s, t)$ se le llama *núcleo básico recíproco.* Si existe la base recíproca, las (4.1a y b), tomadas juntas, se dice que constituyen un *par de transformación.*

No vamos a exigir que $\varphi(t, s)$ y $\theta(s, t)$ sean funciones de t de cuadrado integrable. En realidad, es precisamente en esto en lo que se rompe la analogía. Veremos que hemos de ampliar nuestro concepto de espacio de funciones si hay que incluir tanto la base como la base recíproca. Esto es cierto incluso si se restringe a $L^2(T)$ la clase de señales que se consideren. Sin embargo, al extender el espacio intentaremos conservar la caracterización de los funcionales lineales en función de productos escalares tal como se definen en $L^2(T)$.

Sustituyendo (4.1b) en (4.1a) y permutando el orden de las integraciones se llega a una condición que deben cumplir los núcleos recíprocos.

$$\begin{aligned} x(t) &= \int_S \int_T x(\tau)\theta(s, \tau)\varphi(t, s)\, d\tau\, ds \\ &= \int_T I(t, \tau)x(\tau)\, d\tau = f_I(\mathbf{x}) \end{aligned} \tag{4.2a}$$

donde

$$I(t, \tau) \triangleq \int_S \varphi(t, s)\theta(s, \tau)\, ds \tag{4.2b}$$

Considerando (4.2a) como funcional lineal de $\mathbf{x}$ para valores fijos del parámetro t, vemos que es el funcional de muestreo descrito en relación con (2.63). Observábamos allí que el funcional no era acotado (o continuo); luego no esperamos hallar una función $L^2(T)$ (de τ) que satisfaga a (4.2a) para todo $\mathbf{x}$. Aún peor, no podemos hallar ninguna función, en el sentido ordinario, que satisfaga a (4.2a) para un $\mathbf{x}$ arbitrario. Salvamos esta dificultad insistiendo en una representación simbólica del funcional $\mathbf{f}_I$ en función de un producto escalar de funciones. Ésta es la base de las modernas teorías de las *distribuciones* y de las *funciones generalizadas* [3]–[6] que proporcionan la estructura rigurosa de los más amplios espacios de funciones que necesitamos. Así pues, simbólicamente, tenemos

$$f_I(\mathbf{x}) = x(t) = \int_T \delta(t - \tau)x(\tau)\, d\tau; \qquad t \in T \tag{4.3}$$

donde $\delta(t)$ es una función generalizada llamada *función δ de Dirac.* A pesar de la falta de rigor, la interpretación física de la función δ como forma idealizada de función impulsiva no necesita defensa alguna y se ha utilizado mucho en aplicaciones prácticas por parte de físicos e ingenieros. Las operaciones algebraicas de diferenciación, integración y convolución se pueden definir para funciones generalizadas de manera compatible con las correspondientes a funciones ordinarias. Podemos definir una "derivada respecto al tiempo" para un funcional lineal $f_\varphi(\mathbf{x}) = (\mathbf{x}, \boldsymbol{\varphi})$ de funciones del tiempo reales, de la manera siguiente.

Primero, sea $x_\varepsilon(t) = x(t - \varepsilon)$; $\varepsilon > 0$ una versión desplazada en el tiempo de la función argumento $\mathbf{x}$. Definamos ahora la derivada respecto al tiempo de $\mathbf{f}_\varphi$ y, por tanto, la derivada respecto al tiempo de la función generalizada $\boldsymbol{\varphi}$ de la manera siguiente

$$f_{\dot\varphi}(\mathbf{x}) \stackrel{\Delta}{=} \lim_{\varepsilon\to 0} \frac{1}{\varepsilon}\,[f_\varphi(\mathbf{x}_\varepsilon) - f_\varphi(\mathbf{x})]$$

$$= -f_\varphi\left[\lim_{\varepsilon\to 0} \frac{1}{\varepsilon}\,(\mathbf{x} - \mathbf{x}_\varepsilon)\right] = -f_\varphi(\dot{\mathbf{x}})$$

Tenemos, por tanto,

$$f_{\dot\varphi}(\mathbf{x}) \stackrel{\Delta}{=} -f_\varphi(\dot{\mathbf{x}})$$

o, simbólicamente,

$$(\mathbf{x}, \dot{\boldsymbol{\varphi}}) = -(\dot{\mathbf{x}}, \boldsymbol{\varphi}) \tag{4.4}$$

Utilizamos la relación (4.4) como definición de derivada de una función generalizada. Integrando por partes, vemos que la definición es compatible con la dada para funciones ordinarias, con tal que $\boldsymbol{\varphi}$ o $\mathbf{x}$ se anule en los puntos extremos del intervalo de integración.

Análogamente, para las derivadas de orden superior tenemos

$$(\mathbf{x}, \boldsymbol{\varphi}^{(n)}) = (-1)^n(\mathbf{x}^{(n)}, \boldsymbol{\varphi}) \tag{4.5}$$

con lo que, en particular,

$$\int_T \delta^{(n)}(t - t_0)x(t)\,dt = (-1)^n x^{(n)}(t_0); \qquad t_0 \in T \tag{4.6}$$

En los capítulos restantes utilizaremos a menudo esta propiedad de la función δ y de sus derivadas.

Ejercicio 4.1. Para toda constante real a, demostrar que

$$\delta(at - t_0) = \frac{1}{|a|}\,\delta\left(t - \frac{t_0}{a}\right)$$

Volviendo a (4.2), para un núcleo básico dado exigimos que la base recíproca satisfaga

$$\int_S \varphi(t, s)\theta(s, \tau)\, ds = \delta(t - \tau) \tag{4.7a}$$

Mediante un razonamiento análogo, la sustitución de (4.1a) en (4.1b) conduce al requisito adicional de que

$$\int_T \theta(s, t)\varphi(t, \sigma)\, dt = \delta(s - \sigma) \tag{4.7b}$$

sea satisfecha por $\varphi(t, s)$ y $\theta(s, t)$ para que sean núcleos básicos recíprocos. Esta relación (4.7) es la análoga continua de (3.5). En la tabla 4.1 se resume la analogía entre representaciones discretas y continuas.

El examen de (4.7) muestra por qué no pueden ser $\boldsymbol{\varphi}$ y $\boldsymbol{\theta}$ ambas funciones de t en $L^2(T)$ (o ambas funciones de s en $L^2(S)$). Desde un punto de vista físico, esto puede interpretarse de la manera siguiente: Supongamos que $\boldsymbol{\theta}$ se "comporte bien" en algún sentido, por ejemplo, sea continua e integrable, en cuyo caso la $u(s)$ de (4.1b) será una versión "alisada" de $x(t)$. Esta operación de alisamiento debe deshacerse en la transformada inversa (4.1a) por medio de una $\boldsymbol{\varphi}$ muy irregular. Está claro que $\boldsymbol{\varphi}$ o $\boldsymbol{\theta}$, o ambas, deben presentar algún tipo de comportamiento singular; por ejemplo, pueden contener funciones δ y sus derivadas, o funciones no integrables como en el caso de la transformación de Fourier.

Tabla 4.1. Cantidades análogas en las representaciones discreta y continua de una señal

Discreta	*Continua*
$x(t) = \sum_i \alpha_i \varphi_i(t); \quad t \in T$	$x(t) = \int_S u(s)\varphi(t, s)\, ds; \quad t \in T$
$\alpha_i = (\mathbf{x}, \boldsymbol{\theta}_i); \quad i = 1, 2, \ldots$	$u(s) = \int_T x(t)\theta(s, t)\, dt; \quad s \in S$
$(\boldsymbol{\varphi}_i, \boldsymbol{\theta}_j) = \delta_{ij}$	$\begin{cases} \int_S \varphi(t, s)\theta(s, \tau)\, ds = \delta(t - \tau) \\ \int_T \theta(s, t)\varphi(t, \sigma)\, dt = \delta(s - \sigma) \end{cases}$

Resulta útil a menudo considerar la representación discreta como caso particular de la representación por transformación integral. Si **x** se halla en el subespacio engendrado por

$$\{\varphi(t, s_i); i = 1, 2, \ldots\}$$

es decir, si

$$x(t) = \sum_i \alpha_i \varphi(t, s_i) \tag{4.8a}$$

la transformada será

$$\begin{aligned} u(s) &= \int_T \sum_i \alpha_i \varphi(t, s_i)\theta(s, t)\, dt \\ &= \sum_i \alpha_i\, \delta(s - s_i) \end{aligned} \tag{4.8b}$$

En este caso tenemos el resultado buscado de que la función densidad que representa a **x** relativa a $\varphi(t, s)$ esté concentrada totalmente en los puntos discretos $s = s_i$. Para algunas señales, la función densidad puede consistir en una mezcla de funciones δ y funciones ordinarias. En tales casos suele ser conveniente descomponer la señal en una "parte discreta" y una "parte continua".

Algunos tipos de núcleo básico tienen la propiedad de que las transformadas de funciones (de t) en $L^2(T)$ serán siempre funciones (de s) en $L^2(S)$. Una correspondencia aún más fuerte entre funciones en el conjunto de definición t y en el conjunto de definición s la proporciona un núcleo *autorrecíproco* en donde

$$\varphi(t, s) = \theta^*(s, t) \tag{4.9}$$

correspondiente a una base ortonormal en el caso discreto. Sean $u(s)$ y $v(s)$ transformadas de $x(t)$ e $y(t)$, respectivamente; entonces

$$\begin{aligned} (\mathbf{u}, \mathbf{v}) &= \int_S u(s)v^*(s)\, ds \\ &= \int_S \int_T \int_T x(t)y^*(\tau)\theta(s, t)\theta^*(s, \tau)\, d\tau\, dt\, ds \end{aligned}$$

Ahora, si $\boldsymbol{\varphi}$ es autorrecíproco (4.9), será

$$\begin{aligned} (\mathbf{u}, \mathbf{v}) &= \int_T \int_T x(t)y^*(\tau)\, \delta(t - \tau)\, dt\, d\tau \\ &= \int_T x(t)y^*(t)\, dt = (\mathbf{x}, \mathbf{y}) \end{aligned} \tag{4.10}$$

y se habrán conservado los productos escalares al pasar de funciones en el conjunto de definición t a funciones en el conjunto de definición s. Muchas de las transformadas utilizadas corrientemente poseen esta propiedad.

4.3 Transformaciones integrales de Fourier, Hilbert y otras

Transformadas de Fourier

Para $T = (-\infty, \infty)$ y $S = (-\infty, \infty)$, los núcleos básicos

$$\begin{aligned}\varphi(t, s) &= e^{j2\pi st}\\ \theta(s, t) &= e^{-j2\pi st}\end{aligned} \tag{4.11}$$

originan el par de transformadas de Fourier. Del teorema de la integral de Fourier,[2] concluimos que, como funciones generalizadas, es válida la siguiente relación de convergencia:

$$\lim_{W\to\infty} \int_{-W}^{W} e^{j2\pi st}\, ds = \lim_{W\to\infty} \frac{\operatorname{sen} 2\pi Wt}{\pi t} = \delta(t) \tag{4.12}$$

Utilizando (4.12), está claro que las (4.11) cumplen los requisitos (4.7a y b) para ser núcleos recíprocos. El parámetro s caracteriza la frecuencia de las funciones de la base individuales y suele representarse por f. Además, se conviene en representar las transformadas de Fourier por la mayúscula correspondiente a la letra que representa la función del tiempo. Luego, utilizando la notación convencional, el par de transformación de Fourier será

$$x(t) = \int_{-\infty}^{\infty} X(f) e^{j2\pi ft}\, df \tag{4.13a}$$

$$X(f) = \int_{-\infty}^{\infty} x(t) e^{-j2\pi ft}\, dt \tag{4.13b}$$

Comparando (4.11) con (4.9), vemos que este núcleo básico es autorrecíproco; luego, de (4.10),

$$(\mathbf{X}, \mathbf{Y}) = (\mathbf{x}, \mathbf{y}) \tag{4.14}$$

Esta relación, que utilizaremos frecuentemente en capítulos posteriores, se denomina *relación de Parseval*. Se utiliza muy a menudo para establecer propiedades de dualidad tiempo-frecuencia.

Ejercicio 4.2. Utilizando la relación de Parseval, verificar lo siguiente [para $t, f \in (-\infty, \infty)$].

a. $x(t) = y(t)z(t) \Rightarrow X(f) = \int_{-\infty}^{\infty} Y(f - \nu)Z(\nu)\, d\nu$

b. $x(t) = \delta(t) \Rightarrow X(f) = 1$

c. $x(t) = y(t - t_0) \Rightarrow X(f) = Y(f)e^{-j2\pi t_0 f}$

d. $x(t)$ es real $\Rightarrow X(f) = X^*(-f)$

e. $(\mathbf{x}^{(n)}, \mathbf{x}) = (\mathbf{Y}, \mathbf{X})$ donde $Y(f) = (j2\pi f)^n X(f)$

Escribir el dual tiempo-frecuencia de las expresiones anteriores.

Ejercicio 4.3. Demostrar que

$$x(t) = \sum_{k=-\infty}^{\infty} g(t)h(t - k\tau) \Rightarrow X(f) = \frac{1}{\tau}\sum_{\ell=-\infty}^{\infty} H\left(\frac{\ell}{\tau}\right)G\left(f - \frac{\ell}{\tau}\right)$$

Sugerencia: Desarrollar en serie de Fourier el factor periódico

$$\sum_{k=-\infty}^{\infty} h(t - k\tau)$$

¿Cuál es la relación dual tiempo-frecuencia? Esta relación (y su dual) es muy útil en los problemas de análisis de señales en los que intervengan sucesiones en el tiempo de pulsos de señal. Utilizar la relación para establecer las propiedades siguientes de sucesiones infinitas de funciones δ:

a. $x(t) = \sum_{k=-\infty}^{\infty} \delta(t - k\tau) \Rightarrow X(f) = \frac{1}{\tau}\sum_{\ell=-\infty}^{\infty} \delta\left(f - \frac{\ell}{\tau}\right)$

b. $x(t) = \sum_{k=-\infty}^{\infty} (-1)^k\, \delta(t - k\tau) \Rightarrow X(f) = \frac{1}{\tau}\sum_{\ell=-\infty}^{\infty} \delta\left(f - \frac{1}{2\tau} - \frac{\ell}{\tau}\right)$

Ejercicio 4.4. Utilizando las relaciones del ejercicio 4,3, comprobar las siguientes versiones de la *fórmula de la suma de Poisson:*

a. $$\sum_{k=-\infty}^{\infty} h(k\tau) = \frac{1}{\tau} \sum_{\ell=-\infty}^{\infty} H\left(\frac{\ell}{\tau}\right)$$

b. $$\sum_{k=-\infty}^{\infty} h(t - k\tau) = \frac{1}{\tau} \sum_{\ell=-\infty}^{\infty} H\left(\frac{\ell}{\tau}\right) e^{j\frac{2\pi\ell t}{\tau}}$$

c. $$\sum_{k=-\infty}^{\infty} h(k\tau)e^{-j2\pi k\tau f} = \frac{1}{\tau} \sum_{\ell=-\infty}^{\infty} H\left(f - \frac{\ell}{\tau}\right)$$

Núcleos básicos función de la diferencia de variables

Siguiendo la sugerencia hecha en § 4.1 para la representación por serie en el tiempo, podemos generar un núcleo básico tomando una onda fundamental y considerando todas sus traslaciones posibles en el tiempo. Luego, abusando un poco de la notación, podemos escribir

$$\varphi(t, s) = \varphi(t - s) \tag{4.15}$$

con lo que el núcleo es realmente una función de la única variable $t - s$. Utilizando $T, S = (-\infty, \infty)$, $x(t)$ se expresa como la *convolución* de su función densidad con la onda fundamental:

$$x(t) = \int_{-\infty}^{\infty} u(s)\varphi(t - s)\, ds \tag{4.16}$$

El núcleo recíproco, si existe, podrá hallarse sin más que tomar la transformada de Fourier de (4.16),

$$X(f) = U(f)\Phi(f) \tag{4.17}$$

Luego,
$$U(f) = \Theta(f)X(f)$$

donde
$$\Theta(f) = \frac{1}{\Phi(f)} \tag{4.18}$$

y el núcleo recíproco tiene también una variable diferencia,

$$u(s) = \int_{-\infty}^{\infty} x(t)\theta(s - t)\, dt \tag{4.19}$$

Como ejemplo, podríamos hacer

$$\varphi(t-s) = \delta(t-s) \tag{4.20}$$

Entonces

$$\Phi(f) = 1 = \Theta(f)$$

y

$$u(s) = \int_{-\infty}^{\infty} x(t)\, \delta(s-t)\, dt = x(s) \tag{4.21}$$

Esto da el resultado algo trivial de que una función del tiempo puede representarse por sí misma. A pesar de todo, el considerar que una señal es una sucesión densa de funciones δ tiene a menudo valor conceptual. Se utiliza a veces, por ejemplo, para dar interpretación física a la integral de convolución para caracterizar la respuesta de un sistema lineal.

Ejemplo mucho más interesante resulta ser el que se tiene al elegir la base

$$\varphi(t-s) = \frac{-1}{\pi(t-s)} \tag{4.22}$$

Entonces, con

$$\begin{aligned} \operatorname{sgn} f &\triangleq \frac{f}{|f|} \\ \Phi(f) = j \operatorname{sgn} f &\Rightarrow \Theta(f) = -j \operatorname{sgn} f \\ &\Rightarrow \theta(s-t) = \frac{1}{\pi(s-t)} \end{aligned} \tag{4.23}$$

El par de transformadas resultante se denomina *par de transformación de Hilbert*. Se ha hecho habitual[1] representar por $\hat{\mathbf{x}}$ a la transformada de Hilbert de **x**. Utilizando esta notación, tenemos

$$x(t) = \frac{1}{\pi} \int_{-\infty}^{\infty} \frac{\hat{x}(s)}{s-t}\, ds \tag{4.24a}$$

$$\hat{x}(s) = \frac{1}{\pi} \int_{-\infty}^{\infty} \frac{x(t)}{s-t}\, dt \tag{4.24b}$$

[1] Habrá que acudir al contexto para saber si se trata de una transformada de Hilbert o de una proyección ortogonal. Esta notación es convencional para ambas cantidades.

A causa de las singularidades de los integrandos de (4.24a y b), tenemos que especificar el significado de la integral. En ambos casos, la integral es el valor principal de Cauchy; es decir, en (4.24b),

$$\int_{-\infty}^{\infty} \Rightarrow \lim_{\varepsilon \to 0} \left(\int_{-\infty}^{s-\varepsilon} + \int_{s+\varepsilon}^{\infty} \right); \qquad \varepsilon > 0$$

Comparando (4.22) y (4.23) con (4.9), vemos que la base es autorrecíproca; luego

$$(\hat{\mathbf{x}}, \hat{\mathbf{y}}) = (\mathbf{x}, \mathbf{y}) \tag{4.25}$$

Característica interesante y útil de las transformadas de Hilbert es la relación sencilla que existe entre las transformadas de Fourier del par de Hilbert.

$$\hat{X}(f) = -j \operatorname{sgn} f X(f) \tag{4.26a}$$

$$X(f) = j \operatorname{sgn} f \hat{X}(f) \tag{4.26b}$$

La manera como se utiliza más frecuentemente esta relación en los problemas de análisis de señales consiste en crear una señal compleja $z(t)$ llamada *señal analítica* o *preenvolvente*, que tiene una transformada de Fourier "unilateral". Si hacemos

$$z(t) = x(t) + j\hat{x}(t) \tag{4.27}$$

entonces, de (4.26a),

$$\begin{aligned} Z(f) &= 2X(f) \quad \text{para} f > 0 \\ &= 0 \qquad\quad \text{para} f < 0 \end{aligned} \tag{4.28}$$

En § 4.4 estudiaremos una aplicación práctica de esta propiedad.

Ejemplo 4.1. Supongamos que queremos representar funciones del tiempo relativas a una onda exponencial bilateral trasladada de manera continua; por ejemplo,

$$\varphi(t - s) = e^{-a|t-s|}; \qquad a > 0$$

Como

$$\Phi(f) = \frac{2a}{(2\pi f)^2 + a^2}$$

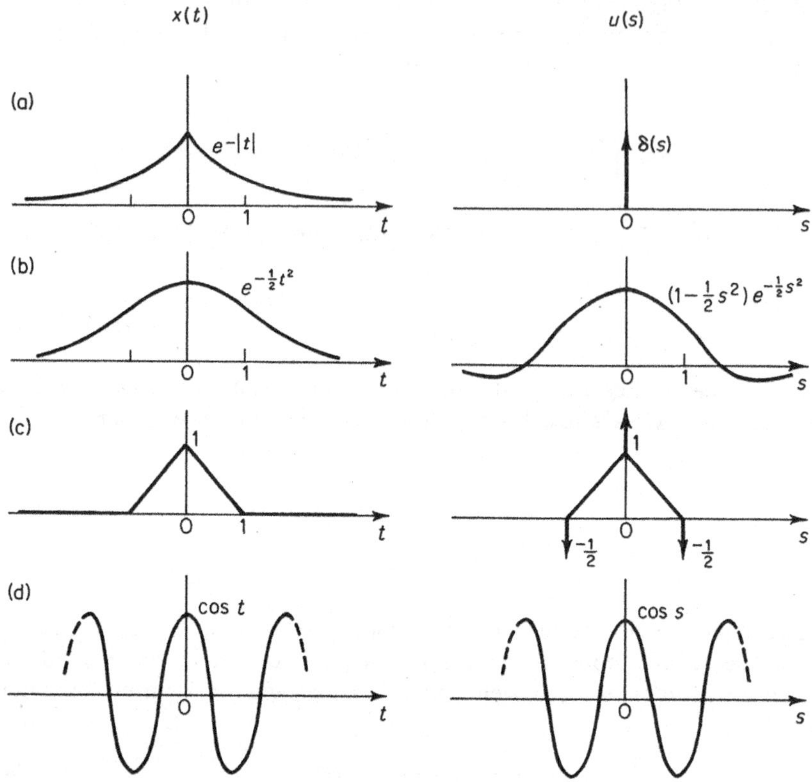

Figura 4.1. Gráfica de pares de transformadas para la base, $\varphi(t-s) = e^{-|t-s|}$

tenemos

$$\Theta(f) = \frac{a}{2}\left[1 - \frac{1}{a^2}(j2\pi f)^2\right]$$

$$\Rightarrow \theta(t) = \frac{a}{2}\left[\delta(t) - \frac{1}{a^2}\ddot{\delta}(t)\right]$$

Luego, el par de transformadas resultante de esta base será

$$x(t) = \int_{-\infty}^{\infty} u(s)e^{-a|t-s|}\,ds$$

$$u(s) = \frac{a}{2}\left[x(s) - \frac{1}{a^2}\ddot{x}(s)\right]$$

En la figura 4.1 se han dibujado algunos pares de transformadas correspondientes a $a = 1$.

Ejercicio 4.5. Utilizar (4.26) para demostrar que

a. La transformada de Hilbert de una transformada de Hilbert es la señal original cambiada de signo; es decir, $\hat{\hat{\mathbf{x}}} = -\mathbf{x}$.

b. Una señal real y su transformada de Hilbert son ortogonales; es decir, $(\mathbf{x}, \hat{\mathbf{x}}) = 0$.

Ejercicio 4.6. Calcular las transformadas de Hilbert de

a. $x(t) = \cos 2\pi f_0 t; \qquad -\infty < t < \infty$

b. $x(t) = \dfrac{1}{1 + t^2}; \qquad -\infty < t < \infty$

c. $x(t) = \dfrac{\operatorname{sen} 2\pi Wt}{2\pi Wt}; \qquad -\infty < t < \infty$

d. $x(t) = 1; \quad |t| \leqslant T$
$ = 0; \quad |t| > T$

Núcleos básicos función del producto de variables

Otra de las maneras por las cuales puede utilizarse una onda básica para generar una base es sacando a escala de manera continua la anchura de la onda fundamental. Luego

$$\varphi(t, s) = \varphi(st) \tag{4.29}$$

y el parámetro s caracteriza el recíproco de la anchura de la función de la base. Es evidente que el núcleo para la transformada de Fourier es de este tipo. De hecho, los núcleos que son funciones de la única variable st y son también autorrecíprocos se denominan *núcleos de Fourier.*[2] Otras de las transformadas más conocidas de este tipo son las *transformadas de Hankel* con pares de transformación dados por

$$x(t) = \int_0^\infty u(s)(st)^{\frac{1}{2}} J_\nu(st)\, ds \tag{4.30a}$$

$$u(s) = \int_0^\infty x(t)(st)^{\frac{1}{2}} J_\nu(st)\, dt \tag{4.30b}$$

donde J_ν es la función de Bessel de orden ν-ésimo.

Si hacemos $T, S = (0, \infty)$, los pares de transformación, en general, serán de la forma

$$x(t) = \int_0^\infty u(s)\varphi(st)\, ds; \qquad t \geqslant 0 \tag{4.31a}$$

$$u(s) = \int_0^\infty x(t)\theta(st)\, dt; \qquad s \geqslant 0 \tag{4.31b}$$

Es interesante hacer notar que el núcleo recíproco, si existe, puede hallarse por un método análogo al utilizado para los núcleos función de la diferencia de variables (4.18). La relación análoga para núcleos básicos con una variable producto se expresa por medio de las *transformadas de Mellin.*[3] El par de transformación de Mellin está dado por

$$\mathscr{M}(\mathbf{x}; \nu) = \int_0^\infty x(t)t^{\nu-1}\, dt \tag{4.32a}$$

$$x(t) = \frac{1}{2\pi j}\int_{c-j\infty}^{c+j\infty} \mathscr{M}(\mathbf{x}; \nu)t^{-\nu}\, d\nu; \qquad t \geqslant 0 \tag{4.32b}$$

Tomando la transformada de Mellin de (4.31a), hallaremos

$$\begin{aligned}\mathscr{M}(\mathbf{x}; \nu) &= \int_0^\infty u(s)\int_0^\infty \varphi(st)t^{\nu-1}\, dt\, ds \\ &= \int_0^\infty u(s)s^{-\nu}\, ds\int_0^\infty \varphi(\sigma)\sigma^{\nu-1}\, d\sigma \\ &= \mathscr{M}(\mathbf{u}; 1-\nu)\mathscr{M}(\boldsymbol{\varphi}; \nu)\end{aligned} \tag{4.33}$$

Análogamente, tomando la transformada de Mellin de (4.31b), hallamos

$$\mathscr{M}(\mathbf{u}; \nu) = \mathscr{M}(\boldsymbol{\theta}; \nu)\mathscr{M}(\mathbf{x}; 1-\nu) \tag{4.34}$$

Combinando (4.33) y (4.34), vemos que

$$\mathscr{M}(\boldsymbol{\varphi}; \nu)\mathscr{M}(\boldsymbol{\theta}; 1-\nu) = 1 \tag{4.35}$$

y por tanto,

$$\theta(t) = \frac{1}{2\pi j}\int_{c-j\infty}^{c+j\infty} \frac{t^{-\nu}\, d\nu}{\mathscr{M}(\boldsymbol{\varphi}; 1-\nu)} \tag{4.36}$$

Ejemplo 4.2. Supongamos que queremos representar señales $x(t)$ sobre el intervalo $(0, \infty)$ por medio de una distribución de pulsos rectangulares de diversas anchuras. Hagamos

$$\varphi(t) = 1 \quad \text{para } 0 < t \leqslant 1$$
$$= 0 \qquad t > 1$$

y tendremos

$$\mathscr{M}(\boldsymbol{\varphi}; \nu) = \int_0^1 t^{\nu-1}\, dt = \frac{1}{\nu}$$

Luego

$$\mathscr{M}(\boldsymbol{\theta}; \nu) = 1 - \nu \Rightarrow \theta(t) = \dot{\delta}(t-1)$$

ya que

$$\int_0^\infty \dot{\delta}(t-1)t^{\nu-1}\, dt = -\frac{d}{dt}\,[t^{\nu-1}]_{t=1} = 1 - \nu$$

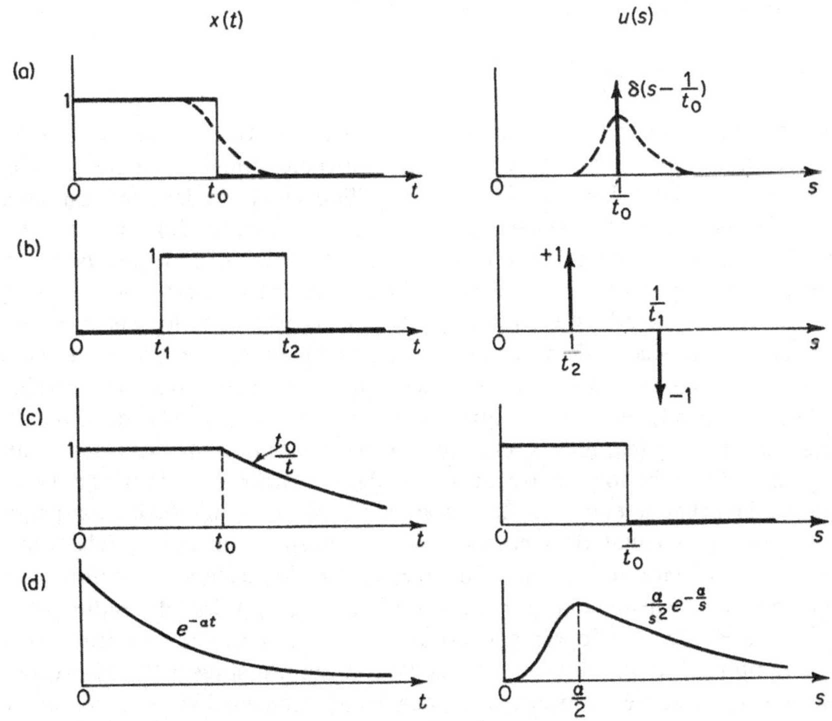

Figura 4.2. Gráficas de pares de transformación para el núcleo de la base. $\varphi(st) = 1$ para $0 < t \leqslant 1/s$; $= 0$ en caso contrario

Así pues, la densidad de los pulsos rectangulares está dada por

$$u(s) = \int_0^\infty x(t)\dot{\delta}(st - 1)\, dt$$

Hagamos $st = \sigma$ en la integral anterior y tendremos

$$\begin{aligned} u(s) &= \frac{1}{s}\int_0^\infty x\left(\frac{\sigma}{s}\right)\dot{\delta}(\sigma - 1)\, d\sigma \\ &= -\frac{1}{s}\frac{d}{d\sigma}\left[x\left(\frac{\sigma}{s}\right)\right]_{\sigma=1} = -\frac{1}{s^2}\dot{x}\left(\frac{1}{s}\right) \end{aligned}$$

En la figura 4.2 pueden verse algunos de los pares de transformadas resultantes correspondientes a este ejemplo. ∎

4.4 *Representación de señales pasa-banda*

Señal de envolvente compleja

En este apartado vamos a abordar algunas cuestiones prácticas que son adecuadas para ilustrar cómo se utilizan convencionalmente en los problemas de análisis de señales las transformadas de Fourier y de Hilbert. En muchos sistemas de procesos de señales, algunas de éstas serán del tipo de "banda pasante". A falta de una expresión mejor, llamaremos *señales pasa-banda* a las que tienen transformadas de Fourier concentradas hasta cierto punto en torno a una frecuencia alejada del origen (v. fig. 4.3a). En cambio, las señales que tengan una composición de frecuencias sustancial en un intervalo que contenga al origen se las denomina *señales pasa-baja.* Una razón de que prevalezcan las señales de banda pasante es que los medios de transmisión de señales son siempre dispersivos (características de transmisión no uniformes sobre diversas regiones de la banda de frecuencias). Para utilizar el medio con una distorsión de la señal a causa de la dispersión que sea tolerablemente pequeña, se suele dividir el canal de transmisión en segmentos de banda relativamente estrecha que engendren intervalos de frecuencia de dispersión mínima. Tanto los sistemas de transmisión por guía de ondas como los de radio, utilizan esta técnica. Puede ello lograrse utilizando la señal pasa-baja básica para modular la amplitud o la fase de una señal portadora sinusoidal de frecuencia elegida adecuadamente respecto a la banda de transmisión. Por lo que respecta a la representación de la señal, la modulación de amplitud pura de una portadora sinusoidal de frecuencia f_0 y fase θ constantes no presenta dificultad alguna. Si la señal pasa-banda es de la forma $x(t) = u(t)\cos(2\pi f_0 t + \theta)$, donde $u(t)$ es una señal pasa-baja, la representación de $\mathbf{x}$ corresponderá directamente a una representación de $\mathbf{u}$. Sin embargo, si se transmitiera esta señal sobre un canal dispersivo, no se podría expresar, en general, de la misma forma simple. Podemos decir que la dispersión del canal introduce cierto grado de conversión de la modulación de amplitud en modulación de fase.

La generalización de esta técnica para proporcionar representaciones pasa-baja de señales pasa-banda arbitrarias constituye el tema de este apartado. El método que vamos a presentar es general y no necesita, para su validez, de la "aproximación de banda estrecha". Primeramente, puede ser útil decir unas palabras acerca del motivo de ir a representaciones pasa-baja. Las técnicas de representación de la señal presentadas en capítulos anteriores son directamente aplicables a señales pasa-banda, si bien dichas representaciones pueden resultar poco útiles. Por ejemplo, si utilizamos una representación por serie en el tiempo (1.34) muestreando la señal pasa-banda con una frecuencia superior al doble de la del armónico apreciable de mayor frecuencia, está claro que utilizamos muchas más muestras en un intervalo de tiempo dado de las que se necesitarían para representar una cierta versión pasa-baja equivalente de la señal. Otra razón es que las funciones de la base mejor conocidas para la representación de señales presentadas en § 3.3 son todas de naturaleza pasa-baja. Los conjuntos ortonormales descritos en dicho apartado tenían la propiedad de que la n-ésima función de la base tenía n ceros. Por tanto, el espacio de señales engendrado por un conjunto truncado sería mucho más adecuado para lo que llamamos señales pasa-baja. Por último, a menudo hallamos conveniente simular el funcionamiento de un sistema pasa-banda en una calculadora analógica. La inherente naturaleza pasa-baja y las limitaciones de velocidad de la calculadora analógica hacen muy ventajoso su funcionamiento en el modo pasa-baja. Vamos a mostrar cómo puede simularse equivalentemente un sistema pasa-banda por dos sistemas pasa-baja interconectados.

El punto de partida para desarrollar estas otras representaciones de la señal es considerar la *señal analítica* o *pre-envolvente* [7]–[9] correspondiente a la señal pasa-banda real $x(t)$. La preenvolvente es una señal pasa-banda compleja obtenida añadiendo como parte imaginaria la transformada de Hilbert de $x(t)$:

$$\psi(t) = x(t) + j\hat{x}(t) \tag{4.37}$$

Recordando que $\|\hat{\mathbf{x}}\| = \|\mathbf{x}\|$ y $(\mathbf{x}, \hat{\mathbf{x}}) = 0$, tenemos la siguiente relación útil:

$$\|\boldsymbol{\psi}\| = \sqrt{2}\,\|\mathbf{x}\| \tag{4.38}$$

La propiedad más importante de la preenvolvente es que su transformada de Fourier es "unilateral". De (4.28),

$$\begin{aligned} \Psi(f) &= 2X(f) \quad \text{para } f > 0 \\ &= 0 \quad\quad\;\; \text{para } f < 0 \end{aligned} \tag{4.39}$$

Afortunadamente, la preenvolvente no borra los conceptos conocidos de envolvente y de rotación de fase para señales de banda estrecha. Por el contrario, proporciona una definición sencilla y satisfactoria desde el punto de vista intuitivo de dichas cantidades que puede extenderse para su aplicación a señales arbitrarias. La *envolvente* $w(t)$ se considera que es el módulo de la preenvolvente:

$$w(t) = |\psi(t)| = \sqrt{x^2(t) + \hat{x}^2(t)} \tag{4.40}$$

Esta cantidad se aproximará mucho a lo que da a la salida un detector de envolvente físico para señales de banda estrecha. Evidentemente, $w(t)$ no caracteriza por completo a la señal pasa-banda. El argumento de ψ es decir, la parte imaginaria del logaritmo neperiano de ψ contiene el resto de la información acerca de la señal. Verdaderamente, desde el punto de vista de la interpretación física es más útil a menudo la derivada respecto al tiempo de esta cantidad. Definiremos la *frecuencia instantánea* $f_i(t)$ de una señal arbitraria de la manera siguiente:

$$\begin{aligned} f_i(t) &= \frac{1}{2\pi} \operatorname{Im} \left[\frac{d}{dt} \ln \psi(t) \right] \\ &= \frac{1}{2\pi} \operatorname{Im} \left(\frac{\dot{\psi}(t)}{\psi(t)} \right) \\ &= \frac{1}{2\pi w^2(t)} [\dot{\hat{x}}(t)x(t) - \dot{x}(t)\hat{x}(t)] \end{aligned} \tag{4.41}$$

Esta función corresponderá aproximadamente a lo que da a la salida un circuito físico de discriminación de frecuencias.

Ahora, para obtener representaciones pasa-baja equivalentes, trasladaremos simplemente la transformada de Fourier de ψ de manera que quede concentrada en torno al origen y aparezca como función pasa-baja según se ilustra en la figura 4.3(c).

Tenemos, pues, por definición,

$$\Gamma(f) = \Psi(f + f_0) \tag{4.42}$$

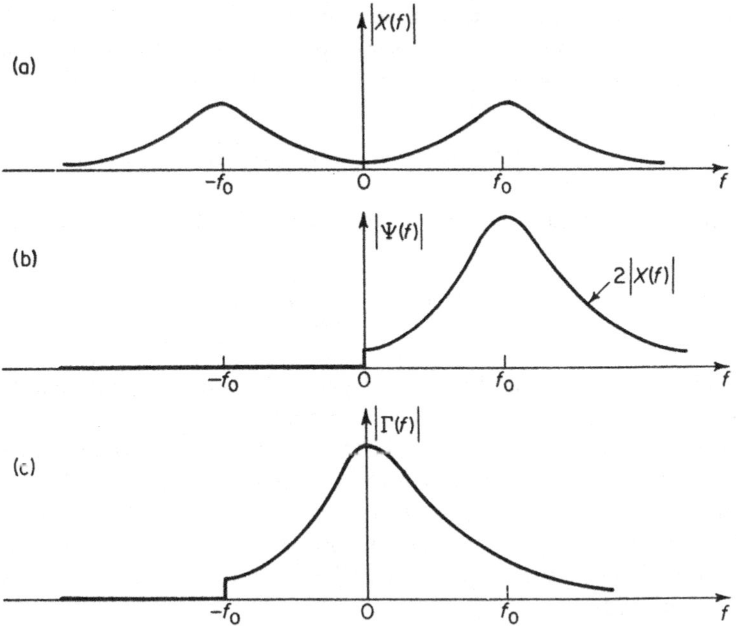

Figura 4.3. Transformada de Fourier de una señal pasa-banda y su equivalente pasa-baja

y por tanto,

$$\gamma(t) = \psi(t)e^{-j2\pi f_0 t} \tag{4.43}$$

De esta manera, la señal pasa-banda estará relacionada con la señal compleja $\gamma(t)$ por

$$x(t) = \text{Re}\,[\gamma(t)e^{j2\pi f_0 t}] \tag{4.44}$$

Está claro que la representación compleja es una extensión inmediata de la conocida representación por números complejos, o fasores, de las señales sinusoidales. La señal **Υ** se denomina *envolvente compleja* de la señal **x**. En función de las partes real e imaginaria de **Υ**, la señal pasa-banda (4.44) vendrá dada por

$$x(t) = u(t)\cos 2\pi f_0 t - v(t)\,\text{sen}\,2\pi f_0 t \tag{4.45}$$

donde $$\gamma(t) = u(t) + jv(t)$$

Las señales pasa-baja reales **u** y **v** se denominan componentes *en fase* y *en cuadratura,* respectivamente, de la señal pasa-banda. Es evidente que la envolvente es simplemente $|\gamma(t)|$, independientemente de la elección de f_0:

$$w(t) = |\psi(t)| = |\gamma(t)| = \sqrt{u^2(t) + v^2(t)} \tag{4.46}$$

La frecuencia instantánea, expresada en función de la envolvente compleja, es

$$f_i(t) = f_0 + \frac{1}{2\pi} \operatorname{Im} \left[\frac{\dot{\gamma}(t)}{\gamma(t)}\right] \tag{4.47}$$

En muchos casos está prefijada la elección de f_0 como sucede, por ejemplo, en el caso de una portadora sinusoidal modulada donde es natural y conveniente hacer f_0 igual a la frecuencia de la portadora sin modular. En otros casos, la elección es más o menos arbitraria y se puede tomar f_0 de manera que haga mínima la anchura de banda de $\Gamma(f)$ mirando a la economía de representación. Una manera de conseguir esto consiste en elegir f_0 como "centro de gravedad" de la función real positiva $|\Psi(f)|^2$.[7] Éste es el valor de f_0 que hace mínima la cantidad

$$\int_0^\infty (f - f_0)^2 \, |\Psi(f)|^2 \, df$$

Igualando a cero la derivada respecto a f_0 y despejando, obtenemos

$$f_0 = \frac{\int_0^\infty f \, |\Psi(f)|^2 \, df}{\int_0^\infty |\Psi(f)|^2 \, df} = \frac{1}{2\pi j} \frac{(j2\pi f \mathbf{\Psi}, \mathbf{\Psi})}{(\mathbf{\Psi}, \mathbf{\Psi})} \tag{4.48}$$

Utilizando la relación de Parseval (4.14) en (4.48),

$$f_0 = \frac{1}{2\pi j} \frac{(\dot{\boldsymbol{\psi}}, \boldsymbol{\psi})}{\|\boldsymbol{\psi}\|^2} = \frac{1}{2\pi} \frac{(\mathbf{x}, \dot{\hat{\mathbf{x}}})}{\|\mathbf{x}\|^2} \tag{4.49}$$

Esta definición de la frecuencia central tiene también una interpretación sensible como media ponderada en el tiempo de la frecuencia instantánea. Utilizando (4.41), (4.49) y (4.4), podemos escribir

$$\begin{aligned} \int_{-\infty}^{\infty} w^2(t) f_i(t) \, dt &= \frac{1}{2\pi} \int_{-\infty}^{\infty} [\dot{\hat{x}}(t) x(t) - \dot{x}(t) \hat{x}(t)] \, dt \\ &= \frac{1}{\pi} (\mathbf{x}, \dot{\hat{\mathbf{x}}}) = 2 \, \|\mathbf{x}\|^2 f_0 \end{aligned} \tag{4.50}$$

De (4.40) observamos que

$$w^2(t) = x^2(t) + \hat{x}^2(t)$$

y, por tanto,

$$\|\mathbf{w}\|^2 = \|\mathbf{x}\|^2 + \|\hat{\mathbf{x}}\|^2 = 2\,\|\mathbf{x}\|^2 \tag{4.51}$$

Combinando (4.50) y (4.51), nuestra interpretación de f_0 como frecuencia "media" adquiere la forma intuitivamente satisfactoria (envolvente ponderada),

$$f_0 = \int_{-\infty}^{\infty} \frac{w^2(t)}{\|\mathbf{w}\|^2} f_i(t)\, dt \tag{4.52}$$

Ejercicio 4.7. Para una señal real arbitraria $u_0(t)$, demostrar que la envolvente compleja de $x(t) = u_0(t) \cos 2\pi f_0 t$ viene dada por

$$\gamma(t) = u_0(t) + \int_{f_0}^{\infty} [U_0(f) e^{j2\pi(f-2f_0)t} - U_0^*(f) e^{-j2\pi f t}]\, df$$

Se deduce que si $u_0(t)$ tiene banda limitada a las frecuencias interiores a f_0, es decir $U_0(f) = 0$ para $f > f_0$, será $\gamma(t) = u_0(t) + j0$. En tal caso, demostrar que $\hat{x}(t) = u_0(t) \operatorname{sen} 2\pi f_0 t$ y que la envolvente compleja de $\hat{x}(t)$ es $0 - ju_0(t)$.

Ejercicio 4.8. Sean $x_1(t)$ y $x_2(t)$ señales pasa-banda reales con envolventes complejas $\gamma_1(t)$ y $\gamma_2(t)$. Demostrar que

$$(\mathbf{x}_1, \mathbf{x}_2) = \tfrac{1}{2} \operatorname{Re} (\boldsymbol{\gamma}_1, \boldsymbol{\gamma}_2)$$
$$(\mathbf{x}_1, \hat{\mathbf{x}}_2) = -\tfrac{1}{2} \operatorname{Im} (\boldsymbol{\gamma}_1, \boldsymbol{\gamma}_2)$$

Demostrar también que $\hat{x}_2(t)$ es una versión de $x_2(t)$ consistente en girar 90° la fase de ésta; es decir, su envolvente compleja será

$$\gamma_2(t) e^{-j\frac{\pi}{2}} = -j\gamma_2(t).$$

Operaciones de filtrado de banda pasante

Gran parte de la utilidad de la representación de la envolvente compleja se perdería si no fuera posible caracterizar directamente en función de ésta los efectos del filtrado de banda pasante. Sin embargo, resulta que el filtrado de banda pasante de una señal pasa-banda puede tratarse simplemente por

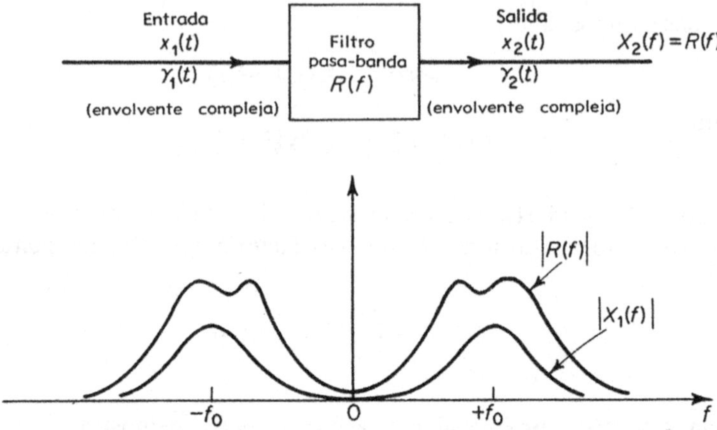

Figura 4.4. Filtrado de banda pasante de señales pasa-banda

medio del filtrado pasa-baja complejo de señales pasa-baja complejas. Consideremos el filtro pasa-banda de la figura 4.4 con función de transferencia $R(f)$.

La señal a la entrada viene dada por

$$x_1(t) = \text{Re}\,[\gamma_1(t)e^{j2\pi f_0 t}]$$
$$= \tfrac{1}{2}\gamma_1(t)e^{j2\pi f_0 t} + \tfrac{1}{2}\gamma_1^*(t)e^{-j2\pi f_0 t}$$

Luego,

$$X_1(f) = \tfrac{1}{2}\Gamma_1(f - f_0) + \tfrac{1}{2}\Gamma_1^*(-f - f_0) \tag{4.53}$$

La función de transferencia del filtro puede expresarse de manera análoga en función de $\Lambda(f)$:

$$R(f) = \tfrac{1}{2}\Lambda(f - f_0) + \tfrac{1}{2}\Lambda^*(-f - f_0) \tag{4.54}$$

donde

$$\Lambda(f - f_0) = (1 + \text{sgn}\, f)R(f)$$

Esto equivale a decir que el filtro estará representado por la envolvente compleja $\lambda(t)$ de su respuesta $r(t)$ al impulso. Ahora, para la señal a la salida tenemos

$$X_2(f) = R(f)X_1(f)$$
$$= \tfrac{1}{4}\Lambda(f - f_0)\Gamma_1(f - f_0) + \tfrac{1}{4}\Lambda^*(-f - f_0)\Gamma_1^*(-f - f_0)$$
$$= \tfrac{1}{2}\Gamma_2(f - f_0) + \tfrac{1}{2}\Gamma_2^*(-f - f_0) \tag{4.55}$$

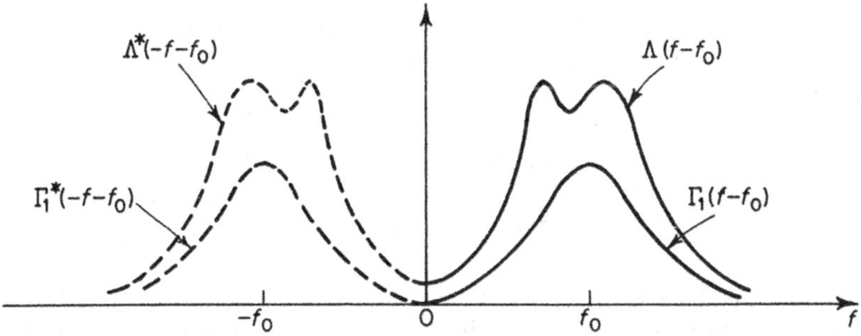

Figura 4.5. Filtrado de banda pasante expresado por medio de funciones unilaterales en el conjunto de definición de las frecuencias

donde se han anulado dos de los cuatro términos del producto de (4.53) por (4.54) a causa de la naturaleza unilateral de $\Gamma_1(f)$ y $\Lambda(f)$ (v. fig. 4.5).

De (4.55) resulta evidente que

$$\Gamma_2(f) = \tfrac{1}{2}\Lambda(f)\Gamma_1(f) \tag{4.56}$$

y por tanto, que la envolvente compleja de la señal filtrada viene dada simplemente por la convolución de la envolvente compleja de la señal de entrada con la envolvente compleja de la respuesta del filtro al impulso.

$$\gamma_2(t) = \tfrac{1}{2}\int_{-\infty}^{\infty} \gamma_1(\tau)\lambda(t-\tau)\, d\tau \tag{4.57}$$

$$\boldsymbol{\gamma}_2 = \boldsymbol{\gamma}_1 \otimes \tfrac{1}{2}\boldsymbol{\lambda}$$

Queda por mostrar cómo puede instrumentarse esta operación compleja de filtrado pasa-baja mediante filtros pasa-baja reales. Lo haremos considerando por separado las componentes en fase y en cuadratura. Primeramente, lo que queremos significar por filtro real en este estudio es un filtro cuya respuesta a una señal real sea real. Esto significa que la respuesta del filtro al impulso debe ser real, lo cual, a su vez, implica que la función de transferencia $H(f)$ debe presentar una cierta simetría respecto al origen; cual es, $H^*(-f) = H(f)$. Descompongamos $\lambda(t)$ en sus partes real e imaginaria, con lo que

$$\tfrac{1}{2}\lambda(t) = m(t) + jn(t) \tag{4.58}$$

donde $m(t)$ y $n(t)$ son reales y pueden considerarse como respuestas al impulso de filtros pasa-baja reales. Las funciones de transferencia correspondientes vienen dadas por

$$M(f) = \tfrac{1}{4}[\Lambda(f) + \Lambda^*(-f)]$$
$$N(f) = \frac{1}{4j}[\Lambda(f) - \Lambda^*(-f)] \tag{4.59}$$

es decir, por las partes simétrica y antisimétrica, respectivamente, en el sentido antes indicado, de la función de transferencia compleja $\Lambda(f)$ del filtro. Se deduce que $M(f)$ y $N(f)$ están relacionadas directamente con las partes de la función $R(f)$ de la banda pasante que son simétrica y antisimétrica, respectivamente, con relación a la frecuencia "central" f_0.

Escribiendo ahora (4.57) con ayuda de las funciones pasa-baja reales, tenemos

$$\begin{aligned}\boldsymbol{\gamma}_2 &= \mathbf{u}_2 + j\mathbf{v}_2 \\ &= (\mathbf{u}_1 + j\mathbf{v}_1) \otimes (\mathbf{m} + j\mathbf{n}) \\ &= [(\mathbf{u}_1 \otimes \mathbf{m}) - (\mathbf{v}_1 \otimes \mathbf{n})] + j[(\mathbf{v}_1 \otimes \mathbf{m}) + (\mathbf{u}_1 \otimes \mathbf{n})]\end{aligned} \tag{4.60}$$

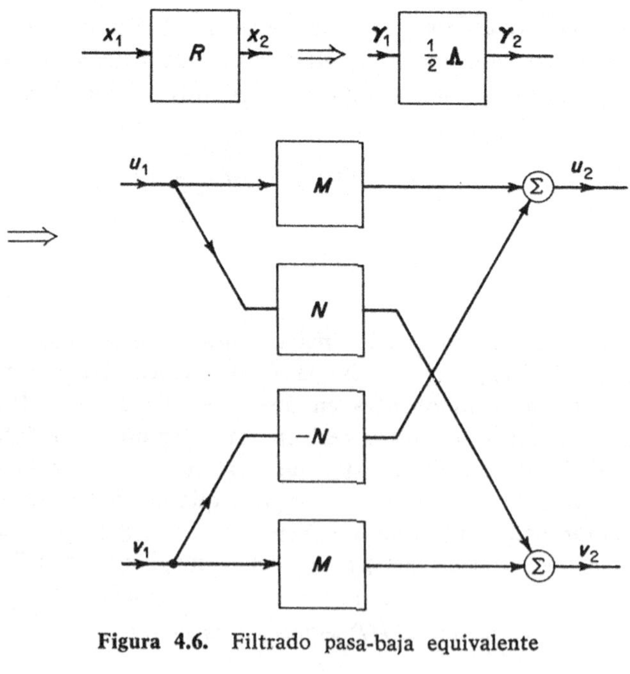

Figura 4.6. Filtrado pasa-baja equivalente

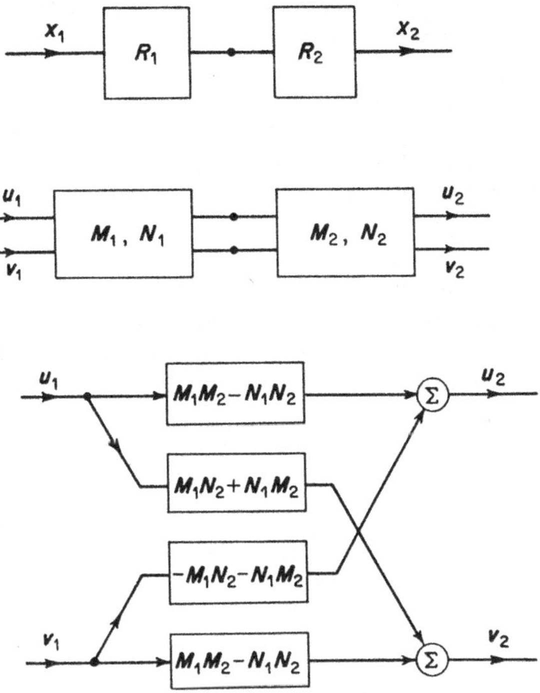

Figura 4.7. Equivalente pasa-baja a una combinación en cascada de filtros de banda pasante

o, en el conjunto de definición de las frecuencias,

$$\begin{aligned} U_2(f) &= M(f)U_1(f) - N(f)V_1(f) \\ V_2(f) &= N(f)U_1(f) + M(f)V_1(f) \end{aligned} \tag{4.61}$$

Resumiendo este método: se sustituye una operación de filtrado de banda pasante con una entrada y una salida por una operación de filtrado pasa-baja de doble entrada y doble salida, la cual caracteriza por separado la transferencia de las componentes en fase y en cuadratura. El sistema pasa-baja equivalente se representa de manera esquemática mediante la estructura en ocho de la figura 4.6. Una cascada de filtros de banda pasante se puede tratar directamente por medio de equivalentes pasa-baja en la forma indicada en la figura 4.7.

Observamos que si un filtro de banda pasante presenta simetría respecto a f_0, será $N(f) = 0$ y no habrá acoplamiento cruzado entre las componentes en fase y en cuadratura. Éste es el tipo de característica de transmisión requerido para evitar la conversión de modulación de amplitud en modulación de fase en una señal pasa-banda.

Los ejemplos siguientes ilustran la utilidad de la representación de la envolvente compleja para tratar diversas técnicas de modulación. Se supone al lector en poder de ciertos conocimientos de los principios fundamentales de la modulación de amplitud con doble banda lateral y con banda lateral simple (DSB-AM y SSB-AM).*

Ejemplo 4.3. Conceptualmente, la manera más sencilla de generar una señal SSB-AM consiste en generar primeramente una señal DSB-AM mediante una operación de multiplicación y luego utilizar un filtro de banda pasante con corte bien definido en f_0 para eliminar una de las bandas laterales. En la figura 4.8 puede verse representado esquemáticamente este proceso.

Para la función de transferencia $R(f)$ de la banda pasante representada en la figura 4.8, tenemos de (4.54)

$$\Lambda(f) = 1 + \operatorname{sgn} f$$

y, por tanto, de (4.59)

$$M(f) = \tfrac{1}{2}; \qquad N(f) = \frac{-j}{2} \operatorname{sgn} f$$

Supondremos que la señal moduladora $u_0(t)$ no tiene componentes de frecuencia por encima de $f_0[U(f) = 0$ para $|f| \geqslant f_0]$. Entonces $\gamma_1(t) = u_0(t) + j0$, y utilizando (4.61) junto con (4.26), hallamos

$$\gamma_2(t) = \tfrac{1}{2}u_0(t) + j\tfrac{1}{2}\hat{u}_0(t)$$

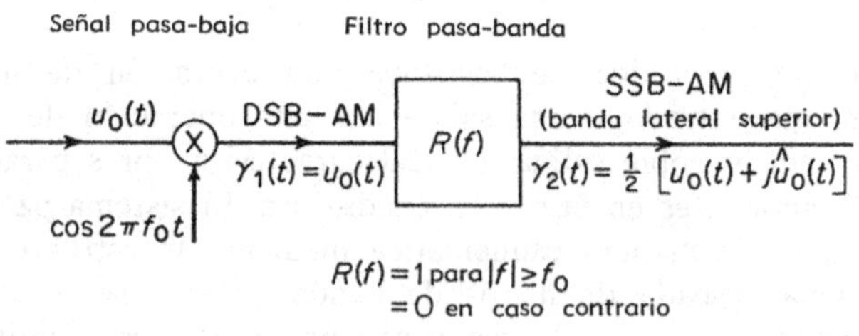

Figura 4.8. Generación de SSB-AM por filtrado de banda pasante

* Siglas de double-sideband amplitude modulation y single-sideband amplitude modulation.

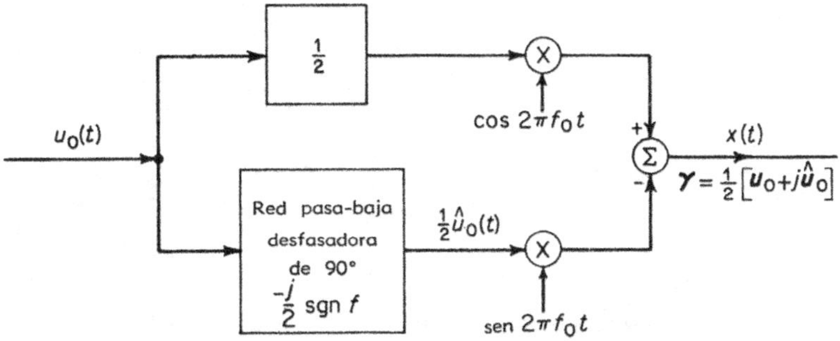

Figura 4.9. Modulador Hartley para producir una señal SSB-AM

lo cual implica que una señal SSB-AM que contiene la banda lateral superior conserva la señal moduladora original (con amplitud mitad) como componente en fase y tiene la transformada de Hilbert de esta señal añadida en cuadratura:

$$x_2(t) = \tfrac{1}{2}u_0(t)\cos 2\pi f_0 t - \tfrac{1}{2}\hat{u}_0(t)\operatorname{sen} 2\pi f_0 t$$

Si, en vez de esto, el filtro hubiera rechazado la banda lateral superior para originar una señal SSB-AM que contenga la banda lateral inferior, la señal resultante tendría la forma

$$x_2(t) = \tfrac{1}{2}u_0(t)\cos 2\pi f_0 t + \tfrac{1}{2}\hat{u}_0(t)\operatorname{sen} 2\pi f_0 t$$ ▮

Ejemplo 4.4. La forma normal de la señal SSB-AM presentada en el ejemplo 4.3 sugiere otro esquema de modulación que sustituye la operación de filtrado de banda pasante por una operación de rotación de fase pasa-baja. Dicho esquema, representado en la figura 4.9, se denomina *modulador Hartley.* ▮

Ejemplo 4.5. De la configuración de dos caminos representada en la figura 4.10 puede deducirse un esquema de modulación análogo que utiliza dos filtros pasa-baja iguales en vez de la red desfasadora. En la figura vemos que la señal a la salida viene dada por

$$x(t) = \cos 2\pi\left(f_0 + \frac{f_1}{2}\right)t \int_{-\infty}^{\infty} h(\tau)u_0(t-\tau)\cos \pi f_1(t-\tau)\,d\tau$$
$$+ \operatorname{sen} 2\pi\left(f_0 + \frac{f_1}{2}\right)t \int_{-\infty}^{\infty} h(\tau)u_0(t-\tau)\operatorname{sen} \pi f_1(t-\tau)\,d\tau$$

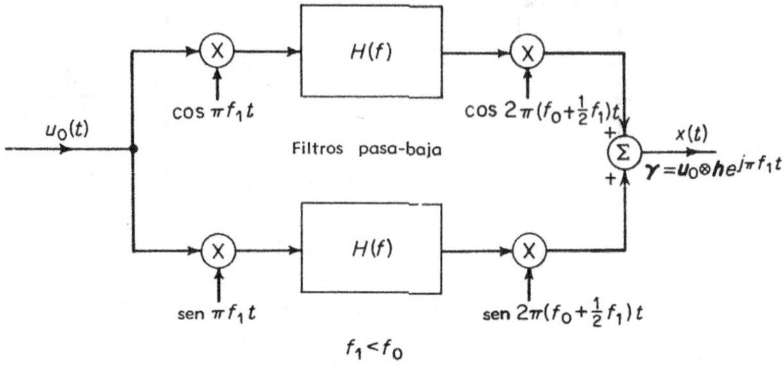

Figura 4.10. Esquema de modulación por dos caminos (modulador Weaver)

Utilizando las conocidas identidades trigonométricas referentes a senos y cosenos de sumas y diferencias de ángulos, la expresión anterior podrá escribirse en la forma

$$x(t) = \cos 2\pi f_0 t \int_{-\infty}^{\infty} h(\tau) u_0(t-\tau) \cos \pi f_1 \tau \, d\tau$$

$$- \operatorname{sen} 2\pi f_0 t \int_{-\infty}^{\infty} h(\tau) u_0(t-\tau) \operatorname{sen} \pi f_1 \tau \, d\tau$$

De esta expresión resulta claro que la envolvente compleja (relativa a f_0) de $\mathbf{x}$ es simplemente

$$\boldsymbol{\gamma} = \mathbf{u}_0 \otimes \mathbf{g}$$

donde

$$g(t) = h(t) e^{j\pi f_1 t}$$

Esta configuración será un modulador para modulación de amplitud con banda lateral simple si hacemos que $H(f)$ corresponda a un filtro pasa-baja ideal con corte bien definido a una frecuencia $f_1/2$ [$H(f) = 1$, para $|f| \leqslant f_1/2$; $= 0$ en caso contrario]. Descomponiendo $\mathbf{g}$ en sus partes real e imaginaria,

$$g(t) = g_1(t) + jg_2(t) = h(t)\cos \pi f_1 t + jh(t)\operatorname{sen} \pi f_1 t$$

$$\begin{aligned} G_1(f) &= \frac{1}{2}\left[H\left(f - \frac{f_1}{2}\right) + H\left(f + \frac{f_1}{2}\right)\right] \\ &= \tfrac{1}{2} \quad \text{para } |f| \leqslant f_1 \\ &= 0 \quad \text{en caso contrario} \end{aligned}$$

$$\begin{aligned} G_2(f) &= \frac{1}{2j}\left[H\left(f - \frac{f_1}{2}\right) - H\left(f + \frac{f_1}{2}\right)\right] \\ &= \frac{-j}{2}\operatorname{sgn} f \quad \text{para } |f| \leqslant f_1 \\ &= 0 \quad \text{en caso contrario} \end{aligned}$$

Suponiendo que $u_0(t)$ tiene una banda limitada a frecuencias inferiores a f_1 [$U_0(f) = 0$ para $|f| > f_1$], tenemos

$$\gamma_2(t) = \tfrac{1}{2}[u_0(t) + j\hat{u}_0(t)]$$

que da una señal SSB-AM que contiene la banda lateral superior. Este tipo de modulador se denomina *modulador Weaver.*

Debemos tener en cuenta que los moduladores para modulación de amplitud con banda lateral simple de estos ejemplos son ideales y no se pueden realizar físicamente. Ello se debe a la irrealizabilidad de las características de transferencia del filtro pasa-banda del primer ejemplo, del desfasador del segundo y de los filtros pasa-baja ideales del tercero. Sin embargo, podremos aproximarnos mucho a estas características utilizando redes físicas suficientemente complicadas, habiendo sido utilizadas en aplicaciones prácticas las tres configuraciones indicadas.

Para instrumentar un demodulador para una señal SSB-AM, necesitamos un circuito que pueda extraer la componente en fase de la señal pasa-banda sin interferencia de la componente en cuadratura. El esquema convencional es un modulador *coherente* u *homodyno* que utiliza una señal portadora de referencia fija en fase a la portadora utilizada en el modulador. La señal recibida verdadera puede haber adquirido una rotación de fase θ en la transmisión, como se indica en la figura 4.11. A la entrada del filtro pasa-baja se tiene

$$\begin{aligned} &\tfrac{1}{4}[u_0(t)\cos(\theta - \theta') - \hat{u}_0(t)\operatorname{sen}(\theta - \theta')] \\ &\qquad + \tfrac{1}{4}[u_0(t)\cos(4\pi f_0 t + \theta + \theta') - \hat{u}_0(t)\operatorname{sen}(4\pi f_0 t + \theta + \theta')] \end{aligned}$$

Suponiendo que $u_0(t)$ no contenga frecuencias superiores a f_0 y que el filtro pasa-baja tenga una característica ideal con un corte bien definido en f_0, el se-

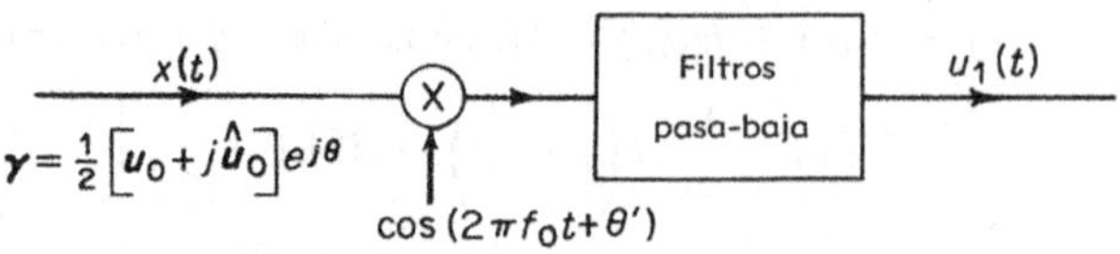

Figura 4.11. Demodulador coherente para señales moduladas en amplitud

gundo término anterior será rechazado por el filtro pasa-baja y la señal demodulada será

$$u_1(t) = \frac{u_0(t)}{4}\cos(\theta - \theta') - \frac{\hat{u}_0(t)}{4}\operatorname{sen}(\theta - \theta')$$

que, para $\theta' = \theta$, es la señal deseada. Un error de fase en la portadora de referencia introducirá una interferencia denominada *distorsión de cuadratura,* así como una reducción de la amplitud de la componente deseada. Tengamos en cuenta que la naturaleza dispersiva del canal de transmisión de la banda pasante puede dar origen a tipos de distorsión similares.

Ejemplo 4.6. La particularidad del demodulador coherente de rechazar la componente en cuadratura sugiere una alternativa a SSB-AM para una utilización eficaz (relativa a DSB-AM) de la anchura de banda. En este esquema se utilizan dos señales pasa-baja independientes, cada una de banda limitada a la mitad de la anchura de la banda pasante de que se dispone, para modular por separado la parte en fase y en cuadratura de la portadora sinusoidal.

$$x(t) = u_0(t)\cos 2\pi f_0 t - v_0(t)\operatorname{sen} 2\pi f_0 t$$

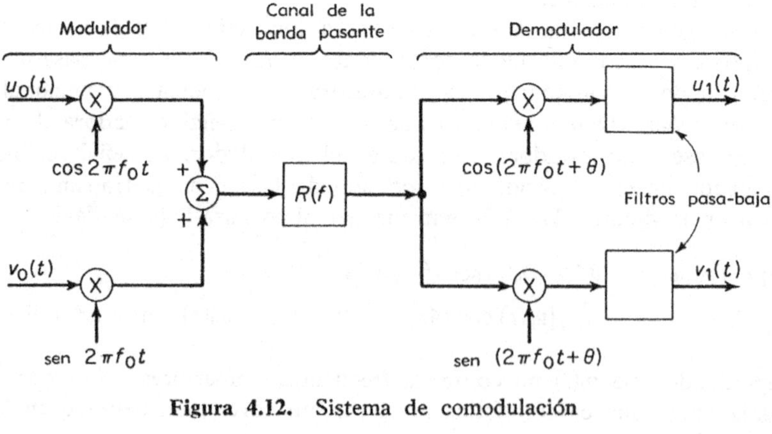

Figura 4.12. Sistema de comodulación

Podemos interpretar esta señal como superposición de dos señales DSB-AM de igual frecuencia portadora y fases que difieren en 90°. A este esquema de modulación se le llama *comodulación* o *portador de cuadratura modulada.* El demodulador utiliza dos demoduladores coherentes del tipo representado en la figura 4.11 con un desfase de 90° entre las portadoras de referencia. En la figura 4.12 puede verse el sistema completo.

Las señales demoduladas vienen dadas por

$$\mathbf{u}_1 = \tfrac{1}{2}[(\mathbf{m} \otimes \mathbf{u}_0) - (\mathbf{n} \otimes \mathbf{v}_0)]$$

$$\mathbf{v}_1 = \tfrac{1}{2}[(\mathbf{m} \otimes \mathbf{v}_0) + (\mathbf{n} \otimes \mathbf{u}_0)]$$

Luego, si la característica $R(f)$ de la banda pasante es simétrica respecto a f_0 (salvo una posible rotación de fase constante θ a través de la banda de transmisión, la cual puede compensarse por una rotación de fase en las portadoras de referencia), será $\mathbf{n} = 0$ y no habrá modulación cruzada entre las señales individuales. En caso contrario habría una señal de interferencia $-\tfrac{1}{2}(\mathbf{n} \otimes \mathbf{v}_0)$ sobre el primer canal y otra $\tfrac{1}{2}(\mathbf{n} \otimes \mathbf{u}_0)$ sobre el segundo. ∎

Ejercicio 4.9. Consideremos un filtro pasa-banda de un solo resonador. Dicho filtro tiene una función de transferencia que presenta una simetría aproximada respecto a la frecuencia central, mejorándose la aproximación al elevar la Q del circuito resonante.

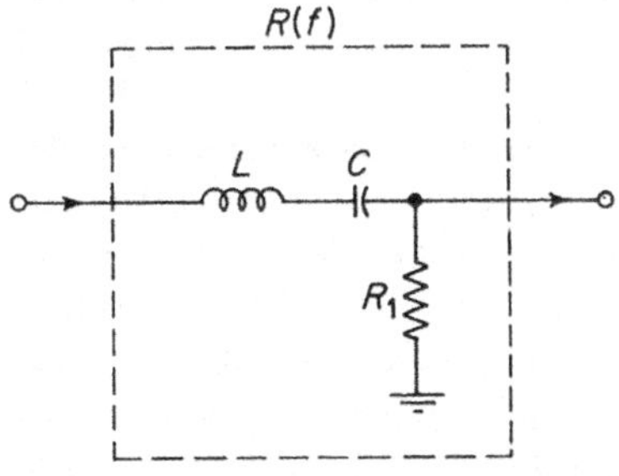

$$R(f) = \frac{(f_r/Q)(jf)}{f_r^2 - f^2 + j(f_r/Q)f}$$

$$f_r = \frac{1}{2\pi\sqrt{LC}}$$

$$Q = \frac{2\pi f_r L}{R_1}$$

Tomar $f_0 = [\sqrt{1-(1/4Q^2)}]f_r$ como frecuencia "central" y calcular las funciones de transferencia pasa-baja equivalentes $M(f)$ y $N(f)$, (4.59), en la región $|f| < f_0$. Representar gráficamente estas funciones pasa-baja para diversos valores de Q. *Sugerencia:* Podemos escribir

$$R(f) = \frac{f_r}{2Q}\left[\frac{1+jK}{j(f-f_0)+(f_r/2Q)} + \frac{1-jK}{j(f+f_0)+(f_r/2Q)}\right]$$

donde

$$K \triangleq \frac{1}{\sqrt{4Q^2 - 1}}$$

Las partes simétricas y antisimétricas (respecto a f_0) del primer término pueden obtenerse por inspección.

Repetir el estudio para un resonador de parámetros distribuidos, es decir, con la combinación serie de L y C sustituida por una línea de transmisión sin pérdidas terminada en circuito abierto, de impedancia característica R_0 y longitud igual a un cuarto de longitud de onda para $f = f_0$.

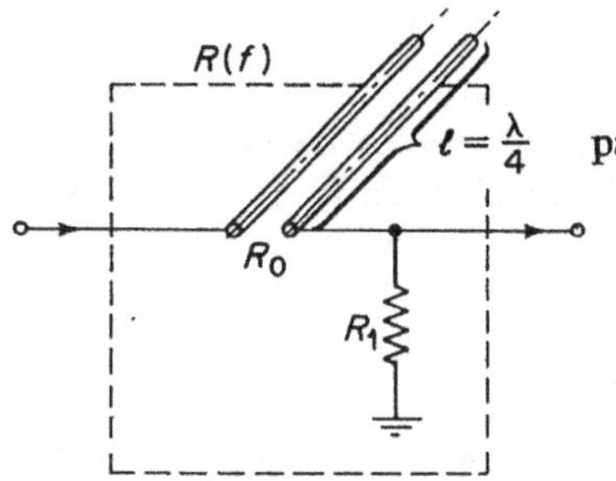

$$R(f) = \frac{1}{1 - j(R_0/R_1)\cot(\pi f/2f_0)}$$

Funciones ambigüedad del radar

El diseñador de sistemas de radar tiene que seleccionar señales pasa-banda que permitan una resolución adecuada de alcances de las señales devueltas por los blancos alcanzados. Para cumplir este requisito, la señal deberá presentar una gran separación de los espacios de señales para rotaciones de fase relativamente pequeñas. Esta propiedad de separación se caracterizó por la función tiempo-ambigüedad del ejemplo 2.10. Una señal de radar tiene una banda relativamente estrecha; es decir, las frecuencias portadoras son mucho más elevadas que las frecuencias de video que intervienen. La importancia de esto es, para nuestros fines presentes, que los productos escalares de las señales pasa-banda están relacionados de manera sencilla con la parte real del producto escalar de sus envolventes complejas (v. ejercicio 4.8). Consideremos la distancia entre $\mathbf{x}$ y $\mathbf{x}_\tau$, donde $x_\tau(t) = x(t + \tau)$ y, por tanto, $\gamma_\tau(t) = \gamma(t + \tau)e^{j2\pi f_0 \tau}$

$$\begin{aligned} \|\mathbf{x} - \mathbf{x}_\tau\|^2 &= 2[\|\mathbf{x}\|^2 - (\mathbf{x}, \mathbf{x}_\tau)] \\ &= \|\boldsymbol{\gamma}\|^2 - \text{Re}\,[\rho_\gamma(\tau)] \end{aligned} \tag{4.62}$$

donde definimos

$$\begin{aligned} \rho_\gamma(\tau) &= (\boldsymbol{\gamma}, \boldsymbol{\gamma}_\tau) \\ &= e^{-j2\pi f_0 \tau} \int_{-\infty}^{\infty} \gamma(t)\gamma^*(t + \tau)\, d\tau \end{aligned} \tag{4.63}$$

La rápida fluctuación de ρ_γ con τ debida al factor exponencial no tiene influencia en el sistema de radar, ya que corresponde a diferencias de alcance menores que el tamaño de los blancos que se observan. Además, con un detector de envolvente no se observarán dichas fluctuaciones. El diseñador de sistemas de radar caracteriza la ambigüedad temporal en función de la magnitud de ρ_γ (o de su cuadrado) e intenta seleccionar señales para las cuales $|\rho_\gamma|^2$ disminuya rápidamente al aumentar τ.

Frecuentemente se exige que un sistema de radar estime la velocidad del blanco en función del corrimiento Doppler originado sobre la señal reflejada por el blanco móvil. Para señales de banda estrecha, el corrimiento Doppler es, aproximadamente, tan sólo una traslación simple de frecuencia. La separación entre una señal y su versión corrida en frecuencia (una cantidad ν) viene dada por

$$\begin{aligned}\|\mathbf{x} - \mathbf{x}_\nu\|^2 &= 2[\|\mathbf{x}\|^2 - (\mathbf{x}, \mathbf{x}_\nu)] \\ &= \|\boldsymbol{\gamma}\|^2 - \operatorname{Re}[\tilde{\rho}_\gamma(\nu)]\end{aligned} \tag{4.64}$$

donde definimos $\tilde{\rho}_\gamma(\nu) = (\boldsymbol{\gamma}, \boldsymbol{\gamma}_\nu)$ y $\gamma_\nu(t) = \gamma(t)e^{j2\pi\nu t}$. La ambigüedad de frecuencia estará así caracterizada por

$$\tilde{\rho}_\gamma(\nu) = \int_{-\infty}^{\infty} \gamma(t)\gamma^*(t)e^{-j2\pi\nu t}\,dt \tag{4.65}$$

Utilizando la relación de Parseval, en el conjunto de definición de las frecuencias (4.65) tiene una forma similar a (4.63):

$$\begin{aligned}\tilde{\rho}_\gamma(\nu) &= \int_{-\infty}^{\infty} \Gamma(f)\Gamma^*(f-\nu)\,df \\ &= \int_{-\infty}^{\infty} \Gamma^*(f)\Gamma(f+\nu)\,df\end{aligned} \tag{4.66}$$

Para tener una buena resolución de velocidades, $|\tilde{\rho}_\gamma|$ debería disminuir rápidamente al aumentar ν, requisito más o menos incompatible con una buena resolución de alcances. Para evaluar el funcionamiento de una señal particular de radar, resulta ser muy conveniente caracterizar simultáneamente las ambigüedades de tiempo y de frecuencia.[8],[10]-[12] Para ello, consideremos simplemente la distancia entre $\mathbf{x}$ y $\mathbf{x}_{\tau,\nu}$, donde $\mathbf{x}_{\tau,\nu}$ es una versión de $\mathbf{x}$ corrida en el tiempo y en la frecuencia caracterizada por la envolvente compleja

$$\gamma_{\tau,\nu}(t) = \gamma(t+\tau)e^{j2\pi(f_0\tau+\nu t)} \tag{4.67}$$

Tenemos ahora

$$\|\mathbf{x} - \mathbf{x}_{\tau,\nu}\|^2 = 2[\|\mathbf{x}\|^2 - (\mathbf{x}, \mathbf{x}_{\tau,\nu})]$$
$$= \|\boldsymbol{\gamma}\|^2 - \text{Re}\,[\rho_\gamma(\tau, \nu)] \qquad (4.68)$$

donde definimos

$$\rho_\gamma(\tau, \nu) = (\boldsymbol{\gamma}, \boldsymbol{\gamma}_{\tau,\nu})$$
$$= e^{-j2\pi f_0\tau} \int_{-\infty}^{\infty} \gamma(t)\gamma^*(t + \tau)e^{-j2\pi\nu t}\, dt$$
$$= e^{-j2\pi f_0\tau} \int_{-\infty}^{\infty} \Gamma^*(f)\Gamma(f + \nu)e^{-j2\pi f\tau}\, df \qquad (4.69)$$

La función real no negativa $|\rho_\gamma(\tau, \nu)|^2$ se denomina *función ambigüedad del radar*[8],[10] y se utiliza para caracterizar la resolución de una señal de radar en diversas regiones del plano $\tau\nu$. Nótese que, de la desigualdad de Schwarz,

$$|\rho_\gamma(\tau, \nu)|^2 \leqslant |\rho_\gamma(0, 0)|^2 = 4\,\|\mathbf{x}\|^4 \qquad (4.70)$$

Sería muy conveniente, desde el punto de vista de la resolución simultánea de alcance y velocidad, tener una función ambigüedad del radar que aparezca gráficamente como un pico estrecho concentrado alrededor del origen en el plano $\tau\nu$. Sin embargo, existe una limitación fundamental porque

$$\iint_{-\infty}^{\infty} |\rho_\gamma(\tau, \nu)|^2\, d\tau\, d\nu = |\rho_\gamma(0, 0)|^2 \qquad (4.71)$$

para $\boldsymbol{\gamma}$ arbitraria. La expresión (4.71) podemos considerarla como una especie de principio de "conservación de la ambigüedad". El diseñador de radar estudia el problema de seleccionar señales que presenten una ambigüedad tolerablemente pequeña para diversas regiones prefijadas del plano $\tau\nu$, dejando que aumente en otras. Desgraciadamente, no se conocen técnicas simples para sintetizar señales de radar a partir de una función ambigüedad prefijada arbitraria. Sin embargo, se tienen orientaciones muy útiles considerando las propiedades de ambigüedad de diversos tipos de señales. En el ejemplo siguiente presentamos una comparación de dos de dichos tipos de señales.

Ejemplo 4.7. En este ejemplo consideramos dos tipos de señales de radar con portadora pulsada, cada una de las cuales utiliza un pulso modulador de larga duración y cumbre aplanada, representado gráficamente en la figura 4.13a.

(a)

(b)

(c)

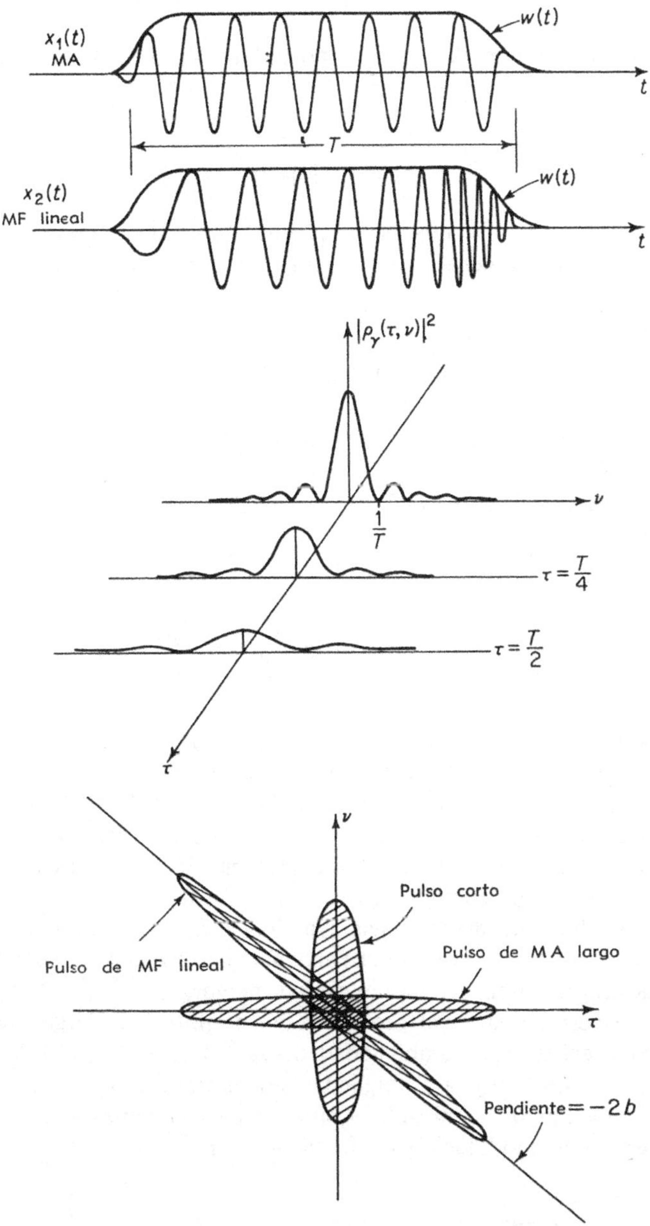

Figura 4.13. Comparación de características de ambigüedad de dos tipos de pulsos de radar. (a) Señales de radar con portadora pulsada. (b) Secciones transversales de superficies de ambigüedad para la señal modulada en amplitud. (c) Regiones de gran ambigüedad en el plano $\tau\nu$

La primera señal no es más que una portadora sinusoidal modulada en amplitud:

$$x_1(t) = w(t) \cos 2\pi f_0 t$$
$$\gamma_1(t) = w(t) + j0$$

La segunda señal utiliza la misma envolvente pero tiene una frecuencia instantánea que varía linealmente con el tiempo, $f_i(t) = f_0 + 2bt$:

$$x_2(t) = w(t) \cos (2\pi f_0 t + 2\pi b t^2)$$
$$\gamma_2(t) = w(t) e^{j2\pi b t^2}$$

A este tipo de señal se le llama de *modulación lineal de frecuencia* (*FM* lineal) o "*chirrido*".[11],[12]

La función ambigüedad para la señal modulada en amplitud, según (4.69), viene dada por

$$|\rho_{\gamma_1}(\tau, \nu)|^2 = \left| \int_{-\infty}^{\infty} w(t) w(t + \tau) e^{-j2\pi\nu t}\, dt \right|^2$$

Se puede obtener una cierta idea de la superficie de ambigüedad sobre el plano $\tau\nu$ considerando líneas de τ constante en el plano $\tau\nu$ donde la ambigüedad viene dada por la transformada de Fourier del puls. $w(t)w(t + \tau)$. Para valores de τ que sean pequeños frente a T, $w(t)w(t + \tau)$ es un pulso achatado de larga duración y $|\rho_{\gamma_1}(\tau, \nu)|^2 \cong w^2(0)\,|W(\nu)|^2$. Para valores de τ mayores, $w(t)w(t + \tau)$ resulta ser un pulso más corto y su transformada de Fourier es menor y más ancha (v. fig. 4.13b). Una manera más sencilla de describir la ambigüedad consiste en seleccionar una curva cerrada particular en el plano $\tau\nu$ y sombrear todas las zonas que representen una ambigüedad mayor, como en la figura 4.13c. Como era de esperar, una señal modulada en amplitud de larga duración proporcionará características de ambigüedad deseables en el sentido de la frecuencia a expensas de una amplia ambigüedad en el tiempo. En el caso de pulsos cortos de modulación de amplitud, la situación es la opuesta.

Para la señal con modulación de frecuencia lineal,

$$\begin{aligned} |\rho_{\gamma_2}(\tau, \nu)|^2 &= \left| \int_{-\infty}^{\infty} w(t) w(t + \tau) e^{j2\pi(bt^2 - b(t+\tau)^2 - \nu t)}\, dt \right|^2 \\ &= \left| \int_{-\infty}^{\infty} w(t) w(t + \tau) e^{-j2\pi(\nu + 2b\tau)t}\, dt \right|^2 \end{aligned}$$

Luego, a efectos de comparación,

$$|\rho_{\gamma_2}(\tau, \nu)|^2 = |\rho_{\gamma_1}(\tau, \nu + 2b\tau)|^2$$

Vemos que el pico de ambigüedad máxima para la señal de modulación de frecuencia lineal se encuentra sobre la recta $\nu = -2b\tau$ en vez de sobre la $\nu = 0$ como sucedía en el caso de la modulación de amplitud lineal. De esta manera, obtenemos un funcionamiento de ambigüedad razonablemente buena para el alcance y la velocidad por separado. La ambigüedad será grande para ciertas combinaciones (según sea el índice de modulación b) de alcance y velocidad. Físicamente, es fácil comprender cómo una versión con corrimiento Doppler de la señal con modulación de frecuencia lineal puede confundirse con una versión adecuadamente retardada de la señal.

Ejercicio 4.10. Comprobar que una función ambigüedad del radar tiene las propiedades siguientes:[10]

a. $|\rho_\gamma(\tau, \nu)|^2 = |\rho_\gamma(-\tau, -\nu)|^2$

b. $|\rho_\gamma(\tau, \nu)|^2 \leqslant |\rho_\gamma(0, 0)|^2 = \|\gamma\|^4 = 4\,\|\mathbf{x}\|^4$

c. $\displaystyle\iint_{-\infty}^{\infty} |\rho_\gamma(\tau, \nu)|^2\, d\tau\, d\nu = |\rho_\gamma(0, 0)|^2$

d. $\displaystyle\iint_{-\infty}^{\infty} |\rho_\gamma(\tau, \nu)|^2\, e^{j2\pi(\nu\xi - \tau\eta)}\, d\tau\, d\nu = |\rho_\gamma(\xi, \eta)|^2$

REFERENCIAS

1. L. A. ZADEH, "A General Theory of Linear Signal Transmission Systems", *Jour. Franklin Institute,* Vol. 253, pp. 293-312 (abril, 1952).
2. E. C. TITCHMARSH, *Introduction to the Theory of Fourier Integrals,* Oxford University Press, 1937.
3. M. J. LIGHTHILL, *Introduction to Fourier Analysis and Generalized Functions,* Cambridge University Press, 1958.
4. H. BREMERMANN, *Distributions, Complex Variables, and Fourier Transforms,* Addison-Wesley, 1965.
5. I. B. GEL'FAND y G. E. SHILOV, *Generalized Functions* (Vol. 1, *Properties and Operations),* Academic Press, 1964.

6. I. B. GEL'FAND y N. YA. VILENKIN, *Generalized Functions* (Vol. 4, *Applications of Harmonic Analysis)*, Academic Press, 1964.

7 D. GABOR, "Theory of Communication", *Jour. I.E.E.* (parte III), Vol. 93, pp. 429-457 (noviembre, 1946).

8 P. M. WOODWARD, *Probability and Information Theory, with Applications to Radar*, Pergamon Press, 1953.

9. J. DUGUNDJI, "Envelopes and Pre-Envelopes of Real Waveforms", *Trans. IRE*, Vol. IT-4, n.º 1, pp. 53-57 (marzo, 1958).

10. C. E. COOK y M. BERNFELD, *Radar Signals*, Academic Press, 1967.

11. J. R. KLAUDER, A. C. PRICE, S. DARLINGTON y W. J. ALBERSHEIM, "The Theory and Design of Chirp Radars", *Bell Sys. Tech. Jour.*, Vol. 39, n.º 4, pp. 745-808 (julio, 1960).

12 J. R. KLAUDER, "The Design of Radar Signals Having Both High Range Resolution and High Velocity Resolution", *Bell Sys. Tech. Jour.*, Vol. 39, n.º 4, pp. 809-820 (julio, 1960).

Representación de operadores lineales

5

5.1 *Introducción*

En todos los sistemas ordinarios las señales se verán sometidas a una variedad de transformaciones al pasar de la entrada a la salida de los diferentes componentes del sistema. Los transductores, dispositivos de exploración, moduladores, amplificadores, codificadores, canales de transmisión, etc., poseen propiedades de transformación de las señales que hay que tener en cuenta en el análisis del funcionamiento del sistema total. En vista de la gran variedad de formatos de señales existente, sería muy conveniente disponer de técnicas generales para caracterizar las propiedades de transformación de la señal de los componentes del sistema. Además de caracterizar la transformación entrada-salida originada por componentes particulares del sistema, tendremos también la ocasión de considerar el problema inverso de asociar a una transformación particular entrada-salida de la señal a componentes físicos del sistema, subsistemas o redes. Este problema aparecerá, por ejemplo, en relación con operaciones de proceso de señales que se introduzcan intencionadamente en un sistema de manera que reúna objetivos de funcionamiento concretos. Serían ejemplos las redes compensadoras que contrarrestan la distorsión producida por transductores y los canales de transmisión y filtros de ruido que reducen la interferencia de señales nocivas.

Desde el punto de vista de la teoría de sistemas, una transformación de señal se considera como una *relación entrada-salida* de un sistema (o red), indicada simplemente en forma de bloque en la figura 5.1. Matemáticamente, la transformación la consideraremos como una aplicación, según se describió en § 1.3, de un conjunto de señales en otro conjunto de señales. No intentamos mantener distintos estos dos puntos de vista. Por el contrario, es a menudo

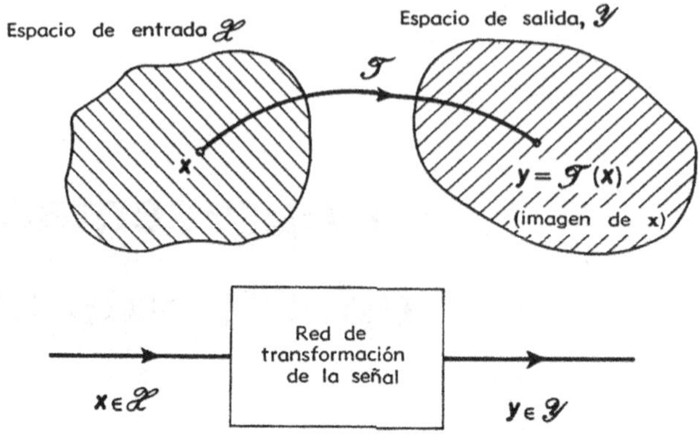

Figura 5.1. Diagrama interpretativo de aplicaciones de señales

ventajoso, desde un punto de vista conceptual, interpretar las operaciones matemáticas por medio de diagramas de bloques. En consecuencia, al conjunto de definición de la aplicación le llamaremos *espacio de entrada* $\mathscr{X}$ y seleccionaremos el *espacio de salida* $\mathscr{Y}$ de manera que contenga la imagen de toda aplicación que se considere. En general, para caracterizar una aplicación $\mathscr{T}$, deberemos poder especificar todos los pares entrada-salida $\{\mathbf{x}, \mathscr{T}(\mathbf{x})\}$, es decir, el *grafo* de la aplicación. Para la mayoría de transformaciones de interés práctico, el grafo no resulta nada manejable como representación por haber demasiados pares entrada-salida distintos para enumerar y ordenar de manera práctica. Sin embargo, si nos limitamos a considerar *transformaciones lineales,* hallamos que se puede caracterizar por completo la aplicación por medio de un subconjunto pequeño de todos los pares posibles entrada-salida. Dicho de otro modo, la imagen de una señal de entrada arbitraria se puede expresar en función de las imágenes de un subconjunto particular de señales de entrada. Esta característica conveniente se denomina *propiedad de superposición* de las transformaciones lineales. Afortunadamente, la mayoría de sistemas contienen un número importante de componentes lineales, o al menos lo son aproximadamente, por lo que el estudio detallado de las transformaciones lineales resulta ser de considerable utilidad práctica. Al asociar transformaciones lineales y redes lineales, debe notarse que siempre supondremos que las redes están excitadas solamente por la señal de entrada; es decir, la red está en estado de reposo antes de serle aplicada la entrada. Esto asegura que la salida dependerá solamente de la entrada y no de la respuesta transitoria a otras fuentes de energía de la red; de no ser así, la señal de salida no estaría relacionada linealmente con la entrada.

Nuestro objetivo en este capítulo será desarrollar métodos para representar diversas clases de transformaciones lineales de una manera análoga a la utilizada para representar las señales. Veremos que existen fuertes analogías; no obstante, la representación de clases adecuadamente amplias de transformaciones lineales resulta mucho más complicada que el problema comparable de la representación de señales. Un tratamiento verdaderamente completo de estos temas se sale del ámbito de este texto y nos contentaremos con un estudio de los aspectos más elementales que proporcionen una base suficiente para las aplicaciones que se utilizarán en capítulos posteriores.

5.2 *Transformaciones lineales*

Una transformación lineal $\mathscr{L}$ es una aplicación, cuyo conjunto de definición $\mathscr{X}$ es un espacio vectorial, la cual posee las propiedades siguientes:

$$\begin{aligned}\mathscr{L}(\mathbf{x}_1 + \mathbf{x}_2) &= \mathscr{L}(\mathbf{x}_1) + \mathscr{L}(\mathbf{x}_2) \\ \mathscr{L}(\alpha\mathbf{x}_1) &= \alpha\mathscr{L}(\mathbf{x}_1)\end{aligned} \tag{5.1}$$

o, equivalentemente,

$$\mathscr{L}(\alpha\mathbf{x}_1 + \beta\mathbf{x}_2) = \alpha\mathscr{L}(\mathbf{x}_1) + \beta\mathscr{L}(\mathbf{x}_2) \tag{5.2}$$

donde $\mathbf{x}_1$ y $\mathbf{x}_2$ son vectores arbitrarios de $\mathscr{X}$ y α y β son escalares arbitrarios. Se deduce que $\mathscr{L}(\mathbf{0}) = \mathbf{0}$ y $\mathscr{L}(-\mathbf{x}) = -\mathscr{L}(\mathbf{x})$; luego, la imagen de una transformación lineal es un espacio vectorial que tiene el mismo conjunto de escalares que el conjunto de definición.

Como el conjunto de escalares forma por sí mismo un espacio vectorial (R o C), está claro que los funcionales lineales estudiados en § 2.6 constituyen una clase particular de transformación lineal (con imagen unidimensional). Varias de las propiedades desarrolladas en relación con los funcionales lineales se pueden extender para ser aplicadas a la transformación lineal más general. Además, existen circunstancias en las que una transformación lineal se expresa más convenientemente por medio de una sucesión ordenada de funcionales lineales.

Si los espacios vectoriales de entrada y salida son normados, serán espacios métricos y podremos estudiar las propiedades de continuidad de una transformación lineal. Las transformaciones lineales tienen la propiedad de que la continuidad en un punto (p. ej., $\mathbf{x} = \mathbf{0}$) equivale a la continuidad (en todos los puntos). Para demostrarlo, notemos que la continuidad en el origen implica que para todo $\varepsilon > 0$ exista un $\delta(\varepsilon) > 0$ tal que

$$\|\mathbf{x} - \mathbf{0}\| < \delta \Rightarrow \|\mathscr{L}(\mathbf{x}) - \mathscr{L}(\mathbf{0})\| < \varepsilon \tag{5.3}$$

pero como $\mathscr{L}(\mathbf{0}) = \mathbf{0}$,

$$\|\mathbf{x}\| < \delta \Rightarrow \|\mathscr{L}(\mathbf{x})\| < \varepsilon \tag{5.4}$$

si $\mathscr{L}$ es continua en el origen. Consideremos ahora un punto arbitrario $\mathbf{x}_0$, sustituyamos $\mathbf{x}$ por $\mathbf{x} - \mathbf{x}_0$, y utilicemos los mismos ε y δ de antes, lo que da

$$\|\mathbf{x} - \mathbf{x}_0\| < \delta \Rightarrow \|\mathscr{L}(\mathbf{x} - \mathbf{x}_0)\| = \|\mathscr{L}(\mathbf{x}) - \mathscr{L}(\mathbf{x}_0)\| < \varepsilon \tag{5.5}$$

Luego, la continuidad y la continuidad en el origen son equivalentes.

Otra propiedad es que, como en el caso de los funcionales lineales, continuidad y acotación son equivalentes. Se dice que $\mathscr{L}$ está *acotada* si existe una constante real K tal que

$$\|\mathscr{L}(\mathbf{x})\| \leqslant K\, \|\mathbf{x}\| \text{ para todo } \mathbf{x} \in \mathscr{X} \tag{5.6}$$

Queda claro que una transformación lineal acotada es continua si en (5.4) tomamos $\delta = \varepsilon/K$. Por otra parte, para mostrar la acotación basta demostrar que $\|\mathscr{L}(\mathbf{x})\| \leqslant K$ para todo $\mathbf{x}$ tal que $\|\mathbf{x}\| = 1$. Sea $\mathbf{x} = 2\mathbf{x}_1/\delta$; entonces

$$\|\mathbf{x}\| = 1 \Rightarrow \|\mathbf{x}_1\| < \delta \Rightarrow \|\mathscr{L}(\mathbf{x}_1)\| < \varepsilon \Rightarrow \|\mathscr{L}(\mathbf{x})\| < \frac{2\varepsilon}{\delta}$$

con lo que la continuidad implica acotación y hemos demostrado que la acotabilidad y la continuidad son equivalentes para las transformaciones lineales.

Para estudios más abstractos de la teoría de transformaciones lineales, es importante notar que el conjunto de todas las transformaciones lineales, en un espacio vectorial particular, es en sí mismo un espacio vectorial en donde la adición de vectores y la multiplicación de un vector por un escalar están definidas puntualmente; [1] es decir,

$$\left.\begin{aligned} \mathscr{L} = \mathscr{L}_1 + \mathscr{L}_2 &\Rightarrow \mathscr{L}(\mathbf{x}) = \mathscr{L}_1(\mathbf{x}) + \mathscr{L}_2(\mathbf{x}) \\ \mathscr{L} = \alpha\mathscr{L}_1 &\Rightarrow \mathscr{L}(\mathbf{x}) = \alpha\mathscr{L}_1(\mathbf{x}) \end{aligned}\right\} \text{ para todo } \mathbf{x} \in \mathscr{X} \tag{5.7}$$

[1] De ahora en adelante indicaremos en negritas las transformaciones lineales. Además, suprimiremos paréntesis de manera que la imagen $\mathscr{L}$ (x) se escribirá $\mathscr{L}$ x. Cuando $\mathscr{X}$ sea un espacio de funciones y tengamos la ocasión de utilizar la otra notación $x(t)$ para x, escribiremos la imagen en la forma $\mathscr{L} \cdot x(t)$ para recalcar que $\mathscr{L}$ es una aplicación sobre una función del tiempo y no sobre un escalar.

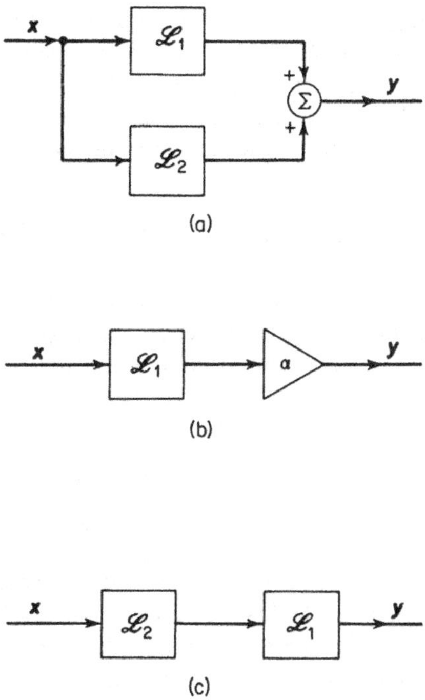

Figura 5.2. Contrapartidas en sistemas de operaciones con transformaciones lineales. (a) Adición (combinación paralelo): $\mathscr{L} = \mathscr{L}_1 + \mathscr{L}_2$. (b) Multiplicación por un escalar: $\mathscr{L} = \alpha\mathscr{L}_1$. (c) Composición o producto (combinación en cascada) $\mathscr{L} = \mathscr{L}_1\mathscr{L}_2$.

Estas operaciones tienen contrapartidas sencillas en sistemas, como se indica en la figura 5.2, correspondiendo la suma a una conexión de redes en paralelo, y la multiplicación por un escalar a la combinación en cascada de la red y un amplificador ideal de ganancia α. Para la multiplicación por un escalar, el amplificador puede conectarse o a la entrada o a la salida de la red.

El espacio de transformaciones lineales puede normarse de manera análoga a como se hizo con los funcionales lineales; es decir,

$$\|\mathscr{L}\| = \sup\{\|\mathscr{L}\mathbf{x}\|;\ \|\mathbf{x}\| \leqslant 1\} \tag{5.8}$$

o, equivalentemente,

$$\|\mathscr{L}\| = \inf\{K;\ \|\mathscr{L}\mathbf{x}\| \leqslant K\,\|\mathbf{x}\|,\ \mathbf{x} \in \mathscr{X}\} \tag{5.9}$$

Cuando los espacios de entrada y salida sean idénticos, la transformación lineal se denomina *operador lineal*. Así pues, un operador lineal es una transformación lineal que aplica su conjunto de definición en sí mismo. Al considerar operadores surge de manera natural otra operación vectorial (llamada composición o producto). El producto de dos operadores es la aplicación compuesta definida por

$$\mathscr{L} = \mathscr{L}_1\mathscr{L}_2 \Rightarrow \mathscr{L}(\mathbf{x}) = \mathscr{L}_1[\mathscr{L}_2(\mathbf{x})] \tag{5.10}$$

La contrapartida física de la operación producto es simplemente la combinación en cascada (en el orden correcto) de las redes que representan a los distintos operadores (fig. 5.2c). La composición es distributiva (por ambos lados) respecto a la suma

$$\begin{aligned} \mathscr{L}_1(\mathscr{L}_2 + \mathscr{L}_3) &= \mathscr{L}_1\mathscr{L}_2 + \mathscr{L}_1\mathscr{L}_3 \\ (\mathscr{L}_1 + \mathscr{L}_2)\mathscr{L}_3 &= \mathscr{L}_1\mathscr{L}_3 + \mathscr{L}_2\mathscr{L}_3 \end{aligned} \tag{5.11}$$

Luego, los operadores, además de formar un espacio vectorial, forman realmente un Álgebra.[1] El Álgebra de los operadores no es conmutativa ($\mathscr{L}_2\mathscr{L}_1 \neq \mathscr{L}_1\mathscr{L}_2$, en general) pero contiene un elemento identidad $\mathscr{I}$, definido por $\mathscr{I}\,\mathbf{x} = \mathbf{x}$ para todo $\mathbf{x}$. Si un operador es uno a uno y sobre como aplicación, existirá una aplicación inversa que, puede demostrarse, es también lineal. De un tal operador se dice que es *no-singular* y tiene una inversa multiplicativa $\mathscr{L}^{-1}$ tal que

$$\mathscr{L}\mathscr{L}^{-1} = \mathscr{L}^{-1}\mathscr{L} = \mathscr{I} \tag{5.12}$$

5.3 Representación de transformaciones lineales en un conjunto de definición de un número finito de dimensiones

Cuando el conjunto de definición de una transformación lineal sea un espacio con producto escalar de un número finito de dimensiones, existen métodos simples y directos de obtención de representaciones de las transformaciones lineales. Dichos métodos llevan a diversas formas de representación, cada una de las cuales tiene sus propios méritos. Vamos a ocuparnos de los subespacios con número de dimensiones finito del espacio de funciones $L^2(T)$ con productos escalares definidos por (3.3). El motivo principal de examinar transformaciones en conjuntos de definición restringidos estriba en que los resultados revelan métodos básicos que pueden ampliarse al problema de representar transformaciones en conjuntos de definición de interés más extensos, tales como todo el espacio $L^2(T)$.

Representación por vectores respuesta

Primero, sea el espacio de entrada $\mathscr{X}$ engendrado por el conjunto linealmente independiente $\{\boldsymbol{\varphi}_i; i = 1, 2, \ldots, n\}$ con conjunto recíproco $\{\boldsymbol{\theta}_i; i = 1, 2, \ldots, n\}$. Sea el espacio de salida $\mathscr{Y}$ un espacio n-dimensional que contenga la imagen de la transformación $\mathscr{L}$ que se considera. Siempre podremos hallar un tal espacio, ya que la dimensión de la imagen no puede superar a la del conjunto de definición. Para un $\mathbf{x} \in \mathscr{X}$ arbitrario, de (3.2) y (3.7) tenemos

$$x(t) = \sum_{i=1}^{n} (\mathbf{x}, \boldsymbol{\theta}_i)\varphi_i(t); \qquad t \in T \tag{5.13}$$

Por tanto, en virtud de la linealidad de $\mathscr{L}$,

$$y(t) = \mathscr{L} \cdot x(t) = \sum_{i=1}^{n} (\mathbf{x}, \boldsymbol{\theta}_i)\psi_i(t) \tag{5.14}$$

donde el conjunto $\{\boldsymbol{\psi}_i; \psi_i(t) = \mathscr{L} \cdot \varphi_i(t), i = 1, 2, \ldots, n\}$ constituye las "respuestas" a las diversas funciones de la base de $\mathscr{X}$ consideradas como señales de entrada a $\mathscr{L}$. Queda claro que todas las imágenes de puntos de $\mathscr{X}$ pueden expresarse como combinaciones lineales de $\{\boldsymbol{\psi}_i\}$ utilizando la misma n-pla $\boldsymbol{\alpha} = \{\alpha_i; \alpha_i = \mathbf{x}, \boldsymbol{\theta}_i), i = 1, 2, \ldots, n\}$ que representa $\mathbf{x} \in \mathscr{X}$. Así pues, podemos considerar $\{\boldsymbol{\psi}_i; i = 1, 2, \ldots, n\}$ como una *representación* de $\mathscr{L}$ relativa a la base $\{\boldsymbol{\varphi}_i; i = 1, 2, \ldots, n\}$ de $\mathscr{X}$. En contraste con la representación de una señal por una n-pla, la transformación lineal está representada por una sucesión ordenada de n vectores de $\mathscr{Y}$ respecto a una base particular de $\mathscr{X}$.

Podríamos pensar que $\{\boldsymbol{\psi}_i; i = 1, 2, \ldots, n\}$ forma una base para el espacio de salida $\mathscr{Y}$: sin embargo, no podemos confiar en ello, ya que nada nos asegura que el conjunto sea linealmente independiente. Si no lo es, existirá (por definición de independencia lineal) cierto $\mathbf{x}$ de entrada no nulo que se aplique en el cero de $\mathscr{Y}$. Si hay al menos un vector que se aplique en el cero, deberá haber todo un subespacio que se aplique en el cero. Este subespacio (de $\mathscr{X}$) se denomina *núcleo* de la transformación lineal. A causa de la naturaleza resultante de muchos-en-uno de la aplicación, no existirá aplicación inversa y la transformación lineal será singular. Una transformación singular tiene una imagen cuyo número de dimensiones es inferior a n, porque las $\{\boldsymbol{\psi}_i\}$ son linealmente dependientes y no engendran a $\mathscr{Y}$. En realidad, se demuestra fácilmente que la suma de los números de dimensiones de los espacios imagen y el núcleo es igual a n. Al número de dimensiones del espacio imagen se le llama *rango* de la transformación lineal.

Representación por una sucesión de funcionales lineales

Otro método consiste en representar $\mathscr{L}$ por medio de una sucesión ordenada de n vectores de $\mathscr{X}$. Para ello, sea $\{\tilde{\boldsymbol{\varphi}}_i;\ i = 1, 2, \ldots, n\}$ un conjunto de vectores linealmente independientes que engendre a $\mathscr{Y}$. Sea $\{\tilde{\boldsymbol{\theta}}_i;\ i = 1, 2, \ldots, n\}$ el conjunto de la base recíproca correspondiente. Todo vector de $\mathscr{Y}$ podrá expresarse en la forma

$$y(t) = \sum_{j=1}^{n} (\mathbf{y}, \tilde{\boldsymbol{\theta}}_j)\tilde{\varphi}_j(t) \tag{5.15}$$

Sustituyendo (5.14) en (5.15), obtenemos

$$y(t) = \mathscr{L} \cdot x(t) = \sum_{j=1}^{n} (\mathbf{x}, \boldsymbol{\omega}_j)\tilde{\varphi}_j(t) \tag{5.16}$$

donde

$$\omega_j(t) = \sum_{i=1}^{n} (\tilde{\boldsymbol{\theta}}_j, \boldsymbol{\psi}_i)\theta_i(t) \tag{5.17}$$

Por tanto, la sucesión ordenada $\{\boldsymbol{\omega}_j;\ j = 1, 2, \ldots, n\}$ representa a $\mathscr{L}$ respecto a una base particular de $\mathscr{Y}$. El núcleo es, simplemente, el subespacio de vectores de $\mathscr{X}$ que son ortogonales a todos los $\boldsymbol{\omega}_j$. Si son linealmente independientes los $\{\boldsymbol{\omega}_j;\ j = 1, 2, \ldots, n\}$, el rango de la transformación será n. También podríamos considerar que este método de representación contuviera una sucesión ordenada de n funcionales lineales (transformaciones de rango 1) de la forma $f_j(\mathbf{x}) = (\mathbf{x}, \boldsymbol{\omega}_j)$; $j = 1, 2, \ldots, n$, con lo que la transformación se expresaría por

$$\mathscr{L} \cdot x(t) = \sum_{j=1}^{n} f_j(\mathbf{x})\tilde{\varphi}_j(t) \tag{5.18}$$

Representación matricial

Como cada uno de los vectores $\boldsymbol{\psi}_i$ del primer método o los $\boldsymbol{\omega}_j$ del segundo podrían representarse por una n-pla, se deduce que la transformación lineal puede representarse por una distribución $n \times n$ de escalares (por una matriz). Para demostrarlo, sea·

$$\psi_i(t) = \sum_{j=1}^{n} \lambda_{ji}\tilde{\varphi}_j(t) \tag{5.19}$$

donde

$$\lambda_{ji} = (\boldsymbol{\psi}_i, \tilde{\boldsymbol{\theta}}_j) = (\mathscr{L}\boldsymbol{\varphi}_i, \tilde{\boldsymbol{\theta}}_j) \tag{5.20}$$

Sustituyendo (5.19) en (5.14), tendremos

$$y(t) = \sum_{i=1}^{n} \sum_{j=1}^{n} \lambda_{ji}\alpha_i\tilde{\varphi}_j(t) = \sum_{j=1}^{n} \beta_j\tilde{\varphi}_j(t) \tag{5.21}$$

donde

$$\alpha_i = (\mathbf{x}, \boldsymbol{\theta}_i)$$

y

$$\beta_j = (\mathbf{y}, \tilde{\boldsymbol{\theta}}_j) = \sum_{i=1}^{n} \lambda_{ji}\alpha_i$$

o, con la notación matricial normal,

$$\boldsymbol{\beta} = \mathbf{L}\boldsymbol{\alpha} \tag{5.22}$$

donde $\boldsymbol{\alpha}$ y $\boldsymbol{\beta}$ son n-plas que representan a **x** e **y**, respectivamente, relativas a las bases de $\mathscr{X}$ e $\mathscr{Y}$. **L** es una matriz $n \times n$ que tiene el escalar $\lambda_{ij} = (\mathscr{L}\boldsymbol{\varphi}_j, \tilde{\boldsymbol{\theta}}_i)$ en la fila i-ésima y en la columna j-ésima, la cual representa la transformación $\mathscr{L}$.

Ejercicio 5.1. Demostrar que la imagen $\{\mathbf{y}; \mathbf{y} = \mathscr{L}\mathbf{x}, \mathbf{x} \in \mathscr{X}\}$ y el núcleo $\{\mathbf{x}; \mathscr{L}\mathbf{x} = \mathbf{0}\}$ de una transformación lineal $\mathscr{L}$ son espacios vectoriales. Si $\mathscr{X}$ es n-dimensional, demostrar que la suma de los números de dimensiones del espacio imagen del núcleo es igual a n.

Ejercicio 5.2. Sea la matriz **L** una representación de $\mathscr{L}$ según (5.22). Demostrar que el determinante de **L** es igual a cero si, y sólo si, $\mathscr{L}$ tiene un núcleo no reducido a sólo el vector cero.

Ejercicio 5.3. Demostrar que los elementos $\lambda_{ij} = (\mathscr{L}\boldsymbol{\varphi}_j, \tilde{\boldsymbol{\theta}}_i)$ de la matriz **L** de (5.22) pueden expresarse también en la forma $\lambda_{ij} = (\boldsymbol{\varphi}_j, \boldsymbol{\omega}_i)$ con $\{\boldsymbol{\omega}_i\}$ definido por (5.17).

Ejercicio 5.4. Considérense dos transformaciones lineales $\mathscr{L}_1: \mathscr{X} \to \mathscr{Y}$ y $\mathscr{L}_2: \mathscr{Y} \to \mathscr{Z}$, donde $\mathscr{X}, \mathscr{Y}$, y $\mathscr{Z}$ son espacios vectoriales n-dimensionales; $\mathscr{Y}$ contiene la imagen de $\mathscr{L}_1$ y $\mathscr{Z}$ contiene la imagen de $\mathscr{L}_2$. Elíjanse bases arbitrarias para $\mathscr{X}, \mathscr{Y}$, y $\mathscr{Z}$ y demuéstrese que la transformación compuesta $\mathscr{L} = \mathscr{L}_2\mathscr{L}_1$ está representada por la matriz producto ordinaria $\mathbf{L} = \mathbf{L}_2\mathbf{L}_1$, donde $\mathbf{L}_1$ y $\mathbf{L}_2$ son las representaciones matriciales de $\mathscr{L}_1$ y $\mathscr{L}_2$, respectivamente.

5.4 *Representación de operadores en el espacio $L^2(T)$*

Los métodos de representación anteriores son muy útiles cuando se aplican a transformaciones lineales particulares; pero por lo que respecta a proporcionar representaciones para todos los miembros de una clase de transformaciones, dichos métodos tienen ciertas limitaciones básicas. Éstas nacen no tanto del conjunto de definición restringido como del hecho de que las imágenes de diferentes transformaciones de la clase pueden ser sustancialmente diferentes. La clase de transformaciones cuyas imágenes estén contenidas en un espacio de salida n-dimensional particular es demasiado pequeña para que tenga interés práctico. Por otra parte, la clase de transformaciones lineales *acotadas* cuyo conjunto de definición sea todo el espacio $L^2(T)$ representa la mayor parte de las transformaciones de señales de interés práctico. Observamos que una transformación lineal acotada en $L^2(-\infty, \infty)$ es realmente un *operador lineal,* ya que las imágenes de señales acotadas están acotadas, (5.6). Como interpretación física, podemos asociar los operadores acotados a una especie de propiedad de estabilidad de la red que realiza la transformación, en el sentido de que las señales de energía finita a la entrada sólo originan señales de energía finita a la salida.

Desde un punto de vista analítico, los operadores lineales en $L^2(T)$ se representan más convenientemente respecto a las bases continuas descritas en el capítulo 4. En consecuencia, representaremos las señales de entrada y salida $x(t)$ e $y(t)$ por las funciones $u(s)$ y $v(s)$, respectivamente, respecto al núcleo $\varphi(t, s)$.

$$\begin{aligned} x(t) &= \int_S u(s)\varphi(t, s)\, ds \\ y(t) &= \int_S v(s)\varphi(t, s)\, ds \end{aligned} \tag{5.23}$$

Para un operador $\mathscr{L}$ tenemos

$$y(t) = \mathscr{L} \cdot x(t) = \int_S u(s)\psi(t, s)\, ds \tag{5.24}$$

donde $\Psi(t, s) = \mathscr{L} \cdot \varphi(t, s)$ es la función que resulta de operar $\mathscr{L}$ sobre $\varphi(t, s)$ considerada como función de t con s como parámetro fijo. Según dijimos en el capítulo 4, no exigimos que $\varphi(t, s)$ sea una función de t en $L^2(T)$.

Puesto que, de (4.1b),

$$v(s) = \int_T y(t)\theta(s, t)\, dt \tag{5.25}$$

podemos combinar (5.24) y (5.25) y hallamos

$$\begin{aligned} v(s) &= \int_T \int_S u(\sigma)\psi(t, \sigma)\theta(s, t)\, d\sigma\, dt \\ &= \int_S L(s, \sigma)u(\sigma)\, d\sigma \end{aligned} \tag{5.26}$$

donde

$$L(s, \sigma) \triangleq \int_T \theta(s, t)\psi(t, \sigma)\, dt \tag{5.27}$$

Queda bien patente la analogía entre (5.27) y la expresión (5.20) correspondiente al caso discreto. Las variables discretas j e i de (5.20) se han sustituido por las variables continuas s y σ de (5.27) y las representaciones de las señales de entrada y salida, respecto a la base $\varphi(t, s)$, están relacionadas por una transformación integral, y por tanto el operador, está caracterizada por la función núcleo $L(s, \sigma)$, que es análoga a la matriz $\mathbf{L}$ de (5.22). También vemos en (5.27) que la función núcleo está completamente descrita por la respuesta de la red (fig. 5.3) a la base de la señal $\varphi(t, s)$.

Como ejemplo particular, consideremos primeramente la base comúnmente utilizada $\varphi(t, s) = \delta(t - s)$ con $T = S = (-\infty, \infty)$. En este caso tenemos simplemente $\mathbf{u} = \mathbf{x}$ y $\mathbf{v} = \mathbf{y}$, (4.21). La respuesta a la base es $\Psi(t, s) = h(t, s)$ o *respuesta al impulso* de la red. Ésta es la respuesta, como función de t, a una función impulsiva aplicada a la entrada en el instante s. De (5.27)

$$L(s, \sigma) = \int_{-\infty}^{\infty} \delta(s - t)h(t, \sigma)\, dt = h(s, \sigma) \tag{5.28}$$

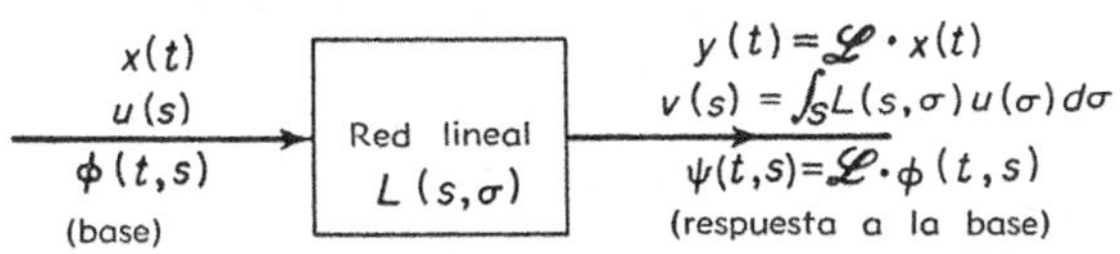

Figura 5.3. Representación de las propiedades de transformación de señales de una red lineal

Por tanto, se deduce que una manera de caracterizar la relación entrada-salida de la red es por medio de la transformación integral que utiliza como núcleo la respuesta a la función impulsiva:

$$y(t) = \int_{-\infty}^{\infty} h(t, \tau)x(\tau)\, d\tau \tag{5.29}$$

Otra base corrientemente utilizada es $\varphi(t, s) = e^{j2\pi st}$ con $T = S = (-\infty, \infty)$ que lleva a descripciones de señales y operadores en el conjunto de definición de las frecuencias. Aquí $\mathbf{u} = \mathbf{X}$ y $\mathbf{v} = \mathbf{Y}$ donde $\mathbf{X}$ e $\mathbf{Y}$ son las transformadas de Fourier de $\mathbf{x}$ e $\mathbf{y}$. En función de la respuesta de la red al impulso, podemos hallar la respuesta $\Psi(t, s)$ a la base $e^{j2\pi st}$ por medio de (5.29):

$$\psi(t, s) = \int_{-\infty}^{\infty} h(t, \tau)e^{j2\pi s\tau}\, d\tau \tag{5.30}$$

Luego, de (5.26) y (5.27),

$$Y(f) = \int_{-\infty}^{\infty} H(f, \nu)X(\nu)\, d\nu$$

donde

$$H(f, \nu) = \iint_{-\infty}^{\infty} h(t, \tau)e^{-j2\pi ft}e^{j2\pi\nu\tau}\, dt\, d\tau \tag{5.31}$$

Bases mezcladas

Para algunas aplicaciones resulta útil representar las señales de entrada y de salida respecto a bases diferentes. Si es $\varphi(t, s)$ la base para las señales de entrada y $\tilde{\varphi}(t, s)$ la correspondiente a las señales de salida, siguiendo el desarrollo anterior tendremos

$$v(s) = \int_S L(s, \sigma)u(\sigma)\, d\sigma$$

donde

$$L(s, \sigma) = \int_T \tilde{\theta}(s, t)\psi(t, \sigma)\, dt \tag{5.32}$$

y

$$\psi(t, s) = \mathscr{L} \cdot \varphi(t, s)$$

Para el análisis de redes variables con el tiempo, se ha utilizado para las señales de entrada una descripción en el conjunto de definición de las frecuencias y para las señales de salida una descripción en el conjunto de definición de los tiempos[6]; es decir, $\varphi(t, s) = e^{j2\pi st}$ y $\tilde{\varphi}(t, s) = \delta(t - s)$. Luego, utilizando (5.32) para este caso, hallaremos

$$y(t) = \int_{-\infty}^{\infty} G(t, f) X(f)\, df \tag{5.33}$$

donde, en función de la respuesta al impulso,

$$G(t, f) = \int_{-\infty}^{\infty} h(t, \tau) e^{j2\pi f\tau}\, d\tau \tag{5.34}$$

Como otro ejemplo de representación de un operador respecto a bases mezcladas ha resultado útil el dual de la situación anterior[7]; es decir, $\varphi(t, s) = \delta(t - s)$ y $\tilde{\varphi}(t, s) = e^{j3\pi t_0}$ En este caso tenemos

$$Y(f) = \int_{-\infty}^{\infty} K(f, t) x(t)\, dt \tag{5.35}$$

$$K(f, t) = \int_{-\infty}^{\infty} h(\tau, t) e^{-j2\pi f\tau}\, d\tau \tag{5.36}$$

Clasificación de operadores

Ciertas propiedades de los sistemas lineales se expresan convenientemente en función del comportamiento de la función núcleo que representa al operador. Dichas propiedades son útiles para clasificar diversos tipos de operadores. A continuación describiremos algunas de las clasificaciones que se encuentran comúnmente en las aplicaciones prácticas. En este estudio supondremos que el conjunto de definición de los operadores es $L^2(-\infty, \infty)$.

Operador invariante en el tiempo. Muchos componentes de sistemas físicos tienen propiedades de transformación de señales que son esencialmente independientes del tiempo en el cual se aplique una excitación de señal. La invariancia en el tiempo puede describirse como una invariancia ante traslaciones del origen de tiempos en el sentido siguiente: Si $y(t) = \mathscr{L} \cdot x(t)$, será $y(t - t_0) = \mathscr{L} \cdot x(t - t_0)$ para todo **x** y toda traslación t_0 cuando $\mathscr{L}$ sea un operador invariante en el tiempo. Un operador será invariante en el tiempo si, y sólo si, la respuesta al impulso $h(t, \tau)$ dependa solamente de la variable $t - \tau$. Debido a esto, es corriente escribir $h(t - \tau)$ para simbolizar la respuesta al impulso o, más frecuente aún, escribir simplemente $h(t)$ con la implicación de que se aplica el impulso a la entrada en el instante $\tau = 0$. La descripción del operador en el conjunto de definición de los tiempos será, de (5.29),

$$y(t) = \int_{-\infty}^{\infty} h(t - \tau)x(\tau)\, d\tau \tag{5.37}$$

y a y se le llama *producto de convolución* de **h** y **x**, simbolizándolo por $\mathbf{y} = \mathbf{h} \otimes \mathbf{x}$. Con un cambio de la variable de integración de (5.37), podemos expresar la operación en la forma

$$y(t) = \int_{-\infty}^{\infty} k(\sigma)x(\sigma + t)\, d\sigma \tag{5.38}$$

con $k(\sigma) = h(-\sigma)$. Es ésta una descripción natural de una señal resultante de una operación de *exploración*. Si una señal **x** distribuida espacialmente, p. ej., una imagen óptica, se "lee" mediante un dispositivo explorador que se mueve a velocidad constante, la función del tiempo fuera del dispositivo vendrá dada por (5.38) donde puede interpretarse $k(\sigma)$ como transmitancia a través de la "ventana" del dispositivo explorador. Como en los sistemas de proceso de señales encontramos a menudo la operación de exploración, será importante recordar que estas operaciones son equivalentes al filtrado invariante en el tiempo.

Es particularmente conveniente la descripción del operador invariante en el tiempo en el conjunto de definición de las frecuencias. En tal caso, la (5.31) se convierte en

$$\begin{aligned} H(f, \nu) &= \iint_{-\infty}^{\infty} h(t - \tau)e^{-j2\pi ft + j2\pi\nu\tau} dt\, d\tau \\ &= \int_{-\infty}^{\infty} h(\sigma)e^{-j2\pi f\sigma} \int_{-\infty}^{\infty} e^{-j2\pi(f-\nu)\tau}\, d\tau\, d\sigma \\ &= H(f)\, \delta(f - \nu) \end{aligned} \tag{5.39}$$

y por tanto

$$\begin{aligned} Y(f) &= \int_{-\infty}^{\infty} H(f)\, \delta(f - \nu)X(\nu)\, d\nu \\ &= H(f)X(f) \end{aligned} \tag{5.40}$$

A la función $H(f)$ de (5.40) se le llama *función de transferencia* de la red invariante en el tiempo. Atendiendo a la función ponderante $k(\sigma)$ de la operación de exploración, tenemos

$$Y(f) = K^*(f)X(f) \tag{5.41}$$

Otra propiedad importante de la clase de operadores invariantes en el tiempo es que la multiplicación de operadores, (5.10), es conmutativa. Se deduce esto del hecho de que la función de transferencia de una cascada de redes invariantes en el tiempo viene dada por el producto numérico ordinario (que es conmutativo) de las funciones de transferencia; por tanto será indiferente el orden dentro de la cascada.

Operador identidad. El operador identidad $\mathscr{I}$ está descrito por $\mathbf{x} = \mathscr{I}\,\mathbf{x}$ para todo $\mathbf{x}$. Está claro que este operador es invariante en el tiempo y la correspondiente respuesta al impulso es $h(t) = \delta(t)$. La función de transferencia correspondiente es $H(f) = 1$.

Operador retardo. Un operador estrechamente relacionado con el operador identidad y que es de considerable interés práctico a causa de la disponibilidad de líneas de retardo de parámetros distribuidos es el operador que aplica $x(t)$ en $x(t - t_0)$. La correspondiente respuesta al impulso es $h(t) = \delta(t - t_0)$, y la función de transferencia es $H(f) = e^{-j2\pi t_0 f}$.

Operador puerta (multiplicador). Existen varios dispositivos físicos (moduladores, puertas de señales, etc.) que realizan la transformación

$$y(t) = w(t)x(t) \tag{5.42}$$

Evidentemente, esta operación no es invariante en el tiempo a menos que $w(t)$ sea una constante (en cuyo caso, la operación no es más que la multiplicación por un escalar). La respuesta al impulso del operador puerta viene dada por

$$h(t, \tau) = w(t)\,\delta(t - \tau) \tag{5.43}$$

o, lo que es equivalente, $h(t, \tau) = w(\tau)\,\delta(t - \tau)$

En el conjunto de definición de las frecuencias, utilizando (5.31), hallamos

$$\begin{aligned} H(f, \nu) &= \iint_{-\infty}^{\infty} w(t)\,\delta(t - \tau)e^{-j2\pi f t + j2\pi\nu\tau}\,dt\,d\tau \\ &= \int_{-\infty}^{\infty} w(\tau)e^{-j2\pi(f-\nu)\tau}\,d\tau \\ &= W(f - \nu) \end{aligned} \tag{5.44}$$

Luego la operación está caracterizada por un producto de convolución:

$$Y(f) = \int_{-\infty}^{\infty} W(f - \nu)X(\nu)\, d\nu \tag{5.45}$$

Operador realizable físicamente. Una restricción fundamental que se aplica a los operadores que caracterizan a un dispositivo físico realizable es que sean *no anticipatorios,* o *causales.* Este requisito se enuncia fácilmente con ayuda de la respuesta al impulso. De (5.29) vemos que si $y(t)$ ha de depender solamente de los valores pasados de la entrada, la condición necesaria y suficiente que ha de cumplir la respuesta al impulso será

$$h(t, \tau) = 0 \text{ para todo } \tau > t \tag{5.46}$$

Muchos autores incorporan esta condición expresando la operación en la forma

$$y(t) = \int_{-\infty}^{t} h(t, \tau)x(\tau)\, d\tau$$

sin imponer ninguna restricción a la función $h(t, \tau)$. Sin embargo, para nuestros fines, suele ser más conveniente conservar el intervalo fijo de integración e imponer una condición auxiliar (5.47) a la respuesta al impulso:

$$h(t, \tau) = w(t - \tau)h(t, \tau) \tag{5.47}$$

donde

$$\begin{aligned} w(t) &= 1 \quad \text{para } t \geqslant 0 \\ &= 0 \quad \text{para } t < 0 \end{aligned}$$

Operador diferencial de orden finito. Las características de respuesta de muchos sistemas prácticos se pueden describir aproximadamente por medio de una ecuación diferencial de orden finito. El método normal de análisis de sistemas lineales consiste en tomar como modelo para el sistema una red consistente en una interconexión de elementos localizados. Existen muchas técnicas conocidas para deducir la forma de la ecuación diferencial a partir de la red de elementos localizados. Se ha demostrado[8] que para una ecuación diferencial de la forma

$$\sum_{i=0}^{n} a_i(t) \frac{d^i y(t)}{dt^i} = \sum_{i=0}^{n-1} b_i(t) \frac{d^i x(t)}{dt^i} \tag{5.48}$$

donde $a_i(t)$ y $b_i(t)$ son coeficientes continuos, la correspondiente respuesta al impulso de la operación puede expresarse en la forma

$$h(t, \tau) = \sum_{k=1}^{n} \psi_k(t)\theta_k(\tau) \quad \text{para } t \geqslant \tau$$
$$= 0 \quad \text{para } t < \tau \tag{5.49}$$

En el caso en que los coeficientes sean constantes, el sistema será invariante en el tiempo y, salvo en el caso particular en que el polinomio

$$Q(p) = \sum_{i=0}^{n} a_i p^i$$

tenga raíces múltiples, la respuesta al impulso viene dada por

$$h(t - \tau) = \sum_{k=1}^{n} \alpha_k e^{p_k(t-\tau)} \quad \text{para } t \geqslant \tau$$
$$= 0 \quad \text{para } t < \tau \tag{5.50}$$

donde p_k son las raíces de $Q(p) = 0$. La función de transferencia para este operador invariante en el tiempo será una función racional de la frecuencia:

$$H(f) = \sum_{k=1}^{n} \frac{\alpha_k}{j2\pi f - p_k} \tag{5.51}$$

o, lo que es equivalente,

$$H(f) = \frac{P(j2\pi f)}{Q(j2\pi f)}$$

donde el polinomio del numerador es

$$P(p) = \sum_{i=0}^{n-1} b_i p^i$$

Operador degenerado. Los operadores en $L^2(-\infty, \infty)$ que tengan una imagen de número finito de dimensiones (rango finito) se dice que son degenerados. Las funciones núcleo para los operadores degenerados poseen una propiedad de separabilidad que es muy útil para representaciones aproximadas y solución numérica de ecuaciones de operadores. Un operador degenerado de rango n tiene una respuesta al impulso dada por

$$h(t, \tau) = \sum_{i=1}^{n} \psi_i(t)\theta_i^*(\tau) \tag{5.52}$$

donde $\{\psi_i(t);\ i = 1, 2, \dots n\}$ y $\{\theta_i(t);\ i = 1, 2, \dots, n\}$ son conjuntos linealmente independientes de funciones de $L^2(-\infty, \infty)$. La imagen de esta operación sobre **x** se puede expresar en función de n funcionales lineales de **x**:

$$y(t) = \sum_{i=1}^{n} (\mathbf{x}, \boldsymbol{\theta}_i)\psi_i(t) \tag{5.53}$$

La respuesta al impulso (5.52) tiene un aspecto decepcionante como la (5.49) del sistema de orden finito; no obstante, el sistema de orden finito no será degenerado, en general, a causa del diferente comportamiento para $t \geqslant \tau$ y para $t < \tau$.

Ejercicio 5.5. Escribir la expresión de la respuesta al impulso de las cascadas de un operador invariante en el tiempo y de un operador puerta. Para estos dos casos, calcular también la función núcleo $H(f, \nu)$ (5.31) en el conjunto de definición de las frecuencias y los núcleos básicos de tiempo-frecuencia $G(t, f)$ (5.34) y $K(f, t)$ (5.36).

Ejercicio 5.6. Escribir el núcleo $H(f, \nu)$ en el conjunto de definición de las frecuencias para el operador degenerado con respuesta al impulso indicado por (5.52). Demostrar que se mantiene la forma separable para un par arbitrario de núcleos básicos de entrada y de salida.

Ejercicio 5.7. Describir el espacio imagen y el núcleo de un operador degenerado cuyo núcleo básico sea (5.52).

5.5 Representación aproximada de operadores en $L^2(T)$

Al representar operadores en $L^2(T)$ por medio de funciones núcleo en transformaciones integrales, hemos obviado el importante tema de obtener representaciones numéricas finitas para dichos operadores. El problema se reduce esencialmente a hallar un operador que pueda representarse por una matriz $n \times n$ como en § 5.3 y que, en cierto sentido, sea una aproximación adecuada al operador en $L^2(T)$ que se considera. Un método útil e inmediato consiste en restringir el conjunto de definición a un subespacio de $L^2(T)$ de número finito de dimensiones basándose en que el conjunto de señales de entrada en una situación particular pueda representarse adecuadamente por combinaciones lineales de un conjunto finito de funciones de la base. Por ejemplo, podríamos decidir que los n primeros términos de uno de los conjuntos ortonormales completos descritos en § 3.3 proporciona una representación adecuada para todas

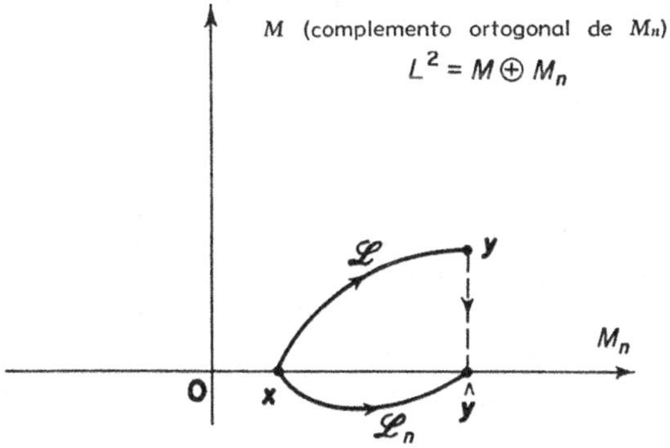

Figura 5.4. Aproximación de un operador de $L^2(T)$ en un conjunto de definición restringido

las señales de entrada. Sería especialmente conveniente representar señales de salida respecto a esta misma base. En consecuencia, representemos por M_n el subespacio engendrado por $\{\boldsymbol{\varphi}_i;\ i = 1, 2, \ldots, n\}$. Las imágenes $\mathbf{x} \in M_n$ bajo el operador $\mathscr{L}$ de $L^2(T)$ que se quieren aproximar no están, en general, contenidas en M_n. Como aproximante $\mathscr{L}_n$ seleccionaremos al operador que aplica $\mathbf{x}$ en la proyección ortogonal de la imagen $\mathbf{y} = \mathscr{L}\mathbf{x}$ sobre M_n. Se ilustra esto en la figura 5.4.

Según (3.9), la proyección ortogonal de $\mathbf{y}$ sobre M_n viene dada por

$$\hat{y}(t) = \mathscr{L}_n \cdot x(t) = \sum_{i=1}^{n} (\mathbf{y}, \boldsymbol{\theta}_i)\varphi_i(t) = \sum_{i=1}^{n} (\mathscr{L}\mathbf{x}, \boldsymbol{\theta}_i)\varphi_i(t) \tag{5.54}$$

pero $\mathbf{x} \in M_n$ se expresa en la forma

$$x(t) = \sum_{j=1}^{n} \alpha_j \varphi_j(t); \qquad \alpha_j = (\mathbf{x}, \boldsymbol{\theta}_j); \qquad j = 1, 2, \ldots, n \tag{5.55}$$

Luego, sustituyendo (5.55) en (5.54),

$$\hat{y}(t) = \sum_{i=1}^{n} \sum_{j=1}^{n} (\mathscr{L}\boldsymbol{\varphi}_j, \boldsymbol{\theta}_i)\alpha_j \varphi_i(t) = \sum_{i=1}^{n} \beta_i \varphi_i(t)$$

$$\Rightarrow \beta_i = \sum_{j=1}^{n} \lambda_{ij}\alpha_j \Rightarrow \boldsymbol{\beta} = \mathbf{L}\boldsymbol{\alpha} \tag{5.56}$$

De esta manera, el operador $\mathscr{L}$ se representa por una matriz cuadrada **L** de orden n, respecto a la base $\{\boldsymbol{\varphi}_i;\ i = 1, 2, \ldots, n\}$, estando dados los elementos de **L** por

$$\lambda_{ij} = (\mathscr{L}\boldsymbol{\varphi}_j, \boldsymbol{\theta}_i) \tag{5.57}$$

Ejemplo 5.1. Para ilustrar la aplicación de la técnica de la representación matricial, consideremos un ejemplo que entrañe representaciones por series en el tiempo finitas de las señales de entrada y de salida. Sea M_n el subespacio engendrado por $\{\boldsymbol{\varphi}_i;\ \varphi_i(t) = \varphi(t - i\tau), i = 0, 1, \ldots, n - 1\}$, donde las $\varphi_i(t)$ son funciones interpoladoras ortonormales. Tomando n suficientemente grande y τ suficientemente pequeño, podemos dar una representación adecuada de las señales en el intervalo $0 < t < (n - 1)\tau$. Supongamos ahora que $\mathscr{L}$ es un operador invariante en el tiempo correspondiente a una red cuya respuesta al impulso sea $h(t)$. En tal caso

$$\begin{aligned} \mathscr{L} \cdot \varphi_j(t) &= \int_{-\infty}^{\infty} h(t - \sigma)\varphi(\sigma - j\tau)\, d\sigma \\ &\triangleq \psi(t - j\tau) \end{aligned} \tag{5.58}$$

donde $\boldsymbol{\psi} = \mathbf{h} \otimes \boldsymbol{\varphi}$ es la respuesta de la red al pulso interpolador básico $\boldsymbol{\varphi}$. Conociendo esta respuesta al pulso, podemos caracterizar por completo el operador $\mathscr{L}_n$, ya que, de (5.57),

$$\begin{aligned} \lambda_{ij} = (\mathscr{L}\boldsymbol{\varphi}_j, \boldsymbol{\varphi}_i) &= \int_{-\infty}^{\infty} \psi(t - j\tau)\varphi(t - i\tau)\, dt \\ &= \int_{-\infty}^{\infty} \psi(\sigma)\varphi(\sigma - (i - j)\tau)\, d\sigma \triangleq h_{i-j} \end{aligned} \tag{5.59}$$

Así pues, podremos construir la matriz **L** a partir de traslaciones consecutivas de la sucesión de $2n - 1$ elementos $\{h_i;\ i = 0, \pm 1, \pm 2, \ldots, \pm (n - 1)\}$:

$$\mathbf{L} = \begin{bmatrix} h_0 & h_{-1} & h_{-2} & \cdots & h_{1-n} \\ h_1 & h_0 & h_{-1} & \cdots & h_{2-n} \\ h_2 & h_1 & h_0 & \cdots & h_{3-n} \\ \cdot & & & \cdot & \cdot \\ \cdot & & & \cdot & \cdot \\ \cdot & & & \cdot & \cdot \\ h_{n-1} & h_{n-2} & & \cdots & h_0 \end{bmatrix} \tag{5.60}$$

El conjunto de n elementos $\{h_i;\ i = 0, 1, 2, \ldots, n-1\}$ forman la n-pla representativa de la respuesta $\psi(t)$ al pulso básico proyectada sobre M_n:

$$\hat{\psi}(t) = \sum_{i=0}^{n-1} h_i \varphi_i(t) \tag{5.61}$$

ya que $\{\boldsymbol{\varphi}_i;\ i = 0, 1, 2, \ldots, n-1\}$ constituyen un conjunto ortonormal.

Si también es $\mathscr{L}$ un operador realizable físicamente [$h(t) = 0$ para $t < 0$], los elementos $\{h_i;\ i = -1, -2, \ldots, 1-n\}$ tenderán a ser pequeños. Si los suponemos nulos, **L** será una matriz triangular (sólo ceros por encima de la diagonal principal) y tenemos

$$\beta_i = \sum_{j=0}^{n-1} \lambda_{ij}\alpha_j = \sum_{j=0}^{i} h_{i-j}\alpha_j; \qquad i = 0, 1, \ldots, n-1 \tag{5.62}$$

donde $\boldsymbol{\alpha}$ y $\boldsymbol{\beta}$ son n-plas representativas de las señales de entrada y salida. La forma de (5.62) recuerda la multiplicación ordinaria de polinomios y ello ha conducido a otras varias caracterizaciones aplicables al análisis de señales por series en el tiempo y redes físicamente realizables invariantes en el tiempo, p. ej., la caracterización por la transformación z.[9] Para poner esto de manifiesto, definamos los polinomios de grado $(n-1)$-ésimo

$$A(z) = \sum_{i=0}^{n-1} \alpha_i z^i; \qquad H(z) = \sum_{i=0}^{n-1} h_i z^i \tag{5.63}$$

Entonces, el polinomio

$$B(z) = H(z)A(z) = \sum_{i=0}^{2n-2} \beta_i z^i \tag{5.64}$$

tendrá, para los n coeficientes de orden inferior, los "valores muestra" deseados de la señal de salida. Los restantes coeficientes de $B(z)$ representan partes de la señal de salida que caen fuera de M_n, si bien dichos coeficientes serán pequeños si lo son suficientemente los coeficientes de órdenes superiores de $A(z)$ y $H(z)$.

En la figura 5.5 pueden verse aproximaciones de señales por "escalera" resultantes de un pulso interpolador rectangular $\boldsymbol{\varphi}$. En este ejemplo hacemos que la red sea una sección RC de filtro pasa-baja; y para simplificar la normalización, tomamos $\tau = 1$ y $RC = 1$. Entonces

$$
\begin{aligned}
h(t) &= e^{-t}; \qquad t \geqslant 0 \\
\psi(t) &= 1 - e^{-t} \quad \text{para } 0 < t \leqslant 1 \\
&= (e-1)e^{-t} \quad \text{para } t > 1 \\
h_i &= (\psi, \varphi_i) = \int_i^{i+1} \psi(t)\, dt \\
&= 0{,}368 \quad \text{para } i = 0 \\
&= 1{,}085e^{-i} \quad \text{para } i \geqslant 1
\end{aligned}
$$

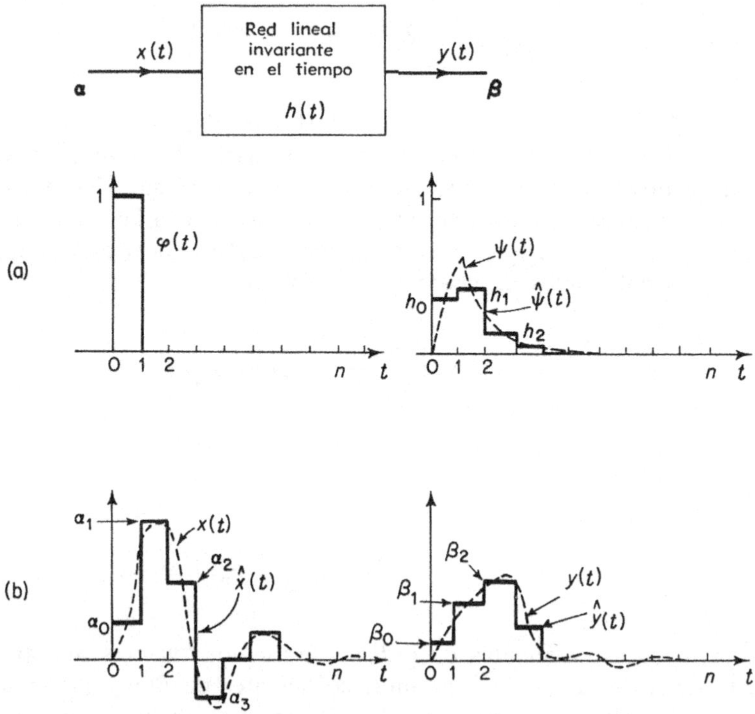

$$
B(z) = (1 + 3z + 2z^2 - z^3 + 0 + 0{,}5z^5 + \cdots)(0{,}37 + 0{,}40z + 0{,}15z^2 + 0{,}05z^3 + \cdots)
$$

$$
\approx 0{,}37 + 1{,}51z + 2{,}09z^2 + 0{,}97z^3 + 0{,}05z^4 + 0{,}14z^5 + \cdots
$$

Figura 5.5. Ejemplo de representación por serie en el tiempo de un operador invariante en el tiempo. (a) Respuesta al pulso básico. (b) Respuesta a una señal arbitraria

Ejercicio 5.8. Sea $\{\xi_i; i = 1, 2, \ldots, n\}$ una nueva base para el mismo espacio M_n engendrado por $\{\varphi_i; i = 1, 2, \ldots, n\}$. Demostrar que la representación matricial de (5.57) para $\mathscr{L}$, respecto a la nueva base viene dada por $\tilde{\mathbf{L}} = \mathbf{\Gamma}^{-1}\mathbf{L}\mathbf{\Gamma}$, donde los elementos de la matriz cuadrada $\mathbf{\Gamma}$ de orden n están dados por $\gamma_{ij} = (\xi_j, \theta_i)$. Se dice que $\tilde{\mathbf{L}}$ está relacionada con $\mathbf{L}$ por una *transformación por semejanza.*

Ejercicio 5.9. Demostrar que la operación de proyección ortogonal de cualquier $\mathbf{x} \in L^2(T)$ sobre M_n puede caracterizarse por medio del núcleo degenerado

$$P(t, s) = \sum_{i=1}^{n} \varphi_i(t)\theta_i^*(s)$$

El operador $\mathscr{P}$ correspondiente se denomina *operador proyección ortogonal.* Demostrar que es *idempotente;* es decir, $\mathscr{P}^2 = \mathscr{P}$. ¿Cuál es la norma de $\mathscr{P}$?

Aproximación en norma de operadores

Las limitaciones de (5.57) para la representación de operadores $L^2(T)$ arbitrarios se hacen patentes cuando empezamos a estudiar lo "ceñida" que sea la aproximación de $\mathscr{L}$ por $\mathscr{L}_n$. La dificultad estriba en que hay puntos de M_n para los cuales $\|\mathscr{L}\mathbf{x} - \mathscr{L}_n\mathbf{x}\|$ puede ser grande y que, además, este error no puede hacerse pequeño sin más que tomar n suficientemente grande. No está claro, de manera inmediata, si el problema reside en las propiedades de $\mathscr{L}$ o en la manera como se ha seleccionado el conjunto de definición M_n. Para obviar este último problema, tomamos $L^2(T)$ como conjunto de definición de todos los operadores que se consideren. Así, $\mathscr{L}_n$ será un operador degenerado descrito por

$$y(t) = \mathscr{L}_n \cdot x(t) = \int_T L_n(t, s)x(s)\, ds$$

donde

$$L_n(t, s) = \sum_{i=1}^{n} \psi_i(t)\theta_i^*(s) \tag{5.65}$$

con

$$\psi_i(t) = \mathscr{L} \cdot \varphi_i(t)$$

Como hemos especificado una norma para los operadores (5.8), podemos caracterizar la distancia entre un operador y su aproximante por medio de la métrica inducida:

$$d(\mathscr{L}, \mathscr{L}_n) = \|\mathscr{L} - \mathscr{L}_n\| = \sup\{\|\mathscr{L}\mathbf{x} - \mathscr{L}_n\mathbf{x}\|; \|\mathbf{x}\| \leqslant 1, \mathbf{x} \in L^2(T)\} \tag{5.66}$$

Podemos ya enunciar la contrapartida lógica del problema de aproximar señales de $L^2(T)$ por medio de conjuntos ortonormales completos. Para un operador arbitrario $\mathscr{L}$, queremos hallar dos conjuntos de funciones $\{\psi_i(t);\ i = 1, 2, \dots\}$ y $\{\theta_i(t);\ i = 1, 2, \dots\}$ de $L^2(T)$ tales que el operador degenerado correspondiente $\mathscr{L}_n$, (5.65), aproxime a $\mathscr{L}$ en el sentido de que $\|\mathscr{L} - \mathscr{L}_n\|$ se haga arbitrariamente pequeña tomando n suficientemente grande. Para tener la máxima aplicabilidad en el estudio que sigue, tomaremos como espacio de funciones $L^2(-\infty, \infty)$.

Operadores compactos

Podríamos pensar que todo operador acotado puede aproximarse por medio de un operador degenerado de rango n hasta el grado de aproximación deseado haciendo n suficientemente grande. Esto no es cierto y existen ejemplos sencillos de $\mathscr{L}$ acotado para el cual no hay ninguna sucesión $\{\mathscr{L}_n\}$ que converja (en la norma) hacia $\mathscr{L}$ cuando $n \to \infty$. La dificultad estriba en que un operador degenerado sólo tiene un conjunto imagen de número finito de dimensiones y por tanto sólo puede aproximar a aquellos operadores cuya imagen esté restringida de manera tal que todos los puntos estén próximos a un subespacio de número finito de dimensiones. En particular, podríamos exigir que el conjunto de imágenes de la esfera unitaria $\{\mathbf{x};\ \|\mathbf{x}\| = 1\}$ esté próximo a un subespacio de número finito de dimensiones. No es suficiente que este conjunto de imágenes esté meramente acotado. Consideremos, por ejemplo, el operador identidad, el cual es un operador acotado. Las imágenes de la sucesión ortonormal $\{\varphi_i(t);\ i = 1, 2, \dots\}$ forman un conjunto acotado pero la distancia entre dos imágenes cualesquiera es $\sqrt{2}$; por tanto, para todo subespacio dado de número finito de dimensiones, podemos seleccionar un $\boldsymbol{\varphi}_i$ que no sea próximo a un punto cualquiera del subespacio. Para la imagen de la esfera unidad se necesitará una restricción más severa que la acotabilidad para que un operador pueda aproximarse por un operador degenerado. Hallamos una restricción útil en el concepto de *acotabilidad total* de un conjunto. Un conjunto S, con una métrica d asociada, se dice que está totalmente acotado si, para todo $\varepsilon > 0$, existe un subconjunto finito $\{\mathbf{x}_i;\ i = 1, 2, \dots, N(\varepsilon)\}$ llamado ε *red;* tal que $d(\mathbf{x}, \mathbf{x}_i) < \varepsilon$ para cierto valor de i y todo $\mathbf{x}$ de S. Dicho de otro modo, el conjunto S es suficientemente "compacto" para que se pueda seleccionar un número finito $N(\varepsilon)$ de puntos del conjunto de tal manera que todo punto del conjunto se halle a una distancia inferior a ε de uno de los puntos seleccionados. La acotabilidad total en un espacio métrico equivale, en realidad, al concepto más general de *compacidad* en los espacios topológicos abstractos.[1] Fácil es ver que un conjunto totalmente acotado es próximo a cierto subespacio de número finito de dimensiones, ya que podríamos construir una base a partir de los puntos de la ε red y el subespacio engendrado por esta base contendría puntos situados a distancias inferiores a ε de cualquier punto del conjunto. Supongamos que $\{\varphi_i(t);\ i = 1, 2, \ldots, n\}$ engendra el subespacio M_n que contiene una ε red para el conjunto $\{\mathscr{L}\mathbf{x};\ \|\mathbf{x}\| = 1\}$. Como aproximante $\mathscr{L}_n$, tomamos el operador que aplica $\mathbf{x}$ en la proyección ortogonal de $\mathscr{L}\mathbf{x}$ sobre M_n; es decir,

$$\mathscr{L}_n \cdot x(t) = \sum_{i=1}^{n} (\mathscr{L}\mathbf{x}, \boldsymbol{\theta}_i)\varphi_i(t) \tag{5.67}$$

Como $\mathscr{L}_n\mathbf{x}$ es el punto de M_n más próximo a $\mathscr{L}\mathbf{x}$ y M_n contiene la ε red para las imágenes de la esfera unidad se deduce que

$$\|\mathscr{L} - \mathscr{L}_n\| \leqslant \varepsilon \tag{5.68}$$

donde ε puede hacerse arbitrariamente pequeño para valores suficientemente grandes de n. Para obtener la función núcleo para el operador degenerado $\mathscr{L}_n$, escribiremos (5.67) en la forma

$$\begin{aligned}\mathscr{L}_n \cdot x(t) &= \sum_{i=1}^{n} \left[\iint_{-\infty}^{\infty} L(\sigma, s)x(s)\theta_i^*(\sigma)\, ds\, d\sigma\right]\varphi_i(t) \\ &= \sum_{i=1}^{n} \varphi_i(t)\int_{-\infty}^{\infty} x(s)\omega_i^*(s)\, ds \end{aligned}\tag{5.69}$$

donde[2]

$$\omega_i(t) = \mathscr{L}' \cdot \theta_i(t) = \int_{-\infty}^{\infty} L^*(\sigma, t)\theta_i(\sigma)\, d\sigma \tag{5.70}$$

y la función núcleo resultante para $\mathscr{L}_n$ es

$$L_n(t, s) = \sum_{i=1}^{n} \varphi_i(t)\omega_i^*(s) \tag{5.71}$$

Los operadores que tienen la propiedad de aplicar conjuntos acotados en conjuntos totalmente acotados (compactos) se denominan *operadores compactos* u *operadores completamente continuos.*[2],[3] Vemos que el problema de la aproximación sería sencillo si no fuera por la dificultad de hallar las redes ε para los operadores. Para una clase más restringida de operadores, las técnicas de representación espectral estudiadas en § 5.7 resultan útiles para la deter-

[2] $\mathscr{L}'$ es el *adjunto de* $\mathscr{L}$, definido en § 5.7.

minación real del mejor aproximante. En el resto de este apartado vamos a examinar ciertos tipos de operadores en lo que respecta a la propiedad de compacidad.

Hemos indicado anteriormente que el operador identidad no era compacto. En realidad, los operadores de $L^2(-\infty, \infty)$ invariantes en el tiempo (convolución) no son compactos (v. ejercicio 5.10) aunque la función respuesta al impulso esté en $L^2(-\infty, \infty)$. Utilizando la dualidad tiempo-frecuencia, podemos demostrar análogamente que el operador puerta no es compacto; sin embargo, según veremos, una cascada de estos dos tipos de operadores podría ser compacta.

Operadores de Hilbert-Schmidt

Una útil condición suficiente para que sea compacto un operador es que sea del tipo *Hilbert-Schmidt,* el cual es un operador que tiene una función núcleo de cuadrado integrable:

$$\iint_{-\infty}^{\infty} |L(t, s)|^2 \, dt \, ds < \infty \tag{5.72}$$

Parece razonable intentar una representación funcional de $L(t, s)$ con auxilio de funciones núcleo que tengan la propiedad de ser separables. Esto puede hacerse y se puede demostrar[3] que $L_n(t, s)$ converge hacia $L(t, s)$ en el sentido

$$\iint_{-\infty}^{\infty} |L(t, s) - L_n(t, s)|^2 \, dt \, ds \to 0 \text{ cuando } n \to \infty \tag{5.73}$$

cuando $L(t, s)$ satisface (5.72). En (5.73), $L_n(t, s)$ está dada por

$$L_n(t, s) = \sum_{i=1}^{n} \psi_i(t) \theta_i^*(s) \tag{5.74}$$

donde

$$\psi_i(t) = \int_{-\infty}^{\infty} L(t, s) \varphi_i(s) \, ds$$

y $\{\boldsymbol{\theta}_i\}$ es el conjunto recíproco para el conjunto completo $\{\boldsymbol{\varphi}_i;\ i = 1, 2, \ldots\}$. El conjunto $\{\boldsymbol{\psi}_i;\ i = 1, 2, \ldots\}$ está en $L^2(-\infty, \infty)$ puesto que $\mathscr{L}$ es un operador acotado.

Para dar una cierta visión de por qué el operador de Hilbert-Schmidt aplica la esfera unidad en un conjunto compacto, hagamos que $\{\boldsymbol{\varphi}_i\}$ sea un conjunto ortonormal tal que $\boldsymbol{\theta}_i = \boldsymbol{\varphi}_i$ y combinando (5.74) y (5.73), obtenemos

$$\int\limits_{-\infty}^{\infty}\int |L(t, s) - L_n(t, s)|^2\, dt\, ds = \int\limits_{-\infty}^{\infty}\int |L(t, s)|^2\, dt\, ds - \sum_{i=1}^{n} \|\boldsymbol{\psi}_i\|^2 \geqslant 0 \quad (5.75)$$

Así pues,

$$\sum_{i=1}^{\infty} \|\boldsymbol{\psi}_i\|^2 < \infty$$

y sólo podrán ser apreciablemente diferentes de cero un número finito de las transformadas $\boldsymbol{\psi}_i$ de $\boldsymbol{\varphi}_i$; luego, tendemos a considerar la imagen de $\mathscr{L}$ como "aproximadamente" de un número finito de dimensiones.

Para demostrar que $\mathscr{L}_n$ converge hacia $\mathscr{L}$ en este caso, definamos

$$q_n(t) \triangleq \left[\int_{-\infty}^{\infty} |L(t, s) - L_n(t, s)|^2\, ds\right]^{\frac{1}{2}} \quad (5.76)$$

Entonces, según (5.73), $q_n(t)$ está en L^2 y $\|\mathbf{q}_n\| \to 0$ cuando $n \to \infty$. Utilizando la desigualdad de Schwartz,

$$|\mathscr{L} \cdot x(t) - \mathscr{L}_n \cdot x(t)|^2 \leqslant q_n^2(t)\, \|\mathbf{x}\|^2$$

Luego

$$\|\mathscr{L}\mathbf{x} - \mathscr{L}_n\mathbf{x}\|^2 \leqslant \|\mathbf{q}_n\|^2 \|\mathbf{x}\|^2$$

y se deduce que

$$\|\mathscr{L} - \mathscr{L}_n\| \to 0 \text{ cuando } n \to \infty \quad (5.77)$$

Ejemplo 5.2. Como aplicación ilustrativa de esta sencilla condición suficiente para la compacidad de un operador, consideremos el producto de operadores resultante de las cascadas de operadores invariante en el tiempo y puerta representados en la figura 5.6. Con $\mathscr{L} = \mathscr{L}_1\mathscr{L}_2$, tenemos

$$\begin{aligned} L(t, \tau) &= \int_{-\infty}^{\infty} L_1(t, \sigma) L_2(\sigma, \tau)\, d\sigma \\ &= \int_{-\infty}^{\infty} h(t - \sigma) w(\sigma)\, \delta(\sigma - \tau)\, d\sigma = w(\tau) h(t - \tau) \end{aligned} \quad (5.78)$$

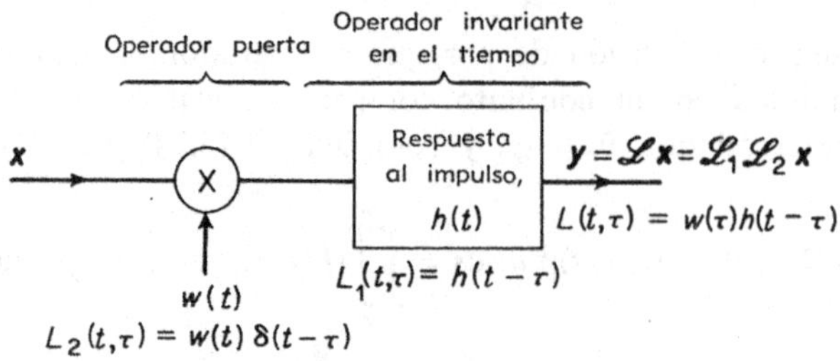

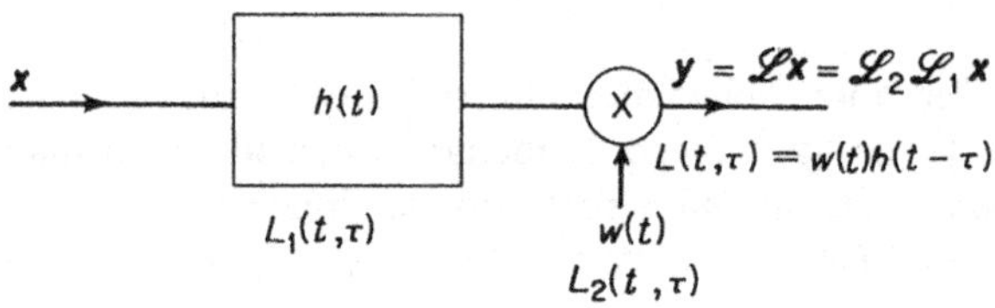

Figura 5.6. Ejemplos de operadores de Hilbert-Schmidt con $\|\mathbf{w}\| < \infty$ y $\|\mathbf{h}\| < \infty$

y por tanto,

$$\int\int_{-\infty}^{\infty} |L(t,\tau)|^2\, dt\, d\tau = \int\int_{-\infty}^{\infty} |w(\tau)|^2\, |h(t-\tau)|^2\, dt\, d\tau$$

$$= \|\mathbf{w}\|^2\, \|\mathbf{h}\|^2 \tag{5.79}$$

Luego el operador producto es un operador de Hilbert-Schmidt (compacto) si las funciones $w(t)$ y $h(t)$ están en $L^2(-\infty, \infty)$, aunque no sean compactos individualmente $\mathscr{L}_1$ y $\mathscr{L}_2$ Análogamente, para $\mathscr{L} = \mathscr{L}_2\mathscr{L}_1$,

$$L(t,\tau) = w(t)h(t-\tau)$$

y

$$\int\int_{-\infty}^{\infty} |L(t,\tau)|^2\, dt\, d\tau = \|\mathbf{w}\|^2\, \|\mathbf{h}\|^2 \tag{5.80}$$

dando también un operador de Hilbert-Schmidt para $w(t)$ y $h(t)$ en $L^2(-\infty, \infty)$.

Para determinar si es compacto o no un operador particular correspondiente a un sistema físico, suele ser útil a menudo notar que una combinación en cascada de una u otra red de las representadas en la figura 5.6 con un operador (acotado) cualquiera es también un operador compacto (v. ejercicio 5.11). ∎

Ejercicio 5.10. Demostrar que un operador en $L^2(-\infty, \infty)$ invariante en el tiempo no es compacto. Demostrar que el operador puerta tampoco es compacto. *Sugerencia:* ¿Es un conjunto acotado en $L^2(-\infty, \infty)$ el $\{\mathbf{x}_i;\ x_i(t) = x(t - i\tau), i = 0, \pm 1, \pm 2, \ldots\}$? ¿Es totalmente acotado $\{\mathbf{y}_i = \mathbf{h} \otimes \mathbf{x}_i;\ i = 0, \pm 1, \pm 2, \ldots\}$?

Ejercicio 5.11. Demostrar que la combinación en cascada (en uno u otro orden) de un operador acotado y un operador compacto es compacta.

5.6 Realización de operadores degenerados

En el caso particular de los operadores invariantes en el tiempo, se ha dedicado mucha literatura de ciencia aplicada a técnicas para la realización física de redes cuyo operador aproxime al operador invariante en el tiempo que se busca. En su mayoría, dichas técnicas entrañan la aproximación de la función respuesta al impulso buscada (aproximación en el conjunto de definición de los tiempos) o la función de transferencia (aproximación en el conjunto de definición de las frecuencias). Cuando las aproximantes son combinaciones de funciones exponenciales del tiempo o funciones racionales de la frecuencia, respectivamente, el correspondiente operador de la red será de orden finito y para hallar la realización de la red particular podrán aplicarse las técnicas clásicas de síntesis de redes.

En el caso más general de los operadores variables en el tiempo, las técnicas de realización de las redes no están ya tan bien desarrolladas. Sin embargo, existe un cierto número de estructuras canónicas de redes que pueden realizar (con ciertas modificaciones) un operador degenerado arbitrario. Luego, recordando el estudio efectuado en el apartado anterior, podemos decir que existen formas de realización física aproximada de un operador compacto arbitrario.

Las modificaciones requeridas antes mencionadas se deben a la naturaleza no anticipativa de la respuesta de las redes físicas. Utilizando la representación en el conjunto de definición de los tiempos del operador degenerado de rango n, la respuesta al impulso tiene la forma separable

$$L_n(t, \tau) = h(t, \tau) = \sum_{i=1}^{n} \psi_i(t)\theta_i^*(\tau) \tag{5.81}$$

La señal de salida $\mathbf{y} = \mathscr{L}_n\mathbf{x}$ dependerá, por tanto, de los productos escalares $(\mathbf{x}, \boldsymbol{\theta}_i)$ los cuales, a menos que $\mathbf{x}$ o $\boldsymbol{\theta}_i$ sea de duración finita, no podrán calcularse en un tiempo finito. Dicho de otro modo, la red debe "ver" toda la señal de entrada antes de que pueda comenzar a producir la señal de salida correcta.

Esto nos da una orientación acerca de las circunstancias en las cuales se puede realizar físicamente un operador de la forma de (5.81). Si pueden considerarse de duración limitada las señales de entrada y salida, por ejemplo limitada al intervalo $0 \leqslant t < T$, los productos escalares se podrán calcular con multiplicadores e integradores físicos,

$$\int_0^t \theta_i^*(\tau)x(\tau)\,d\tau = (\mathbf{x}, \boldsymbol{\theta}_i) \qquad \text{para } t \geqslant T \tag{5.82}$$

Suponiendo, ahora, que las $\psi_i(t)$ son también de duración limitada como antes, podemos producir, con un retardo de T segundos o más, la señal de salida deseada por medio de un conjunto de multiplicadores de salida como se indica en la figura 5.7. El retardo T, que es tolerable en muchos tipos de operaciones de proceso de señales, junto con la limitación de la duración de las señales, es lo que se necesita para hacer la respuesta al impulso de la forma proporcionada por un sistema físico de orden finito, (5.49).

No es sorprendente que la anterior realización de la respuesta al impulso (5.81) no sea única. Se han presentado varios métodos generales conducentes

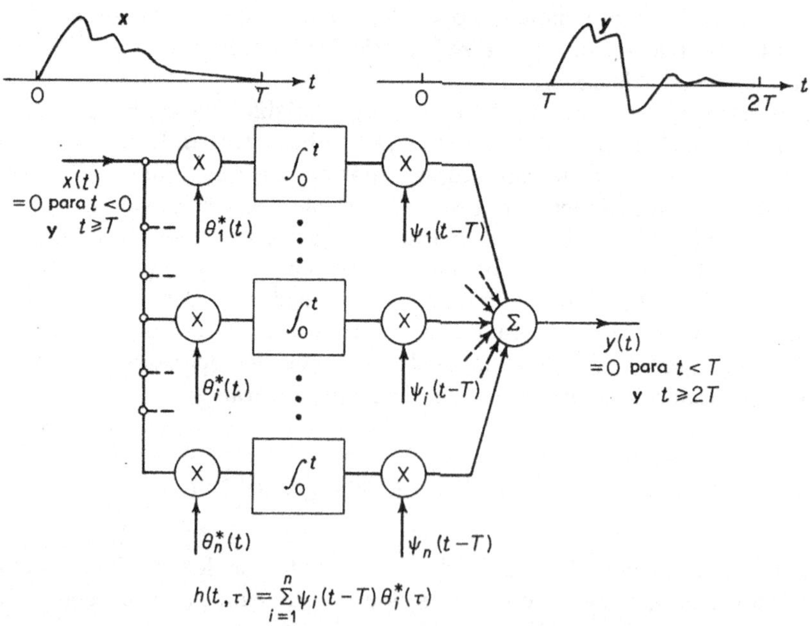

Figura 5.7. Realización canónica de operador degenerado con retardo temporal

a generar realizaciones equivalentes.[8],[10] Las realizaciones equivalentes puede aprovecharlas el diseñador de redes para obviar ciertas limitaciones prácticas. Por ejemplo, supongamos que el diseñador ha de enfrentarse a integradores no ideales, o con "pérdidas", que tienen una respuesta al impulso $e^{-\alpha_i t}$; $t \geqslant 0$, $\alpha_i > 0$. En tal caso, la respuesta al impulso de la red de la figura 5.7 sería

$$h(t, \tau) = \sum_{i=1}^{n} \psi_i(t - T)e^{-\alpha_i t}\theta_i^*(\tau)e^{\alpha_i \tau} \tag{5.83}$$

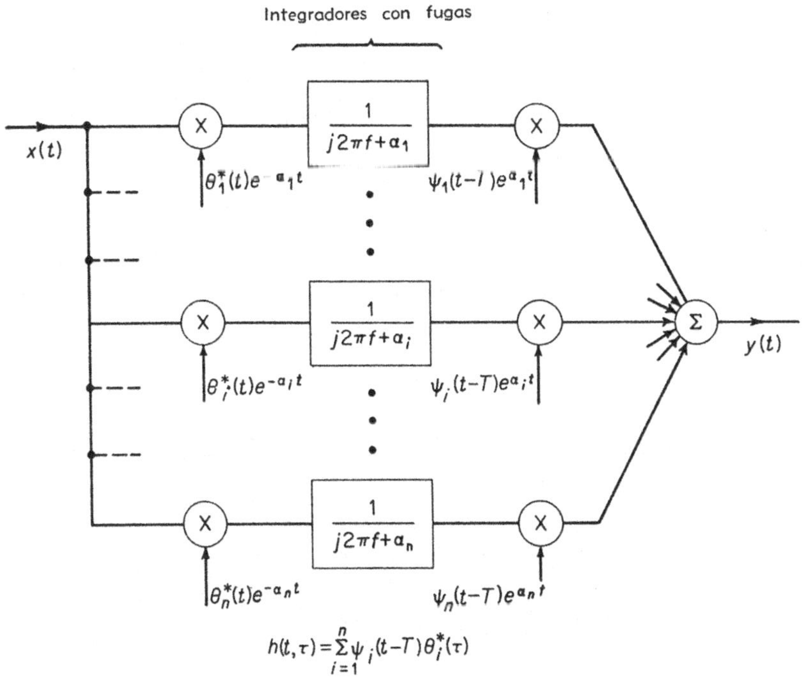

Figura 5.8. Realización equivalente a la de la figura 5.7

El examen de (5.83) indica que se puede realizar la respuesta al impulso deseada con una estructura semejante utilizando funciones multiplicadoras adecuadamente modificadas, como se indica en la figura 5.8.

Se pueden desarrollar otras equivalencias que lleven consigo la estructura básica de n caminos, con n multiplicadores de entrada y de salida separados por una red invariante en el tiempo. Dichas equivalencias se desarrollan fácilmente utilizando técnicas conocidas de variables de estado para la caracterización de sistemas. Presentamos aquí brevemente los resultados de dichos análisis. Representemos la parte invariante en el tiempo de la estructura de

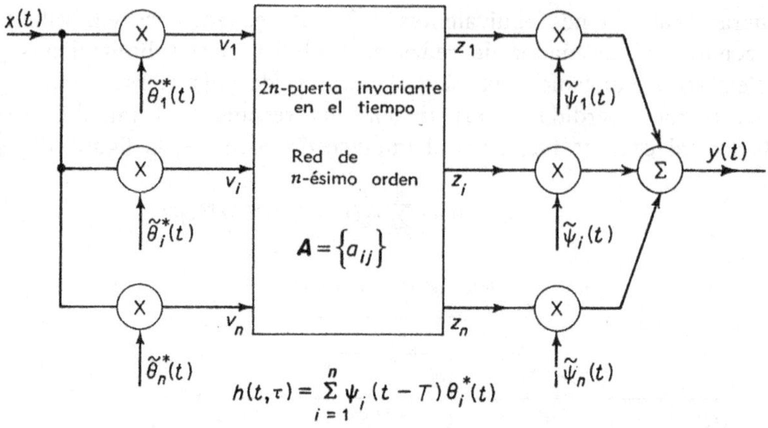

Figura 5.9. Estructura básica de n caminos equivalente a la de la figura 5.7

la figura 5.9 por una red de n-ésimo orden de $2n$ puertas descrita por el siguiente sistema de n ecuaciones de primer orden con coeficientes constantes:

$$\frac{d}{dt} z_i(t) = \sum_{j=1}^{n} a_{ij} z_j(t) + v_i; \qquad i = 1, 2, \ldots, n \tag{5.84}$$

La red total equivalente a la de la figura 5.7 se obtiene modificando las funciones multiplicadoras de acuerdo con

$$\left.\begin{aligned} \tilde{\theta}_i^*(t) &= \sum_{k=1}^{n} c_{ik}(t)\theta_k^*(t) \\ \tilde{\psi}_i(t) &= \sum_{k=1}^{n} b_{ki}(t)\psi_k(t-T) \end{aligned}\right\} \quad i = 1, 2, \ldots, n \tag{5.85}$$

donde las matrices de transformación variables con el tiempo $\boldsymbol{C} = \{c_{ik}\}$ y $\boldsymbol{B} = \{b_{ik}\}$ vienen dadas por

$$\begin{aligned} \mathbf{C} &= e^{\mathbf{A}t} \\ \mathbf{B} &= \mathbf{C}^{-1} = e^{-\mathbf{A}t} \end{aligned} \tag{5.86}$$

y $\boldsymbol{A}$ es la matriz cuadrada de orden n (posiblemente compleja) que caracteriza la parte invariante en el tiempo de la realización.

Atendiendo a esta estructura más general, se ve que la realización de la figura 5.8 resulta de una matriz diagonal $\boldsymbol{A}$, mientras que la realización de la figura 5.7 corresponde a una matriz $\boldsymbol{A}$ nula. Es interesante hacer observar que la estructura básica de n caminos ha resultado ser útil como representación canónica de redes variables periódicamente con el tiempo[11] en las cuales desaparece la restricción a señales de duración limitada. También vale la pena mencionar el hecho de que hay casos, aparte del caso trivial en que son constantes $\boldsymbol{\theta}_i$ y $\boldsymbol{\psi}_i$ en los que la estructura de n caminos es equivalente a una red invariante en el tiempo (v. ejercicio 5.12). Ello ha conducido a otras técnicas útiles de realización[12] para funciones de transferencia de redes invariantes en el tiempo que entrañen restricciones limitadoras de la banda impuestas a las señales de entrada y salida en vez de restricciones limitadoras de la duración como las empleadas anteriormente.

Ejercicio 5.12. Para la estructura de dos caminos con redes invariantes en el tiempo iguales situadas como se indica entre los multiplicadores de entrada y de salida, poner de manifiesto que la relación entrada-salida es invariante en el tiempo. ¿Cuál es la función de transferencia de la red?

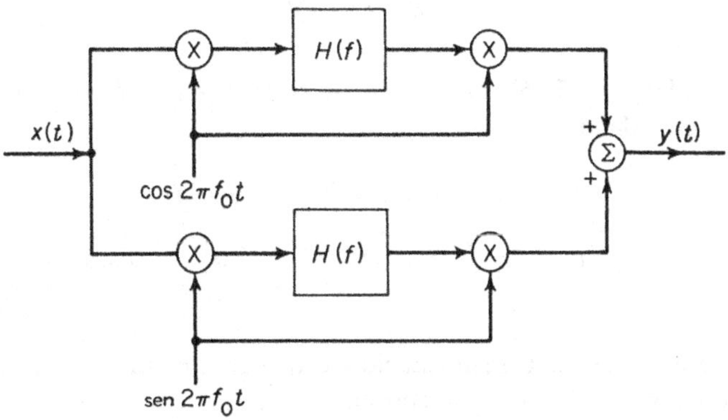

5.7 *Representación espectral de operadores*

Los métodos de representación que hemos examinado hasta ahora pueden interpretarse como una extensión del método de representación en un número finito de dimensiones, descrito en § 5.3, en función de las imágenes de la base. Vamos a considerar extensiones del segundo método, (5.16), en donde la transformación se representa por un conjunto particular de vectores de entrada $\{\omega_j\}$. En primer lugar, definiremos un subconjunto S de vectores que sean invariantes bajo el operador $\mathscr{L}$ en el sentido de que se aplican simplemente en múltiplos escalares de sí mismos:

$$S = \{\mathbf{x}; \mathscr{L}\mathbf{x} = \lambda\mathbf{x}, \lambda \in C\} \tag{5.87}$$

En muchos casos el conjunto S, junto con el correspondiente conjunto de multiplicadores escalares, puede caracterizar por completo al operador y conduce a una forma de representación muy conveniente. Para ver cómo resulta esto, volvamos a examinar el segundo método de § 5.3 para el caso de espacios de entrada y de salida idénticos. Haciendo $\tilde{\boldsymbol{\varphi}}_i = \boldsymbol{\varphi}_i$, (5.17) quedará en la forma

$$\omega_j(t) = \sum_i (\boldsymbol{\theta}_j, \boldsymbol{\psi}_i)\theta_i(t)$$

donde

$$\psi_i(t) = \mathscr{L} \cdot \varphi_i(t) \tag{5.88}$$

Supongamos ahora que tomamos de S las funciones de la base $\varphi_i(t)$:

$$\boldsymbol{\varphi}_i \in S \Rightarrow \psi_i(t) = \lambda_i \varphi_i(t) \tag{5.89}$$

y (5.88) se convertirá en

$$\omega_j(t) = \lambda_j^* \theta_j(t) \tag{5.90}$$

Utilizando (5.90) en (5.16), la imagen de todo $\mathbf{x}$ en el espacio engendrado por las $\{\boldsymbol{\varphi}_i\}$ viene dada por

$$\begin{aligned} y(t) &= \mathscr{L} \cdot x(t) = \sum_j \lambda_j (\mathbf{x}, \boldsymbol{\theta}_j)\varphi_j(t) \\ &= \sum_j \beta_j \varphi_j(t) \Rightarrow \beta_j = \lambda_j \alpha_j \qquad \text{para cada } j \end{aligned} \tag{5.91}$$

De (5.91) vemos que la transformación está caracterizada simplemente por un cambio a escala coordenada por coordenada de las componentes de $\mathbf{x}$.

En este apartado veremos que, para una clase muy amplia de operadores, el conjunto S contiene suficientes vectores linealmente independientes para engendrar el conjunto de definición que interesa y se alcanza en verdad la economía de representación que implica (5.91). También veremos que, en algunos casos, el problema de la mejor aproximación de un operador se puede resolver de manera análoga a la de hallar la mejor aproximación a una señal por medio de proyecciones ortogonales.

Valores propios y espacios propios

Los valores particulares de λ para los cuales tiene soluciones no triviales ($\mathbf{x} \neq 0$) la ecuación

$$\mathscr{L}\mathbf{x} = \lambda \mathbf{x} \tag{5.92}$$

se denominan *valores propios* o autovalores de $\mathscr{L}$. Las soluciones correspondientes (usualmente normalizadas) se denominan *vectores propios* (o *funciones propias* en $L^2(T)$). La ecuación (5.92) podría, quizá, tener un conjunto de soluciones linealmente independientes para un valor propio particular. Si hubieran n_i soluciones linealmente independientes para $\lambda = \lambda_i$, se diría que λ_i tiene una *multiplicidad* de n_i. El subespacio n_i-dimensional Ω_i engendrado por estos vectores se dice que es un *subespacio invariante* bajo $\mathscr{L}$, en el sentido de que $\mathbf{x} \in \Omega_i \Rightarrow \mathscr{L}\,\mathbf{x} \in \Omega_i$. A este subespacio se le llama *espacio propio* para λ_i. Al enumerar y ordenar los valores propios y vectores propios de $\mathscr{L}$, podemos considerar solamente los valores distintos de λ que satisfacen (5.92) y sus espacios propios asociados, o podemos enumerar cada λ_i n_i veces y asociar un vector propio a cada valor propio. Los dos puntos de vista tienen aplicaciones útiles.

Los operadores que tienen la propiedad de que sus vectores propios engendran el conjunto de definición se han clasificado como operadores *simples*.[5] Vamos a considerar ciertas subclases de operadores simples para las cuales se puede desarrollar una teoría relativamente sencilla.

Operador adjunto

Para definir estas subclases de operadores simples resulta muy útil el concepto de *operador adjunto*. El operador adjunto de $\mathscr{L}$ se define como la aplicación $\mathscr{L}'$ para la cual

$$(\mathscr{L}\mathbf{x}, \mathbf{y}) = (\mathbf{x}, \mathscr{L}'\mathbf{y}) \tag{5.93}$$

para todo $\mathbf{x}$ e $\mathbf{y}$ en el conjunto de definición. De lo dicho, se deducen fácilmente las siguientes propiedades del operador adjunto:

$$\begin{aligned}
&\text{a.}\quad \mathscr{L}'(\alpha\mathbf{x} + \beta\mathbf{y}) = \alpha\mathscr{L}'\mathbf{x} + \beta\mathscr{L}'\mathbf{y} \quad \text{(linealidad)}\\
&\text{b.}\quad (\mathscr{L}')' = \mathscr{L}\\
&\text{c.}\quad (\alpha\mathscr{L})' = \alpha^*\mathscr{L}'\\
&\text{d.}\quad \|\mathscr{L}'\| = \|\mathscr{L}\|\\
&\text{e.}\quad \|\mathscr{L}'\mathscr{L}\| = \|\mathscr{L}\mathscr{L}'\| = \|\mathscr{L}\|^2\\
&\text{f.}\quad (\mathscr{L}_1\mathscr{L}_2)' = \mathscr{L}_2'\mathscr{L}_1'
\end{aligned} \tag{5.94}$$

Además, si es $L(t, s)$ una representación por función núcleo de $\mathscr{L}$, la función núcleo $L'(t, s)$ de $\mathscr{L}'$ vendrá dada por

$$L'(t, s) = L^*(s, t) \tag{5.95}$$

Si es $\mathscr{L}$ un operador simple con vectores propios $\{\boldsymbol{\varphi}_i\}$, los vectores propios de $\mathscr{L}'$ constituirán el conjunto recíproco $\{\boldsymbol{\theta}_i\}$ y los correspondientes valores propios de $\mathscr{L}'$ serán los complejos conjugados de los valores propios de $\mathscr{L}$. Para verlo, consideremos, para un $\mathbf{x}$ arbitrario, el producto escalar

$$\begin{aligned}(\mathscr{L}'\boldsymbol{\theta}_i, \mathbf{x}) &= \left(\mathscr{L}'\boldsymbol{\theta}_i, \sum_j (\mathbf{x}, \boldsymbol{\theta}_j)\boldsymbol{\varphi}_j\right) = \sum_j (\boldsymbol{\theta}_j, \mathbf{x})(\mathscr{L}'\boldsymbol{\theta}_i, \boldsymbol{\varphi}_j) \\ &= \sum_j (\boldsymbol{\theta}_j, \mathbf{x})(\boldsymbol{\theta}_i, \mathscr{L}\boldsymbol{\varphi}_j) = \sum_j \lambda_j^*(\boldsymbol{\theta}_j, \mathbf{x})(\boldsymbol{\theta}_i, \boldsymbol{\varphi}_j) = \lambda_i^*(\boldsymbol{\theta}_i, \mathbf{x}) \end{aligned} \quad (5.96)$$

Como $(\mathscr{L}'\boldsymbol{\theta}_i, \mathbf{x}) = (\lambda_i^*\boldsymbol{\theta}_i, \mathbf{x})$ para $\mathbf{x}$ arbitrario, se deduce que $\mathscr{L}'\boldsymbol{\theta}_i = \lambda_i^*\boldsymbol{\theta}_i$.

La subclase de operadores simples que estudiaremos es la de operadores *normales,* que son aquellos que conmutan con sus adjuntos; es decir, si $\mathscr{L}\mathscr{L}' = \mathscr{L}'\mathscr{L}$, entonces $\mathscr{L}$ es normal. Si un operador es normal, sus vectores propios son iguales a los de su adjunto; es decir, $\mathscr{L}\mathbf{x} = \lambda\mathbf{x} \Rightarrow \mathscr{L}'\mathbf{x} = \lambda^*\mathbf{x}$. Para demostrarlo, consideremos el operador $\mathscr{K} = \mathscr{L} - \lambda\mathscr{I}$, que será normal si lo es $\mathscr{L}$, y $\mathscr{K}' = \mathscr{L}' - \lambda^*\mathscr{I}$.

$$\begin{aligned}\|\mathscr{K}\mathbf{x}\|^2 &= (\mathscr{K}\mathbf{x}, \mathscr{K}\mathbf{x}) = (\mathbf{x}, \mathscr{K}'\mathscr{K}\mathbf{x}) \\ &= (\mathbf{x}, \mathscr{K}\mathscr{K}'\mathbf{x}) = (\mathscr{K}'\mathbf{x}, \mathscr{K}'\mathbf{x}) = \|\mathscr{K}'\mathbf{x}\|^2 \end{aligned} \quad (5.97)$$

Luego, $\mathscr{K}\mathbf{x} = \mathbf{0}$ si, y sólo si, $\mathscr{K}'\mathbf{x} = \mathbf{0}$. Como los vectores propios de $\mathscr{L}$ y $\mathscr{L}'$ son recíprocos e iguales para un operador normal, podemos esperar que los vectores propios puedan constituir un conjunto ortonormal. Es fácil demostrar que los vectores propios correspondientes a valores propios distintos son ortogonales, ya que

$$\lambda_i(\boldsymbol{\varphi}_i, \boldsymbol{\varphi}_j) = (\mathscr{L}\boldsymbol{\varphi}_i, \boldsymbol{\varphi}_j) = (\boldsymbol{\varphi}_i, \mathscr{L}'\boldsymbol{\varphi}_j) = (\boldsymbol{\varphi}_i, \lambda_j^*\boldsymbol{\varphi}_j) = \lambda_j(\boldsymbol{\varphi}_i, \boldsymbol{\varphi}_j) \quad (5.98)$$

Luego, si $\lambda_i \neq \lambda_j$ en (5.98), deberemos tener $(\boldsymbol{\varphi}_i, \boldsymbol{\varphi}_j) = 0$. En el caso de valores propios de multiplicidad superior a uno, podemos construir un conjunto ortonormal (p. ej., por el método de Gram-Schmidt) que engendre el espacio propio correspondiente. Podemos decir que los espacios propios son *ortogonales dos a dos;* es decir, $(\mathbf{x}_i, \mathbf{x}_j) = 0$ para $\mathbf{x}_i \in \Omega_i$ y $\mathbf{x}_j \in \Omega_j$, $i \neq j$. Resumiendo estos resultados, hemos establecido el hecho importante de que los vectores propios de un operador normal forman un conjunto ortonormal completo.

Ejercicio 5.13. Verificar las propiedades (5.94) y (5.95) en el caso de operadores adjuntos.

Ejercicio 5.14. Escribir la respuesta al impulso y representar las realizaciones en redes de los operadores adjuntos de los representados en la figura 5.6. ¿Bajo qué condiciones impuestas a $h(t)$ y $w(t)$ serán normales estos operadores?

Ejercicio 5.15. Demostrar que un operador invariante en el tiempo es normal.

Representación espectral de operadores degenerados normales

Vamos a aplicar estas ideas a la representación de operadores degenerados en $L^2(-\infty, \infty)$. Como antes, expresaremos la función núcleo de un operador de rango n $\mathscr{L}_n$ en la forma

$$L_n(t, s) = \sum_{i=1}^{n} \psi_i(t)\theta_i^*(s) \tag{5.99}$$

donde las $\{\psi_i(t); i = 1, 2, ..., n\}$ son funciones linealmente independientes que engendran un subespacio M_n. Está claro que M_n es un subespacio invariante bajo $\mathscr{L}_n$ y que los vectores propios con valores propios no nulos se hallarán solamente en este subespacio. Si $\mathscr{L}_n$ fuese también un operador normal, de (5.95) tendríamos

$$L_n'(t, s) = \sum_{i=1}^{n} \theta_i(t)\psi_i^*(s) \tag{5.100}$$

Luego el conjunto $\{\theta_i(t); i = 1, 2, ..., n\}$ engendra también a M_n. Se deduce que el núcleo de $\mathscr{L}_n$ es el complemento ortogonal de M_n, ya que todo vector ortogonal a todos los $\{\boldsymbol{\theta}_i\}$ debe aplicarse en cero. Este subespacio de infinitas dimensiones es el espacio propio Ω_0 para $\lambda = \lambda_0 = 0$. El problema se reduce así al problema de número finito de dimensiones de hallar los $\mathbf{x} \in M_n$ que son soluciones de $\mathscr{L}_n \mathbf{x} = \lambda\mathbf{x}$. Ello equivale a

$$(\mathscr{L}_n\mathbf{x}, \boldsymbol{\theta}_i) - \lambda(\mathbf{x}, \boldsymbol{\theta}_i) = 0; \qquad i = 1, 2, \ldots, n \tag{5.101}$$

Con

$$\mathbf{x} = \sum_{j=1}^{n} \alpha_j \boldsymbol{\varphi}_j$$

($\{\boldsymbol{\varphi}_i\}$ recíproco de $\{\boldsymbol{\theta}_i\}$), la (5.101) equivale a

$$(\mathbf{L} - \lambda\mathbf{I})\boldsymbol{\alpha} = \mathbf{0} \tag{5.102}$$

donde $\mathbf{I}$ es la matriz identidad $n \times n$ y $\mathbf{L}$ es una matriz $n \times n$ con elementos $\lambda_{ij} = (\boldsymbol{\psi}_j, \boldsymbol{\theta}_i)$. Por la teoría de las ecuaciones lineales,[4] sabemos que (5.102) tendrá soluciones no triviales si, y sólo si, el determinante de $\mathbf{L} - \lambda\mathbf{I}$ es nulo. Dicho determinante es un polinomio en λ de grado n llamado *polinomio característico* de $\mathbf{L}$. Los valores propios no nulos de $\mathscr{L}_n$ serán, pues, las raíces de la ecuación

$$P(\lambda) = \det [\mathbf{L} - \lambda\mathbf{I}] = 0 \qquad (5.103)$$

Los espacios propios correspondientes están determinados por las soluciones de (5.102). El conjunto de valores propios que proporcionará la representación numérica deseada del operador se denomina *espectro* del operador (más exactamente, *espectro de puntos*[2]).

Como los espacios propios son ortogonales dos a dos, el espacio total podrá expresarse por la suma directa de los espacios propios y, para $\mathbf{x} \in L^2(-\infty, \infty)$ arbitrario, tenemos

$$\begin{aligned}\mathscr{L}_n\mathbf{x} &= \mathscr{L}_n(\mathbf{x}_0 + \mathbf{x}_1 + \mathbf{x}_2 + \cdots + \mathbf{x}_m) \\ &= \sum_{i=0}^{m} \lambda_i\mathbf{x}_i = \sum_{i=1}^{m} \lambda_i\mathbf{x}_i \quad (\text{ya que } \lambda_0 = 0)\end{aligned} \qquad (5.104)$$

donde $\mathbf{x}_i \in \Omega_i$ es la proyección ortogonal de $\mathbf{x}$ sobre Ω_i y hemos supuesto que $P(\lambda)$ tiene $m \leqslant n$ raíces distintas. Las proyecciones ortogonales se pueden caracterizar por operadores proyección $\mathscr{P}_i$ (v. ejercicio 5.9), donde $\mathscr{P}_i\,\mathbf{x} = \mathbf{x}_i$ para todo $\mathbf{x}$ de $L^2(-\infty, \infty)$. Por último, $\mathscr{L}_n$ se puede expresar en la forma

$$\mathscr{L}_n = \sum_{i=1}^{m} \lambda_i\mathscr{P}_i \qquad (5.105)$$

Esta forma de representación recibe el nombre de *representación espectral* para el operador $\mathscr{L}_n$. Se obtiene otra forma de representación espectral por enumeración repetida de los valores propios múltiples con lo que el espectro será $\{\lambda_i;\ i = 1, 2, \dots, n\}$. Con $\{\boldsymbol{\omega}_i;\ i = 1, 2, \dots, n\}$ como conjunto asociado de vectores propios ortonormalizados, $\mathscr{L}_n$ podrá expresarse en la forma

$$\mathscr{L}_n = \sum_{i=1}^{n} \lambda_i\mathscr{Q}_i \qquad (5.106)$$

donde cada uno de los $\mathscr{Q}_i$ son operadores proyección ortogonal con conjunto imagen unidimensional; $\mathscr{Q}_i \cdot x(t) = (\mathbf{x}, \boldsymbol{\omega}_i)\omega_i(t)$ para todo $\mathbf{x}$ de $L^2(-\infty, \infty)$. La función núcleo para el operador degenerado $\mathscr{L}_n$ correspondiente a una representación espectral viene dada simplemente por

$$L_n(t, s) = \sum_{i=1}^{n} \lambda_i \omega_i(t) \omega_i^*(s) \tag{5.107}$$

Resumiendo el desarrollo anterior, hemos demostrado que para un operador de rango *n,* normal, es posible hallar una base ortonormal para el conjunto de definición tal que la imagen de todo punto del conjunto de definición esté dada simplemente por la multiplicación por un factor de escala adecuado de cada una de sus componentes. Los factores de escala son los valores propios y se obtienen como raíces de un polinomio característico de grado *n.* Observemos que dichas raíces pueden ser complejas, aun siendo real **L**, lo que da motivo suficiente para utilizar espacios complejos de señales.

Representación espectral de operadores compactos normales

El paso lógico en la generalización a partir de operadores degenerados es pasar a operadores compactos en $L^2(-\infty, \infty)$. Como hemos visto que los operadores compactos pueden aproximarse por operadores degenerados, podríamos esperar encontrar muchas semejanzas en la representación espectral para un operador compacto. De hecho, la única desemejanza es que, en general, el operador compacto no tiene solamente un número finito de valores propios no nulos. Sin embargo, podemos demostrar que los valores propios deben tender a cero cuando i tienda a infinito. Si, por el contrario, no tendieran a cero los λ_i, habría un número infinito de λ_i tales que $|\lambda_i| \geqslant \delta > 0$. El conjunto linealmente independiente $\{\mathbf{y}_i; \mathbf{y}_i = \mathscr{L}\mathbf{x}_i = \lambda\mathbf{x}_i, \|\mathbf{x}_i\| = 1\}$ no estaría, por tanto, totalmente acotado y $\mathscr{L}$ no sería un operador compacto. Como consecuencia de esto, podemos decir que para un operador compacto la multiplicidad de todo valor propio no nulo es finita. La representación espectral de un operador normal compacto es

$$\mathscr{L} = \sum_{i=1}^{\infty} \lambda_i \mathscr{Q}_i \tag{5.108}$$

que es una extensión directa de (5.106). La función núcleo para $\mathscr{L}$, en función de los vectores propios, viene dada por

$$L(t, s) = \sum_{i=1}^{\infty} \lambda_i \omega_i(t) \omega_i^*(s) \tag{5.109}$$

que será un núcleo de Hilbert-Schmidt si

$$\sum_{i=1}^{\infty} |\lambda_i|^2 < \infty$$

Suele ser útil ordenar los valores propios de manera que sus módulos formen una sucesión monótona decreciente

$$|\lambda_1| \geqslant |\lambda_2| \geqslant |\lambda_3| \geqslant \cdots \tag{5.110}$$

Hecho esto, el primer valor propio adquiere una importancia especial, ya que es la norma del operador. Para demostrarlo, sea

$$x(t) = \sum_{k=1}^{\infty} \alpha_k \varphi_k(t)$$

entonces

$$\|\mathscr{L}\mathbf{x}\|^2 = (\mathscr{L}\mathbf{x}, \mathscr{L}\mathbf{x}) = \sum_{k=1}^{\infty} |\lambda_k|^2 |\alpha_k|^2 \tag{5.111}$$

Con la restricción $\|\mathbf{x}\| = 1$, que implica que

$$\sum_{k=1}^{\infty} |\alpha_k|^2 = 1 \tag{5.112}$$

la suma de (5.111) será máxima para $|\alpha_1| = 1, |\alpha_k| = 0, k > 1$. Así tenemos

$$\|\mathscr{L}\| = |\lambda_1| \tag{5.113}$$

En los problemas en los que interviene una cascada de redes iguales resulta bien patente una de las ventajas prácticas de la representación espectral. Ello se debe a que el producto k veces de la $\mathscr{L}$ de (5.108) es, simplemente,

$$\mathscr{L}^k = \sum_{i=1}^{\infty} \lambda_i^k \mathscr{Q}_i \tag{5.114}$$

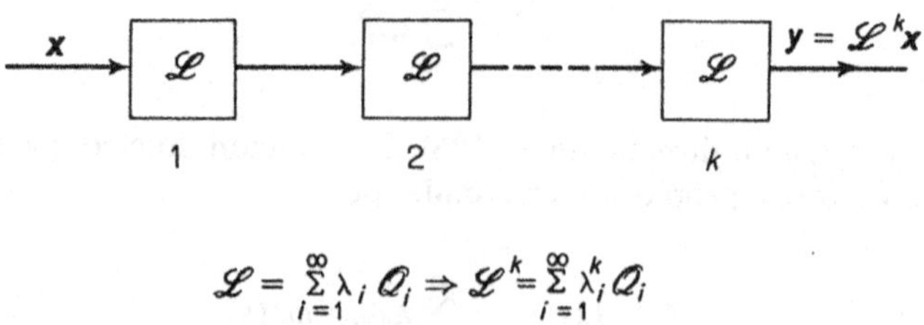

Figura 5.10. Representación espectral de una cascada de redes iguales

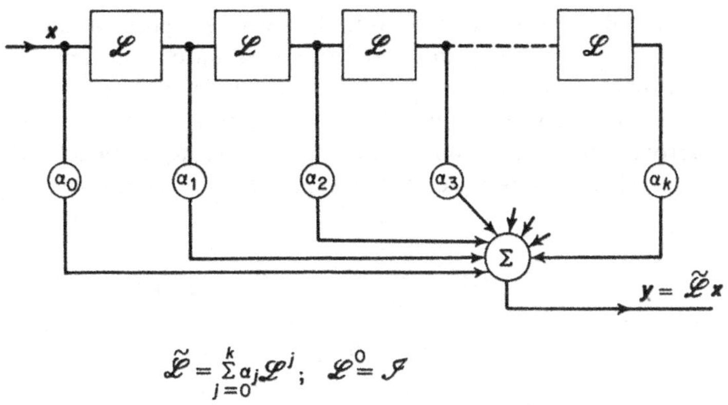

Figura 5.11. Representación espectral para un filtro transversal

Una estructura más general que la representada en la figura 5.10 es el *filtro transversal,*[13] utilizado frecuentemente en las operaciones de proceso de señales (fig. 5.11).

Utilizando (5.108) para representar cada una de las redes de la cascada, hallamos

$$\tilde{\mathscr{L}} = \sum_{j=0}^{k} \alpha_j \mathscr{L}^j = \sum_{i=1}^{\infty} F(\lambda_i)\mathscr{Q}_i \tag{5.115}$$

donde el polinomio de k-ésimo grado

$$F(z) = \sum_{j=0}^{k} \alpha_j z^j$$

da los valores propios del filtro transversal en función de los valores propios del elemento básico. Esto proporciona una estructura conveniente para la realización física de una clase de operadores, ya que suele ser fácil instrumentar la estructura con coeficientes de ganancia α_j mediante tomas ajustables. Con esta flexibilidad, podrán establecerse arbitrariamente k cualesquiera de los valores propios de $\tilde{\mathscr{L}}$ con tal que sean distintos los correspondientes valores propios de $\mathscr{L}$

Podemos abordar ahora el problema de hallar la mejor aproximación a un operador compacto en función de un operador degenerado de rango n. Para cierta subclase de operadores normales, la representación espectral conduce a una respuesta clara junto con una expresión sencilla del error de aproximación. Dicha subclase consta de los operadores *autoadjuntos,* definidos por

$\mathscr{L}' = \mathscr{L}$. Notemos primeramente que los valores propios de un operador autoadjunto son reales; como un operador autoadjunto es normal, $\mathscr{L}\,\mathbf{x}_i = \lambda_i\mathbf{x}_i \Rightarrow \mathscr{L}'\,\mathbf{x}_i = \lambda^*_i\mathbf{x}_i$, luego $\lambda_i = \lambda^*_i$. Suponemos que los valores propios se han ordenado con sus módulos en sucesión monótona decreciente, como en (5.110). Para tener un aproximante $\mathscr{L}_n$, a un operador autoadjunto compacto $\mathscr{L}$, no haremos más que truncar la representación espectral tras el término n-ésimo:

$$\mathscr{L} = \sum_{i=1}^{\infty} \lambda_i \mathscr{Q}_i; \qquad \mathscr{L}_n = \sum_{i=1}^{n} \lambda_i \mathscr{Q}_i$$

$$\mathscr{L} - \mathscr{L}_n = \sum_{i=n+1}^{\infty} \lambda_i \mathscr{Q}_i \tag{5.116}$$

Puede demostrarse[3] que éste es el mejor aproximante en el sentido de que

$$\|\mathscr{L} - \mathscr{L}_n\| \leqslant \|\mathscr{L} - \tilde{\mathscr{L}}_n\| \tag{5.117}$$

donde $\tilde{\mathscr{L}}_n$ es un operador arbitrario de rango n. Es más, de (5.113), tenemos

$$\|\mathscr{L} - \mathscr{L}_n\| = |\lambda_{n+1}| \tag{5.118}$$

que, como $\{\lambda_i\}$ es una sucesión que tiende a cero, indica lo elevado que ha de ser el rango del aproximante para que dé un error de aproximación prefijado.

Como comentario final acerca de la representación espectral, examinemos brevemente algunos operadores que no son compactos. Una teoría espectral más general tropieza con varias dificultades; así y todo, algunas de las ideas anteriores resultan conceptualmente útiles al tratar casos más generales. Por ejemplo, el operador puerta (5.42),

$$\mathscr{L} \cdot x(t) = w(t)x(t) \tag{5.119}$$

parece, intuitivamente, tener funciones propias dadas por

$$x_i(t) = \delta(t - t_i) \tag{5.120}$$

con valores propios correspondientes $\lambda_i = w(t_i)$, aun cuando estas funciones no estén contenidas en $L^2(-\infty, \infty)$. Estamos tentados de decir que el espectro de $\mathscr{L}$ es la propia función puerta y notamos que los valores propios podrían constituir un conjunto no numerable, distribuido con continuidad sobre un intervalo del eje real.

Análogamente, en el caso del operador invariante en el tiempo (5.37),

$$\mathscr{L} \cdot x(t) = \int_{-\infty}^{\infty} h(t - \tau)x(\tau)\, d\tau \tag{5.121}$$

las funciones $x_i(t) = e^{j2\pi f_i t}$, aun no estando en $L^2(-\infty, \infty)$, son invariantes ante la operación (5.121):

$$\begin{aligned}\mathscr{L} \cdot x_i(t) &= \int_{-\infty}^{\infty} h(t - \tau)e^{j2\pi f_i \tau}\, d\tau \\ &= \int_{-\infty}^{\infty} h(\sigma)e^{j2\pi f_i(t-\sigma)}\, d\sigma \\ &= H(f_i)x_i(t) \end{aligned} \tag{5.122}$$

Luego el espectro de $\mathscr{L}$ es la función de transferencia del operador. A causa de ello, nos hemos acostumbrado a considerar que el conjunto de definición de las frecuencias próporciona una representación espectral para operadores invariantes en el tiempo.

Ejercicio 5.16. Enunciar las condiciones que hay que imponer a los conjuntos de funciones $\{\psi_i(t);\, i = 1, 2, ..., n\}$ y $\{\theta_i(t);\, i = 1, 2, ..., n\}$ de (5.99) para que $\mathscr{L}_n$ sea un operador normal.

Ejercicio 5.17. Demostrar que los valores propios de un operador degenerado normal son una propiedad "independiente de las coordenadas" del operador; es decir, el polinomio característico es invariante ante un cambio de base. *Sugerencia:* Utilizar los resultados del ejercicio 5.8 y la siguiente propiedad de los determinantes: det **AB** = (det **A**)(det **B**).

Ejercicio 5.18. Demostrar que un operador proyección ortogonal es autoadjunto.

REFERENCIAS

I. Referencias generales acerca de operadores lineales

1. G. F. Simmons, *Introduction to Topology and Modern Analysis,* McGraw-Hill, 1963.
2. N. I. Akhiezer e I. M. Glazman, *Theory of Linear Operators in Hilbert Space,* Vol. 1, Frederick Ungar, 1961.
3. F. Riesz y B. Sz.-Nagy, *Functional Analysis,* Frederick Ungar, 1955.

4. R. COURANT y D. HILBERT, *Methods of Mathematical Physics,* Vol. 1, Interscience, 1953.

5. L. A. ZADEH y C. A. DESOER, *Linear System Theory* (Appendix C), McGraw-Hill, 1963.

II. REFERENCIAS A TEMAS CONCRETOS

6. L. A. ZADEH, "Circuit Analysis of Linear Varying-Parameter Networks", *Jour. Appl. Phys.,* Vol. 21, pp. 1171-77 (1950).

7. A. GERSHO y N. DECLARIS, "Duality Concepts in Time-varying Linear Systems", *1964 IEEE Int'l Conv. Record, Pt. 1,* pp. 344-356.

8 D. C. YOULA, "The Synthesis of Linear Dynamical Systems from Prescribed Weighting Patterns", *J. SIAM,* Vol. 14, pp. 527-49 (mayo, 1966).

9. E. I. JURY, *Theory and Application of the z-Transform Method,* John Wiley & Sons, 1964.

10. L. M. SILVERMAN y H. E. MEADOWS, "Equivalence and Synthesis of Time-Variable Linear Systems", *Proc. Fourth Annual Allerton Conference on Circuit and System Theory,* pp. 776-84, 1966.

11 H. E. MEADOWS, L. M. SILVERMAN y L. E. FRANKS, "A Canonical Network for Periodically Variable Linear Systems", *Proc. Fourth Annual Allerton Conference on Circuit and System Theory,* pp. 649-58, 1966.

12. L. E. FRANKS e I. W. SANDBERG, "An Alternative Approach to the Realization of Network Transfer Functions: The *N*-Path Filter", *Bell Sys. Tech. Jour,* Vol. 39, pp. 1321-50 (septiembre, 1960).

13. H. E. KALLMANN, "Transversal Filters", *Proc. IRE,* Vol. 38, pp. 302-311 (julio, 1940).

Caracterización de las propiedades de la señal

6

6.1 *Introducción*

En contraste con la representación de una señal, nos enfrentamos a menudo al problema de la caracterización de una señal asociándole algunos parámetros importantes (p. ej., anchura de banda, contenido de energía, valor máximo o de pico, duración, etc.) en vez de al de obtener una especificación completa de su carácter. Así pues, al igual que en el caso de la representación, buscaremos aplicaciones adecuadas del espacio señal en valores numéricos; sin embargo, los funcionales lineales, que tan convenientes son en el problema de la representación, pueden no ser adecuados para definir los parámetros deseados para caracterizar las propiedades de la señal. El motivo primordial de asignar parámetros a las señales es el deseo de atribuir medidas de la realización por las cuales puedan compararse diversos sistemas. La caracterización adecuada de las propiedades de la señal en diversos puntos del sistema fundamenta el problema de la selección de señales para un funcionamiento óptimo del sistema.

La limitación de los funcionales lineales para la caracterización de la señal resulta de la naturaleza multiforme de esta aplicación. Recordemos que un funcional lineal se puede expresar en forma de producto escalar $f_y(\mathbf{x}) = (\mathbf{x}, \mathbf{y})$; luego, toda señal ortogonal a $\mathbf{y}$, al sumarla a $\mathbf{x}$ da una señal que se aplica en el mismo valor que lo hace $\mathbf{x}$. Los problemas de optimización de la señal llevan, normalmente, consigo el hallar valores extremales de un funcional. Si las señales están caracterizadas solamente por funcionales lineales, podrán hallarse las señales que asignen valores arbitrarios a los funcionales. Para evitar estas limitaciones, tenemos que utilizar otros tipos de funcionales que presenten valores máximos y mínimos definidos, según sea la señal. En este capítulo vamos a considerar un tipo particular de funcional llamado *funcional cuadráti-*

co. Estos funcionales tienen varias propiedades deseables. Una de las ventajas principales es lo bien que pueden tratarse matemáticamente, en particular al establecer las condiciones para los valores extremales y también la facilidad con que pueden acomodarse las transformaciones lineales de la señal en la expresión del funcional. Otra ventaja es que los funcionales cuadráticos expresan cantidades que tienen un significado físico fácilmente comprensible y que tienen una larga historia de utilización en comunicaciones y en problemas de sistemas de control.

Producto duración-anchura de banda

Como introducción para ilustrar estas ideas, vamos a considerar un ejemplo que tal vez se considera como el problema clásico de optimización de la señal, cual es el de reducir al mínimo el producto duración-anchura de banda de una señal.[1] Tomemos de la teoría de la probabilidad el concepto de medir la anchura de una función densidad de probabilidad en función de su segundo momento central. A diferencia de lo que sucede con las funciones densidad de probabilidad, una señal $x(t)$ no es necesariamente no negativa y el segundo momento de $x(t)$ puede carecer de significado para establecer la anchura de una señal que tenga un comportamiento muy oscilatorio. Para obviar este problema, consideremos el segundo momento central de $x^2(t)$ y como el momento de orden cero de $x^2(t)$ no es necesariamente la unidad, normalicemos el segundo momento dando como medida de la duración T_x de la señal la cantidad

$$T_x^2 = \frac{\int_{-\infty}^{\infty} (t - t_0)^2 x^2(t)\, dt}{\int_{-\infty}^{\infty} x^2(t)\, dt} \tag{6.1}$$

donde

$$t_0 = \frac{\int_{-\infty}^{\infty} t x^2(t)\, dt}{\int_{-\infty}^{\infty} x^2(t)\, dt}$$

es el primer momento normalizado de $x^2(t)$.

Vemos otra analogía cuando consideramos el segundo momento como momento de inercia de una distribución de masa dada por $x^2(t)$. Por esta razón se llama a menudo a T_x "radio de giro" de la señal $x(t)$. Análogamente, podemos medir la anchura de banda ocupada por una señal en función del segundo momento central del cuadrado del módulo de su transformada de Fourier:

$$W_x^2 = \frac{\int_{-\infty}^{\infty} (f - f_0)^2 |X(f)|^2\, df}{\int_{-\infty}^{\infty} |X(f)|^2\, df} \tag{6.2}$$

donde $f_0 = 0$ a causa de la simetría de $X(f)$ respecto al origen para señales reales. Como $|X(f)|$ es independiente de una traslación temporal en $x(t)$, podemos tomar $t_0 = 0$ y expresar el producto duración-anchura de banda en función de productos escalares:[1]

$$(T_x W_x)^2 = \frac{(t\mathbf{x}, t\mathbf{x})(f\mathbf{X}, f\mathbf{X})}{(\mathbf{x}, \mathbf{x})(\mathbf{X}, \mathbf{X})} \tag{6.3}$$

Los productos escalares de (6.3) expresados en el conjunto de definición de las frecuencias pueden convertirse en productos escalares expresados en el conjunto de definición de los tiempos por medio de la relación de Parseval (4.14): $(\mathbf{x}, \mathbf{y}) = (\mathbf{X}, \mathbf{Y})$. Como $j2\pi f X(f)$ es la transformada de Fourier de la derivada respecto al tiempo de $x(t)$, la (6.3) se convierte en

$$(T_x W_x)^2 = \left(\frac{1}{2\pi}\right)^2 \frac{(t\mathbf{x}, t\mathbf{x})(\dot{\mathbf{x}}, \dot{\mathbf{x}})}{(\mathbf{x}, \mathbf{x})^2} \tag{6.4}$$

Como T_x y W_x son independientes de $\|\mathbf{x}\| = (\mathbf{x}, \mathbf{x})^{1/2}$, podemos hacer $\|\mathbf{x}\| = 1$ y aplicar la desigualdad de Schwarz a (6.4) resultando

$$2\pi T_x W_x = \|t\mathbf{x}\| \, \|\dot{\mathbf{x}}\| \geqslant |(t\mathbf{x}, \dot{\mathbf{x}})| \tag{6.5}$$

Integrando por partes vemos que el segundo miembro de (6.5) es independiente de $x(t)$ bajo la ligadura de que $\|\mathbf{x}\| = 1$:

$$\int_{-\infty}^{\infty} t x(t) \dot{x}(t)\, dt = \frac{1}{2} \int_{-\infty}^{\infty} t \frac{d}{dt} [x^2(t)]\, dt = -\frac{1}{2} \int_{-\infty}^{\infty} x^2(t)\, dt = -\tfrac{1}{2} \|\mathbf{x}\|^2 \tag{6.6}$$

Así pues, el valor mínimo del producto duración-anchura de banda viene dado por

$$(T_x W_x)_{\min} = \frac{1}{4\pi} \tag{6.7}$$

---

[1] Utilizaremos $t\mathbf{x}$ y $f\mathbf{X}$ para representar las funciones $tx(t)$ y $fX(f)$, respectivamente. Además, el producto de funciones $\mathbf{wx}$, que utilizaremos más adelante, se emplea para representar el producto de funciones, $w(t)x(t)$.

y este valor lo alcanza una señal para la cual se cumple la igualdad (6.5); es decir,

$$\dot{x}(t) = c_1 t x(t) \Rightarrow \frac{d}{dt}[\log x(t)] = c_1 t$$

$$\Rightarrow x(t) = c_2 e^{\frac{c_1 t^2}{2}}; \qquad c_1 < 0 \tag{6.8}$$

De este resultado sacamos la conclusión de que, en el sentido especificado por (6.1) y (6.2), el *pulso gaussiano* es la señal que presenta el menor producto duración-anchura de banda.

La extremización de este ejemplo era particularmente sencilla porque se podía aplicar directamente la desigualdad de Schwarz. En ejemplos más complicados podemos no tener tanta suerte. En los apartados que siguen vamos a desarrollar un método de aplicación general para resolver problemas de este tipo de optimización de la señal, conservando solamente la naturaleza cuadrática de los funcionales. En la literatura existente acerca de comunicaciones y teoría de sistemas de control se encuentran muchos ejemplos interesantes de este tipo de problema. Un método generalizado permite una visión considerablemente más profunda y simplifica el esfuerzo. Veremos que ciertas condiciones necesarias que ha de cumplir la solución se pueden escribir por simple inspección una vez se ha formulado adecuadamente el problema. En lo que sigue, centraremos nuestra atención en la caracterización de propiedades de la señal en el conjunto de definición de los tiempos y en el de las frecuencias a causa de la notable utilización de estos conceptos, pero debe recordarse que estas técnicas son válidas para cualquier representación lineal de señales.

6.2 *Funcionales cuadráticos*

El funcional cuadrático se deriva del *funcional bilineal,* el cual es una aplicación de pares de señales $\mathbf{x}$ e $\mathbf{y}$ en valores numéricos $f(\mathbf{x}, \mathbf{y})$ y tiene las siguientes propiedades:

$$\begin{aligned} f(\alpha_1\mathbf{x}_1 + \alpha_2\mathbf{x}_2, \mathbf{y}) &= \alpha_1 f(\mathbf{x}_1, \mathbf{y}) + \alpha_2 f(\mathbf{x}_2, \mathbf{y}) \\ f(\mathbf{x}, \beta_1\mathbf{y}_1 + \beta_2\mathbf{y}_2) &= \beta_1^* f(\mathbf{x}, \mathbf{y}_1) + \beta_2^* f(\mathbf{x}, \mathbf{y}_2) \end{aligned} \tag{6.9}$$

Por ejemplo, el producto escalar $f(\mathbf{x}, \mathbf{y}) = (\mathbf{x}, \mathbf{y})$ es un funcional bilineal. Para un espacio real, $\mathbf{f}$ es lineal en cada una de las variables $\mathbf{x}$ e $\mathbf{y}$. Un funcional bilineal se dice que está acotado si podemos hallar un número real K tal que

$$|f(\mathbf{x}, \mathbf{y})| \leqslant K \,\|\mathbf{x}\|\, \|\mathbf{y}\| \tag{6.10}$$

para toda **x** e **y**. La máxima cota inferior de K proporciona una norma para el funcional:

$$\begin{aligned}\|\mathbf{f}\| &= \inf\{K;\ |f(\mathbf{x}, \mathbf{y})| \leqslant K\,\|\mathbf{x}\|\ \|\mathbf{y}\|\} \\ &= \sup\{|f(\mathbf{x}, \mathbf{y})|;\ \|\mathbf{x}\| = 1,\ \|\mathbf{y}\| = 1\}\end{aligned} \tag{6.11}$$

Obsérvese que $f_A(\mathbf{x}, \mathbf{y}) = (\mathscr{A}\mathbf{x}, \mathbf{y})$ define también un funcional bilineal en **x** e **y**. Es más, puede demostrarse que todo funcional bilineal acotado puede escribirse de esta manera y que

$$\|\mathbf{f}_A\| = \|\mathscr{A}\| \tag{6.12}$$

donde $\|\mathscr{A}\|$ es la norma del operador lineal $\mathscr{A}$ definida como se hizo en (5.8).

Definiremos el funcional cuadrático, de variable **x**, sustituyendo simplemente **y** por **x** en $f(\mathbf{x}, \mathbf{y})$:

$$I_A(\mathbf{x}) = f_A(\mathbf{x}, \mathbf{x}) = (\mathscr{A}\mathbf{x}, \mathbf{x}) \tag{6.13}$$

Para un funcional cuadrático acotado, podemos demostrar fácilmente a partir de (6.9) la propiedad de continuidad:

$$\begin{aligned}|I(\mathbf{x}) - I(\mathbf{x}_0)| &= |f(\mathbf{x}, \mathbf{x}) - f(\mathbf{x}_0, \mathbf{x}_0)| \\ &= |f(\mathbf{x} - \mathbf{x}_0, \mathbf{x}) + f(\mathbf{x}_0, \mathbf{x} - \mathbf{x}_0)| \\ &\leqslant |f(\mathbf{x} - \mathbf{x}_0, \mathbf{x})| + |f(\mathbf{x}_0, \mathbf{x} - \mathbf{x}_0)| \\ &\leqslant \|\mathbf{f}\|\,[\|\mathbf{x}\| + \|\mathbf{x}_0\|]\,\|\mathbf{x} - \mathbf{x}_0\|\end{aligned} \tag{6.14}$$

con lo que para todo $\varepsilon > 0$, podemos encontrar un δ tal que

$$\|\mathbf{x} - \mathbf{x}_0\| < \delta \Rightarrow |I(\mathbf{x}) - I(\mathbf{x}_0)| < \varepsilon$$

De todo lo anterior, vemos que entre los funcionales cuadráticos y lineales existe una estrecha analogía. Vimos anteriormente que los funcionales lineales formaban un espacio vectorial (el espacio conjugado) y que a cada elemento $\mathbf{f}_y$ de este espacio correspondía un vector **y** tal que $f_y(\mathbf{x}) = (\mathbf{x}, \mathbf{y})$. La situación análoga para funcionales cuadráticos consiste en que a cada funcional corresponde un operador lineal $\mathscr{A}$ tal que $I_A(\mathbf{x}) = (\mathscr{A}\mathbf{x}, \mathbf{x})$. Como sabemos que los operadores lineales forman un espacio vectorial normado, no nos sorprende encontrar que los funcionales cuadráticos formen también un espacio vectorial normado, y por (6.12) dicho espacio es isométrico con el espacio de operadores lineales.

En lo que sigue, resulta extraordinariamente útil el concepto de *operador adjunto* (5.93). Si es $\mathscr{A}'$ un operador lineal, $(\mathbf{x}, \mathscr{A}'\mathbf{y})$ será, evidentemente, un funcional bilineal. Si

$$(\mathscr{A}\mathbf{x}, \mathbf{y}) = (\mathbf{x}, \mathscr{A}'\mathbf{y}) \tag{6.15}$$

para toda x e y, $\mathscr{A}'$ se definirá como el adjunto de $\mathscr{A}$. El operador adjunto se obtiene fácilmente de cualquier representación del operador. Representemos $\mathscr{A}$ por la función núcleo $A(t, \tau)$ del conjunto de definición de los tiempos. En tal caso,

$$\mathscr{A}\mathbf{x} = \int_T A(t, \tau)x(\tau)\, d\tau$$

y

$$I_A(\mathbf{x}) = \int_T \int_T A(t, \tau)x(\tau)x^*(t)\, d\tau\, dt \tag{6.16}$$

Permutando el orden de integración en (6.16), vemos que el núcleo básico para el operador adjunto es

$$A'(t, \tau) = A^*(\tau, t) \tag{6.17}$$

Si $\mathscr{A}' = \mathscr{A} \,|\, [A(t, \tau) = A^*(\tau, t)]$, se dice que $\mathscr{A}$ es *autoadjunto.* También se le denomina *hermítico* (o *simétrico* si es real $\mathscr{A}$). Otra clase más amplia, que contiene a los operadores autoadjuntos, es la clase de operadores *normales,* que conmutan con su adjunto:

$$\mathscr{A}'\mathscr{A} = \mathscr{A}\mathscr{A}' \Rightarrow \int_T A^*(\sigma, t)A(\sigma, \tau)\, d\sigma = \int_T A(t, \sigma)A^*(\tau, \sigma)\, d\sigma \tag{6.18}$$

Los operadores normales tienen la propiedad de que

$$\|\mathscr{A}\mathbf{x}\| = \|\mathscr{A}'\mathbf{x}\|,$$

puesto que

$$\begin{aligned} \|\mathscr{A}\mathbf{x}\|^2 &= (\mathscr{A}\mathbf{x}, \mathscr{A}\mathbf{x}) = (\mathscr{A}'\mathscr{A}\mathbf{x}, \mathbf{x}) = (\mathscr{A}\mathscr{A}'\mathbf{x}, \mathbf{x}) \\ &= (\mathscr{A}'\mathbf{x}, \mathscr{A}'\mathbf{x}) = \|\mathscr{A}'\mathbf{x}\|^2 \end{aligned}$$

Se dice que un operador es *definido positivo* si

$$(\mathscr{A}\mathbf{x}, \mathbf{x}) > 0 \qquad \text{para todo } \mathbf{x} \text{ excepto } \mathbf{x} = \mathbf{0} \tag{6.19}$$

Por ejemplo, $\mathcal{A}'\mathcal{A}$ es definido positivo si $\mathcal{A}$ es no singular, ya que $(\mathcal{A}'\mathcal{A}\mathbf{x}, \mathbf{x}) = (\mathcal{A}\mathbf{x}, \mathcal{A}\mathbf{x}) = \|\mathcal{A}\mathbf{x}\|^2$.

Una transformación lineal de la función variable de un funcional cuadrático se puede manejar fácilmente por medio del operador adjunto. Sea $\mathbf{x} = \mathcal{L}\mathbf{y}$, entonces

$$(\mathcal{A}\mathbf{x}, \mathbf{x}) = (\mathcal{A}\mathcal{L}\mathbf{y}, \mathcal{L}\mathbf{y}) = (\mathcal{L}'\mathcal{A}\mathcal{L}\mathbf{y}, \mathbf{y}) \tag{6.20}$$

con lo que el operador $\mathcal{L}'\mathcal{A}\mathcal{L}$ identifica al mismo funcional cuadrático con variable $\mathbf{y}$ en vez de $\mathbf{x}$.

Un operador *unitario* se caracteriza por la propiedad siguiente:

$$(\mathcal{U}\mathbf{x}, \mathcal{U}\mathbf{y}) = (\mathbf{x}, \mathbf{y}) \tag{6.21}$$

lo cual implica que $\mathcal{U}'\mathcal{U} = \mathcal{U}\mathcal{U}' = \mathcal{I}$. Para nuestros fines, es importante observar que la transformada de Fourier corresponde a una transformación unitaria:

$$X(f) = \mathcal{F} \cdot x(t) = \int_{-\infty}^{\infty} x(\tau) e^{-j2\pi f\tau}\, d\tau$$

$$(\mathbf{X}, \mathbf{Y}) = (\mathcal{F}'\mathcal{F}\mathbf{x}, \mathbf{y}) \tag{6.22}$$

$$\mathcal{F}'\mathcal{F}\mathbf{x} = \iint_{-\infty}^{\infty} e^{j2\pi f(t-\tau)} x(\tau)\, d\tau\, df$$

donde

$$\int_{-\infty}^{\infty} e^{j2\pi f(t-\tau)}\, df = \delta(t-\tau)$$

corresponde al operador identidad. De (6.22) obtenemos de nuevo la *relación de Parseval,* (4.14):

$$(\mathbf{x}, \mathbf{y}) = (\mathbf{X}, \mathbf{Y}) \tag{6.23}$$

Aplicando (6.20) y (6.22) podemos expresar un funcional cuadrático dado bien sea en el conjunto de definición de los tiempos o bien en el de las frecuencias mediante transformaciones adecuadas efectuadas sobre los operadores. Si

$$I_A(\mathbf{x}) = (\mathcal{A}\mathbf{x}, \mathbf{x}) = (\mathcal{B}\mathbf{X}, \mathbf{X})$$

será

$$B(f, \nu) = \iint_{-\infty}^{\infty} A(t, \tau) e^{-j2\pi ft} e^{+j2\pi \nu\tau} \, dt \, d\tau$$

y

$$A(t, \tau) = \iint_{-\infty}^{\infty} B(f, \nu) e^{j2\pi ft} e^{-j2\pi \nu\tau} \, df \, d\nu \tag{6.24}$$

Con (6.24) tenemos el mecanismo para pasar del conjunto de definición de los tiempos al de las frecuencias y recíprocamente con vistas a la caracterización de las propiedades de la señal. Sin embargo, debemos recordar que los productos escalares de (6.22), (6.23) y (6.24) sólo son válidos para los intervalos de integración de $(-\infty, \infty)$ en ambos conjuntos de definición. En los problemas que entrañen la caracterización en un intervalo semiinfinito o finito, preferiremos conservar la sencillez de (6.23) y (6.24) utilizando el intervalo infinito y aplicando modificaciones adecuadas a los operadores a fin de explicar los intervalos limitados. Esta manipulación la encontraremos en varios de los ejemplos que se darán a continuación.

Por último, mencionemos que los operadores $\mathscr{B}$ y $\mathscr{A}$ de (6.24) tienen muchas propiedades en común. En realidad, cada una de las propiedades descritas anteriormente (autoadjunto, normal, unitario y definido positivo) la poseerá un operador si, y sólo si, la posee el otro. Esta semejanza se debe a la naturaleza unitaria de la transformación de Fourier y a la relación entre $\mathscr{B}$ y $\mathscr{A}$, $(\mathscr{A} = \mathscr{F}'\mathscr{B}\mathscr{F} = \mathscr{F}^{-1}\mathscr{B}\mathscr{F})$ se conoce por el nombre de transformación por *semejanza.*

6.3 *Algunos funcionales cuadráticos específicos en los conjuntos de definición del tiempo y de las frecuencias*

Vamos a examinar algunos funcionales cuadráticos específicos que hallan frecuente aplicación en problemas de optimización de la señal, lo cual nos será conveniente para estudiar más adelante ciertas cuestiones.

Sea

$$\begin{aligned} I_1 &= \int_{-\infty}^{\infty} |x(t)|^2 \, dt = \int_{-\infty}^{\infty} |X(f)|^2 \, df \\ &= (\mathbf{x}, \mathbf{x}) = (\mathbf{X}, \mathbf{X}) = \|\mathbf{x}\|^2 \end{aligned} \tag{6.25}$$

Así pues, el cuadrado de la norma de una señal es un funcional cuadrático correspondiente al operador identidad. Según se indicó anteriormente, es costumbre referirse a esto con la expresión de contenido de energía de una señal. En algunos problemas importa distinguir esto del concepto físico de energía (v. ejemplo 6.5).

El funcional

$$I_2 = (\mathbf{wx}, \mathbf{x}) = \int_{-\infty}^{\infty} w(t)\,|x(t)|^2\,dt \tag{6.26}$$

con $w(t)$ real, representa una medida arbitrariamente ponderada de la energía en el conjunto de definición del tiempo. Este funcional es empleado para caracterizar varios aspectos de concentración de una señal en el conjunto de definición del tiempo. El operador correspondiente $A_2(t, \tau)$ tiene naturaleza "diagonal" y podemos manipular la ponderación para demostrar que el operador es autoadjunto:

$$A_2(t, \tau) = w(t)\,\delta(t-\tau) = w^{\frac{1}{2}}(t)w^{\frac{1}{2}}(\tau)\,\delta(t-\tau) \tag{6.27}$$

Además, si $w(t) > 0$, para todo t, I_2 será definido positivo. Análogamente,

$$I_3 = (\mathbf{VX}, \mathbf{X}) = \int_{-\infty}^{\infty} V(f)\,|X(f)|^2\,df \tag{6.28}$$

con $V(f)$ real, representa una medida de la energía arbitrariamente ponderada en el conjunto de definición de la frecuencia. I_3 es autoadjunto y si $V(f) > 0$ para toda f, también es definido positivo.

Como nuevos ejemplos, supongamos que las variables de I_2 e I_3 estén sometidas a una transformación lineal invariante en el tiempo de acuerdo con

$$\tilde{x}(t) = \int_{-\infty}^{\infty} h(t-\tau)x(\tau)\,d\tau$$

entonces

$$I_4(\mathbf{x}) = I_2(\tilde{\mathbf{x}}) = (\mathbf{w}[\mathbf{h} \otimes \mathbf{x}], \mathbf{h} \otimes \mathbf{x})$$

y

$$I_5(\mathbf{x}) = I_3(\tilde{\mathbf{X}}) = (\mathbf{VHX}, \mathbf{HX}) = (\mathbf{V}\,|\mathbf{H}|^2\mathbf{X}, \mathbf{X}) \tag{6.29}$$

Otro funcional cuadrático útil se puede obtener de un par de funcionales lineales, tomando el producto de uno por el conjugado del otro:

$$\begin{aligned} I_6(\mathbf{x}) &= (\mathbf{x}, \mathbf{g})(\mathbf{x}, \mathbf{h})^* = (\mathbf{x}, \mathbf{g})(\mathbf{h}, \mathbf{x}) \\ &= (\mathbf{X}, \mathbf{G})(\mathbf{H}, \mathbf{X}) \end{aligned} \tag{6.30}$$

Tabla 6.1. Algunos funcionales cuadráticos y sus operadores en los conjuntos de definición del tiempo y de la frecuencia

I	$(\mathscr{A}\mathbf{x}, \mathbf{x}) = (\mathscr{B}\mathbf{X}, \mathbf{X})$	$A(t, \tau)$	$B(f, \nu)$
I_1	$(\mathbf{x}, \mathbf{x}) = (\mathbf{X}, \mathbf{X})$	$\delta(t - \tau)$	$\delta(f - \nu)$
I_2	$(\mathbf{wx}, \mathbf{x}) = \int_{-\infty}^{\infty} w(t)\,\lvert x(t)\rvert^2\,dt$	$w(t)\,\delta(t - \tau)$	$W(f - \nu)$
I_3	$(\mathbf{VX}, \mathbf{X}) = \int_{-\infty}^{\infty} V(f)\,\lvert X(f)\rvert^2\,df$	$v(t - \tau)$	$V(f)\,\delta(f - \nu)$
I_4	$(\mathbf{w}[\mathbf{h} \otimes \mathbf{x}], \mathbf{h} \otimes \mathbf{x})$	$\int_{-\infty}^{\infty} w(\sigma)h(\sigma - \tau)h^*(\sigma - t)\,d\sigma$	$H^*(f)H(\nu)W(f - \nu)$
I_5	$(\mathbf{VHX}, \mathbf{HX})$	$\iint_{-\infty}^{\infty} v(\sigma)h(\gamma - \sigma - \tau)h^*(\gamma - t)\,d\gamma\,d\sigma$	$V(f)\,\lvert H(f)\rvert^2\,\delta(f - \nu)$
I_6	$(\mathbf{x}, \mathbf{g})(\mathbf{h}, \mathbf{x}) = (\mathbf{X}, \mathbf{G})(\mathbf{H}, \mathbf{X})$	$h(t)g^*(\tau)$	$H(f)G^*(\nu)$

En la tabla 6.1 se han consignado los funcionales anteriores con sus núcleos correspondientes a los conjuntos de definición del tiempo y de la frecuencia.

6.4 *El problema variacional*

Cuando se formula adecuadamente, el problema de optimización de la señal entraña el hallar la señal $x(t)$ que extremiza a un funcional $I(\mathbf{x})$. Éste es el problema de una variable sin ligaduras, que servirá para presentar técnicas variacionales para encontrar condiciones necesarias que deba satisfacer la solución. Si $\mathbf{x}$ fuese una variable real en vez de una función, hallaríamos simplemente los puntos en los que $dI/dx = 0$ y examinaríamos I en cada uno de dichos puntos para establecer cuál da un máximo o un mínimo. Cuando $\mathbf{x}$ es un vector, una variación arbitraria de $\mathbf{x}$ también será un vector y no podremos describir unívocamente la variación correspondiente de I. Dicho de otro modo, no podemos definir la derivada de I en el punto $\mathbf{x}$. Lo que podemos hacer es describir la variación de I respecto a la variación de $\mathbf{x}$ *a lo largo de una dirección particular*. Sean $\mathbf{x}$ y $\mathbf{u}$ elementos de un espacio vectorial normado con

$\|\mathbf{u}\| = 1$; entonces, siendo ε un número real positivo, definiremos la *derivada direccional* de I en $\mathbf{x}$ a lo largo de $\mathbf{u}$ en la forma

$$D_u I(\mathbf{x}) = \lim_{\varepsilon \to 0} \frac{I(\mathbf{x} + \varepsilon \mathbf{u}) - I(\mathbf{x})}{\varepsilon} \tag{6.31}$$

suponiendo que existe este límite siendo I un funcional continuo.

Ahora, para un *punto estacionario* $\mathbf{x}_0$ de I exijamos que $D_u I(\mathbf{x}_0)$ se anule para todos los valores posibles de $\mathbf{u}$. De no ser así, para un ε suficientemente pequeño $I(\mathbf{x}_0 + \varepsilon \mathbf{u}_0)$ sería mayor o menor que $I(\mathbf{x}_0)$ si $D_{u_0} I(\mathbf{x}_0) \neq 0$. Como para la caracterización de la señal vamos a utilizar funcionales lineales y cuadráticos, observemos que

$$\begin{aligned} &\text{a. Para } I(\mathbf{x}) = (\mathbf{x}, \mathbf{g}) \\ &D_u I(\mathbf{x}) = (\mathbf{u}, \mathbf{g}); \qquad \|\mathbf{u}\| = 1 \end{aligned} \tag{6.32}$$

$$\begin{aligned} &\text{b. Para } I(\mathbf{x}) = (\mathscr{A}\mathbf{x}, \mathbf{x}) \\ &D_u I(\mathbf{x}) = (\mathscr{A}\mathbf{u}, \mathbf{x}) + (\mathscr{A}\mathbf{x}, \mathbf{u}); \qquad \|\mathbf{u}\| = 1 \end{aligned} \tag{6.33}$$

De (6.32) vemos que la derivada direccional de un funcional lineal es independiente de $\mathbf{x}$, como era de esperar por analogía con las funciones de variable real. Extendiendo la analogía, podríamos esperar que la derivada direccional del funcional cuadrático fuese un funcional lineal de $\mathbf{x}$; sin embargo, el examen de (6.33) muestra que esto no es siempre cierto. Lo será en el caso de espacios vectoriales reales, ya que entonces $(\mathscr{A}\mathbf{u}, \mathbf{x}) = (\mathbf{x}, \mathscr{A}\mathbf{u})$. A causa de esto nos sentimos tentados de considerar solamente espacios reales. Por una parte, no existe ninguna limitación práctica para considerar solamente funcionales reales de señales reales, pero por otra resulta esencial que consideremos funcionales que tengan como variable funciones complejas. Por ejemplo, $X(f)$ puede ser compleja para señales reales. Sin embargo, notemos que un espacio real puede tener funciones de la base complejas con tal que todos los escalares (productos escalares) sean reales. Si restringimos el conjunto de definición de las funciones frecuencia admisibles de manera que $X(f) = X^*(-f)$, serán reales todos los funcionales lineales y todos los cuadráticos correspondientes a operadores reales en el conjunto de definición de los tiempos, y además será $(\mathscr{B}\mathbf{X}, \mathbf{Y}) = (\mathbf{Y}, \mathscr{B}\mathbf{X})$ para todos los $\mathbf{X}$ e $\mathbf{Y}$ admisibles. La ventaja de restringir nuestra consideración a espacios reales es principalmente conceptual por el hecho de que todas las derivadas direccionales de los funcionales pueden describirse por un *vector gradiente*.

Gradientes de funcionales lineales y cuadráticos

Sea $\{\boldsymbol{\varphi}_k; k = 1, 2, \ldots\}$ un conjunto ortonormal completo de un espacio real y sea I un funcional real. Hagamos

$$\mathbf{u} = \sum_k \delta_k \boldsymbol{\varphi}_k$$

con

$$\sum_k \delta_k^2 = 1$$

Suponiendo ahora que $D_u I(\mathbf{x})$ es continua en $\mathbf{x}$ para cada $\mathbf{u}$, podemos escribir

$$D_u I(\mathbf{x}) = \sum_k \delta_k D_{\varphi_k} I(\mathbf{x}) = \sum_k (\mathbf{u}, \boldsymbol{\varphi}_k) D_{\varphi_k} I(\mathbf{x}) = (\nabla I, \mathbf{u}) \tag{6.34}$$

donde el vector ∇I puede depender de $\mathbf{x}$ pero es independiente de $\mathbf{u}$.

$$\nabla I = \sum_k \eta_k \boldsymbol{\varphi}_k$$

con

$$\eta_k = D_{\varphi_k} I(\mathbf{x}) \tag{6.35}$$

La derivada direccional en un punto cualquiera, en la dirección especificada por $\mathbf{u}$, podrá expresarse siempre como producto escalar de un vector ∇I por $\mathbf{u}$. A ∇I se le llama *gradiente* de I.

De la desigualdad de Schwarz,

$$|D_u I(\mathbf{x})| = |(\nabla I, \mathbf{u})| \leqslant \|\nabla I\| \, \|\mathbf{u}\| = \|\nabla I\| \tag{6.36}$$

donde se cumplirá la igualdad para $\mathbf{u}$ proporcional a ∇I y el módulo de la derivada direccional será máximo e igual a la norma del vector gradiente. Algunas técnicas numéricas que siguen métodos paso a paso para localizar puntos estacionarios de un funcional entrañan la evaluación sucesiva del funcional con incrementos tomados en la dirección del vector gradiente en cada uno de los puntos consecutivos. Ello se hace porque se supone que la manera más rápida de llegar a un extremo es siguiendo la dirección que dé lugar a la máxima variación del valor del funcional. A estos métodos se les llama "métodos de máxima pendiente".

Comparando (6.32) y (6.34), es evidente que el gradiente de un funcional lineal real viene dado por

$$I(\mathbf{x}) = (\mathbf{x}, \mathbf{g}) \Rightarrow \nabla I = \mathbf{g} \tag{6.37}$$

y de (6.33) que el gradiente de un funcional cuadrático real. es

$$I(\mathbf{x}) = (\mathscr{A}\mathbf{x}, \mathbf{x}) \quad \nabla I = (\Leftarrow\mathscr{A} + \mathscr{A}')\mathbf{x} \tag{6.38}$$

Supongamos que el problema de optimización de la señal lleve consigo el extremizar un funcional compuesto de una combinación lineal prefijada de funcionales lineales y cuadráticos. En tal caso

$$I = (\mathscr{A}\mathbf{x}, \mathbf{x}) + (\mathbf{x}, \mathbf{g})$$

donde

$$\mathscr{A} = \sum_i \alpha_i \mathscr{A}_i; \qquad \mathbf{g} = \sum_j \beta_j \mathbf{g}_j \tag{6.39}$$

Condición necesaria para una solución es que sea un punto estacionario de I, es decir, un punto en el cual se anule ∇I, ya que $D_u I(\mathbf{x}) = (\nabla I, \mathbf{u}) = 0$ para todo $\mathbf{u}$ si, y sólo si, $\nabla I = \mathbf{0}$. Luego, la condición necesaria será

$$\begin{gathered}(\mathscr{A} + \mathscr{A}')\mathbf{x} + \mathbf{g} = \mathbf{0} \\ \int_{-\infty}^{\infty} [A(t, \tau) + A(\tau, t)]x(\tau)\, d\tau + g(t) = 0\end{gathered} \tag{6.40}$$

o, en el conjunto de definición de la frecuencia,

$$\begin{gathered}(\mathscr{B} + \mathscr{B}')\mathbf{X} + \mathbf{G} = \mathbf{0} \\ \int_{-\infty}^{\infty} [B(f, \nu) + B^*(\nu, f)]X(\nu)\, d\nu + G(f) = 0\end{gathered} \tag{6.41}$$

A partir de estas condiciones podemos formular algunas observaciones referentes al problema de la extremización. Ante todo, que al restringir los funcionales que intervienen a funcionales lineales y cuadráticos, las condiciones necesarias son ecuaciones lineales (en general, ecuaciones integrales de Fredholm) para las cuales existen varios procedimientos de solución conocidos.[2] Obsérvese que el núcleo de la ecuación integral es autoadjunto. Si no intervinieran funcionales lineales, las ecuaciones serían homogéneas y sólo existiría solución no trivial si fuera singular $\mathscr{A} + \mathscr{A}'$ Es más, si es autoadjunto $\mathscr{A}$ será $I = 0$ en un punto estacionario en el caso homogéneo.

Los problemas formulados de la manera anterior rara vez tienen importancia práctica a causa de la falta de ligaduras impuestas a las funciones variables. Corrientemente, consideraciones prácticas tales como la disponibilidad limitada de energía en la señal imponen restricciones al conjunto de definición de las funciones variable admisibles. Dicho de otro modo, las funciones que extremizan a los funcionales relativos a los aspectos característicos de la señal deben satisfacer simultáneamente varias condiciones auxiliares. Afortunadamente, el método de los *multiplicadores de Lagrange* permite obtener las condiciones necesarias para el problema de optimización con ligaduras de manera análoga a la correspondiente al caso del problema sin ligaduras. En el apartado siguiente estudiaremos este procedimiento.

Ejercicio 6.1. Demostrar que para un funcional complejo continuo $I(\mathbf{x})$, definido en un espacio con producto escalar, la derivada direccional (compleja) puede expresarse en la forma

$$D_u I(\mathbf{x}) = (\mathbf{u}, \mathbf{f}) + (\mathbf{g}, \mathbf{u})$$

donde **f** y **g** pueden depender de **x**, pero no de **u**.

Ejercicio 6.2. Si es $\mathscr{A}$ un operador acotado, demostrar que la derivada direccional de $(\mathscr{A}\mathbf{x}, \mathbf{x})$ de (6.33) es un funcional continuo de **x** para cada **u**.

6.5 El problema variacional con ligaduras

Supongamos que queremos extremizar el funcional $I(\mathbf{x})$ sometido a la ligadura expresada por $J(\mathbf{x}) = c_0$. Lo que pudiera llamarse método directo de solución del problema consistiría en obtener primeramente el conjunto de definición restringido S_0 de funciones variable admisibles

$$S_0 = \{\mathbf{x}; J(\mathbf{x}) = c_0\} \tag{6.42}$$

Resulta útil pensar en el subconjunto S_0 como definidor de una superficie o curva en el espacio no restringido. Nótese que, en general, S_0 no es un subespacio lineal. El procedimiento va a consistir en buscar S_0 para los puntos que den valores extremales de I. Podemos encontrar condiciones necesarias para estos puntos exigiendo que I sea estacionario respecto a las variaciones de **x** confinadas en el conjunto S_0. Dichas variaciones están caracterizadas por $\{\mathbf{u}; D_u J(\mathbf{x}) = 0; \mathbf{x} \in S_0\}$. Los puntos estacionarios pertenecen al subconjunto S donde

$$S = \{\mathbf{x}; \mathbf{x} \in S_0, D_u I(\mathbf{x}) = 0 \text{ para todo } \mathbf{u} \text{ tal que } D_u J(\mathbf{x}) = 0\} \tag{6.43}$$

Aun cuando el conjunto S es fácil de definir desde un punto de vista conceptual, a menudo resulta difícil tomar el conjunto S_0 e incorporar las variaciones restringidas.

Como otro método, consideremos S_0 como una curva de una familia de curvas de valor constante del funcional $J(\mathbf{x})$. Consideremos, análogamente, curvas del funcional $I(\mathbf{x})$. La solución buscada es el punto de intersección de S_0 con la curva extremal de I. En este punto son tangentes las dos curvas, según se ilustra en el ejemplo bidimensional de la figura 6.1. Un punto de tangencia se caracteriza, de manera general, por la proporcionalidad de las derivadas direccionales de I y J:

$$D_u I(\mathbf{x}_0) + \lambda D_u J(\mathbf{x}_0) = 0 \qquad \text{para todo } \mathbf{u} \tag{6.44}$$

donde λ es una constante y $\mathbf{x}_0$ es el punto de tangencia. Sea S_1 el subconjunto de puntos para el cual vale (6.44) para cualquier λ:

$$S_1 = \{\mathbf{x};\ D_u I(\mathbf{x}) + \lambda D_u J(\mathbf{x}) = 0 \text{ para todo } \mathbf{u} \text{ y cualquier } \lambda\} \tag{6.45}$$

El conjunto solución S es la intersección de S_1 y S_0. $S = S_1 \cap S_0$. En la práctica, esta intersección se determina resolviendo primeramente (6.44) para una λ arbitraria y tomando después $\lambda = \lambda_0$ de manera que satisfaga la ligadura $J(\mathbf{x}(\lambda_0)) = c_0$.

El aspecto más importante de este método, que resulta evidente del examen de (6.44), es que se obtienen condiciones necesarias a partir de los puntos estacionarios no ligados de un nuevo funcional $\tilde{I} = I + \lambda J$. La constante λ se denomina *multiplicador de Lagrange.*

Cuando los funcionales que intervienen sean reales, con lo que la derivada direccional se puede caracterizar por un vector gradiente, la condición de tangencia tendrá una interpretación geométrica sencilla. Como $D_u I(\mathbf{x}) = (\nabla I, \mathbf{u}) = 0$

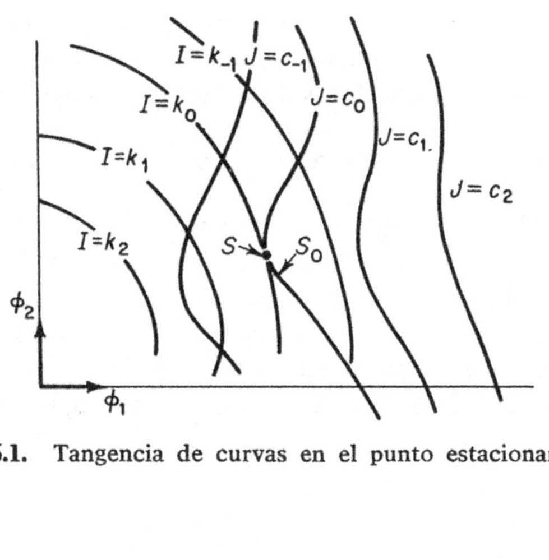

Fig. 6.1. Tangencia de curvas en el punto estacionario

para cualquier dirección $\mathbf{u}$ tangente a la curva en $\mathbf{x}$, se deduce que ∇I es un vector normal a la curva en $\mathbf{x}$. Si un par de curvas I y J han de ser tangentes en $\mathbf{x}$, será necesario que sus vectores gradientes tengan en este punto la misma recta soporte; luego (6.44) se convertirá en

$$\nabla I + \lambda \nabla J = \mathbf{0} \tag{6.46}$$

Para ilustrar esto con un ejemplo bidimensional sencillo, consideremos la minimización de $I(\mathbf{x}) = (\mathscr{A}\mathbf{x}, \mathbf{x}) = 3\xi_1^2 - 2\xi_1\xi_2 + 3\xi_2^2$ sometido a $J(\mathbf{x}) = (\mathbf{x}, \mathbf{g}) = \xi_1 - 2\xi_2 = c_0$, donde

$$\mathbf{x} = \begin{bmatrix} \xi_1 \\ \xi_2 \end{bmatrix}; \quad \mathbf{g} = \begin{bmatrix} 1 \\ -2 \end{bmatrix}; \quad \mathscr{A} = \mathscr{A}' = \begin{bmatrix} 3 & -1 \\ -1 & 3 \end{bmatrix}$$

La condición de gradiente (6.46) se convierte en $2\mathscr{A}\mathbf{x} = -\lambda\mathbf{g}$ cuya solución es

$$\mathbf{x} = -\frac{\lambda}{2}\mathscr{A}^{-1}\mathbf{g} = -\frac{\lambda}{16}\begin{bmatrix} 3 & 1 \\ 1 & 3 \end{bmatrix}\begin{bmatrix} 1 \\ -2 \end{bmatrix} = -\frac{\lambda}{16}\begin{bmatrix} 1 \\ -5 \end{bmatrix}$$

La intersección de este conjunto S_1 con S_0, que es la curva $J = c_0$, viene dada por $\xi_1 = c_0/11$, $\xi_2 = -5c_0/11$ según se indica en la figura 6.2.

Otro ejemplo, tal vez más conocido, es la extremización de un funcional cuadrático $(\mathscr{A}\mathbf{x}, \mathbf{x})$ sometido a la ligadura de que la función variable tenga norma unidad $(\mathbf{x}, \mathbf{x}) = 1$. Si $\mathscr{A}$ es autoadjunto, la condición necesaria (6.46) se convierte en la ecuación de valores propios de $\mathscr{A}$.

$$\mathscr{A}\mathbf{x} = \lambda\mathbf{x} \tag{6.47}$$

Así pues, los puntos estacionarios resultan ser las funciones propias de $\mathscr{A}$ y los valores propios correspondientes serán reales, ya que $\mathscr{A}$, es autoadjunto. Sean λ_M y λ_m, respectivamente, los valores propios mayor y menor. Entonces,

$$\lambda_m \leqslant (\mathscr{A}\mathbf{x}, \mathbf{x}) \leqslant \lambda_M \text{ para todo } \mathbf{x};\ \|\mathbf{x}\| = 1 \tag{6.48}$$

Cuando el problema de optimización entrañe una multiplicidad de ligaduras, cada una expresada como funcional cuadrático o lineal, se ampliará el método anterior hallando los puntos estacionarios de una combinación lineal de todos los funcionales que intervienen. Por tanto, (6.39) sigue siendo válida para el problema con ligaduras donde algunas de las α_i y β_i se interpreten como multiplicadores de Lagrange en vez de como multiplicadores prefijados inicialmente.

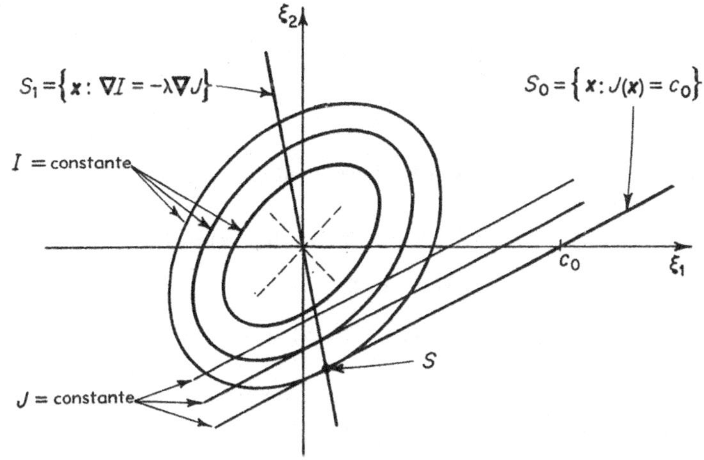

Figura 6.2. Minimización de un funcional cuadrático sometido a ligadura sobre funcional lineal

Nada hemos dicho hasta ahora acerca de la suficiencia de los puntos estacionarios como soluciones del problema de la extremización. Corrientemente, la suficiencia de un punto estacionario particular resulta evidente de las consideraciones físicas que condujeron a la formulación del problema. El problema que queda después de obtener las condiciones necesarias es la determinación de los parámetros (multiplicadores de Lagrange) para, a un mismo tiempo, extremizar el funcional relativo a los aspectos característicos de la señal y satisfacer las ecuaciones de ligadura. Por tanto, queda por resolver otro problema de extremización con ligaduras, si bien de dimensionalidad muy reducida. Desgraciadamente, las ecuaciones resultantes no son necesariamente lineales en estos parámetros indeterminados y a menudo se necesitarán métodos numéricos para obtener la solución final. En vez de seguir un tratamiento general de estos problemas, mostraremos cómo se han de tratar en casos concretos resolviendo varios ejemplos sacados de consideraciones prácticas acerca del diseño de señales.

6.6 *Algunos ejemplos*

Ejmeplo 6.1. Supongamos que el filtro lineal invariante en el tiempo, representado en la figura 6.3, tiene una respuesta al impulso $h(t)$. Si la señal de entrada $x(t)$ tiene una cantidad fija de energía, ¿qué señal de entrada dará energía máxima a la salida?

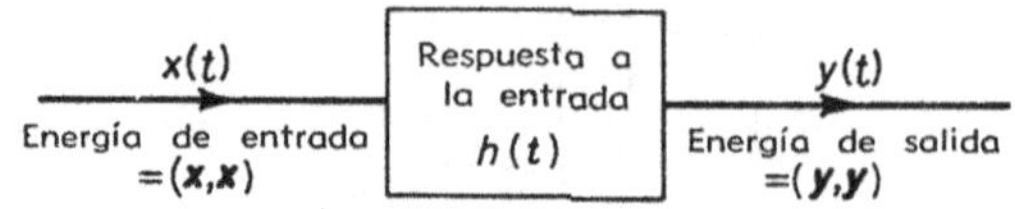

Figura 6.3. Energía filtrada máxima

Sea

$$\begin{aligned} I_1 &= (\mathbf{y}, \mathbf{y}) = (\mathbf{h} \otimes \mathbf{x}, \mathbf{h} \otimes \mathbf{x}) = (\mathbf{HX}, \mathbf{HX}) \\ &= (\mathbf{H^*HX}, \mathbf{X}) \\ I_2 &= (\mathbf{x}, \mathbf{x}) = (\mathbf{X}, \mathbf{X}) = 1 \end{aligned} \tag{6.49}$$

Los puntos estacionarios de $I_1 + \lambda I_2$ se expresan de manera más simple en el conjunto de definición de la frecuencia:

$$[|H(f)|^2 + \lambda]X(f) = 0 \tag{6.50}$$

La condición (6.50) exige que $X(f) = 0$ para todas las frecuencias, excepto donde $|H(f)|^2 = -\lambda$. La energía de salida correspondiente es $I_1 = -\lambda(\mathbf{X}, \mathbf{X}) = -\lambda$. La dificultad en esta solución reside en que no podemos encontrar una señal de energía unidad cuya transformada de Fourier sólo sea no nula en $f = \pm f_0$; sin embargo, podremos acercarnos tanto como queramos a esta condición por el proceso de paso al límite

$$\begin{aligned} x(t) &= \lim_{T \to \infty} T^{-\frac{1}{2}} \cos(2\pi f_0 t + \theta) && \text{en } |t| \leqslant T \\ &= 0 && \text{en caso contrario} \end{aligned} \tag{6.51}$$

donde se toma f_0 de manera que $|H(f_0)| \geqslant |H(f)|$ para todas las frecuencias a fin de que la energía de salida sea máxima. Este resultado es intuitivamente satisfactorio, ya que sólo dice que necesitamos restringir la excitación del filtro a las frecuencias a las que es máxima la ganancia. Si $|H(f)_0|$ fuese constante y también máximo en ciertos intervalos, serían posibles otras soluciones. ∎

Ejemplo 6.2. Ejemplo más interesante del tipo anterior es el problema considerado por CHALK,[3] en donde se obtiene la energía filtrada máxima con una señal de entrada de duración limitada. Resulta ser más fácil incorporar la ligadura de limitación de la duración por el método directo que por el de los multiplicadores de Lagrange. A los funcionales del Ejemplo 6.1 añadimos la ligadura

$$w(t)x(t) = x(t) \qquad \text{para todo } t$$

donde
$$\left.\begin{aligned} w(t) &= 1 \qquad\qquad \text{para } |t| \leqslant T \\ &= 0 \text{ en caso contrario} \end{aligned}\right\} = \tfrac{1}{2}[1 + \operatorname{sgn}(T - |t|)] \tag{6.52}$$

Incorporando (6.52), los funcionales I_1 e I_2 se convierten en

$$\begin{aligned} I_1 &= (\mathbf{y}, \mathbf{y}) = (\mathbf{h} \otimes \mathbf{wx}, \mathbf{h} \otimes \mathbf{wx}) = (\mathscr{A}_1\mathbf{x}, \mathbf{x}) \\ I_2 &= (\mathbf{x}, \mathbf{x}) = (\mathbf{wx}, \mathbf{wx}) = (\mathbf{wx}, \mathbf{x}) = 1 \end{aligned} \tag{6.53}$$

En este problema, la condición necesaria es más sencilla en el conjunto de definición del tiempo:

$$2\mathscr{A}_1\mathbf{x} + 2\lambda\mathbf{wx} = \mathbf{0} \tag{6.54}$$

donde $A_1(t, \tau) = w(t)w(\tau)k(t - \tau)$ corresponde a un operador autoadjunto y la transformada de Fourier de $k(t)$ es simplemente

$$K(f) = |H(f)|^2 \tag{6.55}$$

A causa de la forma particular de $w(t)$, la condición necesaria (6.54)

$$w(t)\int_{-\infty}^{\infty} k(t - \tau)w(\tau)x(\tau)\, d\tau + \lambda w(t)x(t) = 0$$

se puede simplicar dando

$$\int_{-T}^{T} k(t - \tau)x(\tau)\, d\tau = \lambda x(t) \qquad \text{para } |t| \leqslant T \tag{6.56}$$

donde se ha invertido el signo de λ a fin de poner (6.56) en la forma normal de una ecuación de valores propios. Un caso particular para el cual se obtuvo en la Referencia [3] la solución de (6.56) es el del filtro simple pasa-baja RC con anchura de banda $f_0 = 1/2\pi RC$. Para este caso,

$$K(f) = \frac{1}{1 + (f/f_0)^2} \tag{6.57}$$

con lo que
$$k(t) = \pi f_0 e^{-2\pi f_0 |t|}$$

y (6.56) se convierte en

$$\pi f_0 \int_{-T}^{T} e^{-2\pi f_0 |t-\tau|} x(\tau)\, d\tau = \lambda x(t) \qquad \text{para } |t| \leqslant T \tag{6.58}$$

Derivando (6.58) dos veces respecto a t,

$$\begin{aligned}\lambda \ddot{x}(t) &= \pi f_0 \int_{-T}^{T} [-4\pi f_0\, \delta(t-\tau) + (2\pi f_0)^2 e^{-2\pi f_0 |t-\tau|}] x(\tau)\, d\tau \\ &= -(2\pi f_0)^2 x(t) + (2\pi f_0)^2 \pi f_0 \int_{-T}^{T} e^{-2\pi f_0 |t-\tau|} x(\tau)\, d\tau \end{aligned} \tag{6.59}$$

y combinando (6.58) y (6.59) tenemos una ecuación diferencial de segundo orden aplicable al intervalo $|t| \leqslant T$:

$$\ddot{x}(t) + (2\pi f_0)^2 \left[\frac{1}{\lambda} - 1\right] x(t) = 0 \tag{6.60}$$

Sustituyendo las soluciones de (6.60) en (6.58), hallamos que los valores propios se pueden separar en dos sucesiones:

$$\lambda_n = \frac{(2\pi f_0 T)^2}{a_n^2 + (2\pi f_0 T)^2}\,; \qquad \lambda_m = \frac{(2\pi f_0 T)^2}{a_m^2 + (2\pi f_0 T)^2} \tag{6.61}$$

donde a_n y a_m vienen dadas por

$$\tan a_n = \frac{2\pi f_0 T}{a_n}\,; \qquad \tan a_m = \frac{-a_m}{2\pi f_0 T} \tag{6.62}$$

Las funciones propias correspondientes (no normalizadas) son

$$x_n(t) = \cos \frac{a_n t}{T}\,; \qquad x_m(t) = \text{sen} \frac{a_m t}{T} \qquad \text{para } |t| \leqslant T \tag{6.63}$$

Cuando como señales de entrada se utilizan versiones de duración limitada de estas funciones propias, encontramos que el valor propio correspondiente da la fracción de la energía que permanece en la señal filtrada. Por tanto, la función propia que da máxima energía a la salida del filtro corresponde al mayor valor propio λ_1 de la sucesión λ_n. El valor correspondiente de a_1 se encuentra en el intervalo $0 < a_1 < \pi/2$. Los valores pequeños de f_0T dan lugar a valores pequeños de a_1 y la señal de entrada óptima será un pulso casi rectangular. Para valores grandes de f_0T, el valor de a_1 se aproxima a $\pi/2$ y la señal óptima se aproxima a un pulso en forma de "medio coseno" según se indica en la figura 6.4. ∎

Ejemplo 6.3. Dado un filtro lineal, invariante en el tiempo, con respuesta al impulso $h(t)$, ¿qué señal de entrada $x(t)$ con energía fija hace máxima la salida del filtro en $t = t_0$? El valor máximo de la señal de salida $y(t_0)$ es un funcional lineal de $x(t)$. Como $\mathbf{y} = \mathbf{x} \otimes \mathbf{h}$,

$$I_1 = y(t_0) = (\mathbf{x}, \mathbf{g}) = (\mathbf{X}, \mathbf{G})$$

donde

$$g(t) = h(t_0 - t) \qquad \text{y} \qquad G(f) = H^*(f)e^{-j2\pi f t_0} \tag{6.64}$$

y, como antes,

$$I_2 = (\mathbf{x}, \mathbf{x}) = (\mathbf{X}, \mathbf{X}) = 1 \tag{6.65}$$

La condición de que sea estacionario $I_1 + \lambda I_2$ es igualmente sencilla en el conjunto de definición del tiempo que en el de la frecuencia:

$$G(f) + 2\lambda X(f) = 0$$

con lo que

$$X(f) = -\frac{1}{2\lambda} H^*(f)e^{-j2\pi f t_0} \tag{6.66}$$

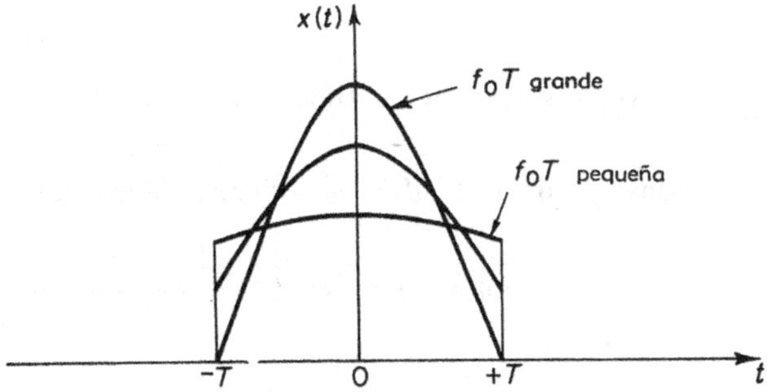

Figura 6.4. Pulsos de entrada de duración limitada óptimos para energía máxima filtrada con filtro *RC* pasa-baja

y $\lambda = \pm \frac{1}{2}\|\mathbf{H}\|$ para $\|\mathbf{X}\| = 1$. El signo negativo de λ da un pico máximo a la salida y al signo positivo corresponde el mínimo. En el conjunto de definición del tiempo tenemos, para la señal de entrada óptima,

$$x(t) = \|\mathbf{h}\|^{-1} h(t_0 - t) \tag{6.67}$$

con lo que, salvo por lo que se refiere al retardo t_0, la señal de entrada es la inversa en el tiempo de la respuesta del filtro al impulso. Una señal con esta propiedad se dice que está *adaptada* al filtro. La salida máxima de un filtro excitado por la señal adaptada es $y(t_0) = \|\mathbf{x}\| \cdot \|\mathbf{h}\|$. Puede ello comprobarse utilizando la desigualdad de Schwarz. ▮

Ejemplo 6.4. El problema anterior podía deberse a un deseo de hacer máxima la detectabilidad de los pulsos recibidos en un canal con una función de transferencia $H(f)$. Interesando agudizar la resolución en el receptor de una sucesión de dichos pulsos en el tiempo, podríamos elegir $x(t)$ para hacer mínima la energía de un pulso recibido individual mientras se mantiene un valor de pico prefijado (p. ej., en $t = t_0$). El efecto de hacer mínima la energía para un valor de pico dado es originar un estrechamiento del pulso y una reducción del solapamiento de los pulsos contiguos. Así pues, queremos hacer mínimo

$$I_1 = (\mathbf{y}, \mathbf{y}) = (\mathbf{HX}, \mathbf{HX}) = (|\mathbf{H}|^2\mathbf{X}, \mathbf{X})$$

sometido a

$$\begin{aligned} I_2 &= (\mathbf{x}, \mathbf{x}) = (\mathbf{X}, \mathbf{X}) = 1 \\ I_3 &= (\mathbf{x}, \mathbf{g}) = (\mathbf{X}, \mathbf{G}) = y(t_0) \end{aligned} \tag{6.68}$$

donde

$$g(t) = h(t_0 - t); \qquad G(f) = H^*(f)e^{-j2\pi f t_0}$$

Los puntos estacionarios de $I_1 + \lambda_1 I_2 + \lambda_2 I_3$ vienen dados por

$$2\,|H(f)|^2 X(f) + 2\lambda_1 X(f) + \lambda_2 G(f) = 0 \tag{6.69}$$

Luego,

$$X(f) = \frac{-\frac{1}{2}\lambda_2 H^*(f) e^{-j2\pi f t_0}}{|H(f)|^2 + \lambda_1} \tag{6.70}$$

Los multiplicadores de Lagrange se obtienen de las soluciones de los sistemas de ecuaciones de ligaduras (obsérvese la alinealidad):

$$
\begin{aligned}
I_2 &= \frac{\lambda_2^2}{4}\int_{-\infty}^{\infty} \frac{|H(f)|^2\,df}{[|H(f)|^2+\lambda_1]^2} = 1 \\
I_3 &= -\frac{\lambda_2}{2}\int_{-\infty}^{\infty} \frac{|H(f)|^2\,df}{|H(f)|^2+\lambda_1} = y(t_0)
\end{aligned}
\tag{6.71}
$$

De la forma general de la solución (6.70) vemos que si es grande λ_1 frente a $H(f)^2$, la solución tiende a la señal *adaptada* al canal. En cambio, si fuese pequeña λ_1, la señal sería esencialmente *inversa* al canal. Estos resultados se ven intuitivamente atendiendo a la severidad de la ligadura impuesta al valor de pico del pulso de salida. Si una señal de entrada de energía unidad pudiera alcanzar escasamente al valor de pico, la señal de entrada tendría, claramente, que ser muy próxima a la señal adaptada. En cambio, si se alcanza fácilmente el valor de pico con una energía unidad de entrada, se podrá rechazar una parte mayor de la energía por medio de algún método de filtrado inverso a fin de reducir la anchura del pulso de salida. ∎

Ejemplo 6.5. Vamos a considerar el problema del proceso de carga de un condensador en un tiempo finito con un dispendio mínimo de energía. Se quiere que en el circuito representado en la figura 6.5 la tensión de salida $v_2(t)$ sea de 1 V en $t = T$. La tensión $v_1(t)$ del generador tiene una duración limitada al intervalo de tiempo $0 \leqslant t \leqslant T$. ¿Cuál es la tensión del generador que hace mínima la energía suministrada por el generador?

Este sencillo problema ilustra varios aspectos del problema variacional que no aparecieron en los ejemplos anteriores. Ante todo, algunos de los funcionales de $v_1(t)$ no corresponden a operadores autoadjuntos. En segundo lugar, se utiliza el concepto físico de energía, y no solamente el cuadrado de la norma de $\mathbf{v}_1$. Por último, la elección de la función variable tiene un efecto importante sobre la dificultad de la solución. Esto lo veremos al resolver dos veces el problema.

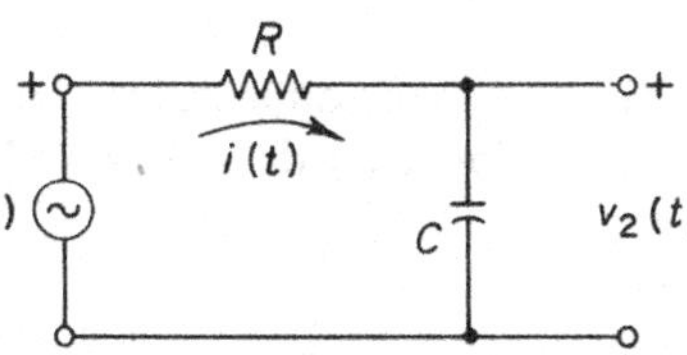

Figura 6.5. Problema de la carga de un condensador

Sea $I_1 = v_2(T)$ la tensión final del condensador y sea $I_2 = (\mathbf{i}, \mathbf{v}_1)$ la energía entregada por el generador.

Incorporando la ligadura de la limitación de la duración

$$v_1(t) = w(t)v_1(t) \tag{6.72}$$

donde

$$\begin{aligned} w(t) &= 1 \quad \text{para } 0 \leqslant t \leqslant T \\ &= 0 \quad \text{en caso contrario} \end{aligned}$$

expresamos la tensión final del condensador en la forma

$$I_1 = (\mathbf{wv}_1, \mathbf{g}) = (\mathbf{v}_1, \mathbf{wg});$$

donde

$$g(t) = \frac{1}{RC} e^{-\frac{1}{RC}(T-t)}$$

ya que

$$v_2(t) = \frac{1}{RC} \int_0^t v_1(\tau) e^{-\frac{1}{RC}(t-\tau)} \, d\tau \tag{6.73}$$

La energía entregada se expresa en la forma

$$I_2 = (\mathbf{i}, \mathbf{wv}_1) = \frac{1}{R} (\mathbf{wv}_1, \mathbf{v}_1) - \frac{1}{R} (\mathscr{A}\mathbf{v}_1, \mathbf{v}_1) \tag{6.74}$$

ya que

$$\mathbf{i} = \frac{\mathbf{v}_1 - \mathbf{v}_2}{R}$$

El operador $\mathscr{A}$ de (6.74) tiene una función núcleo $A(t, \tau)$ dada por

$$A(t, \tau) = \frac{1}{RC} w(t) w(\tau) u(t - \tau) e^{-\frac{1}{RC}(t-\tau)} \tag{6.75}$$

donde $u(t) = \frac{1}{2}(1 + \operatorname{sgn} t)$ es la función escalón unidad. Nótese que $\mathscr{A}$ no es autoadjunto. Los puntos estacionarios de $I_2 + \lambda I_1$ vienen dados por

$$\frac{2}{R} \mathbf{wv}_1 - \frac{1}{R} \mathscr{A}\mathbf{v}_1 - \frac{1}{R} \mathscr{A}'\mathbf{v}_1 + \lambda \mathbf{wg} = 0 \tag{6.76}$$

Observando la forma particular de $w(t)$, (6.76) podrá escribirse de la manera siguiente:

$$\frac{2v_1(t)}{R} - \frac{1}{R^2C}\int_0^t e^{-\frac{1}{RC}(t-\tau)}v_1(\tau)\,d\tau - \frac{1}{R^2C}\int_t^T e^{\frac{1}{RC}(t-\tau)}v_1(\tau)\,d\tau + \frac{\lambda}{RC}e^{-\frac{1}{RC}(T-t)} = 0$$

o sea

$$\frac{2v_1(t)}{R} - \frac{1}{R^2C}\int_0^T e^{-\frac{1}{RC}|t-\tau|}v_1(\tau)\,d\tau + \frac{\lambda}{RC}e^{-\frac{1}{RC}(T-t)} = 0$$

$$\text{para } 0 \leqslant t \leqslant T \qquad (6.77)$$

Obsérvese la semejanza existente entre (6.77) y la ecuación (6.58) correspondiente al caso particular del ejemplo 6.2. La solución puede obtenerse de la misma manera, derivando dos veces (6.77) respecto a t y combinando con la ecuación sin diferenciar obteniéndose una ecuación diferencial de segundo orden aplicable al intervalo $0 \leqslant t \leqslant T$:

$$\ddot{v}_1(t) = 0 \qquad (6.78)$$

Luego

$$v_1(t) = k_1 + k_2 t \quad \text{para } 0 \leqslant t \leqslant T \qquad (6.79)$$

Las constantes k_1 y k_2 se han de tomar de manera que $I_1(k_1, k_2) = 1$ e $I_2(k_1, k_2)$ sea mínimo. Hecho esto, tenemos la tensión óptima de carga como suma de un escalón y una rampa:

$$v_1(t) = \frac{RC}{T} + \frac{t}{T} \quad \text{para } 0 \leqslant t \leqslant T \qquad (6.80)$$

La labor de resolución de este problema se simplifica mucho tomando **i** como función variable en vez de $\mathbf{v}_1$:

$$I_1 = v_2(T) = \frac{1}{C}\int_0^T i(t)\,dt = \frac{1}{C}(\mathbf{i}, \mathbf{w}) = 1 \qquad (6.81)$$

$$\begin{aligned} I_2 &= \text{energía entregada entre 0 y } T \\ &= R\int_0^T i^2(t)\,dt + \frac{C}{2}v_2^2(T) \\ &= R(\mathbf{wi}, \mathbf{i}) + \frac{C}{2}I_1^2 \end{aligned} \qquad (6.82)$$

Por tanto, sólo tenemos que hacer mínimo (**wi**, **i**) sometido a (**i**, **w**) = C, por lo que exigimos que

$$2w(t)i(t) + \lambda w(t) = 0$$

o sea

$$i(t) = -\frac{\lambda}{2} \quad \text{para } 0 \leqslant t \leqslant T \tag{6.83}$$

donde $\lambda = -2C/T$ a fin de satisfacer la ligadura. Ahora

$$v_1(t) = Ri(t) + \frac{1}{C}\int_0^t i(\tau)\,d\tau = \frac{RC}{T} + \frac{t}{T} \quad \text{para } 0 \leqslant t \leqslant T \tag{6.84}$$

que concuerda con el resultado (6.80).

También se han presentado técnicas de resolución de problemas de este tipo en el conjunto de definición de la frecuencia.[4] ▮

Ejemplo 6.6. Como ejemplo último, consideremos un caso más complicado que es corriente en todos los problemas de diseño de sistemas reales. En este ejemplo se introducirán dos nuevos aspectos del problema variacional: (1) Como función variable puede utilizarse un operador, en vez de una señal, y (2) para hallar las características óptimas pueden variarse simultáneamente dos o más funciones del sistema independientes. En el sistema representado en la figura 6.6 se quiere que la versión filtrada de $x(t)$ sea lo más igual posible a una señal prefijada $g(t)$. Como antes, supondremos limitado el contenido de energía de $x(t)$, con lo cual (**x**, **x**) = c_1. Además, notamos que la mayoría de dispositivos filtro tienen una cierta limitación del producto *ganancia-anchura de banda*. Esto podría expresarse mediante la ligadura (**H**, **H**) = c_2. Por último, supondremos que la señal de entrada tiene una componente aditiva de interferencia $z(t)$ de una u otra polaridad. Para regular el efecto de interferencia, podríamos exigir que la versión filtrada de $z(t)$ tuviera una energía tolerablemente pequeña c_3. El problema consiste en hallar la mejor combinación de señal de entrada $x(t)$ y de filtrado $h(t)$ para que la diferencia entre la señal de filtrado

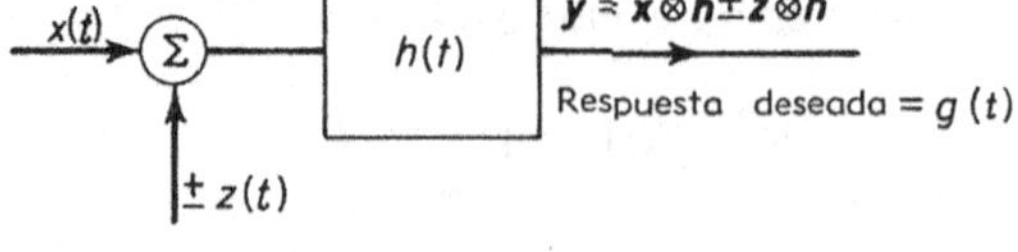

Figura 6.6. Mínimo error de filtrado con interferencia

$\mathbf{x} \otimes \mathbf{h}$ y la respuesta buscada $\mathbf{g}$ tenga norma mínima cumpliéndose las ligaduras anteriores. En resumen, queremos hacer mínimo

$$I_1 = \|\mathbf{x} \otimes \mathbf{h} - \mathbf{g}\|^2 = (\mathbf{XH}, \mathbf{XH}) - 2(\mathbf{XH}, \mathbf{G}) + (\mathbf{G}, \mathbf{G})$$

sometida a

$$\begin{aligned} I_2 &= (\mathbf{X}, \mathbf{X}) = c_1 \\ I_3 &= (\mathbf{H}, \mathbf{H}) = c_2 \\ I_4 &= \|\mathbf{z} \otimes \mathbf{h}\|^2 = (\mathbf{ZH}, \mathbf{ZH}) = c_3 \end{aligned} \tag{6.85}$$

Comenzaremos hallando los puntos estacionarios de

$$\begin{aligned} I &= (|\mathbf{H}|^2\mathbf{X}, \mathbf{X}) - 2(\mathbf{X}, \mathbf{H}^*\mathbf{G}) + (\mathbf{G}, \mathbf{G}) + \lambda_1(\mathbf{X}, \mathbf{X}) \\ &\quad + \lambda_2(\mathbf{H}, \mathbf{H}) + \lambda_3(\mathbf{ZH}, \mathbf{ZH}) \\ &= (|\mathbf{X}|^2\mathbf{H}, \mathbf{H}) - 2(\mathbf{H}, \mathbf{X}^*\mathbf{G}) + (\mathbf{G}, \mathbf{G}) + \lambda_1(\mathbf{X}, \mathbf{X}) \\ &\quad + \lambda_2(\mathbf{H}, \mathbf{H}) + \lambda_3(|\mathbf{Z}|^2\mathbf{H}, \mathbf{H}) \end{aligned} \tag{6.86}$$

respecto a **X** y **H** simultáneamente. Las dos condiciones se pueden obtener por inspección de la expresión apropiada de (6.86):

$$\nabla_X I = 2\,|\mathbf{H}|^2\mathbf{X} - 2\mathbf{H}^*\mathbf{G} + 2\lambda_1\mathbf{X} = \mathbf{0} \tag{6.87}$$

$$\nabla_H I = 2\,|\mathbf{X}|^2\mathbf{H} - 2\mathbf{X}^*\mathbf{G} + 2\lambda_2\mathbf{H} + 2\lambda_3\,|\mathbf{Z}|^2\mathbf{H} = \mathbf{0} \tag{6.88}$$

Queremos hallar **X** y **H** que satisfagan simultáneamente a (6.87) y (6.88). Multiplicando (6.87) por $\mathbf{X}^*$ y (6.88) por $\mathbf{H}^*$ tenemos

$$2\,|\mathbf{H}|^2|\mathbf{X}|^2 - 2\mathbf{H}^*\mathbf{X}^*\mathbf{G} + 2\lambda_1\,|\mathbf{X}|^2 = \mathbf{0} \tag{6.89}$$

$$2\,|\mathbf{H}|^2|\mathbf{X}|^2 - 2\mathbf{H}^*\mathbf{X}^*\mathbf{G} + 2\lambda_2\,|\mathbf{H}|^2 + 2\lambda_3\,|\mathbf{Z}|^2|\mathbf{H}|^2 = \mathbf{0} \tag{6.90}$$

De (6.89) vemos que $\mathbf{H}^*\mathbf{X}^*\mathbf{G}$ es real; luego la fase de **HX** es igual a la de **G**, como era de esperar, y se podrán sustituir estas cantidades por sus módulos en (6.89) y (6.90). La fase requerida puede desdoblarse arbitrariamente y asignarse así a **X** y **H**, ya que la fase de **X** y **H** no afecta a las ecuaciones de ligadura. Restando (6.89) y (6.90), hallamos

$$|\mathbf{X}|^2 = (k_1\,|\mathbf{Z}|^2 + k_2)\,|\mathbf{H}|^2 \tag{6.91}$$

Tomando $|\mathbf{H}|^2 > 0$, se puede sustituir (6.91) en (6.89) y obtener

$$|\mathbf{H}|^2 = \frac{|\mathbf{G}|}{[k_1 |\mathbf{Z}|^2 + k_2]^{\frac{1}{2}}} - k_3 \tag{6.92}$$

y

$$|\mathbf{X}|^2 = (k_1 |\mathbf{Z}|^2 + k_2)^{\frac{1}{2}} |\mathbf{G}| - k_3(k_1 |\mathbf{Z}|^2 + k_2) \tag{6.93}$$

No puede decirse gran cosa más acerca de despejar las constantes k_1, k_2 y k_3 para cumplir con las ligaduras salvo que es probable que resulte muy engorroso, a menos que se resuelva el problema numéricamente con una calculadora digital. ∎

Ejercicio 6.3. En el ejemplo 6.2 se vio que la señal óptima de duración limitada, que da energía máxima tras ser filtrada por una sección *RC* simple, tiende a un pulso rectangular cuando tiende a cero el parámetro f_0T (fig. 6.4). Demostrar que para cualquier filtro pasa-baja (y cualquier medida razonable de la anchura de banda f_0) el pulso de entrada óptimo tiende al pulso rectangular cuando f_0T tienda a cero. Dar una interpretación física de este resultado.

Ejercicio 6.4. Escribir la ecuación integral que debe ser satisfecha por soluciones del problema "adjunto" al del ejemplo 6.2; es decir, ¿qué señal de entrada de energía unidad, cuando sea filtrada por una red con función de transferencia $H(f)$, produce energía máxima a la salida en el intervalo $|t| \leqslant T$?

Ejercicio 6.5. Demostrar que, salvo un retardo en el tiempo, la señal de salida del ejemplo 6.3, cuando esté adaptada al filtro la señal de entrada, es proporcional a la función de ambigüedad en el tiempo (2.40) de la señal de entrada.

Ejercicio 6.6. Demostrar que el "área tiempo-ambigüedad"

$$r_x^{-2}(0) \int_{-\infty}^{\infty} r_x^2(\tau)\, d\tau$$

para una señal $x(t)$ de banda limitada a frecuencias del intervalo $|f| \leqslant W$, no puede ser inferior a $(1/2W)$ segundos. Dar un ejemplo de señal de banda limitada que alcance este valor mínimo.

Ejercicio 6.7. Hallar la señal de entrada de energía unidad, de duración limitada a un intervalo de anchura $2T$ segundos, que haga máximo el pico de salida de un filtro cuya respuesta al impulso sea $h(t)$.

Ejercicio 6.8. Considerar un filtro con función de transferencia de tensión $H(f) = V_2(f)/V_1(f)$ y función admitancia de entrada $Y(f) = I(f)/V_1(f)$, donde $v_1(t)$ y $v_2(t)$ son tensiones de entrada y salida, respectivamente, e $i(t)$ es la intensidad de entrada. ¿Qué tensión de señal $v_1(t)$ que entregue físicamente una energía unidad a la entrada $(\mathbf{v}_1, \mathbf{i}) = 1$ da una tensión máxima de salida en $t = t_0$? En otras palabras, ¿cuál es la señal adaptada para un filtro dado con impedancia de entrada no resistiva?

Ejercicio 6.9. Un problema corriente de diseño de señal consiste en hallar una señal de entrada que, al someterla a una operación particular de filtrado invariante en el tiempo, dé un pulso de salida de forma especificada. Este problema suele abordarse en el conjunto de definición de la frecuencia. En ausencia de otras ligaduras, haremos simplemente $X(f) = H^{-1}(f)G(f)$, donde $g(t)$ es el pulso de salida deseado y $h(t)$ es la respuesta del filtro al impulso. Esta solución puede exigir que el pulso de entrada tenga una energía demasiado grande, p. ej., si $G(f)$ tiene componentes apreciables en regiones en donde es pequeña $H(f)$. Supongamos que imponemos una limitación energética a la señal de entrada y seleccionemos la señal que haga mínima $\|\mathbf{g} - \mathbf{x} \otimes \mathbf{h}\|$. Escribir la expresión general de la transformada de Fourier de la señal óptima y compararla con el resultado sin ligaduras. Dar una interpretación física de las diferencias correspondientes a tipos específicos de características de $G(f)$ y $H(f)$. Comparar, también, el resultado con el del ejemplo 6.4.

6.7 *Duración-anchura de banda poseída por una señal*

Existe un problema del tipo estudiado en los apartados anteriores que merece una atención especial. Se refiere a cuánto pueden concentrarse en regiones estrechas, simultáneamente en el conjunto de definición del tiempo y en el de la frecuencia, las representaciones de una señal pulsátil. Existen varios casos de sistemas de comunicación por pulsos en los que una duración y una anchura de banda mínimas de los pulsos llevan a unas características de funcionamiento favorables. Una banda estrecha facilita los requisitos de capacidad del canal y tiende también a minimizar los efectos de la distorsión del pulso debidos a la transmisión por un canal dispersivo. Una corta duración incrementa la capacidad de resolución de una sucesión de pulsos en el tiempo. Así, en el caso del radar, la resolución del alcance se mejora con pulsos estrechos, y en la transmisión de datos la velocidad de información se puede incrementar con pulsos estrechos, ya que así se podrá aumentar el número de pulsos por unidad de tiempo manteniéndose la detectabilidad de los pulsos individuales.[5],[6] Surge un problema análogo en el diseño óptimo de disposición de antenas en donde se quieren lograr haces estrechos con disposiciones de dimensión pequeña.[7]

Principio de incertidumbre generalizado

A una expresión del hecho de que existe un límite de la cuantía de concentración simultánea alcanzable en ambos conjuntos de definición se le da popularmente el nombre de *principio de incertidumbre,* recordando las relaciones análogas en Mecánica cuántica. Varios autores han considerado este problema[8]-[16] y, la mayoría, ha utilizado cierto tipo de funcional energía para medir la concentración en cada conjunto de definición. En este apartado vamos a formular una generalización del problema de la incertidumbre midiendo las concentraciones pertinentes a la duración y la anchura de banda por medio de distribuciones de la energía ponderadas arbitrariamente en el conjunto de definición del tiempo y en el de la frecuencia. A fines de normalización restringiremos la señal a ser de energía total unidad. La solución al problema de la incertidumbre es una expresión de las concentraciones que pueden alcanzar un par dado de funciones ponderantes y la forma del pulso correspondiente que da la concentración máxima. El problema variacional entraña la extremización de

$$\mu_1 I_1 + \mu_2 I_2 + I_3$$

donde

$$\begin{aligned} I_1 &= (\mathbf{wx}, \mathbf{x}) \\ I_2 &= (\mathbf{VX}, \mathbf{X}) \\ I_3 &= (\mathbf{x}, \mathbf{x}) = (\mathbf{X}, \mathbf{X}) = 1 \end{aligned} \tag{6.94}$$

y $w(t)$ y $V(f)$ son las funciones ponderantes prefijadas en el conjunto de definición del tiempo real y en el de la frecuencia. μ_1 y μ_2 son multiplicadores de Lagrange. Sólo se necesitan dos multiplicadores indeterminados y se pueden asociar a cualquier pareja de los tres funcionales cuadráticos. Como cada uno de los funcionales cuadráticos corresponde a un operador autoadjunto, la condición necesaria para un punto estacionario de (6.94) se podrá expresar en el conjunto de definición del tiempo en la forma (v. tabla 6.1)

$$\mu_1 w(t)x(t) + \mu_2 \int_{-\infty}^{\infty} v(t-\tau)x(\tau)\,d\tau + x(t) = 0 \tag{6.95}$$

o, en el conjunto de definición de la frecuencia, la condición necesaria resulta ser

$$\mu_1 \int_{-\infty}^{\infty} W(f-\nu)X(\nu)\,d\nu + \mu_2 V(f)X(f) + X(f) = 0 \tag{6.96}$$

Vemos, por tanto, que la condición necesaria tiene la forma de una ecuación integral de Fredholm homogénea en uno y otro conjunto de definición. Si las dos funciones ponderantes tuviesen una forma diferente, la solución podría ser mucho más conveniente en un conjunto de definición que en el otro. Si las funciones ponderantes fueran iguales, el pulso óptimo y su transformada de Fourier satisfarían la misma ecuación. Observamos también que con ponderaciones diferentes, cuando se resuelve un problema de incertidumbre, tenemos automáticamente la solución de un problema diferente aplicando la dualidad tiempo-frecuencia a (6.95) y (6.96).

Vemos que el ejemplo de introducción de § 6.1 es un problema de incertidumbre con $w(t) = t^2$ y $V(f) = f^2$. En vez de hacer mínimo el producto de I_1 e I_2, en este caso podemos restringir bien sea I_1 o I_2 a un valor prefijado y haremos mínimo el otro (manteniendo $I_3 = 1$).

Como

$$V(f) = f^2 \Rightarrow v(t) = -\left(\frac{1}{2\pi}\right)^2 \ddot{\delta}(t)$$

la condición necesaria (6.95) se convierte en

$$\mu_1 t^2 x(t) - \left(\frac{1}{2\pi}\right)^2 \mu_2 \ddot{x}(t) + x(t) = 0 \tag{6.97}$$

En la forma

$$\ddot{x}(t) + (a^2 - b^2 t^2)x(t) = 0 \tag{6.98}$$

esta ecuación diferencial de segundo orden se nos presenta como ecuación de Schrödinger para un oscilador armónico con pozo parabólico de potencial y su solución ha sido estudiada extensamente. Puede demostrarse[17] que para la condición de contorno $x(\pm\infty) = 0$, los coeficientes de (6.98) deberán cumplir con la ligadura

$$a^2 = (2n+1)b; \qquad n = 0, 1, 2, \ldots \tag{6.99}$$

y las soluciones ortonormales correspondientes son

$$\psi_n(\sqrt{b}\,t) = \frac{H_n(\sqrt{b}\,t)e^{-\frac{1}{2}bt^2}}{(2^n n!\,\pi^{\frac{1}{2}})^{\frac{1}{2}}} \tag{6.100}$$

donde las H_n son los polinomios de Hermite y las ψ_n son las funciones de Hermite normalizadas (3.45). En (6.100) queda bien patente la multiplicidad de puntos estacionarios característica de las condiciones necesarias homogéneas. El mínimo absoluto del producto duración-anchura de banda se halla fácilmente sustituyendo (6.100) en (6.4), resultando

$$T_{\psi_n} W_{\psi_n} = \frac{1}{4\pi}(2n+1); \qquad n = 0, 1, 2, \ldots \tag{6.101}$$

Por tanto, la forma del pulso gaussiano $\psi_0(\sqrt{b}\,t)$ será óptima, de acuerdo con (6.8).

Otro ejemplo: Está claro que el problema del Ejemplo 6.2 es un tipo de problema de incertidumbre con la ligadura $I_1 = 1$, donde $w(t)$ es la ponderación rectangular dada por (6.52) y $V(f) = K(f) = |H(f)|^2$ según (6.55). El enunciado del principio de incertidumbre en este caso entraña el hallar el mayor valor propio y la función propia correspondiente de (6.56) para $H(f)$ y T dadas. En particular, para $H(f)$ correspondiente al filtro pasa-baja de sección simple *RC*, el valor mínimo de f_0T que dé una fracción prefijada I_2 de energía filtrada se halla a partir de (6.61) y (6.62), dando

$$f_0 T \geqslant \frac{\alpha}{2\pi} \operatorname{arc\,tg} \alpha \tag{6.102}$$

donde

$$\alpha^2 = \frac{I_2}{1 - I_2}.$$

Interesándole obtener una medida más definida de la concentración en el conjunto de definición de la frecuencia, CHALK[3] utilizó también ponderación rectangular en el conjunto de definición de la frecuencia suponiendo un filtro ideal pasa-baja de anchura de banda W como se indica en la figura 6.7. La

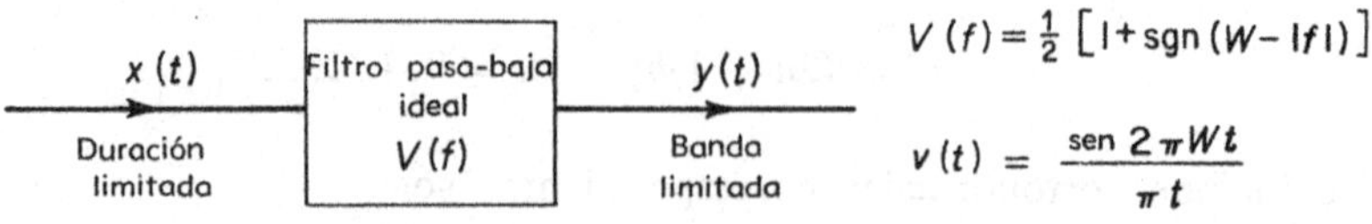

Figura 6.7. Versiones de banda limitada de señales de duración limitada

condición necesaria para hacer máximo I_2 con $I_1 = I_3 = 1$, obtenida de (6.56), viene dada por

$$\int_{-T}^{T} \frac{\operatorname{sen} 2\pi W(t-\tau)}{\pi(t-\tau)} x(\tau)\, d\tau = \lambda x(t) \quad \text{para } |t| \leqslant T \tag{6.103}$$

Observamos que el primer miembro de (6.103) es la convolución del pulso de duración limitada con la respuesta del filtro pasa-baja ideal al impulso. Este resultado se debe a la propiedad $K(f) = |H(f)|^2 = H(f)$ particular de este caso.

De aquí observamos una curiosa propiedad de las funciones de duración limitada que satisfacen (6.103): sus versiones de banda limitada tienen igual forma en el intervalo $|t| \leqslant T$,

$$y(t) = \lambda x(t) \quad \text{en } |t| \leqslant T \tag{6.104}$$

Para obtener la máxima energía filtrada, notemos que en este caso

$$\begin{aligned}(\mathbf{y}, \mathbf{y}) &= (\mathbf{Y}, \mathbf{Y}) = (\mathbf{VX}, \mathbf{Y}) = (\mathbf{x}, \mathbf{y}) = (\mathbf{wx}, \mathbf{y}) \\ &= \lambda(\mathbf{wx}, \mathbf{wx}) = \lambda(\mathbf{x}, \mathbf{x})\end{aligned} \tag{6.105}$$

Luego λ es la fracción de la energía de $x(t)$ que cae en la banda $|f| \leqslant W$. Esto indica que los valores propios de (6.103) son todos menores que 1, y la energía filtrada máxima es igual al mayor de los valores propios λ_0.

Es interesante considerar en este momento el problema dual del anterior; es decir, hacer máximo $I_1 = (\mathbf{wx}, \mathbf{x})$ sometido a $I_2 = (\mathbf{VX}, \mathbf{X}) = 1$ e $I_3 = (\mathbf{x}, \mathbf{x}) = 1$. Dicho de otro modo, queremos hallar la señal de banda limitada, con anchura de banda W, que concentre la mayor parte de su energía total en el intervalo $|t| \leqslant T$. La ligadura $I_2 = 1$ se puede incorporar por el método directo ($\mathbf{x} = \mathbf{v} \otimes \mathbf{x}$) efectuando la convolución de la expresión general (6.95) para la condición necesaria con $v(t)$, dando para este caso

$$\mu_1 \int_{-\infty}^{\infty} \frac{\operatorname{sen} 2\pi W(t-\tau)}{\pi(t-\tau)} w(\tau) x(\tau)\, d\tau + (1 + \mu_2) x(t) = 0 \tag{6.106}$$

la cual, a causa de la forma rectangular de $w(t)$, puede simplificarse a

$$\int_{-T}^{T} \frac{\operatorname{sen} 2\pi W(t-\tau)}{\pi(t-\tau)} x(\tau)\, d\tau = \lambda x(t) \quad \text{para todo } t \tag{6.107}$$

Esta ecuación sería igual a la (6.103) si no fuera porque se cumple para todo t. Así pues, si es $\psi_0(t)$ el pulso óptimo de banda limitada para este problema, $w(t)\psi_0(t)$ será la forma óptima de pulso para el pulso de duración limitada en el problema dual. Tal vez no sea sorprendente que de la solución (6.107) puedan obtenerse los pulsos óptimos para el caso más general que entraña ponderación rectangular en ambos conjuntos de definición y valores arbitrarios para I_1 o I_2.

Los trabajos de SLEPIAN, POLLAK y LANDAU[10]-[12] presentan las soluciones de (6.107) en función de *funciones de onda esferoidal alargada* y deducen un interesante conjunto de relaciones entre los valores alcanzables de I_1 e I_2 y el parámetro WT. Resumimos a continuación sus resultados:

1. Para todo valor de $c = 2\pi WT$, existe un conjunto numerable de funciones propias reales $\{\psi_n(c, t); n = 0, 1, 2, \dots\}$ que corresponden a valores propios distintos reales y positivos

$$1 > \lambda_0(c) > \lambda_1(c) > \lambda_2(c) > \cdots \tag{6.108}$$

donde la ordenación se mantiene para todos los valores de c.

2. Las $\psi_n(c, t)$ constituyen un conjunto ortonormal de funciones de banda limitada sobre $(-\infty, \infty)$ que es completo en el subespacio $L^2(-\infty, \infty)$ de funciones de banda limitada

$$\int_{-\infty}^{\infty} \psi_i(t)\psi_j(t)\, dt = \delta_{ij} \tag{6.109}$$

3. En el intervalo $|t| \leqslant T$, las $\psi_n(c, t)$ son ortogonales y forman un conjunto completo en $L^2(-T, T)$:

$$\int_{-T}^{T} \psi_i(t)\psi_j(t)\, dt = \lambda_i(c)\, \delta_{ij} \tag{6.110}$$

Tenemos ahora una respuesta parcial al problema de la incertidumbre. En la clase de funciones de duración limitada ($I_1 = 1$), la función $w(t)\psi_0(c, t)$ tiene la mayor fracción de su energía dentro de la banda $|f| \leqslant W$. Esta fracción es $I_2 = \lambda_0(c)$. La gráfica de la figura 6.8 indica la variación de λ_0 con c y compara la concentración del pulso óptimo en el conjunto de definición de la frecuencia con la concentración del pulso rectangular de anchura $2T$.

Para funciones de banda limitada ($I_2 = 1$), la función $\psi_0(c, t)$ tiene la mayor fracción de su energía en el intervalo de tiempo $|t| \leqslant T$. La fracción es también

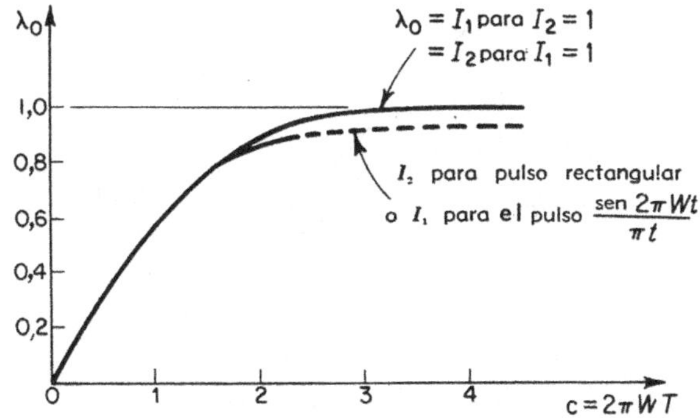

Figura 6.8. Mayor valor propio de (6.107)

$\lambda_0(c)$. La figura 6.8 sirve también para comparar las concentraciones en el conjunto de definición del tiempo del pulso óptimo y del pulso (sen $2\pi Wt)/\pi t$.

En la figura 6.9 podemos obtener una cierta idea acerca de la forma de los pulsos óptimos, pues en ella pueden verse las gráficas de $\psi_0(t)$ correspondientes a valores positivos de t (ψ_0 es par) para diversos valores de c.

Por último, la solución general al problema de la incertidumbre con ponderaciones rectangulares donde los pulsos óptimos no son ni de duración limitada ni de banda limitada ($I_1, I_2 < 1$) es, simplemente,

$$x(t) = p\psi_0(c, t) + qw(t)\psi_0(c, t)$$

donde

$$p = \left(\frac{1 - I_1}{1 - \lambda_0}\right)^{\frac{1}{2}}; \qquad q = \left(\frac{I_1}{\lambda_0}\right)^{\frac{1}{2}} - \left(\frac{1 - I_1}{1 - \lambda_0}\right)^{\frac{1}{2}} \tag{6.111}$$

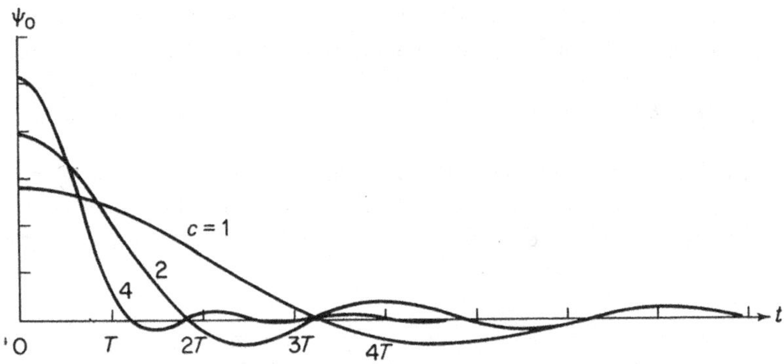

Figura 6.9. Gráfica de $\psi_0(t)$

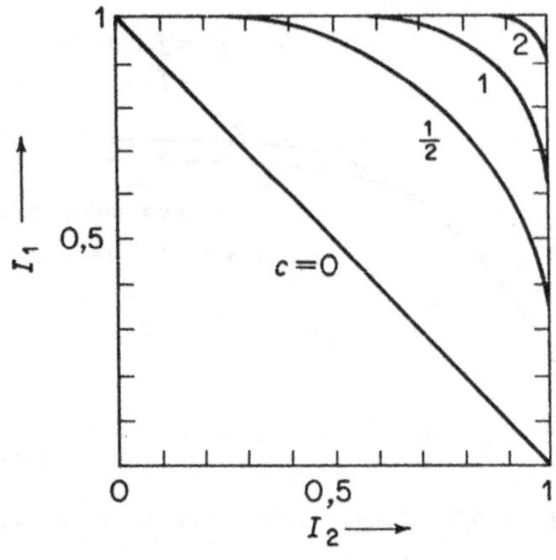

Figura 6.10. Concentraciones de energía alcanzables en los conjuntos de definición del tiempo y de la frecuencia

El resultado final, el cual constituye un enunciado conveniente del principio de incertidumbre para este problema, da el valor máximo alcanzable de I_1 o de I_2 cuando se restringe el otro (I_2 o I_1, respectivamente) a un valor particular. Esta relación es

$$\arccos I_1^{\frac{1}{2}} + \arccos I_2^{\frac{1}{2}} \geqslant \arccos \lambda_0^{\frac{1}{2}}(c) \tag{6.112}$$

donde la desigualdad se satisface para (6.111). En la figura 6.10 puede verse este resultado para distintos valores de $c = 2\pi WT$.

La recta $I_1 + I_2 = 1$ ($c = 0$) corresponde al hecho de que si la suma de la energía en los intervalos especificados de los conjuntos de definición del tiempo y de la frecuencia es menor que la energía total del pulso, no habrá restricción alguna para el tamaño de dichos intervalos. Solamente cuando $I_1 + I_2$ supere a la energía total habrá una cota inferior del producto WT *alcanzable.*

Interferencia intersímbolos

Un problema de incertidumbre algo diferente lo motiva el diseño de pulsos para un sistema de comunicación que transporte información en las amplitudes de una sucesión de pulsos en el tiempo. La información debe recuperarse de la señal recibida

$$s(t) = \sum_k a_k x(t - \tau_k) \tag{6.113}$$

por muestreo en los instantes adecuados τ_k, dando valores muestra $\hat{a}_k$ como estimaciones de las a_k correspondientes:

$$\hat{a}_k = s(\tau_k) = a_k x(0) + \sum_{j;\, j\neq k} a_j x(\tau_k - \tau_j) \tag{6.114}$$

El último término de (6.114) es un error denominado *interferencia intersímbolos* por deberse a pulsos de datos contiguos. Para tener una interferencia intersímbolos pequeña necesitaremos formas de pulso estrechas $x(t)$ tales que los valores $x(\tau_k - \tau_j)$; $k \neq j$ sean todos pequeños. Si a los pulsos se imponen también restricciones severas acerca de la anchura de banda, podría parecer adecuado a este caso el problema anterior, en el cual se hace mínima la energía del pulso fuera de un intervalo de tiempo especificado mientras se mantiene una energía especificada fuera de la banda. Sin embargo, a causa del comportamiento asintótico $(1/t)$ de los pulsos óptimos del ejemplo anterior será posible elegir sucesiones largas de pulsos que den una interferencia intersímbolos arbitrariamente grande en un instante particular. Para contrarrestar este efecto conviene aumentar la rapidez de caída de las "colas" de los pulsos de datos utilizando una función ponderante diferente en el conjunto de definición del tiempo; por ejemplo, $w(t) = t^2$. En consecuencia, formularemos un nuevo problema tomando

$$\begin{aligned} w(t) &= t^2 \text{ para todo } t \\ V(f) &= \tfrac{1}{2}[1 + \operatorname{sgn}(W - |f|)] \end{aligned} \tag{6.115}$$

y preguntando: ¿Qué forma de pulso que tenga una fracción especificada γ de su energía total fuera del intervalo de frecuencias $|f| \leqslant W$ tiene segundo momento mínimo?

La condición necesaria (6.96) se reduce a una simple ecuación diferencial de segundo orden en el conjunto de definición de la frecuencia:

$$\begin{aligned} -(2\pi)^2\mu_1 X''(f) + X(f) &= 0 \qquad \text{en } |f| < W \\ -(2\pi)^2\mu_1 X''(f) + (\mu_2 + 1)X(f) &= 0 \qquad \text{en } |f| > W \end{aligned} \tag{6.116}$$

Las soluciones de (6.116) que satisfagan las condiciones de contorno $X(\pm\infty) = 0$ y $X(W^+) = X(W^-)$, que se requieren para que estén acotados los funcionales, vienen dadas por

$$\begin{aligned} X(f) &= A\cos 2\pi\frac{\alpha f}{W} \qquad \text{en } |f| \leqslant W \\ &= Ae^{2\pi\beta}(\cos 2\pi\alpha)e^{-2\pi\beta\left|\frac{f}{W}\right|} \qquad \text{en } |f| > W \end{aligned} \tag{6.117}$$

Las constantes A, α y β se determinan sustituyendo (6.117) en los funcionales I_1, I_2 e I_3 y haciendo $I_2 = \gamma$ e $I_3 = 1$ mientras se hace mínimo I_1. Ello lleva a las relaciones

$$\begin{aligned} \gamma &= \frac{\cos^2 2\pi\alpha}{1 + 2\pi\alpha \tan 2\pi\alpha} \\ \beta &= \alpha \tan 2\pi\alpha \end{aligned} \tag{6.118}$$

En particular, para $\gamma = 0$, hallamos $\alpha = 1/4$ y la transformada de Fourier del pulso de banda limitada de segundo momento mínimo tiene la forma de "media onda coseno". El propio pulso es proporcional a la suma de dos pulsos $(\text{sen}\, 2\pi Wt)/\pi t$ desplazados $1/2W$ segundos. Según se ve en la figura 6.11, al permitir aunque sea una pequeña cantidad de energía fuera de la banda se produce una marcada disminución de la anchura y magnitud de las colas de los pulsos óptimos.

Sucesiones sincrónicas de pulsos, criterio de Nyquist, teorema del muestreo

Si la sucesión de pulsos (6.113) es sincrónica, en el sentido de que $\tau_k = k\tau_0$; $k = 0, \pm 1, \pm 2, \ldots$, será posible seleccionar pulsos que anulen la interferencia intersímbolos, incluso si dichos pulsos deban ser de banda limitada. Suponiendo que las a_k puedan tomar valores arbitrarios en (6.114), vemos que la inter-

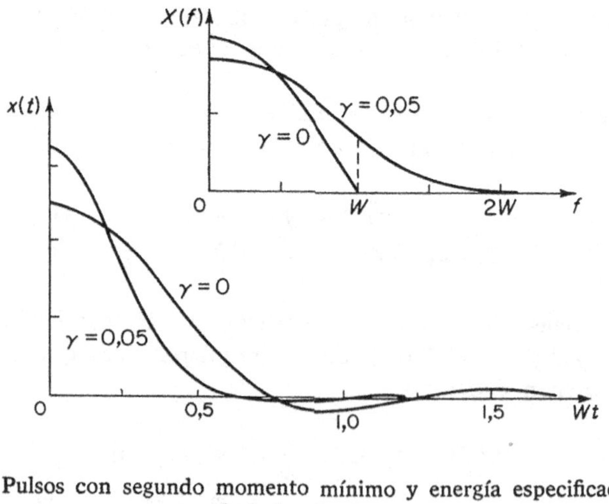

Figura 6.11. Pulsos con segundo momento mínimo y energía especificada fuera de la banda

ferencia intersímbolos será nula si, y sólo si, podemos hacer $x(k\tau_0) = 0$ para $k = \pm 1, \pm 2, \ldots$ Ello equivale al requisito

$$\sum_{k;k\neq 0} x^2(k\tau_0) = \sum_{k=-\infty}^{\infty} x^2(k\tau_0) - x^2(0) = 0 \qquad (6.119)$$

que puede expresarse en forma de funcional cuadrático de $\mathbf{x}$:

$$(\mathscr{A}\mathbf{x}, \mathbf{x}) = 0$$

donde

$$A(t, \tau) = \sum_{k=-\infty}^{\infty} \delta(t - k\tau_0)\, \delta(\tau - k\tau_0) - \delta(t)\, \delta(\tau) \qquad (6.120)$$

Según (6.24), el operador correspondiente en el conjunto de definición de la frecuencia vendrá dado por (v. ejercicio 4.3):

$$B(f, \nu) = \frac{1}{\tau_0} \sum_{m=-\infty}^{\infty} \delta\left(f - \nu - \frac{m}{\tau_0}\right) - 1 \qquad (6.121)$$

Por tanto, el funcional cuadrático se podrá expresar, en el conjunto de definición de la frecuencia, en la forma

$$(\mathscr{B}\mathbf{X}, \mathbf{X}) = \int_{-\infty}^{\infty} \frac{1}{\tau_0}\left[\sum_m X\left(f - \frac{m}{\tau_0}\right)\right] X^*(f)\, df - \iint_{-\infty}^{\infty} X^*(f) X(\nu)\, d\nu\, df \qquad (6.122)$$

El requisito de anulación de (6.122) lo satisface evidentemente la relación

$$\sum_{m=-\infty}^{\infty} X\left(f - \frac{m}{\tau_0}\right) = \tau_0 \int_{-\infty}^{\infty} X(\nu)\, d\nu = \tau_0 x(0) \qquad (6.123)$$

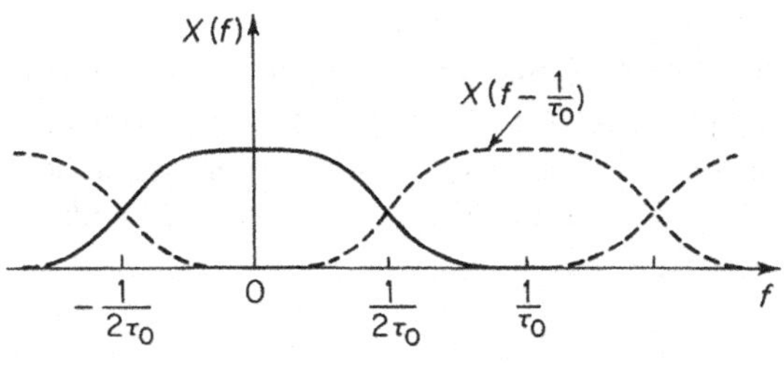

Figura 6.12. Transformada de Fourier de un pulso típico que satisface el criterio de Nyquist

Esta condición (6.123) se conoce por el nombre de *criterio de Nyquist*[18] para la eliminación de la interferencia intersímbolos en una sucesión de pulsos uniformemente separados (v. también ejercicio 1.11). En la figura 6.12 se ha representado la transformada de Fourier de un pulso típico que satisface dicho criterio. Se observa que $X(f)$ debe presentar cierto tipo de simetría impar respecto al punto $f = 1/2\tau_0$ a fin de que la suma de todas las versiones trasladadas de $X(f)$ dé un valor constante, según exige (6.123).

Si consideramos pulsos de banda limitada, con anchura de banda W, el criterio podrá satisfacerse con $W \geqslant 1/2\tau_0$. Para $W = 1/2\tau_0$, el criterio sólo se satisfará con una $X(f)$ de forma rectangular:

$$\begin{aligned} X(f) &= \tau_0 x(0) \quad \text{para}\,|f| \leqslant \frac{1}{2\tau_0} \\ &= 0 \quad \text{para}\,|f| > \frac{1}{2\tau_0} \end{aligned} \tag{6.124}$$

Una visión más profunda de la importancia del criterio de Nyquist la da la *fórmula de la suma de Poisson*[19], que dice que, para una $x(t)$ arbitraria,

$$\frac{1}{\tau_0}\sum_{\ell=-\infty}^{\infty} X\left(f - \frac{\ell}{\tau_0}\right) = \sum_{k=-\infty}^{\infty} x(k\tau_0)e^{j2\pi k\tau_0 f} \tag{6.125}$$

Luego los valores muestra $x(k\tau_0)$ son, simplemente, los coeficientes de Fourier de la función periódica

$$\frac{1}{\tau_0}\sum_{\ell} X\left(f - \frac{\ell}{\tau_0}\right)$$

Para que no haya interferencia intersímbolos, $x(k\tau_0) = 0;\ k \neq 0$, lo cual exige que el primer miembro de (6.125) sea igual a una constante. Estas ideas están íntimamente relacionadas con las de la representación por serie en el tiempo de las señales de banda limitada. Si $x(t)$ y $s(t)$ tienen banda limitada a $W = 1/2\tau_0$, podremos demostrar que

$$\sum_{k=-\infty}^{\infty} s(k\tau_0)x(t - k\tau_0) = \sum_{k=-\infty}^{\infty} x(k\tau_0)s(t - k\tau_0) \tag{6.126}$$

Este resultado se pone de manifiesto tomando la transformada de Fourier de cada miembro de (6.126) y utilizando la fórmula de la suma de Poisson (6.125) dando (v. ejercicio 4.3)

$$\frac{1}{\tau_0} X(f) \sum_{\ell=-\infty}^{\infty} S\left(f - \frac{\ell}{\tau_0}\right) = \frac{1}{\tau_0} S(f) \sum_{\ell=-\infty}^{\infty} X\left(f - \frac{\ell}{\tau_0}\right) \tag{6.127}$$

que se satisface claramente si $X(f) = 0$ y $S(f) = 0$ para $|f| > 1/2\tau_0$. Sea ahora $s(t)$ una señal de banda limitada arbitraria y supongamos que $x(t)$ satisface la condición de Nyquist (6.124). Entonces, de (6.126), con el requisito adicional de que $x(0) = 1$, tenemos

$$s(t) = \sum_{k=-\infty}^{\infty} s(k\tau_0)x(t - k\tau_0)$$

$$= \sum_{k=-\infty}^{\infty} s(k\tau_0) \frac{\operatorname{sen}(\pi/\tau_0)(t - k\tau_0)}{(\pi/\tau_0)(t - k\tau_0)} \tag{6.128}$$

Este resultado constituye el *teorema del muestreo,* estudiado en el capítulo 1, para señales de banda limitada. Hemos demostrado que una señal arbitraria de banda limitada, de anchura de banda W, puede representarse en forma única mediante sus valores muestra tomados cada $1/2W$ segundos. Para una señal de energía finita, sólo podrán ser sustancialmente diferentes de cero n de dichas muestras, siendo n finito. Si se concentran las muestras importantes en un intervalo $2T = n\tau_0$, el número de muestras importantes será $n = 4TW$. A causa de esta relación, nos sentimos tentados a decir que la clase de señales caracterizada por una anchura de banda aproximada W y una duración aproximada $2T$ está contenida en esencia en un subespacio de $4WT$ dimensiones. El tema del apartado siguiente constituye un examen más detallado de esta conjetura.

Ejercicio 6.10. Seleccionar un punto que esté sobre la línea $c = 0$ o por debajo de ella en la figura 6.10. Dibujar la señal que presenta esta cantidad de concentración de energía en el tiempo y en la frecuencia para valores muy pequeños de c.

Ejercicio 6.11. Hallar la transformada de Fourier del pulso real, de energía unidad y banda limitada que tenga mínimo su cuarto momento; es decir, en (6.94), sea $w(t) = t^4$, $V(f) = \frac{1}{2}[1 + \operatorname{sgn}(W - |f|)]$, e $I_2 = I_3 = 1$.

6.8 Dimensionalidad aproximada de un espacio de señales

Una cuestión íntimamente relacionada con el problema de la incertidumbre es la que se refiere a la posibilidad de clasificación de subconjuntos de señales por medio de ligaduras impuestas a las propiedades de duración y anchura de banda de las señales. Concretamente, intentaremos determinar la base de un subespacio de número finito de dimensiones que sea adecuada para representar todas las señales en una cierta clase restringida de señales. Supongamos que podemos clasificar señales en función de un operador lineal $\mathscr{A}$, viniendo dada la clase por

$$\{\mathbf{y};\, \mathbf{y} = \mathscr{A}\mathbf{x} \text{ para todo } \mathbf{x} \text{ en } L^2(-\infty, \infty)\} \tag{6.129}$$

Se ve que las clases correspondientes a algunos operadores no tienen en ningún sentido un número finito de dimensiones. Por ejemplo, consideremos el operador identidad; para cualquier subespacio de número finito de dimensiones, podremos siempre hallar un $\mathbf{x}$ en $L^2(-\infty, \infty)$ que sea ortogonal al subespacio. En cambio, existe una amplia clase de operadores que dan señales próximas a un subespacio de número finito de dimensiones, en el sentido de que

$$\left\| \mathbf{y} - \sum_{k=1}^{n} \alpha_k \boldsymbol{\varphi}_k \right\| \leqslant \varepsilon_n \tag{6.130}$$

donde $\mathbf{y} = \mathscr{A}\mathbf{x}$; $\|\mathbf{x}\| = 1$ y ε_n puede hacerse arbitrariamente pequeño con n finito. Éstos son los operadores compactos estudiados en § 5.5.

Supongamos que $\{\varphi_k(t);\, k = 1, 2, \ldots, n\}$ constituye una base ortonormal para el subespacio en cuestión, por lo que, de una manera natural, tomaremos $\alpha_k = (\mathbf{y}, \boldsymbol{\varphi}_k)$ en (6.130) a fin de hacer mínima la norma del error para cualquier $\mathbf{y}$ particular. Hecho esto, el cuadrado de la distancia entre $\mathbf{y}$ y su proyección ortogonal sobre el subespacio viene dado por

$$\begin{aligned} I(\mathbf{y}) &= (\mathbf{y}, \mathbf{y}) - \sum_{k=1}^{n} |(\mathbf{y}, \boldsymbol{\varphi}_k)|^2 \\ &= (\mathscr{A}\mathbf{x}, \mathscr{A}\mathbf{x}) - \sum_{k=1}^{n} |(\mathscr{A}\mathbf{x}, \boldsymbol{\varphi}_k)|^2 \\ &= (\mathscr{A}'\mathscr{A}\mathbf{x}, \mathbf{x}) - \sum_{k=1}^{n} |(\mathbf{x}, \mathscr{A}'\boldsymbol{\varphi}_k)|^2 \end{aligned} \tag{6.131}$$

Vamos a buscar la base particular $\{\boldsymbol{\varphi}_k; k = 1, 2, \ldots, n\}$ tal que se minimice el valor máximo de $I(\mathbf{y})$ al someterlo a $\|\mathbf{x}\| = 1$. Ello equivale al problema de aproximar un operador por un operador degenerado (de rango n), ya que

$$\begin{aligned} I(\mathbf{y}) &= (\mathscr{C}\mathbf{x}, \mathbf{x}) - (\mathscr{C}_n\mathbf{x}, \mathbf{x}) = ([\mathscr{C} - \mathscr{C}_n]\mathbf{x}, \mathbf{x}) \\ &\leqslant \|\mathscr{C} - \mathscr{C}_n\| \; \|\mathbf{x}\|^2 = \|\mathscr{C} - \mathscr{C}_n\| \quad \text{para } \|\mathbf{x}\| = 1 \end{aligned} \tag{6.132}$$

donde

$$\mathscr{C} = \mathscr{A}'\mathscr{A}$$

y

$$\begin{aligned} \mathscr{C}_n\mathbf{x} &= \int_{-\infty}^{\infty} C_n(t, \tau)x(\tau)\, d\tau \\ C_n(t, \tau) &= \sum_{k=1}^{n} g_k(t)g_k^*(\tau) \end{aligned} \tag{6.133}$$

De (6.131), hemos hecho $\mathbf{g}_k = \mathscr{A}'\boldsymbol{\varphi}_k$.

Supongamos que el operador $\mathscr{C} = \mathscr{A}'\mathscr{A}$ tenga una representación espectral discreta dada por

$$C(t, \tau) = \sum_{i=1}^{\infty} \lambda_i \psi_i(t)\psi_i^*(\tau) \tag{6.134}$$

donde las $\boldsymbol{\psi}_i$ y λ_i son funciones propias ortonormalizadas y valores propios de $\mathscr{C}\mathbf{x} = \lambda\mathbf{x}$. Como $\mathscr{C} = \mathscr{A}'\mathscr{A}$ es un operador autoadjunto definido no negativo, sus valores propios son reales y no negativos. Suponemos que dichos valores propios de (6.134) tienen índices tales que formen una sucesión monótona decreciente, $\lambda_1 \geqslant \lambda_2 \geqslant \lambda_3 \geqslant \cdots \geqslant 0$. Puede demostrarse[20] que para un núcleo básico degenerado arbitrario $D_n(t, \tau)$ (con imagen n-dimensional) la norma del operador $\mathscr{C} - \mathscr{D}_n$ no podrá ser inferior a λ_{n+1}:

$$\|\mathscr{C} - \mathscr{D}_n\| \geqslant \|\mathscr{C} - \mathscr{C}_n\| = \lambda_{n+1} \tag{6.135}$$

La igualdad de los últimos miembros de (6.135) se cumple si tomamos

$$\mathscr{A}'\boldsymbol{\varphi}_k = \mathbf{g}_k = \lambda_k^{\frac{1}{2}}\boldsymbol{\psi}_k; \qquad k = 1, 2, \ldots, n \tag{6.136}$$

ya que entonces el operador $\mathscr{C} - \mathscr{C}_n$ tendrá un núcleo dado por

$$C(t, \tau) - C_n(t, \tau) = \sum_{k=n+1}^{\infty} \lambda_i \psi_i(t)\psi_i^*(\tau)$$

y la norma del operador vendrá dada por el valor propio mayor (5.113). Vamos ahora a demostrar que existe una base ortonormal $\{\boldsymbol{\varphi}_k; k = 1, \ldots, n\}$ que satisface a (6.136). Sea

$$\boldsymbol{\varphi}_k = \lambda_k^{-\frac{1}{2}}\mathscr{A}\boldsymbol{\psi}_k \tag{6.137}$$

Se deduce entonces que

$$\mathbf{g}_k = \mathscr{A}'\boldsymbol{\varphi}_k = \lambda_k^{-\frac{1}{2}}\mathscr{C}\boldsymbol{\psi}_k = \lambda_k^{\frac{1}{2}}\boldsymbol{\psi}_k; \qquad k = 1, 2, \ldots, n$$

y

$$\begin{aligned}(\boldsymbol{\varphi}_k, \boldsymbol{\varphi}_j) &= (\lambda_k\lambda_j)^{-\frac{1}{2}}(\mathscr{A}\boldsymbol{\psi}_k, \mathscr{A}\boldsymbol{\psi}_j) \\ &= (\lambda_k\lambda_j)^{-\frac{1}{2}}(\mathscr{C}\boldsymbol{\psi}_k, \boldsymbol{\psi}_j) \\ &= \left(\frac{\lambda_k}{\lambda_j}\right)^{\frac{1}{2}}(\boldsymbol{\psi}_k, \boldsymbol{\psi}_j) = \delta_{kj}\end{aligned}$$

Resumiendo estos resultados, en una aproximación n-dimensional a una señal de la forma $\mathbf{y} = \mathscr{A}\mathbf{x}$ con $\|\mathbf{x}\| = 1$, la norma del error está acotada por

$$\left\| \mathbf{y} - \sum_{k=1}^{n} \alpha_k \boldsymbol{\varphi}_k \right\| \leqslant \lambda_{n+1}^{\frac{1}{2}} \tag{6.138}$$

donde se eligen α_k y $\boldsymbol{\varphi}_k$ de manera que

$$\alpha_k = (\mathbf{y}, \boldsymbol{\varphi}_k); \qquad \boldsymbol{\varphi}_k = \lambda_k^{-\frac{1}{2}}\mathscr{A}\boldsymbol{\psi}_k$$

y λ_{n+1} es el valor propio $(n + 1)$-ésimo del operador $\mathscr{A}'\mathscr{A}$.

Si añadimos el requisito de que $\mathscr{C}$ tenga un núcleo básico de cuadrado integrable, con lo que $\mathscr{C}$ será de Hilbert-Schmidt y por tanto compacto, véase (5.72),

$$\infty > \int\!\!\int_{-\infty}^{\infty} |C(t, \tau)|^2 \, dt \, d\tau = \sum_{i=1}^{\infty} |\lambda_i|^2 \tag{6.139}$$

se deduce entonces que los λ_i tienden a cero al crecer i y la cota del error de (6.138) podrá hacerse arbitrariamente pequeña tomando n suficientemente grande.

Efectos de puerta y de filtro

Para relacionar estos resultados con las propiedades de duración y anchura de banda, consideremos el operador $\mathscr{A}_1$, donde

$$A_1(t, \tau) = h(t - \tau)w(\tau) \tag{6.140}$$

Este operador se interpreta físicamente como una operación de puerta seguida de una operación de filtro invariante en el tiempo, según se indica en la figura 6.13. La función puerta $w(t)$ proporciona, en cierto sentido, una limitación de la duración de la señal de entrada; mientras que la función de transferencia $H(f)$ del filtro proporciona, en cierto sentido, una limitación de la anchura de banda. Si $\mathbf{w}$ y $\mathbf{h}$ son por separado de cuadrado integrable, se satisfará (6.139) y podremos proceder a estudiar la dimensionalidad requerida para representar la clase de señales de salida de $\mathscr{A}_1$ con una exactitud prefijada, examinando la magnitud de los valores propios de $\mathscr{A}_1'\mathscr{A}_1$. Hagamos notar, como hicimos en § 5.5, que las operaciones de puerta y filtro tomadas individualmente no satisfacen (6.139). En realidad, no tienen representaciones espectrales discretas y existen infinitos valores propios acotados distintos de cero. El estudio realizado al final del apartado anterior nos llevó a esperar que fuera necesaria una limitación simultánea de la duración y de la anchura de banda para hacer las señales de número finito de dimensiones.

Las funciones de la base óptimas para representar $y(t)$ vienen dadas, de (6.137), por las versiones de las soluciones de la puerta y luego del filtro (correspondientes a los n valores propios mayores) de

$$\mathscr{C}_1 \cdot x(t) = \int_{-\infty}^{\infty} w^*(t)w(\tau)k(t - \tau)x(\tau)\, d\tau = \lambda x(t) \tag{6.141}$$

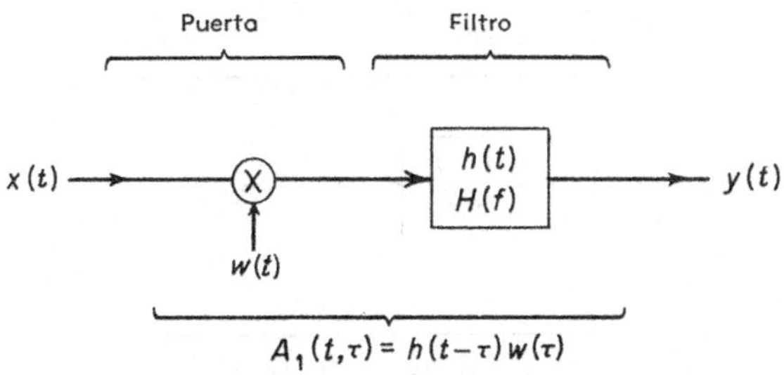

Figura 6.13. Operador que proporciona señales de duración y anchura de banda limitadas

donde

$$k(t) = \int_{-\infty}^{\infty} h(\sigma)h^*(\sigma - t)\, d\sigma \Rightarrow K(f) = |H(f)|^2 \qquad (6.142)$$

Si conservamos las mismas funciones de puerta y de filtro pero invertimos su orden según se indica en la figura 6.14, será

$$A_2(t, \tau) = w(t)h(t - \tau) \qquad (6.143)$$

y la ecuación de valores propios correspondiente a (6.141) está dada por

$$\int_{-\infty}^{\infty} C_2(t, \tau)x(\tau)\, d\tau = \lambda x(t) \qquad (6.144)$$

donde

$$C_2(t, \tau) = \int_{-\infty}^{\infty} |w(\sigma)|^2\, h^*(\sigma - t)h(\sigma - \tau)\, d\sigma$$

En el conjunto de definición de la frecuencia, esta ecuación toma la misma forma que (6.141) ya que (6.144) es equivalente a

$$\int_{-\infty}^{\infty} H^*(f)H(\nu)Z(f - \nu)X(\nu)\, d\nu = \lambda X(f) \qquad (6.145)$$

donde

$$Z(f) = \int_{-\infty}^{\infty} W^*(\eta - f)W(\eta)\, d\eta \Rightarrow z(t) = |w(t)|^2$$

De esta dualidad entre los conjuntos de definición del tiempo y de la frecuencia sacamos la conclusión de que si las funciones de puerta y de filtro

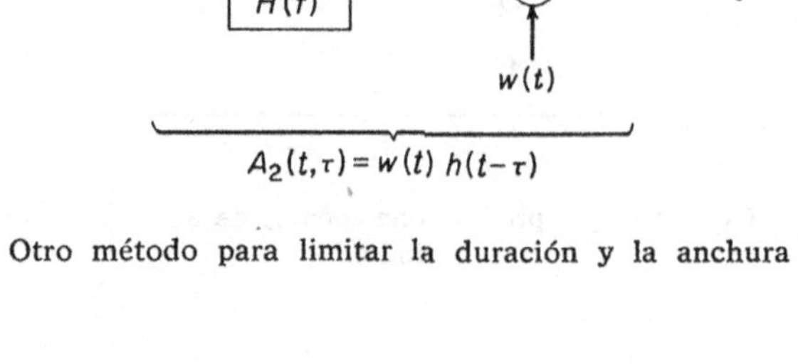

Figura 6.14. Otro método para limitar la duración y la anchura de banda

emplearan la misma forma, es decir, si $H(f) = w(af)$, donde a es una constante real y positiva, las ecuaciones integrales (6.141) y (6.145) tendrán los mismos valores propios y las conclusiones referentes a la dimensionalidad aproximada serán independientes de si la puerta precede al filtro o el filtro precede a la puerta. Las funciones de la base para los dos casos serán diferentes.

Una consecuencia más general de la dualidad de (6.141) y (6.145) es que para cada operador que tenga la forma indicada en la figura 6.13 existirá un operador correspondiente con funciones de puerta y de filtro adecuadamente modificadas y con filtro precediendo a la puerta (fig. 6.14), tal que los valores propios de $\mathscr{A}'\mathscr{A}$ sean los mismos en ambos casos (v. ejercicio 6.13).

Ejemplo 6.7. Si utilizamos una función puerta rectangular precediendo al filtro, $w(t) = \frac{1}{2}[1 + \operatorname{sgn}(T - |t|)]$, la (6.141) se convierte en

$$\int_{-T}^{T} k(t-\tau)x(\tau)\,d\tau = \lambda x(t) \qquad \text{para } |t| \leqslant T \tag{6.146}$$

que es igual a (6.56) en la versión general del problema de Chalk (ejemplo 6.2). En particular, si el filtro corresponde a una sección *RC* pasa-baja, los valores propios de (6.146), ordenados adecuadamente, serán

$$\lambda_i = \frac{(2\pi f_0 T)^2}{a_i^2 + (2\pi f_0 T)^2} \tag{6.147}$$

donde

$$\begin{aligned} \tan a_i &= \frac{2\pi f_0 T}{a_i} \qquad \text{para } i = 1, 3, 5, \ldots \\ &= \frac{-a_i}{2\pi f_0 T} \qquad \text{para } i = 2, 4, 6, \ldots \end{aligned}$$

según indican (6.61) y (6.62). La solución gráfica de (6.147), ilustrada en la figura 6.15, muestra que

$$(n-1)\frac{\pi}{2} < a_n < n\frac{\pi}{2}$$

Luego

$$\frac{1}{1 + [(n+1)/4f_0T]^2} < \lambda_{n+1} < \frac{1}{1 + (n/4f_0T)^2} \tag{6.148}$$

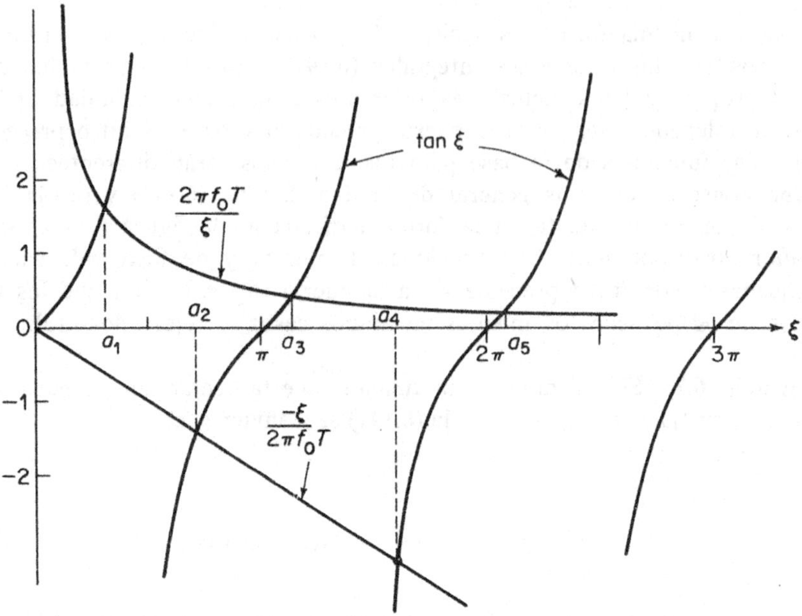

Figura 6.15. Determinación gráfica de valores propios de (6.146)

Cuando $f_0T \to 0$, el valor propio dominante será $\lambda_1 \to 2\pi f_0 T$ [pues $\lambda_2 \to (4f_0T)^2$] y para representar la salida del filtro será adecuado un subespacio unidimensional. Esto se ve intuitivamente, ya que la respuesta del filtro al impulso es muy amplia frente a $2T$ en este caso y la entrada al filtro pasada por la puerta aparece como excitación impulsiva; así pues, la salida del filtro será esencialmente proporcional a la respuesta $h(t)$ al impulso para cualquier señal de entrada pasada a través de la puerta.

Para valores grandes de f_0T habrá muchos valores próximos a la unidad, y para $n \cong 4f_0T$ tenemos $\lambda_{n+1} \cong 1/2$. Esto nos indica que para una aproximación adecuada de esta clase de señales podemos exigir que n sea varias veces mayor que $4f_0T$. La forma de las expresiones (6.148) que acotan el valor de λ_{n+1} sugieren que la disminución relativamente lenta de λ_n a medida que aumenta n se debe en parte a la disminución gradual de $K(f) = |H(f)|^2$ al ir creciendo la frecuencia. Si vale este razonamiento, λ_n disminuirá muy rápidamente a partir de un cierto punto si se utiliza un filtro pasa-baja ideal [$K(f)$ rectangular]. ∎

Ejemplo 6.8. Se han calculado y tabulado[21] los valores propios de (6.146) con

$$K(f) = \tfrac{1}{2}[1 + \operatorname{sgn}(W - |f|)] \tag{6.149}$$

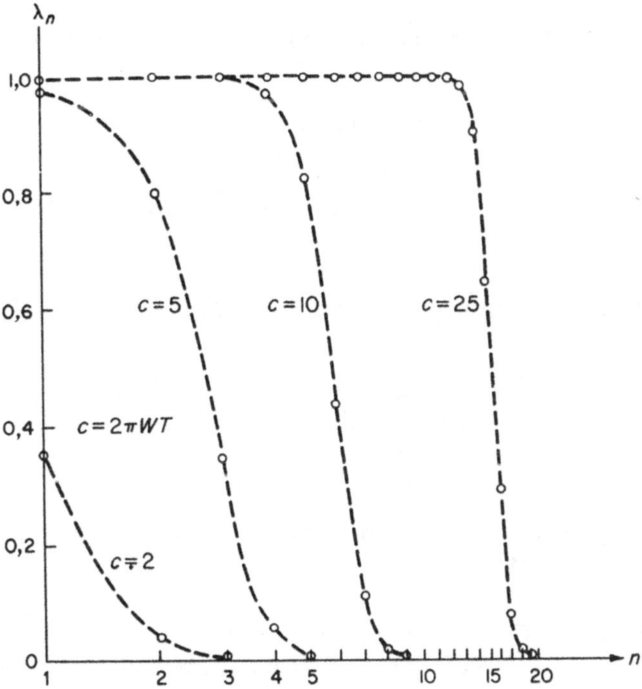

Figura 6.16. Valores propios de (6.146) con filtro pasa-baja ideal

para un amplio intervalo de valores de n y $c = 2\pi WT$. En la figura 6.16 se muestran gráficamente las tendencias, observándose la rápida caída correspondiente a los valores de c elevados.

Según se indicó anteriormente, las funciones propias son las funciones de onda en forma de esferoides alargados como lo son las funciones de la base en este caso [referencia a (6.104)]. El problema de la dimensionalidad aproximada de un espacio de señales con ligaduras algo menos restrictivas impuestas a la duración y a la anchura de banda se presenta en detalle en la referencia [12]. Uno de los principales resultados puede resumirse de la manera siguiente. Sea $y(t)$ una señal que satisfaga las ligaduras

$$
\begin{aligned}
I_1 &= (\mathbf{wy}, \mathbf{y}) = 1 - \varepsilon_T^2 \\
I_2 &= (\mathbf{VY}, \mathbf{Y}) = 1 - \eta_W^2 \\
I_3 &= (\mathbf{y}, \mathbf{y}) = 1
\end{aligned}
\tag{6.150}
$$

donde $w(t)$ y $V(f)$ son las funciones ponderantes rectangulares

$$w(t) = \tfrac{1}{2}[1 + \operatorname{sgn}(T - |t|)]$$

$$V(f) = \tfrac{1}{2}[1 + \operatorname{sgn}(W - |f|)] \tag{6.151}$$

Luego podemos encontrar n constantes $\{\alpha_k;\ k = 0, 1, \ldots, n - 1\}$ tales que

$$\left\| \mathbf{y} - \sum_{k=0}^{n-1} \alpha_k \psi_k \right\|^2 \leqslant 12(\varepsilon_T + \eta_W)^2 + \eta_W^2 \tag{6.152}$$

donde las ψ_k son las funciones de onda esferoidal alargada y n es el menor entero superior a $4WT$. ∎

Ejercicio 6.12. Comprobar que $\mathscr{C} = \mathscr{A}'\mathscr{A}$ es un operador auto-adjunto, definido no negativo. Indicar las realizaciones circuitales en forma de bloques de los operadores $\mathscr{C}_1$ y $\mathscr{C}_2$ de (6.141) y (6.144).

Ejercicio 6.13. En el caso de las redes que se representan a continuación con operadores $\mathscr{A}_1$ y $\mathscr{A}_2$, demostrar que los operadores $\mathscr{C}_1 = \mathscr{A}_1'\mathscr{A}_1$ y $\mathscr{C}_2 = \mathscr{A}_2'\mathscr{A}_2$ tendrán los mismos valores propios si $H_2(f) = w_1(af)$ y $w_2(t) = H_1(t/a)$, donde a es una constante real positiva.

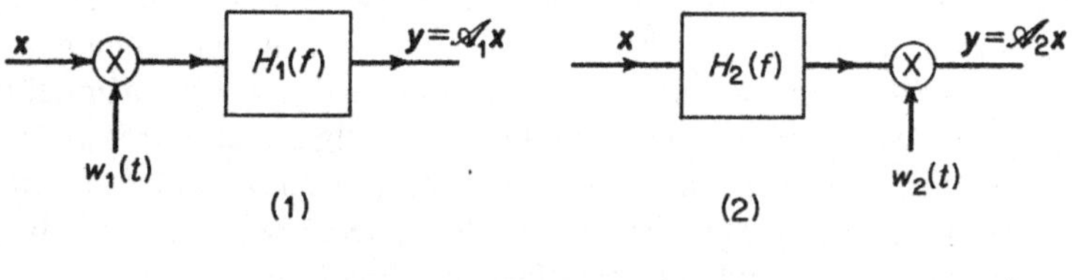

(1) (2)

Ejercicio 6.14. Si a un operador correspondiente a una puerta seguida de filtro le sigue después otra operación de puerta, podríamos esperar una reducción de la "dimensionalidad" de las señales de salida. Como ejemplo particular, demostrar que cuando se utilizan puerta y filtrado rectangulares, los valores propios de $\mathscr{C}_3$ son simplemente los cuadrados de los valores propios de $\mathscr{C}_1$.

Sugerencia: Demostrar que

$$\mathscr{A}_3 = \mathscr{C}_1 = \mathscr{A}_1'\mathscr{A}_1.$$

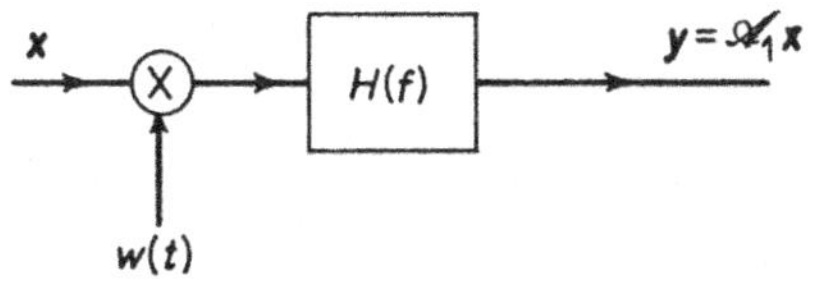

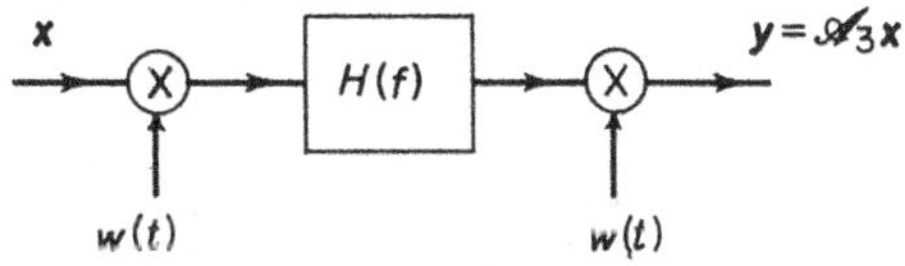

$$w(t) = \frac{1}{2}[1 + \text{sgn}\,(T - |t|)]$$
$$H(f) = \frac{1}{2}[1 + \text{sgn}\,(W - |f|)]$$

REFERENCIAS

1. D. GABOR, "Theory of Communication", *Jour. I.E.E.* (parte III), Vol. 93, pp. 429-57 (noviembre, 1946).
2. R. COURANT y D. HILBERT, *Methods of Mathematical Physics,* Vol. 1, Interscience, 1953.
3. J. H. H. CHALK, "The Optimum Pulse-Shape for Pulse Communication", *Proc. IEE,* Pt. III, Vol. 97, pp. 82-92 (marzo, 1950).
4. D. A. PIERRE, "Optimal Time-Limited Energy Constrained Inputs to Linear Systems", Symposium on Signal Transmission and Processing, *IEEE Conference Record 4C9.*
5. A. E. LAEMMEL, "Optimum Pulse Shape for digital Transmission", *Proc. Symposium on Modern Network Synthesis,* Polytechnic Institute of Brooklyn, pp. 211-20 (abril, 1955).
6. W. R. BENNETT y J. R. DAVEY, *Data Transmission,* McGraw-Hill, 1965.
7. T. TAYLOR, "Design of Line-Source Antennas for Narrow Beamwidth and Low Side-Lobes", *Trans. IRE-PG on Antennas and Propagation,* Vol. AP-3, n.° 1, pp. 16-20 (enero, 1955).
8. J. A. VILLE y J. BOUZITAT, "Note sur un signal de durée finie et d'energie filtrée maximum", *Cables et Transmission,* Vol. 11, n.° 2, pp. 102-127 (abril, 1957).

9. M. S. Gurevich, "Señales de duración finita que contienen máxima energía filtrada para una anchura de banda dada" (en ruso), *Radioteknika I Elektronika,* Vol. 1, n.° 3, pp. 313-19 (marzo, 1956).

10. D. Slepian y H. O. Pollak, "Prolate Spheroidal Wave Functions, Fourier Analysis an Uncertainty-I", *Bell Sys. Tech. Jour.,* Vol. 40, n.° 1, pp. 43-63 (enero, 1961).

11. H. J. Landau y H. O. Pollak, "Prolate Spheroidal Wave Functions, Fourier Analysis and Uncertainty-II", *Bell. Sys. Tech. Jour.,* Vol. 40, n.° 1, pp. 65-84 (enero, 1961).

12. H. J. Landau y H. O. Pollak, "Prolate Spheroidal Wave Functions, Fourier Analysis and Uncertainty-III: The Dimension of the Space of Essentially Time- and Band-Limited Signals", *Bell Sys. Tech. Jour.,* Vol. 41, n.° 4 (julio, 1962).

13. M. Zakai, "A Class of Definitions of 'Duration' (or 'Uncertainty') and the Associated Uncertainty Relations", *Information and Control,* Vol. 3, n.° 2, pp. 101-115 (junio, 1960).

14 I. Kay y R. A. Silverman, "On the Uncertainty Relation for Real Signals", *Information and Control,* Vol. 1, n.° 1, pp. 64-75 (septiembre, 1957).

15 R. Bourret, "A Note on an Information Theoretic Form of the Uncertainty Principle", *Information and Control,* Vol. 1, n.° 4, pp. 398-401 (diciembre, 1958).

16. R. Leipnik, "Entropy and the Uncertainty Principle", *Information and Control,* Vol. 2, n.° 1, pp. 64-79 (abril, 1959).

17. Jeffreys y Jeffreys, *Methods of Mathematical Physics,* tercera edición, Cambridge, 1956, capítulo 23.

18. H. Nyquist, "Certain Topics in Telegraph Transmission Theory", *Trans. AIEE,* Vol. 47, pp. 617-44 (abril, 1928).

19. A. Papoulis, *The Fourier Integral and its Applications,* McGraw-Hill, 1962, capítulo 3.

20. F. Riesz y B. Sz.-Nagy, *Functional Analysis,* Frederick Ungar, 1955.

21. D. Slepian y Mrs. E. Sonnenblick, "Eigenvalues Associated with Prolate Spheroidal Wave Functions of Zero Order", *Bell Sys. Tech. Jour.,* Vol. 44, n.° 8, pp. 1745-59 (octubre, 1965).

Representación de procesos estocásticos de señales

7

7.1 *Introducción*

En un sistema físico, sucede a menudo que algunos de los generadores de señales pueden originar una cualquiera de las numerosas (o innumerables) funciones del tiempo de un conjunto. A fines analíticos, convendrá asignar una ley de probabilidad que rija la ocurrencia de cada miembro del conjunto. A este conjunto (unido a la ley de probabilidad) se le denomina *conjunto* de señales producidas por un generador particular. Diremos que dicho generador produce una señal **x**, llamada *proceso estocástico* (también se le llama *proceso aleatorio*). La descripción de un proceso de señal estocástico deberá necesariamente ser muy diferente de los de las señales deterministas consideradas anteriormente. Sin embargo, los conceptos inherentes a los espacios de señales (tales como distancia, normas, productos escalares y ortogonalidad) resultan ser igualmente útiles para caracterizar los procesos estocásticos. Es más, en los problemas de síntesis más interesantes aparecen simultáneamente los dos tipos de descripción (determinista y estocástica) y se hallan estrechamente vinculados. Veremos esto en los problemas de filtrado óptimo estudiados en el capítulo 9 y también en el problema de hallar funciones de la base óptimas para las señales aleatorias que presentamos más adelante en este capítulo.

Concretando, un proceso estocástico se define como un conjunto de *variables aleatorias conjuntas,* a cada una de las cuales se les asigna un parámetro t de tiempo:

$$\mathbf{x} = \{\mathbf{x}(t);\, t \in T\} \tag{7.1}$$

Si T es un conjunto numerable, diremos que **x** es un *proceso a tiempo discreto.* Pero si T es un intervalo del eje real, diremos que **x** es un *proceso a tiempo continuo.* Importa notar que las $\mathbf{x}(t)$ de (7.1) *no* son cantidades escalares. En la mayoría de aplicaciones prácticas, la variable aleatoria $\mathbf{x}(t)$ puede considerarse como un vector en un espacio de Hilbert.[1],[2] El parámetro t no hace más que indicar puntos de este espacio de Hilbert. Corrientemente, al diseñador de sistemas le interesa caracterizar el funcionamiento del sistema en estudio para todo el conjunto de señales y no para una señal determinista particular seleccionada de entre el conjunto. Es capaz de expresar este funcionamiento "medio" valiéndose de ciertas medias estadísticas aplicadas a las variables aleatorias. A dichas medias se las denomina *esperanzas.* En estos problemas, pues, el comportamiento de un proceso estocástico en el conjunto de definición del tiempo estará caracterizado por la expresión de diversas esperanzas en la forma de funciones deterministas del tiempo y no por ondas de señales individuales. El no apreciar esta diferencia esencial entre las descripciones de señales deterministas y aleatorias introduce frecuentemente confusión.

Suponemos al lector en posesión de los fundamentos de la teoría de Probabilidades y variables aleatorias.[3] El apartado siguiente servirá principalmente de breve resumen y como punto para introducir la notación que vamos a utilizar posteriormente.

7.2 *Variables aleatorias y esperanzas*

La *variable aleatoria* **x** (suprimimos, de momento, el índice t)[1] es una *función* definida en un *espacio muestral* Ω. El espacio muestral es un conjunto de resultados $\Omega = \{\omega\}$, y al escalar $x(\omega)$ se le llama *realización* de la variable aleatoria **x**. El espacio muestra tiene también una ley de probabilidad que asigna probabilidades a ciertos subconjuntos de Ω. La *esperanza* $E[\mathbf{x}]$ de la variable aleatoria puede interpretarse como un funcional lineal de la función **x**, expresado heurísticamente en la forma

$$E[\mathbf{x}] = \sum_{\omega} x(\omega)P(\omega); \qquad \omega \in \Omega \tag{7.2}$$

donde $P: \Omega \to R$ es una función probabilidad definida sobre Ω. El *valor medio*

[1] En este apartado indicaremos diferentes variables aleatorias mediante subíndices enteros. En apartados posteriores, cuando representemos por **x** un proceso estocástico, para indicar sus variables aleatorias constituyentes (7.1) utilizaremos $\mathbf{x}(t)$.

del cuadrado de **x** es un funcional cuadrático de **x** que se interpretará como el cuadrado de la norma de **x**, expresado por

$$E[\mathbf{x}^2] = \sum_{\omega} x^2(\omega)P(\omega) = \|\mathbf{x}\|^2 \tag{7.3}$$

La dificultad de las expresiones (7.2) y (7.3) estriba en que las sumas que se indican pueden estar extendidas a conjuntos no numerables y que, además, sucede a menudo que no existe un mecanismo físico bien definido que relacione la variable aleatoria con una descripción en el espacio muestral. Afortunadamente, existe otra descripción que caracteriza por completo las variables aleatorias por medio de *funciones densidad de probabilidad.* La descripción mediante la densidad de probabilidad tiende a enmascarar el concepto de espacio de Hilbert como armadura para las variables aleatorias. A pesar de todo, la esperanza que define un producto escalar (y por tanto funcionales lineales y cuadráticos) se expresa fácilmente por medio de una función densidad de probabilidad adecuada.

Una variable aleatoria real se puede caracterizar por completo mediante la probabilidad asociada al suceso $[x(\omega) \leqslant a]$ para todos los valores reales de a. La función densidad de probabilidad $p_x(\xi)$, está definida por

$$\Pr\,[x(\omega) \leqslant a] = \int_{-\infty}^{a} p_x(\xi)\, d\xi \tag{7.4}$$

Si **x** toma ciertos valores $a_1, a_2, \ldots,$ con probabilidades no nulas $p_1, p_2, \ldots,$ esta característica se reflejará en la función densidad de probabilidad en forma de una sucesión de funciones δ.[3] Éstas pueden restarse, quedando una función de probabilidad resto $\tilde{p}_x(\xi)$ exenta de singularidades:

$$p_x(\xi) = \sum_i p_i\, \delta(\xi - a_i) + \tilde{p}_x(\xi) \tag{7.5}$$

La esperanza de una variable aleatoria, también llamada valor *medio* de ésta, se define en la forma

$$E[\mathbf{x}] = \int_{-\infty}^{\infty} \xi p_x(\xi)\, d\xi = \bar{\mathbf{x}} \tag{7.6}$$

La raya encima, que aparece en (7.6), se utiliza frecuentemente como simbolismo para la operación de esperanza. El valor cuadrático medio de **x** viene dado por

$$E[\mathbf{x}^2] = \int_{-\infty}^{\infty} \xi^2 p_x(\xi)\, d\xi = \overline{\mathbf{x}^2} \tag{7.7}$$

Otro parámetro estadístico importante es el valor medio del cuadrado de la variable aleatoria con media nula $\mathbf{x} - \bar{\mathbf{x}}$ llamada *varianza* de **x** y representada por σ_x^2:

$$\sigma_x^2 = E[(\mathbf{x} - \bar{\mathbf{x}})^2] = E[\mathbf{x}^2] - 2E[\mathbf{x}\bar{\mathbf{x}}] + E[\bar{\mathbf{x}}^2] = \overline{\mathbf{x}^2} - \bar{\mathbf{x}}^2 \tag{7.8}$$

Una variable aleatoria puede también describirse mediante su *función característica,* definida por

$$Q_x(\mu) = E[e^{j\mu\mathbf{x}}] = \int_{-\infty}^{\infty} p_x(\xi) e^{j\mu\xi}\, d\xi; \qquad \mu \in R \tag{7.9}$$

En (7.9) puede verse la estrecha relación existente entre la función característica y la transformada de Fourier de la función densidad de probabilidad; cual es

$$Q_x(\mu) = P_x(-\mu/2\pi)$$

Dos o más variables aleatorias reales se dice que están distribuidas conjuntamente si son funciones definidas en el mismo espacio muestral y pueden describirse por una *función densidad de probabilidad conjunta* definida por

$$\begin{aligned} &\Pr[x_1(\omega) \leqslant a_1, x_2(\omega) \leqslant a_2, \ldots, x_n(\omega) \leqslant a_n] \\ &\quad = \int_{-\infty}^{a_1} \int_{-\infty}^{a_2} \cdots \int_{-\infty}^{a_n} p_{x_1x_2\cdots x_n}(\xi_1, \xi_2, \ldots, \xi_n)\, d\xi_1\, d\xi_2 \ldots d\xi_n \end{aligned} \tag{7.10}$$

Las variables aleatorias reales distribuidas conjuntamente se pueden también describir de manera equivalente por la *función característica conjunta*

$$\begin{aligned} Q_{x_1x_2\cdots x_n}(\mu_1, \mu_2, \ldots, \mu_n) &= E[e^{j(\mu_1\mathbf{x}_1 + \mu_2\mathbf{x}_2 + \cdots + \mu_n\mathbf{x}_n)}] \\ &= \int_{-\infty}^{\infty} \int_{-\infty}^{\infty} \cdots \int_{-\infty}^{\infty} p_{x_1x_2\cdots x_n}(\xi_1, \xi_2, \ldots, \xi_n) \\ &\qquad \times e^{j(\mu_1\xi_1 + \mu_2\xi_2 + \cdots + \mu_n\xi_n)}\, d\xi_1\, d\xi_2 \ldots d\xi_n \end{aligned} \tag{7.11}$$

Además de las medias y varianzas de las variables aleatorias individuales, nos interesará a menudo más la esperanza del producto de un par de variables aleatorias. A esta cantidad se le llama *correlación* de las variables aleatorias y para dos variables aleatorias $\mathbf{x}_1$ y $\mathbf{x}_2$ se expresa en la forma

$$E[\mathbf{x}_1 \mathbf{x}_2] = \int_{-\infty}^{\infty}\int_{-\infty}^{\infty} \xi_1\xi_2 p_{x_1x_2}(\xi_1, \xi_2)\, d\xi_1\, d\xi_2$$
$$= -\frac{\partial^2}{\partial\mu_1\,\partial\mu_2} Q_{x_1x_2}(\mu_1, \mu_2)\bigg|_{\substack{\mu_1=0\\ \mu_2=0}} \tag{7.12}$$

La correlación proporciona la estructura geométrica buscada del espacio de variables aleatorias. Ello se debe a que (7.12) es una relación válida para un producto escalar de $\mathbf{x}_1$ y $\mathbf{x}_2$ [v. (2.28)] y los conceptos de normas y distancias se inducen a partir de este producto escalar. Para demostrar que $E[\mathbf{x}_1\mathbf{x}_2]$ satisface las propiedades (a)-(c) de (2.28), observemos que la propiedad (a) para un producto escalar sólo exige simetría, ya que estamos tratando solamente con vectores reales. Dicha simetría resulta evidente a partir de (7.12). La propiedad (b) es el requisito de linealidad establecido por

$$E[(\alpha_1\mathbf{x}_1 + \alpha_2\mathbf{x}_2)\mathbf{x}_3]$$
$$= \int_{-\infty}^{\infty}\int_{-\infty}^{\infty}\int_{-\infty}^{\infty} (\alpha_1\xi_1 + \alpha_2\xi_2)\xi_3 p_{x_1x_2x_3}(\xi_1, \xi_2, \xi_3)\, d\xi_1\, d\xi_2\, d\xi_3$$
$$= \alpha_1 \iint_{-\infty}^{\infty} \xi_1\xi_3 p_{x_1x_3}(\xi_1, \xi_3)\, d\xi_1\, d\xi_3 + \alpha_2 \iint_{-\infty}^{\infty} \xi_2\xi_3 p_{x_2x_3}(\xi_2, \xi_3)\, d\xi_2\, d\xi_3$$
$$= \alpha_1 E[\mathbf{x}_1\mathbf{x}_3] + \alpha_2 E[\mathbf{x}_2\,\mathbf{x}_3] \tag{7.13}$$

En (7.13) hemos utilizado una propiedad fundamental de las funciones densidad conjuntas que dice que[3]

$$\int_{-\infty}^{\infty} p_{x_1x_2x_3}(\xi_1, \xi_2, \xi_3)\, d\xi_1 = p_{x_2x_3}(\xi_2, \xi_3)$$

Por último, para la propiedad (c), observamos que

$$E[\mathbf{x}_1^2] = \int_{-\infty}^{\infty} \xi^2 p_{x_1}(\xi)\, d\xi \geqslant 0 \tag{7.14}$$

Ello se deduce del hecho de que $p_{x_1}(\xi)$ es una función no negativa. Además, $E[\mathbf{x}_1^2]$ es nula si, y sólo si, $\mathbf{x}_1$ toma valores no nulos con probabilidad nula.

Habiendo establecido un producto escalar en el espacio de variables aleatorias, interpretemos la distancia entre variables aleatorias en función de su *diferencia cuadrática media;* es decir,

$$d(\mathbf{x}_1, \mathbf{x}_2) = \|\mathbf{x}_1 - \mathbf{x}_2\| = \{E[(\mathbf{x}_1 - \mathbf{x}_2)^2]\}^{\frac{1}{2}} \tag{7.15}$$

Si se anula la correlación de dos variables aleatorias, se dirá que éstas son *ortogonales.* La correlación de las variables aleatorias con media nula $\mathbf{x}_1 - \bar{\mathbf{x}}_1$ y $\mathbf{x}_2 - \bar{\mathbf{x}}_2$ se denomina *covarianza* m_{12} de $\mathbf{x}_1$ y $\mathbf{x}_2$:

$$\begin{aligned} m_{12} &= E[(\mathbf{x}_1 - \bar{\mathbf{x}}_1)(\mathbf{x}_2 - \bar{\mathbf{x}}_2)] \\ &= E[\mathbf{x}_1\mathbf{x}_2] - \bar{\mathbf{x}}_1\bar{\mathbf{x}}_2 \end{aligned} \tag{7.16}$$

Si se anula la covarianza, diremos que las variables aleatorias son *linealmente independientes.* De (7.16) vemos que las variables aleatorias ortogonales serán linealmente independientes si una u otra variable aleatoria resulta ser una variable con media nula.

Tipo de independencia mucho mayor es el que implica la independencia de los sucesos $[x_1(\omega) \leqslant a_1]$ y $[x_2(\omega) \leqslant a_2]$ para todo valor de a_1 y a_2. Dos variables aleatorias con esta propiedad se dice que son ***estadísticamente independientes*** y su función de densidad conjunta presenta una propiedad de separabilidad:

$\mathbf{x}_1$ y $\mathbf{x}_2$ estadísticamente independientes

$$\Rightarrow p_{x_1x_2}(\xi_1, \xi_2) = p_{x_1}(\xi_1)p_{x_2}(\xi_2); \text{ para todo } \xi_1, \xi_2 \tag{7.17}$$

Nótese que (7.17) implica que $E[\mathbf{x}_1\mathbf{x}_2] = \bar{\mathbf{x}}_1\bar{\mathbf{x}}_2$, y por tanto la independencia estadística implica independencia lineal. El recíproco no es cierto, en general, ya que la independencia estadística constituye un enunciado mucho más rígido que la independencia lineal.

7.3 Procesos estocásticos

En (7.1) definíamos un proceso estocástico como una sucesión en el tiempo de variables aleatorias. Otro punto de vista es que es un conjunto de ondas (funciones del tiempo deterministas), cada una determinada por el grafo correspondiente a un punto particular del espacio muestral en el que están definidas las variables aleatorias conjuntamente distribuidas. Dicho de otro modo, cada onda es la colección dos a dos de valores escalares $\{x(t, \omega), t\}$ para todo $t \in T$ y un particular $\omega \in \Omega$. Cada onda así creada se denomina *realización* del proceso estocástico. Una realización típica, que representamos por $\mathbf{x}_\omega$, es un vector en el espacio de funciones del tiempo, no en el espacio de variables aleatorias. Al caracterizar las propiedades de un proceso estocástico, solemos atenernos al primer punto de vista, el de una sucesión en el tiempo de variables aleatorias. Sin embargo, en algunos problemas, como el descrito en § 7.5, deberán tenerse presentes ambos puntos de vista.

Un proceso estocástico puede describirse por medio de la función densidad de probabilidad conjunta de ciertos subconjuntos de sus variables aleatorias. Muchos procesos a tiempo continuo de interés práctico presentan la propiedad de que las funciones densidad son invariantes ante una traslación en el índice tiempo. Dichos procesos se denominan *estacionarios en sentido estricto* si

$$p_{x_1x_2\cdots x_n}(\xi_1, \xi_2, \ldots, \xi_n) = p_{\tilde{x}_1\tilde{x}_2\cdots\tilde{x}_n}(\xi_1, \xi_2, \ldots, \xi_n) \tag{7.18}$$

donde $\mathbf{x}_i = \mathbf{x}(t_i)$ y $\tilde{\mathbf{x}}_i = \mathbf{x}(t_i + \tau)$, para todo τ, y todo subconjunto de n elementos $\{t_i\}$ de T, donde n es arbitrario.

Funciones de autocorrelación y autocovarianza

Tanto si un proceso es estacionario como si no lo es, nos contentaremos a menudo con tratar solamente las propiedades conjuntas de pares de sus variables aleatorias. En este caso, tratamos la *estadística de segundo orden* del proceso estocástico. En particular, en muchos problemas, la correlación entre todos los pares de variables aleatorias puede constituir una descripción adecuada del proceso. Esta correlación dependerá conjuntamente de los índices tiempo t_1 y t_2 y se denomina *función de autocorrelación* $k_{xx}(t_1, t_2)$ para el proceso $\mathbf{x}$:

$$k_{xx}(t_1, t_2) = E[\mathbf{x}(t_1)\mathbf{x}(t_2)] \tag{7.19}$$

La función de autocorrelación del proceso aleatorio con media nula creado restando el valor medio $E[\mathbf{x}(t)] = \overline{\mathbf{x}(t)}$ se denomina *función de autocovarianza* $m_{xx}(t_1, t_2)$ para el proceso:

$$\begin{aligned} m_{xx}(t_1, t_2) &= E[\{\mathbf{x}(t_1) - \overline{\mathbf{x}(t_1)}\}\{\mathbf{x}(t_2) - \overline{\mathbf{x}(t_2)}\}] \\ &= k_{xx}(t_1, t_2) - \overline{\mathbf{x}(t_1)}\,\overline{\mathbf{x}(t_2)} \end{aligned} \tag{7.20}$$

Finalmente, $k_{xx}(t, t)$ es el *valor medio del cuadrado* del proceso y $m_{xx}(t, t)$ es la *varianza* del proceso. Nótese que ambas cantidades dependen, en general, del tiempo.

En el caso de un proceso estacionario, de (7.18) vemos que el valor medio es independiente del tiempo y que la autocorrelación sólo depende de la diferencia de tiempos $\tau = t_1 - t_2$. Es costumbre escribir la autocorrelación en función de la variable única τ cuando esté claro que estamos tratando un proceso estacionario. Así pues, tenemos

$$\left.\begin{aligned} k_{xx}(\tau) &= E[\mathbf{x}(t+\tau)\mathbf{x}(t)] \\ \bar{\mathbf{x}} &= E[\mathbf{x}(t)] \end{aligned}\right\} \text{ independiente de } t \text{ en un proceso estacionario} \quad (7.21)$$

Cuando se satisfaga la condición (7.21) sin atender a la más restrictiva (7.18), diremos que el proceso es *estacionario en sentido amplio*. De las propiedades de simetría y desigualdad de Schwarz del producto escalar, resulta claro que $k_{xx}(\tau) = k_{xx}(-\tau)$ y que $|k_{xx}(\tau)| \leq k_{xx}(0) = \overline{\mathbf{x}^2}$.

Parece razonable que la función de autocorrelación pueda proporcionar al menos una descripción parcial de las propiedades de un proceso estocástico en el conjunto de definición de la frecuencia. Supongamos que $\mathbf{x}$ es un proceso estacionario en sentido amplio y consideremos la *fluctuación cuadrática* del proceso en un intervalo de tiempo τ:

$$\begin{aligned} E[\{\mathbf{x}(t) - \mathbf{x}(t+\tau)\}^2] &= E[\mathbf{x}^2(t)] + E[\mathbf{x}^2(t+\tau)] - 2E[\mathbf{x}(t)\mathbf{x}(t+\tau)] \\ &= 2[k_{xx}(0) - k_{xx}(\tau)] \end{aligned} \quad (7.22)$$

Así pues, si un proceso presenta fluctuaciones rápidas (frecuencias elevadas), las muestras correspondientes a separaciones en el tiempo relativamente pequeñas tendrán una pequeña correlación. La función de autocorrelación será, en este caso, relativamente estrecha. En cambio, un proceso con fluctuaciones lentas (frecuencias bajas) tendrá una función de autocorrelación relativamente ancha. En la figura 7.1 hemos representado esto gráficamente.
Comparando (7.22) con (2.39), queda claro que la función de autocorrelación de un proceso estacionario presenta una gran analogía con la función de ambigüedad en el tiempo de una señal determinista de energía finita. En el apartado siguiente presentaremos una descripción más concreta de un proceso estocástico en el conjunto de definición de la frecuencia.

7.4 *Procesos conjuntos complejos*

En este apartado vamos a ampliar los conceptos anteriores para aplicarlos a la consideración de las propiedades conjuntas de un par de procesos esto-

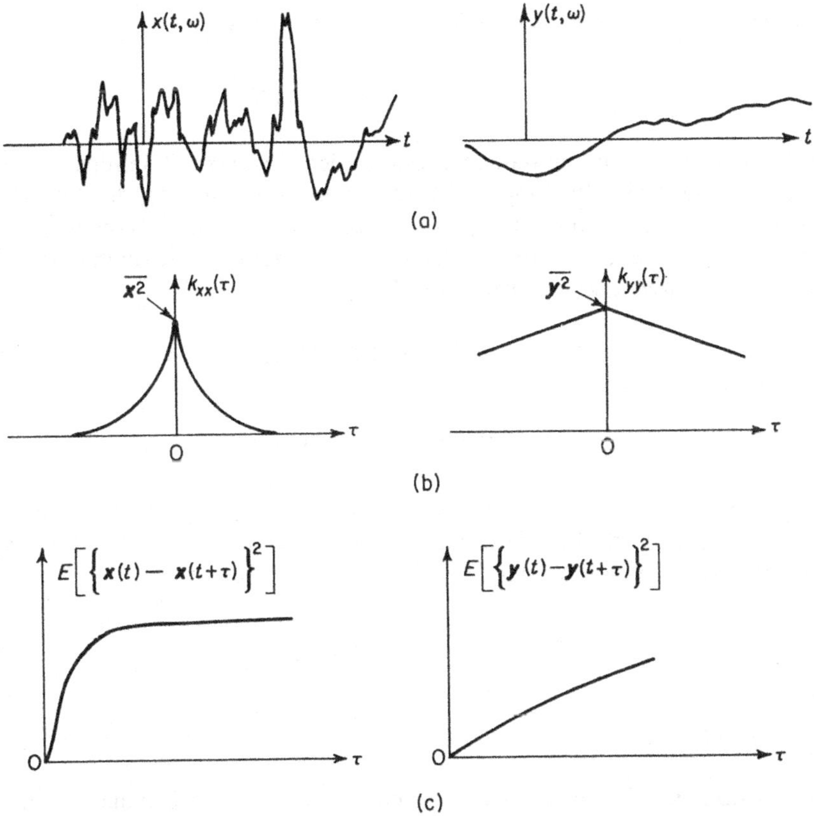

Figura 7.1. Realizaciones típicas (a); funciones de autocorrelación (b), y fluctuaciones cuadráticas (c), para procesos fluctuantes rápida y lentamente

cásticos, cada uno de los cuales pueda ser complejo. Un proceso complejo $\mathbf{x}$ es un par ordenado de procesos reales conjuntamente estocásticos $\mathbf{x}_R$ y $\mathbf{x}_I$ relacionados por

$$\mathbf{x} = \mathbf{x}_R + j\mathbf{x}_I \tag{7.23}$$

Para que la autocorrelación de $\mathbf{x}$ corresponda a un producto escalar en un espacio vectorial complejo, será necesario utilizar el complejo conjugado de una de las variables aleatorias. Luego definimos

$$k_{xx}(t_1, t_2) = E[\mathbf{x}(t_1)\mathbf{x}^*(t_2)] \tag{7.24}$$

y para un proceso complejo estacionario en sentido amplio,

$$k_{xx}(\tau) = E[\mathbf{x}(t+\tau)\mathbf{x}^*(t)] \tag{7.25}$$

Dos procesos son conjuntamente estocásticos si están definidos en el mismo espacio muestral. Una importante característica conjunta de dos procesos es la correlación entre todos los pares de variables aleatorias con una variable aleatoria tomada de cada proceso. A esta correlación se le llama *función de correlación cruzada* $k_{xy}(t_1, t_2)$ para los dos procesos:

$$k_{xy}(t_1, t_2) = E[\mathbf{x}(t_1)\mathbf{y}^*(t_2)] \tag{7.26}$$

con la propiedad de que

$$k_{yx}(t_2, t_1) = k^*_{xy}(t_1, t_2) \tag{7.27}$$

Si **x** e **y** son estacionarios en sentido amplio conjuntamente, la correlación cruzada sólo dependerá de la diferencia de tiempos $\tau = t_1 - t_2$ y en este caso definiremos la función de correlación cruzada en la forma

$$k_{xy}(\tau) = E[\mathbf{x}(t+\tau)\mathbf{y}^*(t)] \tag{7.28}$$

Procesos de filtro

Un caso de especial interés es aquel en el cual **x** está relacionado con **y** por medio de una transformación lineal. Supongamos que **x** es un proceso estacionario en sentido amplio, el cual esté filtrado por una red invariante en el tiempo y de respuesta al impulso $h(t)$ tal como se indica en la figura 7.2. En este caso, **y** es también un proceso estacionario en sentido amplio y, suponiendo intercambiabilidad de las operaciones de integración y de esperanza,

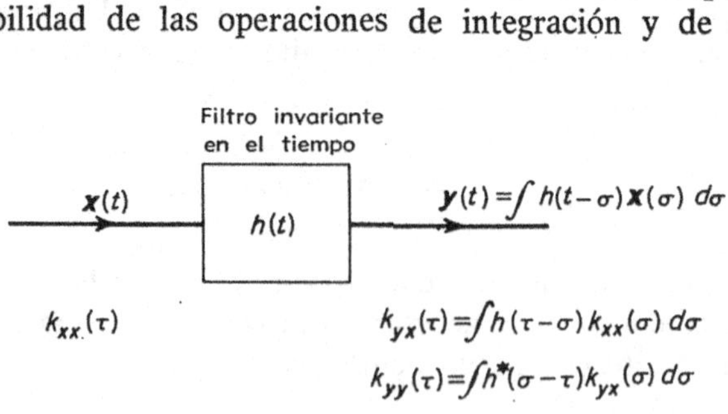

Figura 7.2. Proceso estocástico estacionario en sentido amplio filtrado

$$\begin{aligned} k_{yx}(\tau) &= E[\mathbf{y}(t+\tau)\mathbf{x}^*(t)] \\ &= E\left[\int_{-\infty}^{\infty} h(t+\tau-\sigma)\mathbf{x}(\sigma)\mathbf{x}^*(t)\,d\sigma\right] \\ &= \int_{-\infty}^{\infty} h(t+\tau-\sigma)k_{xx}(\sigma-t)\,d\sigma \\ &= \int_{-\infty}^{\infty} h(\tau-\xi)k_{xx}(\xi)\,d\xi \end{aligned} \tag{7.29}$$

De (7.29) sacamos el interesante resultado de que la correlación cruzada entre la entrada y la salida del filtro está relacionada con la autocorrelación de la entrada por la misma transformación lineal (convolución) que se aplica al proceso de la señal de entrada. También sucede que la función de autocorrelación del proceso de salida está relacionada con la autocorrelación de la entrada por medio de una integral de convolución.

Tenemos

$$\begin{aligned} k_{yy}(\tau) &= E[\mathbf{y}(t+\tau)\mathbf{y}^*(t)] \\ &= E\left[\iint_{-\infty}^{\infty} h(t+\tau-\sigma)h^*(t-\xi)\mathbf{x}(\sigma)\mathbf{x}^*(\xi)\,d\sigma\,d\xi\right] \\ &= \iint_{-\infty}^{\infty} h(t+\tau-\sigma)h^*(t-\xi)k_{xx}(\sigma-\xi)\,d\sigma\,d\xi \end{aligned}$$

Luego, mediante un cambio adecuado de las variables de integración, hallamos

$$k_{yy}(\tau) = \int_{-\infty}^{\infty} w(\tau-s)k_{xx}(s)\,ds \tag{7.30}$$

donde

$$w(\tau) = \int_{-\infty}^{\infty} h(\tau+\eta)h^*(\eta)\,d\eta$$

Como $k_{yy}(\tau)$ y $k_{xx}(\tau)$ están relacionadas por una integral de convolución, (7.30) se expresará simplemente mediante las transformadas de Fourier de las cantidades correspondientes:

$$K_{yy}(f) = W(f)K_{xx}(f) = |H(f)|^2K_{xx}(f) \tag{7.31}$$

donde $H(f)$ es la función de transferencia de la red filtro.

Densidad espectral de potencia

La transformada de Fourier de una función de autocorrelación tiene una importancia especial en la descripción, en el conjunto de definición de la frecuencia, del carácter del proceso estocástico estacionario correspondiente. Se la denomina ***densidad espectral de potencia*** del proceso y, como tal, indica la contribución a la fluctuación cuadrática debida a las componentes de señal en cualquier intervalo de frecuencias especificado. Para demostrarlo, sea el filtro de la figura 7.2 un filtro (no físico) de banda estrecha que deje pasar sólo componentes que se hallen en el intervalo Δf centrado en una frecuencia f como se indica en la figura 7.3:

$$H(\nu) = W(\nu) = 1 \quad \text{para} |\nu - f| \leqslant \tfrac{1}{2}\Delta f \qquad (7.32)$$
$$= 0 \quad \text{en caso contrario}$$

Calculemos ahora el valor medio del cuadrado del proceso filtrado. Utilizando la relación

$$k_{yy}(\tau) = \int_{-\infty}^{\infty} K_{yy}(\nu) e^{j2\pi\nu\tau}\, d\nu$$

tenemos

$$E[|\mathbf{y}(t)|^2] = k_{yy}(0) = \int_{-\infty}^{\infty} K_{yy}(\nu)\, d\nu \qquad (7.33)$$

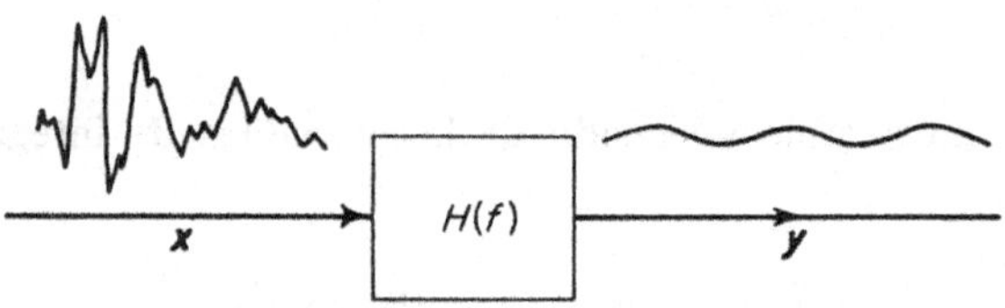

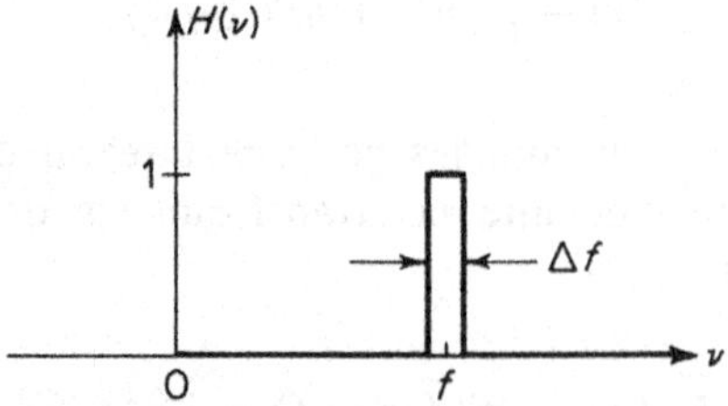

Figura 7.3. Filtro hipotético para determinar el contenido en el conjunto de definición de la frecuencia de un proceso estacionario en una región estrecha en torno a la frecuencia f

Sustituyendo (7.32) en (7.31) y (7.33),

$$E[|\mathbf{y}(t)|^2] = \int_{-\infty}^{\infty} W(\nu)K_{xx}(\nu)\,d\nu$$
$$= \int_{\Delta f} K_{xx}(\nu)\,d\nu \cong K_{xx}(f)\,\Delta f \qquad (7.34)$$

para Δf suficientemente pequeño. Así podemos interpretar K_{xx} como función densidad y

$$\int_{f_1}^{f_2} K_{xx}(\nu)\,d\nu = \begin{cases}\text{contribución al valor medio del cuadra-}\\ \text{do de } \mathbf{x} \text{ debida a las componentes de}\\ \text{frecuencias comprendidas entre } f_1 \text{ y } f_2.\end{cases}$$

La función densidad definida de esta manera se dice que es *bilateral* puesto que considera por separado las componentes a frecuencias positivas y negativas. Para un proceso real, $k_{xx}(\tau)$ es real y par; luego $K_{xx}(f)$ será real y par y la descomposición espectral se divide por igual entre una banda de frecuencias positivas y la banda correspondiente de frecuencias negativas. Queda por explicar por qué se utiliza "potencia" como adjetivo para esta función densidad. Esta nomenclatura es convencional pero no muy afortunada. En muchos casos de interés práctico, a un proceso estacionario se le puede atribuir la propiedad adicional de la *ergodicidad*. Un proceso ergódico[2] es un proceso estacionario con la propiedad de que la "media temporal" del cuadrado de una realización cualquiera es igual (con probabilidad 1) al valor medio del cuadrado (media del conjunto) de este proceso.

$$\lim_{T\to\infty} \frac{1}{2T} \int_{-T}^{T} |x(t,\omega)|^2\,dt = E[|\mathbf{x}(t)|^2] = k_{xx}(0) \qquad (7.35)$$

para un proceso ergódico. Al primer miembro de (7.35) se le suele llamar *potencia* de la señal determinista $x(t, \omega)$. En la mayoría de problemas de sistemas en los que intervienen procesos estocásticos no se utiliza el concepto de ergodicidad. Importante excepción de esto la tenemos en los problemas referentes a la utilización de medias temporales medidas, a lo largo de un tiempo finito, como estimación de la densidad espectral de potencia de un proceso.[4] Seguiremos utilizando la expresión "densidad espectral de potencia" en el contexto más amplio aplicable a cualquier proceso estacionario en sentido amplio. Un proceso estacionario particular que se utiliza a menudo como modelo aproximado para un proceso físico es el *proceso de ruido blanco* caracterizado por una densidad espectral de potencia constante; es decir, $K_{xx}(f) = N_0$ (watt/Hz).

La función de autocorrelación para este proceso es $k_{xx}(\tau) = N_0\,\delta(\tau)$; por tanto muestras diferentes, $\mathbf{x}(t_1)$ y $\mathbf{x}(t_2)$, aun estando muy próximas en el tiempo, no estarán correlacionadas. Obsérvese que el valor cuadrático medio de un tal proceso idealizado no es finito.

Ejercicio 7.1. Demostrar que la función de ambigüedad en el tiempo de una señal cualquiera real y de energía finita, puede también ser la función de autocorrelación de un proceso estocástico estacionario en sentido amplio, real, con media nula y de varianza finita.

Ejercicio 7.2. Demostrar que para un proceso estocástico estacionario en sentido amplio de valor cuadrático medio finito, $k_{xx}(\tau)$ será función continua de τ si es continua en el origen. *Sugerencia:* Aplicar la desigualdad de Schwarz al producto escalar

$$E[\{\mathbf{x}(t + \tau + \varepsilon) - \mathbf{x}(t + \tau)\}\mathbf{x}^*(t)]$$

Ejercicio 7.3.[3] Sea $\mathbf{x}(t)$ un proceso real, estacionario, de banda limitada y pasa-baja [en el sentido de que $K_{xx}(f) = 0$ para $|f| > W$]. Demostrar que la fluctuación cuadrática $E[\{\mathbf{x}(t) - \mathbf{x}(t + \tau)\}^2]$ está acotada por $(2\pi W\tau)^2 E[\mathbf{x}^2(t)]$. Demostrar también que

$$k_{xx}(\tau) \geqslant k_{xx}(0) \cos 2\pi W\tau \quad \text{para}\,|\tau| \leqslant \frac{1}{4W}$$

y que

$$k_{xx}(\tau) \geqslant \tfrac{1}{2}[k_{xx}(0) + k_{xx}(2\tau)] \quad \text{para}\,|\tau| \leqslant \frac{1}{4W}$$

Ejercicio 7.4. Supongamos que un filtro lineal invariante en el tiempo, con respuesta al impulso $h(t)$, está accionado en su entrada por un proceso estacionario en sentido amplio. Demostrar que el valor medio del cuadrado del proceso de salida será un funcional cuadrático de $h(t)$. Describir el operador correspondiente y demostrar que es autoadjunto y definido no negativo.

Ejercicio 7.5. Para la operación de filtro indicada en la figura 7.2, demostrar que

$$k_{yy}(\tau) = \int_{-\infty}^{\infty} h^*(\sigma - \tau) k_{yx}(\sigma)\, d\sigma$$

Ejercicio 7.6. Supongamos que un proceso estacionario en sentido amplio esté sometido a una transformación lineal (no necesariamente invariante en el tiempo) caracterizada por la respuesta al impulso $h(t, s)$. Expresar la autocorrelación de salida y la correlación cruzada entrada-salida en forma de transformaciones lineales de la función de autocorrelación de entrada $k_{xx}(\tau)$.

Ejercicio 7.7. Al definir la función de autocorrelación de un proceso complejo, estacionario en sentido amplio, podríamos haber hecho

$$k_{xx}(\tau) = E[\mathbf{x}(t)\mathbf{x}^*(t + \tau)]$$

Dar una interpretación física de la transformada de Fourier de $k_{xx}(\tau)$ demostrando de este modo por qué se definió la autocorrelación en la forma (7.25).

7.5 *Representaciones finitodimensionales de un proceso estocástico*

En este apartado vamos a abordar un problema que, además de tener una gran importancia práctica, sirve de ejemplo muy instructivo.[5],[6] Ello se debe a que en él intervienen simultáneamente casi todos los conceptos estudiados anteriormente referentes a (1) optimización, (2) representación finita por proyección sobre un subespacio de $L^2(T)$, (3) conceptos geométricos (en función de esperanzas) asociados a un espacio de variables aleatorias, y (4) representación espectral de operadores.

El problema se enuncia fácilmente. Queremos hallar la base n-dimensional óptima (en $L^2(T)$) para representar realizaciones particulares de un proceso estocástico tal que la norma $L^2(T)$ del error promediada sobre el conjunto de realizaciones sea mínima. Demostraremos que la solución de este problema sólo exige que la función de autocorrelación del proceso a representar esté especificada. Heurísticamente, existe una gran analogía entre este problema y el estudiado en § 6.8. Buscábamos allí la base óptima para la clase de señales obtenida como imagen de $L^2(-\infty, \infty)$ bajo un operador compacto. En el problema actual, las señales se clasifican según la función de autocorrelación, la cual, para reforzar la analogía, podría considerarse que describe un proceso obtenido por filtrado lineal (en general, variable en el tiempo) de un proceso de ruido blanco. No exigiremos que sea compacto este operador de filtro; es decir, podrá ser invariante en el tiempo. En vez de ello, obtendremos conjuntos compactos de señales considerando representaciones sólo en un intervalo de tiempo finito. La razón de esta restricción es que muchos procesos de interés, por ejemplo los procesos estacionarios, tienen claramente realizaciones típicas que no están contenidas en $L^2(-\infty, \infty)$ y tiene poco sentido proyectar estas realizaciones sobre subespacios finitodimensionales engendrados por funciones definidas sobre todo el eje de tiempos.

Desarrollo de Karhunen-Loève

La representación n-dimensional de una realización particular $\mathbf{x}_\omega$ tomará la forma

$$x(t, \omega) \cong \sum_{i=1}^{n} \alpha_i \varphi_i(t); \qquad |t| \leqslant T \tag{7.36}$$

donde, por conveniencia, supondremos que las $\{\varphi_i(t)\}$ forman una base ortonormal en $L^2(-T, T)$, es decir,

$$\int_{-T}^{T} \varphi_i(t)\varphi_j^*(t)\,dt = \delta_{ij} \tag{7.37}$$

En este caso, la norma $L^2(-T, T)$ del error

$$\boldsymbol{\epsilon}_\omega = \mathbf{x}_\omega - \sum_{i=1}^{n} \alpha_i \boldsymbol{\varphi}_i$$

se hace mínima para cada realización haciendo

$$\alpha_i = (\mathbf{x}_\omega, \boldsymbol{\varphi}_i) = \int_{-T}^{T} x(t, \omega)\varphi_i^*(t)\,dt \tag{7.38}$$

El cuadrado de esta norma minimizada viene dado por

$$(\boldsymbol{\epsilon}_\omega, \boldsymbol{\epsilon}_\omega) = (\mathbf{x}_\omega, \mathbf{x}_\omega) - \sum_{i=1}^{n} |\alpha_i|^2 \tag{7.39}$$

Obsérvese que $(\boldsymbol{\epsilon}_\omega, \boldsymbol{\epsilon}_\omega)$ y las $\{\alpha_i\}$ son, en verdad, realizaciones de variables aleatorias cuyas propiedades estadísticas dependen de la elección de las $\{\boldsymbol{\varphi}_i\}$. Examinemos la posibilidad de seleccionar n funciones de la base $\{\boldsymbol{\varphi}_i\}$ tales que se haga mínima la esperanza de la variable aleatoria $(\boldsymbol{\epsilon}, \boldsymbol{\epsilon})$ Representemos por I_φ el valor de esta norma cuadrática del error. Tendremos

$$\begin{aligned} I_\varphi &= E[(\boldsymbol{\epsilon}, \boldsymbol{\epsilon})] \\ &= E[(\mathbf{x}, \mathbf{x})] - E\left[\sum_{i=1}^{n} |\alpha_i|^2\right] \end{aligned} \tag{7.40}$$

Suponiendo intercambiabilidad entre la esperanza y la integración implícita en los productos escalares, y utilizando (7.38), tenemos

$$\begin{aligned} I_\varphi &= \int_{-T}^{T} E[\mathbf{x}(t)\mathbf{x}^*(t)]\,dt - \sum_{i=1}^{n} \iint\limits_{-T}^{T} E[\mathbf{x}(t)\mathbf{x}^*(s)]\varphi_i^*(t)\varphi_i(s)\,dt\,ds \\ &= \int_{-T}^{T} k_{xx}(t, t)\,dt - \sum_{i=1}^{n} \iint\limits_{-T}^{T} k_{xx}(t, s)\varphi_i^*(t)\varphi_i(s)\,dt\,ds \end{aligned} \tag{7.41}$$

Como el primer término de (7.41) no depende de las $\{\boldsymbol{\varphi}_i\}$, nuestro problema estribará en hallar el conjunto de n funciones ortonormales que hagan máxima la cantidad

$$\sum_{i=1}^{n} \iint\limits_{-T}^{T} k_{xx}(t, s)\varphi_i^*(t)\varphi_i(s)\,dt\,ds = \sum_{i=1}^{n} (\mathscr{A}_x\boldsymbol{\varphi}_i, \boldsymbol{\varphi}_i) \tag{7.42}$$

En (7.42), la cantidad que se ha de hacer máxima se ha expresado en forma de suma de funcionales cuadráticos interpretando la función de autocorrelación como núcleo de un operador integral $\mathscr{A}_x$; es decir,

$$\mathscr{A}_x \cdot \varphi(t) = \int_{-T}^{T} k_{xx}(t, s)\varphi(s)\,ds \tag{7.43}$$

Debido al hecho de que la función núcleo sea una función de autocorrelación (de un proceso de valor cuadrático medio finito), podremos decir algo acerca de las propiedades del operador. Se deduce directamente que $\mathscr{A}_x$ es (1) de Hilbert-Schmidt, (2) autoadjunto, y (3) definido no negativo. La propiedad (1) es resultado de la integrabilidad del cuadrado, (5.72), de la función núcleo, que se deduce de la acotabilidad de $k_{xx}(t, s)$ y del intervalo de integración finito. La propiedad (2) resulta de la simetría $k_{xx}(t, s) = k_{xx}^*(s, t)$, (5.95). Para demostrar la propiedad (3), observamos que $(\mathscr{A}_x\boldsymbol{\varphi}, \boldsymbol{\varphi}) = E[|(\mathbf{x}, \boldsymbol{\varphi})|^2] \geqslant 0$ para una elección arbitraria de $\boldsymbol{\varphi}$. Combinando estas propiedades, podemos decir que

1. Los valores propios constituyen un conjunto numerable de cuadrado sumable. Son reales y no negativos y les asignaremos índices de manera que formen una sucesión monótona decreciente:

$$\lambda_1 \geqslant \lambda_2 \geqslant \lambda_3 \geqslant \cdots \tag{7.44}$$

2. La función núcleo puede representarse uniformemente como desarrollo según las funciones propias $\{\boldsymbol{\psi}_i\}$ de $\mathscr{A}_x$:

$$k_{xx}(t, s) = \sum_{i=1}^{\infty} \lambda_i \psi_i(t) \psi_i^*(s) \tag{7.45}$$

3. Las funciones propias se pueden ortonormalizar y tenemos

$$(\mathscr{A}_x \boldsymbol{\psi}_i, \boldsymbol{\psi}_j) = (\lambda_i \boldsymbol{\psi}_i, \boldsymbol{\psi}_j) = \lambda_i \, \delta_{ij} \tag{7.46}$$

Para un operador $\mathscr{A}_x$ con estas propiedades. puede demostrarse[7] que, para cualquier conjunto ortonormal $\{\boldsymbol{\varphi}_i\}$,

$$\sum_{i=1}^{n} (\mathscr{A}_x \boldsymbol{\varphi}_i, \boldsymbol{\varphi}_i) \leqslant \sum_{i=1}^{n} (\mathscr{A}_x \boldsymbol{\psi}_i, \boldsymbol{\psi}_i) = \sum_{i=1}^{n} \lambda_i \tag{7.47}$$

Puede verse esto maximizando término a término el primer miembro de (7.47). Seleccionemos primeramente una función $\boldsymbol{\varphi}_1$ con norma unidad que haga máximo al funcional cuadrático $(\mathscr{A}_x \boldsymbol{\varphi}, \boldsymbol{\varphi})$. De (6.47) vemos que $\boldsymbol{\varphi}_1 = \boldsymbol{\psi}_1$. A continuación, seleccionemos $\boldsymbol{\varphi}_2$ con norma unidad y ortogonal a $\boldsymbol{\varphi}_1$ para hacer máximo a $(\mathscr{A}_x \boldsymbol{\varphi}, \boldsymbol{\varphi})$. Ello da $\boldsymbol{\varphi}_2 = \boldsymbol{\psi}_2$ y continuando el proceso, hallamos $\boldsymbol{\varphi}_i = \boldsymbol{\psi}_i$ para $i = 1, 2, \ldots, n$. La ejecución de esta base óptima, según (7.41), viene dada por

$$I_\psi = \int_{-T}^{T} k_{xx}(t, t) \, dt - \sum_{i=1}^{n} (\mathscr{A}_x \boldsymbol{\psi}_i, \boldsymbol{\psi}_i) \tag{7.48}$$

Utilizando (7.45) y (7.46) en (7.48), hallamos

$$\begin{aligned} I_\psi &= \sum_{i=1}^{\infty} \lambda_i (\boldsymbol{\psi}_i, \boldsymbol{\psi}_i) - \sum_{i=1}^{n} \lambda_i \\ &= \sum_{i=n+1}^{\infty} \lambda_i \end{aligned} \tag{7.49}$$

Resumiendo los resultados anteriores, el subespacio n-dimensional óptimo de $L^2(-T, T)$ para representar realizaciones de un proceso estocástico sobre el intervalo $|t| \leqslant T$ está engendrado por las n funciones propias

$$\int_{-T}^{T} k_{xx}(t, s) \psi_i(s) \, ds = \lambda_i \psi_i(t) \tag{7.50}$$

correspondiendo a los n valores propios mayores. El cuadrado de la norma $L^2(-T, T)$ del error, por término medio, viene dado simplemente por la suma de los valores propios restantes. Esta relación resulta muy útil en la práctica, ya que indica simplemente cuánto se ganará añadiendo algunos términos a la representación. No resulta sorprendente que, en general, todos los valores propios aumenten al aumentar T y se precisen más términos para una representación satisfactoria.[8]

Utilizando esta base óptima, a la representación

$$\mathbf{x}(t) \cong \sum_{i=1}^{n} \boldsymbol{\alpha}_i \psi_i(t); \qquad |t| \leqslant T$$

se la denomina *desarrollo de Karhunen-Loève* para un proceso estocástico.[3],[5] Los coeficientes del desarrollo son variables aleatorias ortogonales, ya que

$$\begin{aligned} E[\boldsymbol{\alpha}_i \boldsymbol{\alpha}_j^*] &= E[(\mathbf{x}, \boldsymbol{\psi}_i)(\mathbf{x}, \boldsymbol{\psi}_j)^*] \\ &= \int\!\!\int_{-T}^{T} k_{xx}(t, s) \psi_i^*(t) \psi_j(s)\, dt\, ds = \lambda_j\, \delta_{ij} \end{aligned} \tag{7.51}$$

Si $\mathbf{x}$ es un proceso con media nula, los coeficientes también tendrán media nula y no estarán correlacionados (serán linealmente independientes). Si $\mathbf{x}$ no tiene media nula, será posible mejorar la representación, para un n dado, si queremos añadir un término fijo $\mu(t)$ a la representación para cada realización. Veremos que la mejor elección de $\mu(t)$ es simplemente el valor medio $\overline{\mathbf{x}(t)}$ del proceso, independientemente de cuál sea la base ortonormal $\{\boldsymbol{\varphi}_i\}$ utilizada. La representación

$$\mathbf{x}(t) \cong \sum_{i=1}^{n} \boldsymbol{\alpha}_i \varphi_i(t) + \mu(t); \qquad |t| \leqslant T \tag{7.52}$$

es equivalente a la de (7.36) para el proceso estocástico $\mathbf{y}(t) = \mathbf{x}(t) - \mu(t)$; por tanto, para cada realización tomaremos $\alpha_i = (\mathbf{x}_\omega - \boldsymbol{\mu}, \boldsymbol{\varphi}_i)$ y

$$\begin{aligned} (\boldsymbol{\epsilon}_\omega, \boldsymbol{\epsilon}_\omega) &= \left(\mathbf{x}_\omega - \boldsymbol{\mu} - \sum_{1}^{n} \alpha_i \boldsymbol{\varphi}_i, \mathbf{x}_\omega - \boldsymbol{\mu} - \sum_{1}^{n} \alpha_i \boldsymbol{\varphi}_i\right) \\ &= (\mathbf{x}_\omega - \boldsymbol{\mu}, \mathbf{x}_\omega - \boldsymbol{\mu}) - \sum_{i=1}^{n} |(\mathbf{x}_\omega - \boldsymbol{\mu}, \boldsymbol{\varphi}_i)|^2 \end{aligned} \tag{7.53}$$

La esperanza de este cuadrado de la norma del error es

$$\begin{aligned} I_\varphi &= E[(\boldsymbol{\epsilon}, \boldsymbol{\epsilon})] \\ &= E[(\mathbf{x}, \mathbf{x})] - \sum_{i=1}^{n} E[|(\mathbf{x}, \boldsymbol{\varphi}_i)|^2] - (\bar{\mathbf{x}}, \bar{\mathbf{x}}) \\ &\quad + \sum_{i=1}^{n} |(\bar{\mathbf{x}}, \boldsymbol{\varphi}_i)|^2 + \|\bar{\mathbf{x}} - \boldsymbol{\mu}\|^2 - \sum_{i=1}^{n} |(\bar{\mathbf{x}} - \boldsymbol{\mu}, \boldsymbol{\varphi}_i)|^2 \end{aligned} \tag{7.54}$$

Tan sólo los dos últimos términos de (7.54) se ven afectados por la elección de $\mu(t)$, y por la desigualdad de Bessel (3.21), tenemos

$$\|\bar{\mathbf{x}} - \boldsymbol{\mu}\|^2 - \sum_{i=1}^{n} |(\bar{\mathbf{x}} - \boldsymbol{\mu}, \boldsymbol{\varphi}_i)|^2 \geqslant 0 \tag{7.55}$$

para cualquier $\mu(t)$. La elección obvia para hacer mínima I_φ es $\mu(t) = \overline{\mathbf{x}(t)}$. Luego, si podemos restar el valor medio del proceso, la base n-dimensional óptima vendrá dada por las funciones propias (de mayores valores propios) correspondientes a la función de autocorrelación de $\mathbf{y} = \mathbf{x} - \bar{\mathbf{x}}$ o, lo que es equivalente, por las funciones propias correspondientes a la función de autocovarianza de $\mathbf{x}$. En este caso, los coeficientes del desarrollo de Karhunen-Loève tienen media nula y no están correlacionados.

Por lo que respecta a técnicas para la solución de (7.50), para procesos estacionarios cuyas densidades espectrales sean funciones racionales de la frecuencia, suele utilizarse una generalización del método de diferenciación utilizado para resolver (6.58). Dicho método nos da una ecuación diferencial homogénea con coeficientes constantes, cuya integral contiene un cierto número de parámetros arbitrarios. Éstos deben determinarse por sustitución en la ecuación integral. Los detalles de este método pueden encontrarse en las referencias [9] y [10]. También se han presentado soluciones para tipos particulares interesantes de núcleos «no racionales».[11]

Ejercicio 7.8. Un proceso estacionario de ruido blanco, con media nula, que tiene una densidad espectral de potencia de $N_0 = 1/\pi f_0$ (watt/Hz) se filtra mediante una sección RC simple cuya función de transferencia es

$$H(f) = \frac{1}{1 + j(f/f_0)}$$

a. Demostrar que el proceso filtrado tiene varianza unidad.

b. Demostrar que una realización del proceso tiene una energía media de $2T$ en el intervalo $|t| \leqslant T$.

c. Hallar el conjunto óptimo de funciones de la base para una representación de n términos de realizaciones del proceso sobre $|t| \leqslant T$.

d. Aproximadamente, ¿cuántos términos (respecto a f_0T) se necesitan, utilizando la base óptima, para que el valor cuadrático medio de la norma $L^2(-T, T)$ del error $E[(\epsilon, \epsilon)]$ sólo llegue a valer $0{,}01(2T)$? *Sugerencia:* Demostrar que los valores propios de (7.50), en este caso, son aproximadamente

$$\lambda_{n+1} \cong \frac{1}{\pi f_0}\left(\frac{4f_0T}{n}\right)^2$$

para n grande.

e. A fines de comparación, suponer que se emplea la representación por serie en el tiempo utilizando pulsos rectangulares. Sea n par y utilícese el conjunto ortonormal

$$\{\varphi_i;\ \varphi_i(t) = \varphi(t - i2T/n + T), i = 1, 2, \ldots, n\}$$

como se indica.

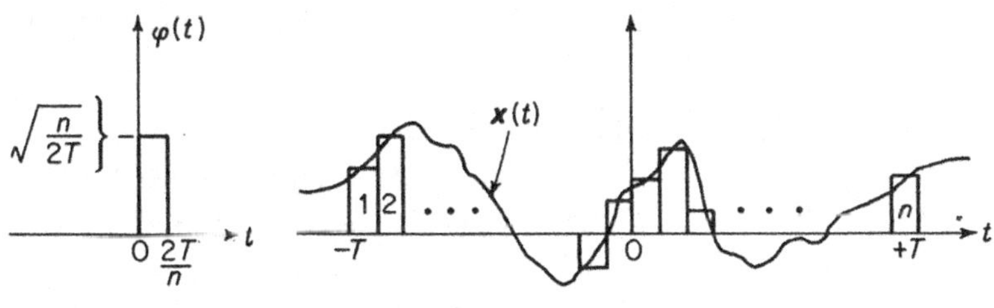

¿Cuántos términos, relativos a la base óptima, se necesitan para alcanzar la misma exactitud de representación por término medio? *Sugerencia:* Demostrar que

$$\sum_{i=1}^{n} \iint_{-T}^{T} k_{xx}(t-s)\varphi_i(s)\varphi_i^*(t)\,dt\,ds = 2n\int_0^{\frac{2T}{n}} e^{-2\pi f_0 t}\left(1 - \frac{nt}{2T}\right) dt$$

en este caso y desarrollar una serie de potencias de (f_0T/n) para ser utilizada en (7.41).

7.6 Procesos pasa-banda

En este apartado examinaremos algunas descripciones equivalentes de un proceso pasa-banda estacionario, es decir, un proceso cuya densidad espectral de potencia tiende a concentrarse en torno a una frecuencia apartada del origen. El motivo de este tratamiento particular es exactamente el mismo que el correspondiente a señales pasa-banda deterministas estudiado en § 4.4. También en el caso de procesos estocásticos querremos aprovechar las ventajas inherentes a tratar con señales pasa-baja equivalentes y operaciones de filtro pasa-baja. El punto de partida para el desarrollo de los equivalentes pasa-baja es el mismo que el de § 4.4; es decir, consideraremos el proceso complejo $\boldsymbol{\psi}$ relacionado con un proceso pasa-banda real $\mathbf{x}$ por

$$\boldsymbol{\psi} = \mathbf{x} + j\hat{\mathbf{x}} \tag{7.56}$$

donde

$$\hat{\mathbf{x}}(t) = \frac{1}{\pi}\int_{-\infty}^{\infty} \frac{\mathbf{x}(s)}{t-s}\, ds \tag{7.57}$$

es la transformada de Hilbert de $\mathbf{x}(t)$. Supondremos que $\mathbf{x}$ es un proceso estacionario en sentido amplio con media nula. Entonces $\hat{\mathbf{x}}$ será un proceso estacionario en sentido amplio con media nula, ya que está relacionado con $\mathbf{x}$ mediante una transformación invariante en el tiempo (convolución). Podremos, pues, escribir las funciones de correlación en función de una sola variable:

$$\begin{aligned} k_{\psi\psi}(\tau) &= E[\boldsymbol{\psi}(t+\tau)\boldsymbol{\psi}^*(t)] \\ &= E[\{\mathbf{x}(t+\tau) + j\hat{\mathbf{x}}(t+\tau)\}\{\mathbf{x}(t) - j\hat{\mathbf{x}}(t)\}] \\ &= k_{xx}(\tau) + k_{\hat{x}\hat{x}}(\tau) + j[k_{\hat{x}x}(\tau) - k_{x\hat{x}}(\tau)] \end{aligned} \tag{7.58}$$

Cada una de las funciones de correlación de (7.58) se puede relacionar con $k_{xx}(\tau)$. Por ejemplo,

$$\begin{aligned} k_{\hat{x}\hat{x}}(\tau) &= E[\hat{\mathbf{x}}(t+\tau)\hat{\mathbf{x}}(t)] \\ &= \frac{1}{\pi^2}\iint_{-\infty}^{\infty} \frac{E[\mathbf{x}(s)\mathbf{x}(\sigma)]}{(t+\tau-s)(t-\sigma)}\, d\sigma\, ds \\ &= \frac{1}{\pi^2}\int_{-\infty}^{\infty} \frac{1}{t-s+\tau}\int_{-\infty}^{\infty} \frac{k_{xx}(\xi)}{t-s-\xi}\, d\xi \end{aligned}$$

Utilizando (4.24b),

$$k_{\hat{x}\hat{x}}(\tau) = \frac{1}{\pi} \int_{-\infty}^{\infty} \frac{1}{t - s + \tau} \hat{k}_{xx}(t - s)\, ds$$

y utilizando ahora (4.24a) y el hecho de que la autocorrelación de un proceso real es par,

$$k_{\hat{x}\hat{x}}(\tau) = k_{xx}(-\tau) = k_{xx}(\tau) \tag{7.59}$$

Siguiendo pasos análogos, podemos también demostrar que

$$k_{\hat{x}x}(\tau) = \hat{k}_{xx}(\tau) \tag{7.60a}$$

$$k_{x\hat{x}}(\tau) = \hat{k}_{xx}(-\tau) = -\hat{k}_{xx}(\tau) \tag{7.60b}$$

Sustituyendo (7.59) y (7.60) en (7.58), vemos que la propia $k_{\psi\psi}(\tau)$ toma la forma de una señal analítica (4.37):

$$k_{\psi\psi}(\tau) = 2k_{xx}(\tau) + j2\hat{k}_{xx}(\tau) \tag{7.61}$$

Este resultado demuestra que la densidad espectral de potencia del proceso complejo es unilateral, como era de esperar en vista de la naturaleza unilateral de las transformadas de Fourier de las señales preenvolventes estudiadas en § 4.4. De (4.28),

$$\begin{aligned} K_{\psi\psi}(f) &= 4K_{xx}(f) \quad \text{para } f > 0 \\ &= 0 \quad \text{para } f < 0 \end{aligned} \tag{7.62}$$

Procesos envolvente compleja

Vamos a definir a continuación un *proceso envolvente compleja* γ relativo a una frecuencia «central» especificada f_0 en la forma

$$\psi(t) = \gamma(t)e^{j2\pi f_0 t} \tag{7.63}$$

con $\gamma = \mathbf{u} + j\mathbf{v}$. Con ello, el proceso pasa-banda se expresa en función de dos procesos pasa-baja $\mathbf{u}$ y $\mathbf{v}$ que dan, respectivamente, componentes en fase y en cuadratura:

$$\mathbf{x}(t) = \mathbf{u}(t) \cos 2\pi f_0 t - \mathbf{v}(t) \operatorname{sen} 2\pi f_0 t \tag{7.64}$$

En vista de los multiplicadores dependientes del tiempo existentes en (7.63) o (7.64), no resulta inmediatamente evidente que **u** o **v** sean procesos estacionarios en sentido amplio. Para ver que son estacionarios, notemos que

$$\mathbf{u}(t) = \operatorname{Re} \boldsymbol{\gamma}(t) = \tfrac{1}{2}[\boldsymbol{\psi}(t)e^{-j2\pi f_0 t} + \boldsymbol{\psi}^*(t)e^{j2\pi f_0 t}] \tag{7.65}$$

y por tanto

$$\begin{aligned} E[\mathbf{u}(t+\tau)\mathbf{u}(t)] = \tfrac{1}{4}\{&E[\boldsymbol{\psi}(t+\tau)\boldsymbol{\psi}^*(t)]e^{-j2\pi f_0 \tau} + E[\boldsymbol{\psi}^*(t+\tau)\boldsymbol{\psi}(t)]e^{j2\pi f_0 \tau} \\ &+ E[\boldsymbol{\psi}(t+\tau)\boldsymbol{\psi}(t)]e^{-j2\pi f_0(2t+\tau)} + E[\boldsymbol{\psi}^*(t+\tau)\boldsymbol{\psi}^*(t)]e^{j2\pi f_0(2t+\tau)}\} \end{aligned} \tag{7.66}$$

Los dos últimos términos de (7.66) dependen de t pero se anulan, ya que

$$\begin{aligned} E[\boldsymbol{\psi}(t+\tau)\boldsymbol{\psi}(t)] &= E[\{\mathbf{x}(t+\tau) + j\hat{\mathbf{x}}(t+\tau)\}\{\mathbf{x}(t) + j\hat{\mathbf{x}}(t)\}] \\ &= k_{xx}(\tau) - k_{\hat{x}\hat{x}}(\tau) + j[k_{\hat{x}x}(\tau) + k_{x\hat{x}}(\tau)] \\ &= 0 \end{aligned} \tag{7.67}$$

a causa de las relaciones (7.59) y (7.60). Así pues, la autocorrelación de **u** es independiente de t y **u** tendrá media nula, ya que supusimos que **x** la tenía. Esto nos demuestra que **u** es estacionario en sentido amplio y (7.66) queda en la forma

$$\begin{aligned} k_{uu}(\tau) &= \tfrac{1}{4}[k_{\psi\psi}(\tau)e^{-j2\pi f_0 \tau} + k_{\psi\psi}^*(\tau)e^{j2\pi f_0 \tau}] \\ &= k_{xx}(\tau)\cos 2\pi f_0 \tau + \hat{k}_{xx}(\tau)\operatorname{sen} 2\pi f_0 \tau \end{aligned} \tag{7.68}$$

Siguiendo una sucesión de pasos análoga, podemos demostrar que

$$E[\mathbf{v}(t+\tau)\mathbf{v}(t)] = k_{vv}(\tau) = k_{uu}(\tau) \tag{7.69}$$

y que

$$\begin{aligned} E[\mathbf{v}(t+\tau)\mathbf{u}(t)] = k_{vu}(\tau) &= -k_{uv}(\tau) \\ &= \hat{k}_{xx}(\tau)\cos 2\pi f_0 \tau - k_{xx}(\tau)\operatorname{sen} 2\pi f_0 \tau \end{aligned} \tag{7.70}$$

Por último, a consecuencia de estas relaciones, tenemos

$$\begin{aligned} k_{\gamma\gamma}(\tau) &= k_{\psi\psi}(\tau)e^{-j2\pi f_0 \tau} \\ &= 2k_{uu}(\tau) + j2k_{vu}(\tau) \end{aligned} \tag{7.71}$$

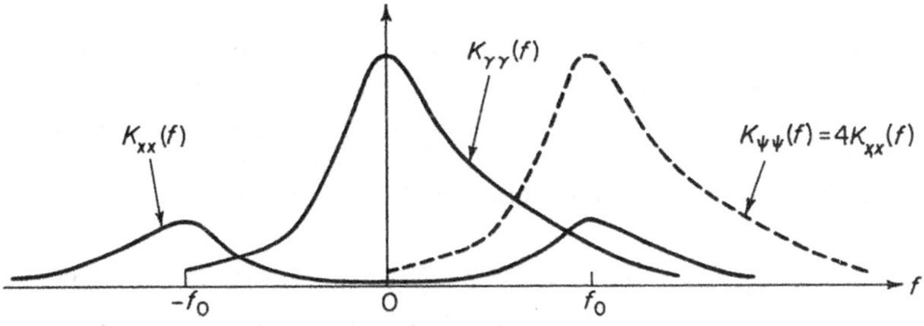

Figura 7.4. Densidad espectral de potencia del proceso envolvente compleja

y la densidad espectral de potencia del proceso envolvente compleja será la versión trasladada de la densidad espectral unilateral de ψ, representada gráficamente en la figura 7.4.

$$\begin{aligned} K_{\gamma\gamma}(f) &= K_{\psi\psi}(f+f_0) \\ &= 4K_{xx}(f+f_0) \quad \text{para } f > -f_0 \\ &= 0 \quad \text{para } f < -f_0 \end{aligned} \tag{7.72}$$

Nótese que si $K_{\gamma\gamma}(f)$ es par ($K_{xx}(f)$ simétrica respecto a f_0), $k_{\gamma\gamma}(\tau)$ será real y, según (7.71), las componentes en fase y en cuadratura no estarán correlacionadas.

Filtrado pasa-banda

Para caracterizar los efectos que una operación de filtrado pasa-banda invariante en el tiempo produce sobre el proceso, en función de los equivalentes pasa-baja utilizaremos, desde luego, las mismas disposiciones reticulares desarrolladas en § 4.4. En el caso de procesos estocásticos presenta un interés adicional la transformación lineal que relaciona la función de autocorrelación de salida con la función de autocorrelación de entrada, (7.30) y (7.31). Vamos a desarrollar el equivalente pasa-baja de esta transformación. Como en § 4.4, consideremos que el filtro pasa-banda tiene una función de transferencia $R(f)$ con equivalente pasa-baja $\Lambda(f)$. Según (7.31), la transformación lineal que relaciona las funciones de correlación de entrada y salida viene dada por

$$K_{x_2x_2}(f) = |R(f)|^2 K_{x_1x_1}(f) \tag{7.73}$$

Utilizando (4.57), la relación correspondiente en función de procesos envolvente compleja es

$$K_{\gamma_2\gamma_2}(f) = |\tfrac{1}{2}\Lambda(f)|^2 K_{\gamma_1\gamma_1}(f) \tag{7.74}$$

Para expresar las funciones de correlación para los procesos pasa-baja reales, necesitamos identificar las partes real e imaginaria de la autocorrelación del proceso complejo (7.71). Sin embargo, dichas partes corresponden a las partes par e impar, respectivamente, de la densidad espectral de potencia del proceso complejo. Efectuando esta separación en (7.74) hallamos

$$\begin{aligned} K_{u_2u_2}(f) &= \text{Ev}\,|\tfrac{1}{2}\Lambda(f)|^2\,K_{u_1u_1}(f) + j\,\text{Od}\,|\tfrac{1}{2}\Lambda(f)|^2\,K_{v_1u_1}(f) \\ K_{v_2u_2}(f) &= -j\,\text{Od}\,|\tfrac{1}{2}\Lambda(f)|^2\,K_{u_1u_1}(f) + \text{Ev}\,|\tfrac{1}{2}\Lambda(f)|^2\,K_{v_1u_1}(f) \end{aligned} \tag{7.75}$$

donde, en función de las funciones de transferencia pasa-baja representadas en la figura 4.6,

$$\begin{aligned} \text{Ev}\,|\tfrac{1}{2}\Lambda(f)|^2 &= \tfrac{1}{2}[|\tfrac{1}{2}\Lambda(f)|^2 + |\tfrac{1}{2}\Lambda(-f)|^2] \\ &= |M(f)|^2 + |N(f)|^2 \end{aligned} \tag{7.76}$$

$$\begin{aligned} \text{Od}\,|\tfrac{1}{2}\Lambda(f)|^2 &= \tfrac{1}{2}[|\tfrac{1}{2}\Lambda(f)|^2 - |\tfrac{1}{2}\Lambda(-f)|^2] \\ &= jN(f)M^*(f) - jN^*(f)M(f) \end{aligned} \tag{7.77}$$

En la figura 7.5 se indican simbólicamente estas transformaciones lineales sobre las funciones de autocorrelación y de correlación cruzada, no sobre las propias señales. En estos diagramas se ve claramente cómo las características pasa-banda asimétricas introducen correlación entre las componentes en fase y en cuadratura de un proceso pasa-banda. Tales consideraciones serán importantes, por ejemplo, al analizar el funcionamiento de los diversos esquemas coherentes de demodulación estudiados en los ejemplos de § 4.4.

Ejemplo 7.9. Por analogía con (4.48), podríamos tomar como frecuencia "central" de un proceso pasa-banda real el centroide de la densidad espectral de potencia unilateral; es decir,

$$f_0 = \frac{\int_0^\infty f K_{xx}(f)\,df}{\int_0^\infty K_{xx}(f)\,df}$$

En el capítulo 4, vimos que la f_0 definida por (4.48) podría interpretarse como una media temporal de la frecuencia instantánea ponderada por la envolvente. Demostrar que para los procesos estocásticos estacionarios puede utilizarse una interpretación análoga; es decir, la f_0 definida anteriormente equivale a

$$f_0 = \frac{E[\mathbf{w}^2(t)\mathbf{f}_i(t)]}{E[\mathbf{w}^2(t)]}$$

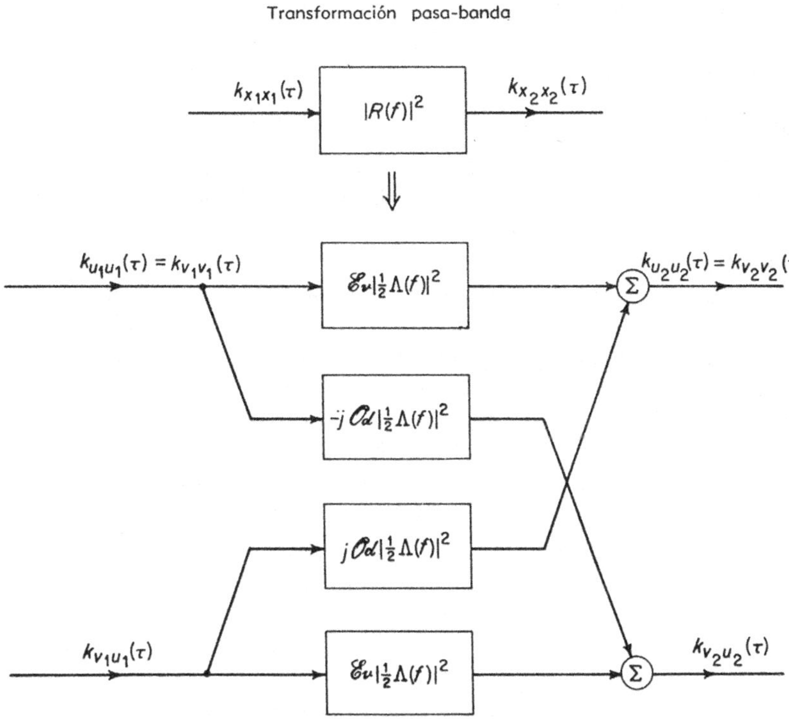

Figura 7.5. Equivalente pasa-baja de la transformación que relaciona las funciones de autocorrelación de entrada y salida

donde

$$\mathbf{f}_i(t) = \frac{1}{2\pi \mathbf{w}^2(t)} [\dot{\hat{\mathbf{x}}}(t)\mathbf{x}(t) - \dot{\mathbf{x}}(t)\hat{\mathbf{x}}(t)] \tag{4.41}$$

y

$$\mathbf{w}^2(t) = \mathbf{x}^2(t) + \hat{\mathbf{x}}^2(t) \tag{4.40}$$

Sugerencia: Tratar la derivación respecto al tiempo y la transformación de Hilbert como operaciones de filtro invariantes en el tiempo.

REFERENCIAS

1. M. LOEVE, *Probability Theory,* Van Nostrand, 1955, capítulo X.
2. A. M. YAGLOM, *An Introduction to the Theory of Stationary Random Functions,* Prentice-Hall, 1962.

3. A. Papoulis, *Probability, Random Variables, and Stochastic Processes,* McGraw-Hill, 1965.
4. Blackman y Tukey, *The Measurement of Powell Spectra,* Dover, 1958.
5. K. L. Jordan, "Discrete Representations of Random Signals", MIT-RLE Report, n.º 378, julio, 1961.
6. J. L. Brown, jr., "Mean Square Truncation Error in Series Expansions of Random Functions", *J. SIAM,* Vol. 8, n.º 1, pp. 28-32 (marzo, 1960).
7. R. Courant y D. Hilbert, *Methods of Mathematical Physics,* Vol. 1, Interscience, 1953.
8. H. L. Van Trees, *Detection, Estimation, and Modulation Theory,* Part I, John Wiley & Sons, 1968.
9. D. Slepian, "Estimation of Signal Parameters in the Presence of Noise", *Trans. IRE,* Vol. IT-3, pp. 68-89 (marzo, 1954).
10 W. B. Davenport, jr., y W. L. Root, *An Introduction to the Theory of Random Signals and Noise,* McGraw-Hill, 1958.
11. T. Kailath, "Some Integral Equations with 'Nonrational' Kernels", *Trans. IEEE,* Vol. IT-12, n.º 4, pp. 442-47 (octubre, 1966).

Modelos para procesos estocásticos

8

8.1 *Introducción*

En el capítulo 7 hicimos hincapié en la descripción de procesos estocásticos de señales por medio de la función de correlación. En el capítulo 9 se pondrá de manifiesto la utilidad de este tipo de descripción para resolver una amplia clase de problemas de diseño de sistemas. Sin embargo, antes de proceder a dichas aplicaciones convendrá examinar las propiedades de las funciones de correlación para diversos tipos de procesos. En vez de seleccionar arbitrariamente funciones de correlación o de hacer medidas detalladas sobre un proceso físico, el diseñador de sistemas prefiere construir un *modelo matemático* para representar al proceso físico que se considere. La razón de esta preferencia reside en quc ciertos aspectos del mecanismo físico que genera las diversas realizaciones se pueden entender muy bien y dichos aspectos pueden caracterizarse fácilmente mediante valores numéricos (parámetros). Es más, puede suceder que estos parámetros físicos se puedan medir más fácilmente que las funciones de correlación del proceso. Es de esperar que un modelo matemático que contenga solamente algunos de los parámetros más importantes proporcione una representación adecuada del proceso. Del modelo se pueden deducir analíticamente las funciones de correlación y ver en él el efecto de los cambios de los parámetros físicos.

Un tratamiento completo de los métodos de modelado de procesos se sale del ámbito de este texto. Consideraremos modelos para algunos procesos que, a causa del mecanismo físico de generación, sean de la forma de una sucesión temporal aleatoria de pulsos de señal. Se deducirán las expresiones del valor medio y de la autocorrelación. Varios de estos modelos se utilizarán en los ejemplos del capítulo 9.

8.2 Pulsos de señal con amplitudes y tiempos de llegada aleatorios

En algunos sistemas, notablemente en el radar y en el sonar, los pulsos de señal se hallan suficientemente aislados en el tiempo como para que para representar la señal devuelta por un blanco pueda utilizarse eficazmente un pulso único de forma conocida. Por desconocerse el alcance y la sección recta del blanco, la amplitud y el tiempo de llegada de pulso devuelto pueden interpretarse como variables aleatorias. En algunos casos, por ejemplo cuando intervienen blancos múltiples, el modelo entrañará algunos pulsos con amplitudes y tiempos de llegada aleatorios. En los ejemplos siguientes vamos a considerar los modelos más sencillos correspondientes a estos casos.

Pulso único

Sea

$$\mathbf{x}(t) = \mathbf{a}s(t - \mathbf{t}_0) \tag{8.1}$$

donde $\mathbf{a}$ y $\mathbf{t}_0$ son variables aleatorias estadísticamente independientes. El valor medio de este proceso es proporcional a la convolución del pulso con la función densidad de probabilidad para $\mathbf{t}_0$:

$$\overline{\mathbf{x}(t)} = E[\mathbf{x}(t)] = \bar{\mathbf{a}} \int_{-\infty}^{\infty} s(t - \sigma) p_{t_0}(\sigma)\, d\sigma \tag{8.2}$$

La función de autocorrelación viene dada por

$$\begin{aligned} k_{xx}(t + \tau, t) &= E[\mathbf{x}(t + \tau)\mathbf{x}(t)] \\ &= \overline{\mathbf{a}^2} \int_{-\infty}^{\infty} s(t + \tau - \sigma) s(t - \sigma) p_{t_0}(\sigma)\, d\sigma \end{aligned} \tag{8.3}$$

y está claro que el proceso no es estacionario. Si se conoce el tiempo de llegada $\mathbf{t}_0$, es decir, $p_{t_0}(\sigma) = \delta(\sigma - t_0)$, tendremos

$$\overline{\mathbf{x}(t)} = \bar{\mathbf{a}} s(t - t_0)$$

y

$$k_{xx}(t + \tau, t) = \overline{\mathbf{a}^2} s(t + \tau - t_0) s(t - t_0) \tag{8.4}$$

Al hacerse cada vez más indefinidos los tiempos de llegada ($p_{t_0}(\sigma)$ se ensancha), el proceso adquiere algunos aspectos de proceso estacionario en sentido amplio. Si suponemos para $\mathbf{t}_0$ una densidad uniforme sobre el intervalo $|t_0| \leqslant T$, será

$$\overline{\mathbf{x}(t)} = \frac{\bar{\mathbf{a}}}{2T} \int_{-T}^{T} s(t - \sigma)\, d\sigma$$
$$k_{xx}(t + \tau, t) = \frac{\overline{\mathbf{a}^2}}{2T} \int_{-T}^{T} s(t + \tau - \sigma) s(t - \sigma)\, d\sigma \tag{8.5}$$

Para T grande frente a la duración del pulso $s(t)$, las expresiones (8.5) serán esencialmente independientes de t para $|t| \ll T$. Sin embargo, esto no dará origen a un proceso estacionario no trivial, ya que el valor cuadrático medio tiende a cero para $T \to \infty$. Otra característica de interés en este caso es que la función de autocorrelación es aproximadamente proporcional a la función ambigüedad en el tiempo (2.40), $r_s(\tau) = (\mathbf{s}, \mathbf{s}_\tau)$, para el pulso $s(t)$.

Pulsos múltiples

Sea

$$\mathbf{x}(t) = \sum_{k=1}^{n} \mathbf{a}_k s(t - \mathbf{t}_k) \tag{8.6}$$

donde las $2n$ variables aleatorias $\{\mathbf{a}_k\}$ y $\{\mathbf{t}_k\}$ se supone que son estadísticamente independientes.

Supondremos además que las $\{\mathbf{a}_k\}$ están idénticamente distribuidas y también que las $\{\mathbf{t}_k\}$ están idénticamente distribuidas con función densidad de probabilidad $p(\sigma)$. Tendremos entonces

$$\overline{\mathbf{x}(t)} = \sum_{k=1}^{n} E[\mathbf{a}_k] E[s(t - \mathbf{t}_k)]$$
$$= n\bar{\mathbf{a}} \int_{-\infty}^{\infty} s(t - \sigma) p(\sigma)\, d\sigma \tag{8.7}$$

y

$$k_{xx}(t + \tau, t) = \sum_{k=1}^{n} \sum_{j=1}^{n} E[\mathbf{a}_k \mathbf{a}_j] E[s(t + \tau - \mathbf{t}_k) s(t - \mathbf{t}_j)]$$

donde

$$E[\mathbf{a}_k \mathbf{a}_j] = \overline{\mathbf{a}^2} \quad \text{para } k = j$$
$$= \bar{\mathbf{a}}^2 \quad \text{para } k \neq j \tag{8.8}$$

Considerando por separado los n términos en los que $k = j$ y los $n^2 - n$ en los que $k \neq j$, hallamos

$$k_{xx}(t+\tau, t) = n\overline{\mathbf{a}^2}\int_{-\infty}^{\infty} s(t+\tau-\sigma)s(t-\sigma)p(\sigma)\,d\sigma$$
$$+ (n^2 - n)\bar{\mathbf{a}}^2\left[\int_{-\infty}^{\infty} s(t-\sigma)p(\sigma)\,d\sigma\right]^2 \quad (8.9)$$

Si suponemos $p(\sigma)$ uniforme en el intervalo $|\sigma| \leqslant T$, y si hacemos $n = \lambda 2T$, cuando T tienda a infinito obtendremos un proceso estacionario en sentido amplio. En este caso

$$\begin{aligned} \bar{\mathbf{x}} &= \lambda\bar{\mathbf{a}}q \\ k_{xx}(\tau) &= \lambda\overline{\mathbf{a}^2}r(\tau) + (\lambda\bar{\mathbf{a}}q)^2 \\ m_{xx}(\tau) &= \lambda\overline{\mathbf{a}^2}r(\tau) \end{aligned} \quad (8.10)$$

donde

$$\begin{aligned} q &\triangleq \int_{-\infty}^{\infty} s(t)\,dt \\ r(\tau) &\triangleq \int_{-\infty}^{\infty} s(t+\tau)s(t)\,dt \end{aligned} \quad (8.11)$$

En (8.10) vemos que la función de autocovarianza es proporcional a la función de ambigüedad en el tiempo de $s(t)$. De ahora en adelante representaremos esta función por $r(\tau)$. El parámetro λ se interpreta como la ocurrencia media de pulsos por unidad de tiempo. La densidad espectral de potencia es, para este proceso

$$K_{xx}(f) = \lambda\overline{\mathbf{a}^2}R(f) + (\lambda\bar{\mathbf{a}}q)^2\,\delta(f) \quad (8.12)$$

donde
$$R(f) = |S(f)|^2$$

En la ecuación (8.12), la función δ en $f = 0$ representa la potencia en la *componente continua* del proceso. Este modelo se utiliza a menudo para representar el *ruido de fritura* de los dispositivos electrónicos. En esta aplicación, $s(t)$ es el pulso de corriente en un circuito exterior originado por el tránsito de un portador de carga individual cuya carga sea q, y hacemos $a_k = 1$. A las expresiones (8.10) para esta aplicación se les suele dar el nombre de *teorema de Campbell*.[1] En § 8.7 trataremos más detalladamente este tipo de proceso y daremos otra deducción de la media y de la función de autocorrelación.

8.3 Procesos cicloestacionarios

Afortunadamente, muchos de los procesos estocásticos que aparecen en los sistemas físicos pueden modelarse por medio de procesos estacionarios. En cambio, no es raro encontrar procesos que hayan sido sometidos a cierta operación iterativa de procesos, los cuales, de no ser por esto, podrían ser estacionarios. Dichas operaciones periódicas se suelen introducir intencionadamente, con el fin de proporcionar una referencia temporal para realizar observaciones de las señales. A consecuencia de estas operaciones se origina un tipo particular de proceso no estacionario. Por ejemplo, consideremos la salida de un receptor conectada a una antena de radar para haz estrecho la cual explore circularmente un campo de generadores de señales estacionarias. Si las intensidades de los generadores no tuvieran una distribución uniforme, con el ángulo de la antena, evidentemente la estadística de la salida del receptor variaría periódicamente con un período igual al de revolución de la antena. Análogamente, una señal de televisión, obtenida por exploración rectangular de un campo de video aleatorio, presentaría una estadística variable periódicamente. De hecho, todas las operaciones de exploración, salvo las gobernadas totalmente por otro proceso estocástico, introducirán un tipo de periodicidad en el proceso de la señal. En vista de que estos tipos de operaciones prevalecen en los sistemas de proceso de la señal, valdrá la pena examinar más detalladamente la estadística de segundo orden de los procesos. Vamos a hacerlo en los ejemplos siguientes.

Operación de muestreo y mantenimiento de la muestra

Observar continuamente el proceso de una señal suele ser antieconómico. Lo más sencillo será muestrear periódicamente el proceso y mantener el valor de la última muestra tomada hasta el siguiente instante de muestreo. Tal operación puede representarse simbólicamente por el circuito de *muestreo y mantenimiento* indicado en la figura 8.1. De momento, supondremos que los instantes de muestreo vienen dados por $\{t_k = kT;\ k = 0, \pm 1, \pm 2, \dots\}$ y el proceso de salida **x** está relacionado con el proceso **y** muestreado por

$$\mathbf{x}(t) = \sum_{k=-\infty}^{\infty} \mathbf{y}(kT)s(t - kT) \tag{8.13}$$

donde

$$\begin{aligned} s(t) &= 1 \quad \text{para } 0 \leqslant t < T \\ &= 0 \quad \text{en caso contrario} \end{aligned} \tag{8.14}$$

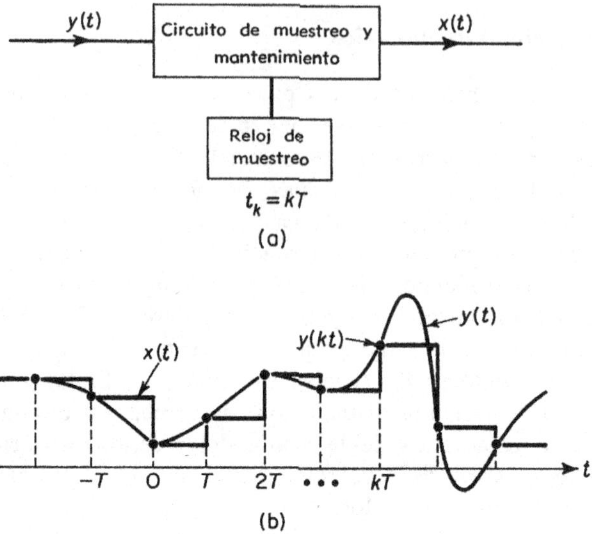

Figura 8.1. (a) Circuito de muestreo y mantenimiento. (b) Realizaciones ordinarias

Supongamos que **y** es un proceso estacionario en sentido amplio, entonces

$$\overline{\mathbf{x}(t)} = \sum_{k=-\infty}^{\infty} E[\mathbf{y}(kT)]s(t - kT)$$

$$= \bar{\mathbf{y}} \sum_{k=-\infty}^{\infty} s(t - kT) = \bar{\mathbf{y}} \tag{8.15}$$

y

$$k_{xx}(t + \tau, t) = \sum_{k=-\infty}^{\infty} \sum_{j=-\infty}^{\infty} E[\mathbf{y}(kT)\mathbf{y}(jT)]s(t + \tau - kT)s(t - jT)$$

Haciendo $j = k + m$, tenemos

$$k_{xx}(t + \tau, t) = \sum_{m=-\infty}^{\infty} k_{yy}(mT) \sum_{k=-\infty}^{\infty} s(t + \tau - kT)s(t - kT - mT) \tag{8.16}$$

La suma extendida a los valores de k en (8.16) es evidentemente periódica en t (con período T). La función de autocorrelación la podemos expresar con ayuda de una *función indicador* periódica $q(t, \tau)$ representada gráficamente en la figura 8.2 para $0 < \tau < T$.

$$k_{xx}(t + \tau, t) = \sum_{m=-\infty}^{\infty} k_{yy}(mT)q(t, \tau + mT) \tag{8.17}$$

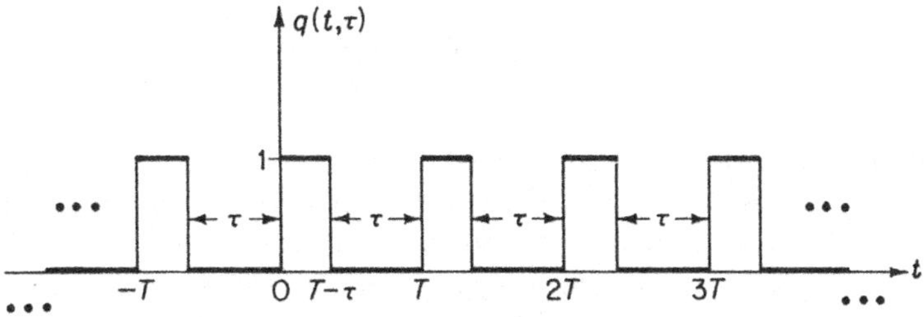

Figura 8.2. Función indicador periódica importante para calcular la función de autocorrelación a la salida del circuito de muestreo y mantenimiento

donde

$$q(t, \tau) = \sum_{k=-\infty}^{\infty} s(t + \tau - kT)s(t - kT)$$

Obsérvese que $q(t, \tau)$ se anula para $|\tau| \geqslant T$.

El proceso **x** es claramente no estacionario y pertenece a la clase que presenta la periodicidad siguiente:

$$\begin{aligned} \overline{\mathbf{x}(t_1 + T)} &= \overline{\mathbf{x}(t_1)} \\ k_{xx}(t_1 + T, t_2 + T) &= k_{xx}(t_1, t_2) \end{aligned} \tag{8.18}$$

para todo t_1 y t_2. Los procesos que satisfacen a (8.18) se dice que son *cicloestacionarios*[2] (en sentido amplio). A dichos procesos se les denomina también *periódicamente estacionarios*.[3]

Aleatorización de la fase

A causa de esta forma particular de no estacionariedad, nos sentimos tentados de tratarla como proceso estacionario y aprovechar conceptos tales como la densidad espectral de potencia. Una cosa que podemos hacer es promediar la función de autocorrelación (8.17) sobre un período (en t). Sea

$$\begin{aligned} \tilde{k}_{xx}(\tau) &= \frac{1}{T}\int_0^T k_{xx}(t + \tau, t)\, dt \\ &= \frac{1}{T}\sum_{m=-\infty}^{\infty} k_{yy}(mT)\int_0^T q(t, \tau + mT)\, dt \\ &= \frac{1}{T}\sum_{m=-\infty}^{\infty} k_{yy}(mT)r(\tau + mT) \end{aligned}$$

donde

$$r(\tau) = \int_{-\infty}^{\infty} s(t + \tau)s(t)\, dt \tag{8.19}$$

Este procedimiento de eliminación de la dependencia de t promediando en el tiempo la función de autocorrelación sobre un período no es tan arbitrario como pudiera parecer en un principio. Vamos a dar otra interpretación más atractiva desde un punto de vista físico. Hagamos que $\mathbf{x}$ sea un proceso estacionario sumando otra variable aleatoria $\boldsymbol{\delta}$ tal que

$$\mathbf{x}(t) = \sum_{k=-\infty}^{\infty} \mathbf{y}(kT + \boldsymbol{\delta})s(t - kT - \boldsymbol{\delta}) \tag{8.20}$$

De esta manera, los instantes de muestreo de la figura 8.1 pasan a ser $t_k = kT + \delta$. La interpretación física es que el observador del proceso $\mathbf{x}$, aun cuando sabe que se deduce muestreando periódicamente otro proceso, puede ignorar totalmente la referencia temporal para los instantes de muestreo. Así, si suponemos que $\boldsymbol{\delta}$ está distribuida uniformemente sobre el intervalo $0 \leqslant \delta < T$, tendremos

$$\begin{aligned}\overline{\mathbf{x}(t)} &= \sum_{k=-\infty}^{\infty} E[\mathbf{y}(kT + \boldsymbol{\delta})] \int_{-\infty}^{\infty} s(t - kT - \sigma)p_{\delta}(\sigma)\, d\sigma \\ &= \bar{\mathbf{y}} \sum_{k=-\infty}^{\infty} \frac{1}{T}\int_{0}^{T} s(t - kT - \sigma)\, d\sigma \\ &= \bar{\mathbf{y}}\, \frac{1}{T}\int_{-\infty}^{\infty} s(t)\, dt = \bar{\mathbf{y}}\end{aligned} \tag{8.21}$$

y

$$\begin{aligned} k_{xx}(t + \tau, t) &= \sum_{m=-\infty}^{\infty}\sum_{k=-\infty}^{\infty} E[\mathbf{y}(kT + \boldsymbol{\delta})\mathbf{y}(kT + mT + \boldsymbol{\delta})] \\ &\quad \times \int_{-\infty}^{\infty} s(t + \tau - kT - \sigma)s(t - kT - mT - \sigma)p_{\delta}(\sigma)\, d\sigma \\ &= \sum_{m=-\infty}^{\infty} k_{yy}(mT)\frac{1}{T}\sum_{k=-\infty}^{\infty}\int_{0}^{T} s(t + \tau - kT - \sigma)s(t - kT - mT - \sigma)\, d\sigma \\ &= \frac{1}{T}\sum_{m=-\infty}^{\infty} k_{yy}(mT)r(\tau + mT)\end{aligned} \tag{8.22}$$

donde

$$r(\tau) = \int_{-\infty}^{\infty} s(t + \tau)s(t)\, dt$$

Luego, tomando un origen de tiempos aleatorizado para los instantes de muestreo (éstos siguen estando igualmente espaciados), el proceso **x** será estacionario en sentido amplio y la función de autocorrelación se adapta a la (8.19) obtenida promediando en el tiempo. En algunos problemas, esta aleatorización de la *fase* del muestreador resulta muy apropiada y sólo tendremos que tratar con el proceso estacionario resultante. En otros casos, será muy importante conservar para el proceso el modelo cicloestacionario básico. Más adelante comentaremos esto más detalladamente.

En el caso estacionario existe también una relación importante entre las densidades espectrales de potencia de los procesos de entrada y salida de la figura 8.1. Tomando la transformada de Fourier de (8.22), tenemos

$$K_{xx}(f) = \frac{1}{T} R(f) \sum_{m=-\infty}^{\infty} k_{yy}(mT) e^{j2\pi mTf} \tag{8.23}$$

Utilizando ahora la fórmula de la suma de Poisson (6.125), la ecuación (8.23) queda en la forma

$$K_{xx}(f) = \frac{1}{T^2} R(f) \sum_{\ell=-\infty}^{\infty} K_{yy}\left(f - \frac{\ell}{T}\right) \tag{8.24}$$

donde

$$R(f) = |S(f)|^2 = T^2 \left(\frac{\operatorname{sen} \pi Tf}{\pi Tf}\right)^2$$

Así pues, la densidad espectral de potencia de **x** se expresa por medio de una función periódica obtenida sumando traslaciones en la frecuencia de la densidad espectral de potencia de **y**, multiplicadas por una función envolvente $R(f)$. En la figura 8.3 puede verse esto gráficamente. Si se toma T suficientemente pequeño para que el proceso tenga poca fluctuación en intervalos de T segundos, $K_{yy}(f)$ será estrecha comparada con $1/T$ y $R(f)$ tenderá a suprimir las traslaciones de $K_{yy}(f)$. En tal caso,

$$K_{xx}(f) \cong \frac{R(0)}{T^2} K_{yy}(f) = K_{yy}(f)$$

y las densidades espectrales de potencia de ambos procesos serán sustancialmente iguales.

Ejercicio 8.1. Para el proceso estocástico definido por $\mathbf{x}(t) = \mathbf{a} \cos 2\pi f_0 t - \mathbf{b} \operatorname{sen} 2\pi f_0 t$, demostrar que el proceso será estacionario en sentido amplio si, y

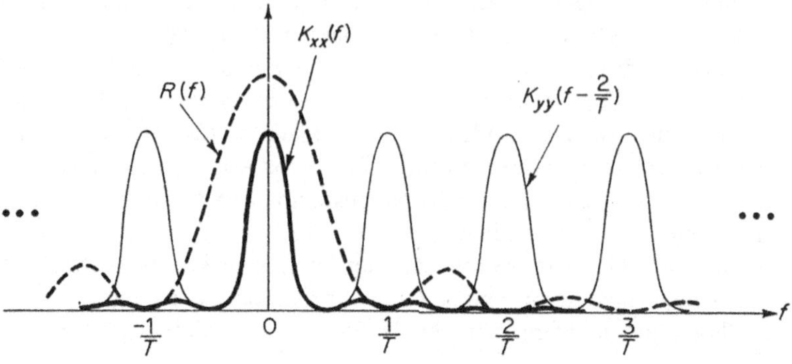

Figura 8.3. Densidad espectral de potencia del proceso sometido a la operación de muestreo y mantenimiento

sólo si, las variables aleatorias reales **a** y **b** tienen media nula, igual varianza, y son ortogonales. Demostrar que $\mathbf{x}(t) = \mathbf{c} \cos (2\pi f_0 t + \boldsymbol{\theta})$ con **c** y **θ** estadísticamente independientes será estacionario en sentido amplio si la función densidad de probabilidad de **θ** es la densidad uniforme sobre el intervalo $0 \leqslant \theta < 2\pi$. ¿Existen otras funciones densidad de probabilidad de **θ** que hagan a **x** estacionario en sentido amplio?

Ejercicio 8.2. Demostrar que el error cuadrático $E[\{\mathbf{x}(t) - \mathbf{y}(t)\}^2]$ resultante de la operación de muestreo y mantenimiento de la muestra es una función periódica de t. Demostrar que el valor promediado en el tiempo de este error cuadrático medio es igual a

$$\frac{2}{T}\int_0^T [k_{yy}(0) - k_{yy}(\tau)]\, d\tau$$

Dar un ejemplo de proceso estacionario **y** para el cual sea nulo el error cuadrático medio.

Modulación sincrónica de la amplitul de pulsos

Sustituyendo el pulso rectangular $s(t)$ por un pulso de forma arbitraria se obtiene una importante generalización del proceso de muestreo y mantenimiento. Las amplitudes de los pulsos las daremos por realizaciones de un proceso a tiempo discreto $\{\mathbf{a}_k;\ k = 0, \pm 1, \pm 2, \ldots\}$ no necesariamente resultantes de muestrear un proceso a tiempo continuo. La señal resultante

$$\mathbf{x}(t) = \sum_{k=-\infty}^{\infty} \mathbf{a}_k s(t - kT) \tag{8.25}$$

se dice que transporta la información en la sucesión $\mathbf{a}_k$ por medio de la *modulación de amplitud de pulsos* (PAM).[1] La modulación se dice que es *sincrónica* a causa de la separación uniforme existente entre pulsos consecutivos. La deducción de la media y la autocorrelación utilizada anteriormente será suficientemente general para comprender este caso si suponemos que la sucesión $\{\mathbf{a}_k\}$ es estacionaria en sentido amplio; es decir, si

$$\left.\begin{aligned} E[\mathbf{a}_k] &= \bar{\mathbf{a}} \\ E[\mathbf{a}_k\mathbf{a}_{k+m}] &= \alpha_m = \alpha_{-m} \end{aligned}\right\} \quad \text{para todo } k \tag{8.26}$$

entonces, de (8.15) y (8.16)

$$\overline{\mathbf{x}(t)} = \bar{\mathbf{a}} \underbrace{\sum_{k=-\infty}^{\infty} s(t-kT)}$$

$$\text{periódica en } t \text{ (período} = T) \tag{8.27}$$

$$k_{xx}(t+\tau, t) = \sum_{m=-\infty}^{\infty} \alpha_m \overbrace{\sum_{k=-\infty}^{\infty} s(t+\tau-kT)s(t-kT-mT)}$$

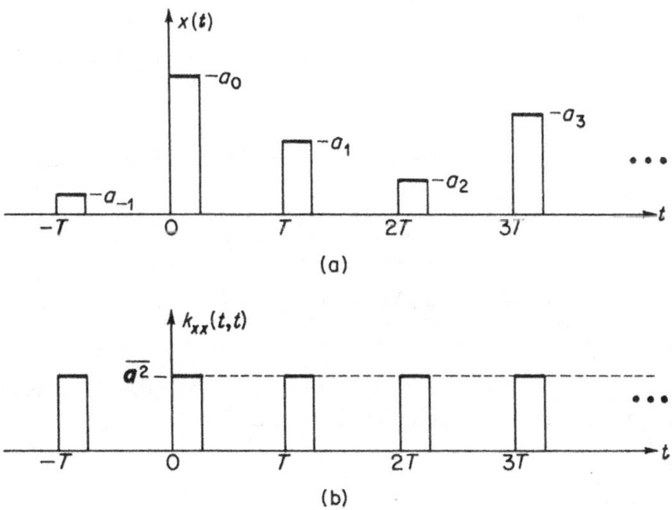

Figura 8.4. Señal PAM que utiliza pulsos rectangulares cortos. (a) Realización típica del proceso. (b) Valor cuadrático medio del proceso

[1] PAM son las siglas de *pulse amplitude modulation.* Nemotécnicamente, las podemos hacer corresponder en español a la expresión muy frecuente «pulsos de amplitud modulada».

Se deduce que la señal PAM es también un proceso cicloestacionario. La propiedad de cicloestacionariedad puede hacerse más intuitiva en este caso más general. Supongamos que $s(t)$ es un pulso rectangular muy estrecho (comparado con T) según se indica en la figura 8.4. Considerando solamente el valor medio del cuadrado del proceso $k_{xx}(t, t)$ de la figura 8.4, resulta evidente que en un período se tendrá una variación considerable de esta cantidad.

Por otra parte, es posible seleccionar una forma de pulso de tal manera que el proceso sea estacionario en sentido amplio. Para demostrarlo, sea $s(t)$ el pulso de banda limitada dado por

$$s(t) = \frac{\text{sen}(\pi t/T)}{\pi t/T} \tag{8.28}$$

con lo que

$$\begin{aligned} S(f) &= T \quad \text{para} \, |f| \leqslant \frac{1}{2T} \\ &= 0 \quad \text{de otra manera} \end{aligned}$$

Utilizando una versión ligeramente diferente de la fórmula de la suma (6.125) de Poisson que dice que, para cualquier $s(t)$,

$$\sum_{k=-\infty}^{\infty} s(t - kT) = \frac{1}{T} \sum_{\ell=-\infty}^{\infty} S\left(\frac{\ell}{T}\right) e^{j2\pi\ell\frac{t}{T}} \tag{8.29}$$

se ve fácilmente que las funciones periódicas de (8.27) vienen dadas por

$$\sum_{k=-\infty}^{\infty} s(t - kT) = 1$$

$$\sum_{k=-\infty}^{\infty} s(t + \tau - kT)s(t - kT - mT) = s(\tau + mT)$$

Luego, para esta forma de pulso particular, la señal PAM es estacionaria en sentido amplio con media y autocorrelación dadas por

$$\begin{aligned} \bar{\mathbf{x}} &= \bar{\mathbf{a}} \\ k_{xx}(\tau) &= \sum_{m=-\infty}^{\infty} \alpha_m s(\tau + mT) \end{aligned} \tag{8.30}$$

Teorema del muestreo

Una aplicación importante de este resultado la tenemos en que proporciona un teorema de muestreo para procesos de banda limitada que se corresponde directamente con el teorema de muestreo (6.128) para señales deterministas de banda limitada. Supongamos que $\{\mathbf{a}_k\}$ sean los valores muestra uniformemente espaciados de un proceso estocástico estacionario **y** de banda limitada [en el sentido de que $K_{yy}(f) = 0$ para $|f| > 1/2T$]. Tenemos

$$\mathbf{a}_k = \mathbf{y}(kT) \Rightarrow \alpha_m = k_{yy}(mT)$$

y de (8.30), con $S(f)$ dada por (8.28),

$$\begin{aligned} K_{xx}(f) &= S(f) \sum_{m=-\infty}^{\infty} k_{yy}(mT)e^{j2\pi mTf} \\ &= \frac{S(f)}{T} \sum_{\ell=-\infty}^{\infty} K_{yy}\left(f - \frac{\ell}{T}\right) \\ &= K_{yy}(f) \quad \text{para toda } f \end{aligned} \tag{8.31}$$

La proximidad de **x** a **y** viene evaluada por

$$\begin{aligned} E[\{\mathbf{x}(t) - \mathbf{y}(t)\}^2] &= E[\mathbf{x}^2(t)] + E[\mathbf{y}^2(t)] - 2E[\mathbf{x}(t)\mathbf{y}(t)] \\ &= k_{xx}(0) + k_{yy}(0) - 2\sum_{i=-\infty}^{\infty} k_{yy}(t - iT)s(t - iT) \end{aligned} \tag{8.32}$$

El término de correlación cruzada de (8.32) puede calcularse con auxilio de (8.29) y de la propiedad de limitación de banda de $K_{yy}(f)$ y $S(f)$:

$$\begin{aligned} \sum_{i=-\infty}^{\infty} k_{yy}(t - iT)s(t - iT) &= \frac{1}{T}\sum_{\ell=-\infty}^{\infty} \int_{-\infty}^{\infty} K_{yy}(\nu)S\left(\frac{\ell}{T} - \nu\right) d\nu e^{j2\pi\ell\frac{t}{T}} \\ &= \frac{1}{T}\int_{-\infty}^{\infty} K_{yy}(\nu)S(-\nu)\, d\nu = \int_{-\infty}^{\infty} K_{yy}(\nu)\, d\nu = k_{yy}(0) \end{aligned} \tag{8.33}$$

ya que de los términos anteriores tan sólo es no nulo el correspondiente a $\ell = 0$ Con este resultado y con (8.31), la (8.32) queda en la forma

$$E[\{\mathbf{x}(t) - \mathbf{y}(t)\}^2] = 2[k_{yy}(0) - k_{yy}(0)] = 0 \tag{8.34}$$

Luego podremos decir que un proceso de banda limitada se puede representar mediante sus valores muestra

$$\mathbf{y}(t) = \sum_{k=-\infty}^{\infty} \mathbf{y}(kT) \frac{\text{sen}\,(\pi/T)(t - kT)}{(\pi/T)(t - kT)} \tag{8.35}$$

en el sentido de que es nulo el valor cuadrático medio del error.

Densidad espectral de potencia de una señal PAM

Volviendo al caso de pulsos de forma arbitraria, podemos elegir entre tratar el proceso cicloestacionario como proceso estacionario por aleatorización de la fase o promediando media y autocorrelación sobre un período como hicimos anteriormente. Por tanto, si modificamos el proceso según

$$\mathbf{x}(t) = \sum_{k=-\infty}^{\infty} \mathbf{a}_k s(t - kT - \boldsymbol{\delta}) \tag{8.36}$$

donde $\boldsymbol{\delta}$ tiene una densidád uniforme sobre $0 \leqslant \delta < T$, hallaremos

$$\bar{\mathbf{x}} = \frac{\bar{\mathbf{a}}q}{T}; \qquad q = \int_{-\infty}^{\infty} s(t)\,dt \tag{8.37}$$

y

$$k_{xx}(\tau) = \frac{1}{T} \sum_{m=-\infty}^{\infty} \alpha_m r(\tau + mT); \qquad r(\tau) = \int_{-\infty}^{\infty} s(t + \tau)s(t)\,dt \tag{8.38}$$

En el conjunto de definición de la frecuencia,

$$K_{xx}(f) = \frac{1}{T} R(f) \underbrace{\sum_{m=-\infty}^{\infty} \alpha_m e^{j2\pi mTf}}_{\substack{\text{periódica en } f \\ (\text{período} = 1/T)}}; \qquad R(f) = |S(f)|^2 \tag{8.39}$$

En este caso más general, $R(f)$ no necesita tener ceros en los múltiplos de $1/T$ como ocurría en el caso del pulso rectangular en la operación de muestreo y mantenimiento de la muestra (8.24). Este caso puede dar origen a *componentes discretas* de la densidad espectral de potencia del proceso, relacionadas armónicamente. Por ejemplo, supongamos que las $\{\mathbf{a}_k\}$ sean estadísticamente independientes. En tal caso $\alpha_m = \bar{\mathbf{a}}^2$ para $m \neq 0$ y $\alpha_0 = \overline{\mathbf{a}^2}$. Utilizando la varianza $\sigma_a^2 = \overline{\mathbf{a}^2} - \bar{\mathbf{a}}^2$, podemos escribir

$$k_{xx}(\tau) = \frac{\sigma_a^2}{T} r(\tau) + \underbrace{\frac{\bar{\mathbf{a}}^2}{T} \sum_{m=-\infty}^{\infty} r(\tau + mT)}_{\substack{\text{periódica en } \tau \\ (\text{período} = T)}} \tag{8.40}$$

y

$$K_{xx}(f) = \frac{\sigma_a^2}{T} R(f) + \left(\frac{\bar{\mathbf{a}}}{T}\right)^2 \sum_{\ell=-\infty}^{\infty} R\left(\frac{\ell}{T}\right) \delta\left(f - \frac{\ell}{T}\right) \tag{8.41}$$

Las funciones δ de (8.41) representan potencia concentrada en diversos múltiplos de $1/T$. La cantidal de potencia en estas frecuencias depende tanto del valor medio de la sucesión $\{\mathbf{a}_k\}$ como de la forma de pulso empleada. Estas consideraciones tienen importancia práctica, ya que las componentes discretas representan potencia desperdiciada en lo que a transmisión de la información se refiere. El diseñador de sistemas modifica a menudo tanto la sucesión de mensaje como la forma de pulso a fin de gobernar la magnitud relativa de las componentes discretas. La presencia de componentes discretas a ciertas frecuencias no es totalmente nociva puesto que se pueden utilizar para extraer del proceso información acerca del tiempo,[2],[4] evitando así la necesidad de un canal de transmisión aparte que proporcione una señal cronométrica en los distintos puntos de observación del sistema. Otros tipos de comportamiento periódico de la sucesión $\{\alpha_m\}$, como los resultantes de la inserción periódica de pulsos sincronizadores en la señal PAM, pueden también dar lugar a componentes discretas de la densidad espectral de potencia.

Ejercicio 8.3. Sucesiones $\{a_k\}$ de números reales del intervalo $0 \leqslant a_k \leqslant 1$ se pueden aplicar en funciones del tiempo mediante una operación denominada *modulación de la duración del pulso.* Sea $\{\mathbf{a}_k;\ k = 0, \pm 1, \pm 2, \ldots\}$ una sucesión de variables aleatorias estadísticamente independientes, cada una distribuida uniformemente sobre $0 \leqslant a_k \leqslant 1$ y describamos el proceso estocástico $\mathbf{x}$ por

$$\mathbf{x}(t) = \sum_{k=-\infty}^{\infty} s\left(\frac{t - kT}{\mathbf{a}_k}\right)$$

Demostrar que el proceso es cicloestacionario; crear después un proceso estacionario en sentido amplio por aleatorización de la fase. Calcular la media y

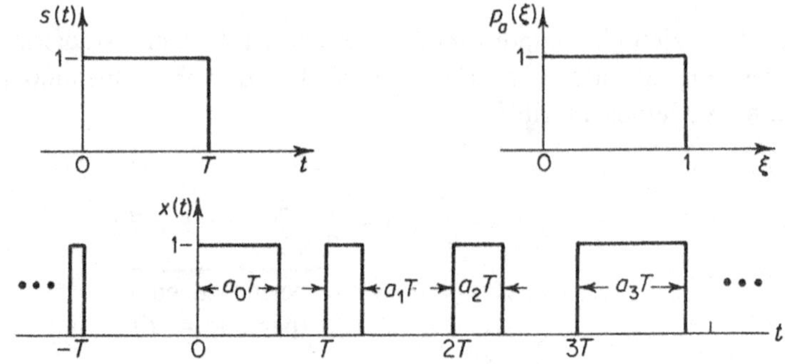

la función de autocorrelación, separando los términos que conducen a las partes continua y discreta de la densidad espectral de potencia.

Ejercicio 8.4. Consideremos un sistema de transmisión de datos binarios que transmita $s_0(t)$ para indicar "cero" y $s_1(t)$ para indicar "uno". Suponer que los estados binarios sucesivos son estadísticamente independientes y que el «uno» ocurre con probabilidad p. Suponer que los pulsos de señal se emiten sincrónicamente (cada T segundos) y utilizar la aleatorización de la fase para crear un proceso estacionario en sentido amplio. Calcular la función de autocorrelación y la densidad espectral de potencia del proceso, indicando por separado las componentes discretas, si las hubiere. Mostrar cómo podría utilizarse este modelo para caracterizar la densidad espectral de potencia en los casos de conmutación binaria por rotación de fase y por cambio de frecuencia. Esbozar los pasos requeridos para la generalización de un alfabeto binario a otro de mayor señalización. *Sugerencia:* Expresar $\mathbf{x}$ en la forma

$$\mathbf{x}(t) = \sum_{k=-\infty}^{\infty} (1 - \mathbf{a}_k)s_0(t - kT) + \mathbf{a}_k s_1(t - kT)$$

donde la variable aleatoria $\mathbf{a}_k$ sólo puede tomar los valores 0 y 1.

8.4 Efectos de la codificación sobre la densidad espectral de potencia

Del ejemplo anterior, resulta claro que la forma del pulso tiene un efecto predominante sobre la densidad espectral de potencia de una señal PAM. También se mencionó que pueden utilizarse operaciones sobre la sucesión $\{\mathbf{a}_k\}$ para modificar la densidad espectral de potencia. A tales operaciones las llamaremos *codificación* de la sucesión de mensaje. Normalmente, se piensa en la codificación en relación con los esquemas de detección y de corrección de errores; no obstante, algunas operaciones de codificación muy sencillas se utilizan mucho a fines de redistribución de la potencia en el conjunto de definición de la frecuencia. Se suele hacer esto a fin de adaptar la señal a las características del canal de transmisión de manera más eficaz.

Para ilustrar estas ideas, consideremos los efectos de la codificación sobre una sucesión de mensajes binarios ($a_k = 1$ o 0). Por razón de sencillez, supondremos que los elementos de la sucesión básica no codificada son estadísticamente independientes y que la probabilidad del suceso $[a_k = 1]$ viene dada por p. Sin embargo, dejemos arbitraria la forma del pulso $s(t)$, pues en la mayoría de aplicaciones la anchura de banda de los pulsos será al menos $1/2T$, con lo que la interferencia intersímbolos será pequeña (v. § 6.7). Para la señal binaria no codificada, tenemos [1]

$$\begin{aligned} \Pr[a_k = 1] = p, \qquad & \Pr[a_k = 0] = 1 - p \\ \bar{\mathbf{a}} = E[\mathbf{a}_k] &= p \\ \alpha_m = E[\mathbf{a}_k \mathbf{a}_{k+m}] &= p \qquad \text{para } m = 0 \\ &= p^2 \qquad \text{para } m \neq 0 \end{aligned} \tag{8.42}$$

Utilizando (8.41), la densidad espectral de potencia queda en la forma

$$K_{xx}(f) = \frac{p(1-p)}{T} R(f) + \left(\frac{p}{T}\right)^2 \sum_{\ell=-\infty} R\left(\frac{\ell}{T}\right) \delta\left(f - \frac{\ell}{T}\right) \tag{8.43}$$

Los efectos de los distintos esquemas de codificación que se mencionarán a continuación se calcularán comparando con (8.43) la densidad espectral resultante. La mayoría de resultados se pueden generalizar de alfabetos binarios a otros de mayor señalización.[5]

Código binario diferencial

La señal PAM binaria modificada

$$\mathbf{x}(t) = \sum_{k=-\infty}^{\infty} \mathbf{b}_k s(t - kT) \tag{8.44}$$

---

[1] Recordamos al lector que a_k representa una realización particular de la variable aleatoria $\mathbf{a}_k$.

se dirá que es una señal *binaria diferencial* si las $\{\mathbf{b}_k\}$ están relacionadas con las $\{\mathbf{a}_k\}$ de la manera siguiente. Si $a_k = 1$, b_k será diferente de su valor anterior b_{k-1}. Si $a_k = 0$, será $b_k = b_{k-1}$. Dicho de otro modo,

$$\begin{aligned} b_k - b_{k-1} &= \pm 1 \qquad \text{si } a_k = 1 \\ &= 0 \qquad \text{si } a_k = 0 \end{aligned} \tag{8.45}$$

Para calcular la densidad espectral de potencia de $\mathbf{x}$, necesitamos conocer la media y la correlación de la sucesión $\{\mathbf{b}_k\}$:

$$\begin{aligned} \bar{\mathbf{b}} &= E[\mathbf{b}_k] = \Pr [b_k = 1] \\ &= \Pr [b_{k-1} = 0 \ \ \text{y} \ \ a_k = 1] + \Pr [b_{k-1} = 1 \ \ \text{y} \ \ a_k = 0] \\ &= (1 - \bar{\mathbf{b}})p + \bar{\mathbf{b}}(1 - p) \end{aligned} \tag{8.46}$$

De (8.46), sacamos la conclusión de que $\bar{\mathbf{b}} = 1/2$ y que "unos" y "ceros" de la sucesión binaria diferencial son equiprobables, independientemente de las probabilidades que tengan "unos" y "ceros" en la sucesión inicial.

Sea

$$\begin{aligned} \beta_m &= E[\mathbf{b}_k \mathbf{b}_{k+m}] = \Pr [b_k = 1 \ \ \text{y} \ \ b_{k+m} = 1] \\ &= \tfrac{1}{2} \Pr [b_{k+m} = 1 \mid b_k = 1] \end{aligned} \tag{8.47}$$

La probabilidad condicional de (8.47) puede expresarse como suma de dos probabilidades conjuntas, condicionadas cada una de ellas sobre el suceso $[b_k = 1]$.

$$\begin{aligned} 2\beta_m = & \Pr [b_{k+m-1} = 0 \ \ \text{y} \ \ a_{k+m} = 1 \mid b_k = 1] \\ & + \Pr [b_{k+m-1} = 1 \ \ \text{y} \ \ a_{k+m} = 0 \mid b_k = 1] \end{aligned} \tag{8.48}$$

Comparando (8.47) y (8.48) sacamos la conclusión de que β_m satisface una ecuación diferencial de primer orden con coeficientes constantes:

$$\beta_m - (1 - 2p)\beta_{m-1} = \tfrac{1}{2}p \tag{8.49}$$

La solución de esta ecuación, utilizando la condición «inicial» $\beta_0 = 1/2$ y el hecho de que $\beta_m = \beta_{-m}$, viene dada por[9]

$$\beta_m = \tfrac{1}{4}[(1 - 2p)^{|m|} + 1] \tag{8.50}$$

Utilizando ahora (8.39), sustituyendo en ella α_m por β_m, resulta como densidad espectral de potencia

$$K_{xx}(f) = \frac{R(f)}{4T}\sum_{m=-\infty}^{\infty}(1-2p)^{|m|}e^{j2\pi mTf} + \frac{R(f)}{4T}\sum_{m=-\infty}^{\infty}e^{j2\pi mTf}$$
$$= \frac{R(f)M(f)}{4T} + \frac{1}{4T^2}\sum_{\ell=-\infty}^{\infty}R\left(\frac{\ell}{T}\right)\delta\left(f-\frac{\ell}{T}\right) \tag{8.51}$$

El segundo término de (8.51) es la parte discreta de la densidad espectral obtenida considerando solamente el término constante de la sucesión $\{\beta_m\}$.

Observamos que las componentes discretas no están afectadas por el valor del parámetro p y son las mismas que en la señal no codificada (8.43) con $p = 1/2$. La parte continua de la densidad espectral (8.51) está modificada por una función periódica formadora $M(f)$. Existe una expresión sencilla de $M(f)$ en forma explícita que se obtiene descomponiendo la suma para los valores de m en dos partes, cada una de las cuales es una serie geométrica y por tanto fácilmente sumable.

$$M(f) \triangleq \sum_{m=-\infty}^{\infty}(1-2p)^{|m|}e^{j2\pi mTf}$$
$$= \sum_{m=0}^{\infty}(1-2p)^{m}e^{j2\pi mTf} + \sum_{n=0}^{\infty}(1-2p)^{n}e^{-j2\pi nTf} - 1$$
$$= \frac{1}{1-(1-2p)e^{j2\pi Tf}} + \frac{1}{1-(1-2p)e^{-j2\pi Tf}} - 1$$
$$= \frac{p(1-p)}{p^2+(1-2p)(\text{sen}\,\pi Tf)^2} \tag{8.52}$$

En la figura 8.5 puede verse la gráfica de la función formadora para distintos valores del parámetro p. Resulta evidente que la forma que da depende mucho de p, originando concentración de potencia alrededor de los múltiplos pares de $1/2T$ para $p < 1/2$ y alrededor de los múltiplos impares de $1/2T$ para $p > 1/2$.

Codificación bipolar

Por muchas razones prácticas, en el diseño de un sistema de transmisión PAM suele convenir reducir la densidad espectral a frecuencias bajas y también a frecuencias próximas a la de repetición del pulso. Ello se consigue hasta cierto punto con la codificación binaria diferencial si puede garantizarse que la señal no codificada tenga una gran densidad de pulso $p \gg 1/2$. Un esquema

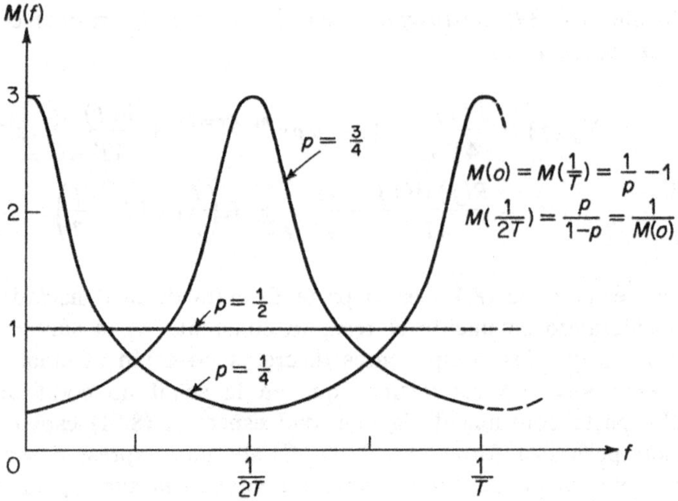

Figura 8.5. Función formadora de la densidad espectral para codificación binaria diferencial

mucho más eficaz lo tenemos en la codificación *bipolar*.[4] La señal no codificada, según la hemos descrito, es *unipolar* por cuanto sólo se genera un pulso cuando $a_k = 1$. La señal bipolar es la misma con la diferencia de que los pulsos consecutivos de la sucesión tienen polaridades opuestas. Es intuitivamente evidente que dicha operación reduciría la densidad espectral a baja frecuencia. La señal bipolar tiene amplitudes de pulso dadas por la sucesión ternaria $\{\mathbf{c}_k\}$.

$$\mathbf{x}(t) = \sum_{k=-\infty}^{\infty} \mathbf{c}_k s(t - kT)$$

donde

$$c_k = \pm 1 \qquad \text{si } a_k = 1$$
$$= 0 \qquad \text{si } a_k = 0 \tag{8.53}$$

El cálculo de media y correlación de la sucesión $\{\mathbf{c}_k\}$ se simplifica al tener en cuenta su relación con la sucesión binaria diferencial. Como en (8.45) deben alternarse $+1$ y -1, podemos escribir

$$c_k = b_k - b_{k-1} \tag{8.54}$$

Tenemos así

$$\bar{\mathbf{c}} = E[\mathbf{c}_k] = \bar{\mathbf{b}} - \bar{\mathbf{b}} = 0 \Rightarrow \bar{\mathbf{x}} = 0 \tag{8.55}$$

y
$$\gamma_m \triangleq E[\mathbf{c}_k\mathbf{c}_{k+m}] = E[(\mathbf{b}_k - \mathbf{b}_{k-1})(\mathbf{b}_{k+m} - \mathbf{b}_{k+m-1})]$$
$$= 2\beta_m - \beta_{m+1} - \beta_{m-1} \tag{8.56}$$

Sustituyendo β_m por su valor (8.50),

$$\gamma_m = -p^2(1-2p)^{|m|} \quad \text{para } |m| \geqslant 1$$
$$\gamma_0 = p \tag{8.57}$$

La densidad espectral de potencia de la señal bipolar viene dada por

$$K_{xx}(f) = \frac{1}{T} R(f) \sum_{m=-\infty}^{\infty} \gamma_m e^{j2\pi mTf}$$
$$= \frac{R(f)M(f)}{T} \tag{8.58}$$

donde

$$M(f) = \sum_{m=-\infty}^{\infty} \gamma_m e^{j2\pi mTf}$$
$$= p - p^2 \sum_{m=1}^{\infty} (1-2p)^{m-1} e^{j2\pi mTf} - p^2 \sum_{n=1}^{\infty} (1-2p)^{n-1} e^{-j2\pi nTf}$$
$$= p - \frac{p^2 e^{j2\pi Tf}}{1-(1-2p)e^{j2\pi Tf}} - \frac{p^2 e^{-j2\pi Tf}}{1-(1-2p)e^{-j2\pi Tf}}$$
$$= \frac{p(1-p)(\operatorname{sen} \pi Tf)^2}{p^2 + (1-2p)(\operatorname{sen} \pi Tf)^2} \tag{8.59}$$

En la figura 8.6 puede verse representada gráficamente esta función formadora periódica para diversos valores del parámetro p. Notamos que la codificación bipolar ha eliminado componentes discretas (en el caso en el cual las $\{\mathbf{a}_k\}$ son estadísticamente independientes). Además la densidad espectral tiene ceros en 0 y $1/T$ independientemente de cuál sea el valor de p. Para densidades de pulso elevadas ($p \gg 1/2$), hay una gran concentración de potencia en la región de $1/2T$.

También es interesante observar que la codificación bipolar proporciona cierto grado de capacidad de detección de errores. Si los pulsos consecutivos de una señal bipolar recibida tuvieran la misma polaridad, sería evidente que en la transmisión se había producido un error. A dichas ocurrencias se las denomina *violaciones bipolares* y la frecuencia con que se produzcan puede constituir una medida del buen funcionamiento del sistema.

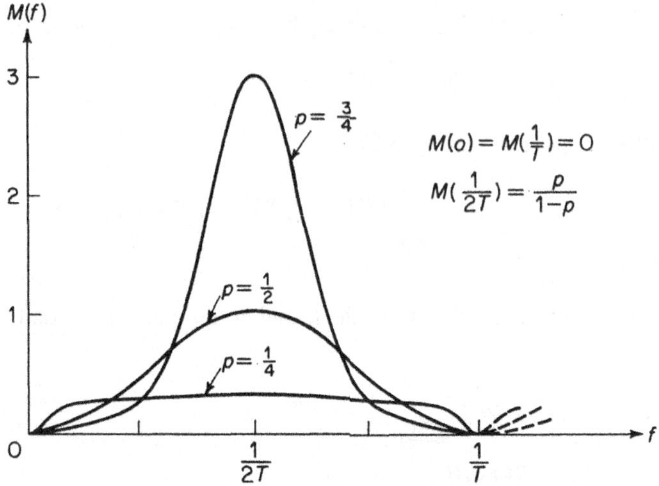

Figura 8.6. Función formadora de la densidad espectral para codificación bipolar

Codificación respuesta parcial

En los sistemas PAM que utilizan aproximadamente la mínima anchura de banda $1/2T$, puede convenir concentrar la potencia en la región central de $1/4T$ mientras se producen ceros de la densidad espectral en 0 y $1/2T$. Ello puede conseguirse con un esquema de codificación conocido por *respuesta parcial.*[6] La señal respuesta parcial viene dada por

$$\mathbf{x}(t) = \sum_{k=-\infty}^{\infty} \mathbf{d}_k s(t - kT) \tag{8.60}$$

donde

$$d_k = a_k - a_{k-2}$$

Luego $\bar{\mathbf{d}} = 0 \Rightarrow \bar{\mathbf{x}} = 0$, y

$$\begin{aligned} \delta_m &\triangleq E[\mathbf{d}_k \mathbf{d}_{k+m}] = E[(\mathbf{a}_k - \mathbf{a}_{k-2})(\mathbf{a}_{k+m} - \mathbf{a}_{k+m-2})] \\ &= 2\alpha_m - \alpha_{m+2} - \alpha_{m-2} \end{aligned} \tag{8.61}$$

Luego $\delta_0 = 2p(1-p)$; $\delta_1 = \delta_{-1} = 0$; $\delta_2 = \delta_{-2} = -p(1-p)$; y $\delta_m = 0$ para $|m| \geqslant 3$. La densidad espectral de potencia se convierte en

$$K_{xx}(f) = \frac{R(f)}{T} \sum_{m=-\infty}^{\infty} \delta_m e^{j2\pi mTf} = \frac{R(f)M(f)}{T}$$

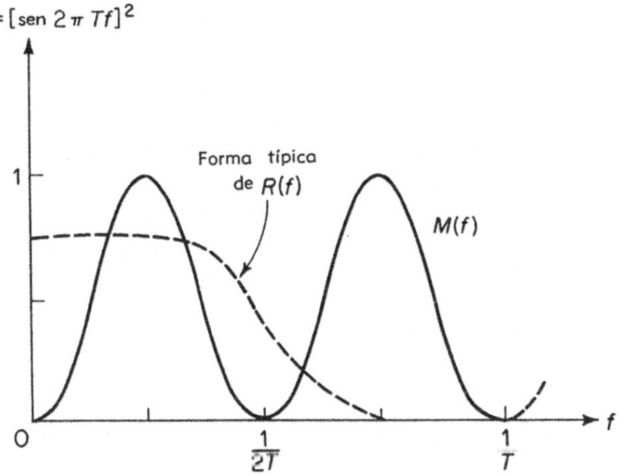

Figura 8.7. Función formadora de la densidad espectral para codificación respuesta parcial

donde

$$\begin{aligned} M(f) &= 2p(1-p)[1-\cos 2\pi(2Tf)] \\ &= 4p(1-p)(\text{sen}2\pi Tf)^2 \end{aligned} \tag{8.62}$$

En la figura 8.7 puede verse esta función formadora espectral para $p = 1/2$. La forma fundamental es independiente de p. También con este esquema de codificación se eliminan las componentes discretas de la señal no codificada (8.43). En este ejemplo, se podían haber obtenido los mismos resultados modificando la forma del pulso; es decir, la señal respuesta parcial (8.60) puede expresarse en la forma

$$\mathbf{x}(t) = \sum_{k=-\infty}^{\infty} \mathbf{a}_k s_d(t - kT)$$

donde

$$s_d(t) = s(t) - s(t - 2T) \tag{8.63}$$

Ejercicio 8.5. Otra operación de codificación, semejante en ciertos aspectos a la codificación bipolar con la diferencia de que tiende a concentrar potencia a las frecuencias bajas, es la resultante de la conversión de una sucesión binaria en otra ternaria $\{\mathbf{e}_k\}$, donde

$$\mathbf{x}(t) = \sum_{k=-\infty}^{\infty} \mathbf{e}_k s(t - kT)$$

con $e_k = \pm 1$ si $a_k = 1$ y $e_k = 0$ si $a_k = 0$. Los pulsos sucesivos de este proceso tendrán igual polaridad si están separados por un número par de pulsos fallidos ($e_k = 0$). Si hubiera un número impar de pulsos fallidos entre pulsos sucesivos de **x**, éstos tendrían polaridades opuestas. Por ejemplo, esta codificación prohíbe la fluctuación rápida que tendría lugar a consecuencia de una transición de + 1 a — 1 en instantes adyacentes de emisión de pulsos. A esta operación de codificación se la denomina *codificación duobinaria.*[10] Calcular la densidad espectral de potencia suponiendo que la sucesión binaria no codificada $\{\mathbf{a}_k\}$ tiene las propiedades estadísticas de (8.42). Comparar el resultado con el de la codificación bipolar. *Sugerencia:* Demostrar que $e_k = (-1)^k c_k$, donde $\{\mathbf{c}_k\}$ es la sucesión ternaria resultante de la codificación bipolar.

Ejercicio 8.6. En el proceso PAM binario (8.42), suponer que las $\{\mathbf{a}_k\}$ no son estadísticamente independientes sino que están caracterizadas por el hecho de que es igual a 1/4 la probabilidad de a_k y a_{k+1} siendo éstos diferentes.

a. Demostrar que

$$\alpha_m = E[\mathbf{a}_k \mathbf{a}_{k+m}] = \tfrac{1}{4}[(\tfrac{1}{2})^{|m|} + 1]$$

b. Utilizando (a), escribir la densidad espectral de potencia del proceso. Indicar las componentes discretas, si las hubiere.

Ejercicio 8.7. Para la señal PAM sincrónica (no necesariamente binaria), suponer que la sucesión estacionaria $\{\mathbf{a}_k\}$ está caracterizada por la correlación $\alpha_m = \alpha_0 \rho^{|m|}$. A una tal sucesión se la denomina *sucesión de Markoff en sentido amplio.*[3]

a. Calcular y representar gráficamente la densidad espectral de potencia para un valor de ρ próximo a la unidad (sucesión muy correlacionada). Expresar la razón de la máxima a la mínima densidad de potencia en función del parámetro ρ.

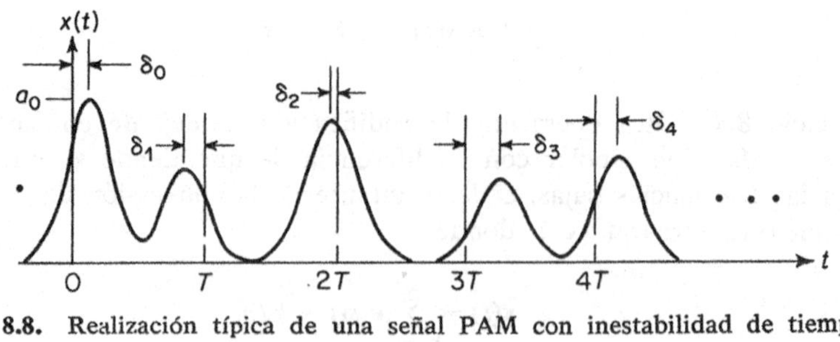

Figura 8.8. Realización típica de una señal PAM con inestabilidad de tiempo

b. Para reducir la concentración a frecuencias bajas, puede alternarse la polaridad de los pulsos consecutivos. Sea

$$\mathbf{x}(t) = \sum_{k=-\infty}^{\infty} \mathbf{b}_k s(t - kT)$$

donde $b_k = (-1)^k a_k$. Calcular la densidad espectral de potencia y compararla con la de (a).

c. Para mitigar la extraordinaria concentración en el conjunto de definición de la frecuencia que puede obtenerse en (a) y (b) con sucesiones muy correlacionadas, puede utilizarse una señal PAM diferencial. Sea

$$\mathbf{x}(t) = \sum_{k=-\infty}^{\infty} \mathbf{c}_k s(t - kT)$$

con $c_k = a_k - a_{k-1}$. Comparar la densidad espectral de potencia con la obtenida en (a).

8.5 PAM con inestabilidad de tiempo

Al construir un modelo más preciso para la señal PAM, existen casos en los que es importante considerar una desviación aleatoria respecto a ocurrencias de pulsos perfectamente sincrónicas. A dichas desviaciones se las denomina *inestabilidad de tiempo* y la señal PAM inestable puede caracterizarse por

$$\mathbf{x}(t) = \sum_{k=-\infty}^{\infty} \mathbf{a}_k s(t - kT - \boldsymbol{\delta}_k) \tag{8.64}$$

donde suponemos que las $\{\boldsymbol{\delta}_k\}$ son variables aleatorias con media nula, idénticamente distribuidas. En la figura 8.8 puede verse una realización típica.

El valor medio del proceso es

$$\begin{aligned}\overline{\mathbf{x}(t)} &= \bar{\mathbf{a}} \sum_{k=-\infty}^{\infty} \int_{-\infty}^{\infty} s(t - kT - \sigma)p(\sigma)\, d\sigma \\ &= \bar{\mathbf{a}} \sum_{k=-\infty}^{\infty} \tilde{s}(t - kT)\end{aligned} \tag{8.65}$$

donde $\tilde{s}(t)$ es una versión *promediada inestable* del pulso, algo ensanchada por convolución con la función densidad de probabilidad $p(\sigma)$ de la variable inestable.

Para calcular la función de autocorrelación de $\mathbf{x}$, necesitamos la función densidad de probabilidad conjunta para $\boldsymbol{\delta}_k$ y $\boldsymbol{\delta}_{k+m}$. Supondremos que $\{\boldsymbol{\delta}_k\}$ es una sucesión estacionaria, con lo cual esta densidad conjunta sólo dependerá de m. Tendremos entonces

$$k_{xx}(t+\tau, t) = \sum_{m=-\infty}^{\infty} \alpha_m \sum_{k=-\infty}^{\infty} \iint_{-\infty}^{\infty} s(t+\tau-kT-\sigma_1)$$
$$\times\, s(t-kT-mT-\sigma_2)p_m(\sigma_1, \sigma_2)\, d\sigma_1\, d\sigma_2 \quad (8.66)$$

El examen de (8.65) y (8.66) muestra que la señal PAM con inestabilidad de tiempo es también un proceso cicloestacionario. Si lo queremos tratar como estacionario, podemos introducir una variable aleatoria adicional distribuida uniformemente sobre un período de pulso, como hicimos antes. Así pues, hagamos

$$\mathbf{x}(t) = \sum_{k=-\infty}^{\infty} \mathbf{a}_k s(t-kT-\boldsymbol{\delta}_k-\boldsymbol{\delta}) \quad (8.67)$$

y hallamos

$$\overline{\mathbf{x}(t)} = \frac{\bar{\mathbf{a}}}{T}\int_{-\infty}^{\infty} \tilde{s}(t)\, dt \quad (8.68)$$

Para obtener una expresión simplificada de la función de autocorrelación, supondremos que las $\{\boldsymbol{\delta}_k\}$ son estadísticamente independientes. Entonces

$$p_m(\sigma_1, \sigma_2) = p(\sigma_1)p(\sigma_2) \qquad \text{para } m \neq 0$$

y

$$k_{xx}(\tau) = \frac{\alpha_0}{T}\tilde{r}(\tau) + \frac{1}{T}\sum_{m\neq 0} \alpha_m r_1(\tau+mT)$$

donde

$$\tilde{r}(\tau) = \int_{-\infty}^{\infty} r(\tau-\sigma)p(\sigma)\, d\sigma$$
$$r(\tau) = \int_{-\infty}^{\infty} s(t+\tau)s(t)\, dt \quad (8.69)$$
$$r_1(\tau) = \int_{-\infty}^{\infty} \tilde{s}(t+\tau)\tilde{s}(t)\, dt$$

En (8.69), $r_1(\tau)$ es la función de ambigüedad en el tiempo para el pulso promediado inestable $\tilde{s}(t)$; mientras que $\tilde{r}(\tau)$ es la función de ambigüedad en el tiempo para $s(t)$. La densidad espectral de potencia para este proceso será

$$K_{xx}(f) = \frac{R(f)}{T}\left[\alpha_0 P(f) + \sum_{m\neq 0} \alpha_m \,|P(f)|^2 \, e^{j2\pi mTf}\right] \tag{8.70}$$

8.6 Múltiplex de señales

Como ejemplo final de operaciones prácticas de proceso de señales que dan origen a procesos cicloestacionarios, consideremos la operación del múltiplex de señales, la cual forma una señal *compuesta* intercalando repetitivamente segmentos de dos o más procesos de señal. En la figura 8.9 se ilustra el múltiplex de dos procesos estacionarios **y** y **z**, que supondremos estadísticamente independientes. La operación de conmutación puede estar caracterizada por una función indicador periódica $q(t)$. La señal compuesta **x** viene entonces dada por

$$\mathbf{x}(t) = q(t)\mathbf{y}(t) + [1 - q(t)]\mathbf{z}(t)$$

donde

$$\begin{aligned} q(t) &= 1 \quad \text{para}\, kT \leqslant t < kT + T_1;\ k = 0, \pm 1, \pm 2, \ldots \\ &= 0 \quad \text{en caso contrario} \end{aligned} \tag{8.71}$$

El valor medio de la señal compuesta es

$$\overline{\mathbf{x}(t)} = \bar{\mathbf{y}}q(t) + \bar{\mathbf{z}}[1 - q(t)] \tag{8.72}$$

Nótese que $\overline{\mathbf{x}(t)}$ será constante si los procesos **y** y **z** tienen el mismo valor medio.

La función de autocorrelación para la señal compuesta es

$$\begin{aligned} k_{xx}(t+\tau, t) &= E[\mathbf{x}(t+\tau)\mathbf{x}(t)] \\ &= q(t)q(t+\tau)k_{yy}(\tau) + [1 - q(t+\tau)][1 - q(t)]k_{zz}(\tau) \\ &\quad + \bar{\mathbf{y}}\bar{\mathbf{z}}\{q(t+\tau)[1 - q(t)] + q(t)[1 - q(t+\tau)]\} \end{aligned} \tag{8.73}$$

Debido a ser periódica $q(t)$, queda claro que **x** será un proceso cicloestacionario. La generalización a un número mayor de procesos múltiplex es inmediata.

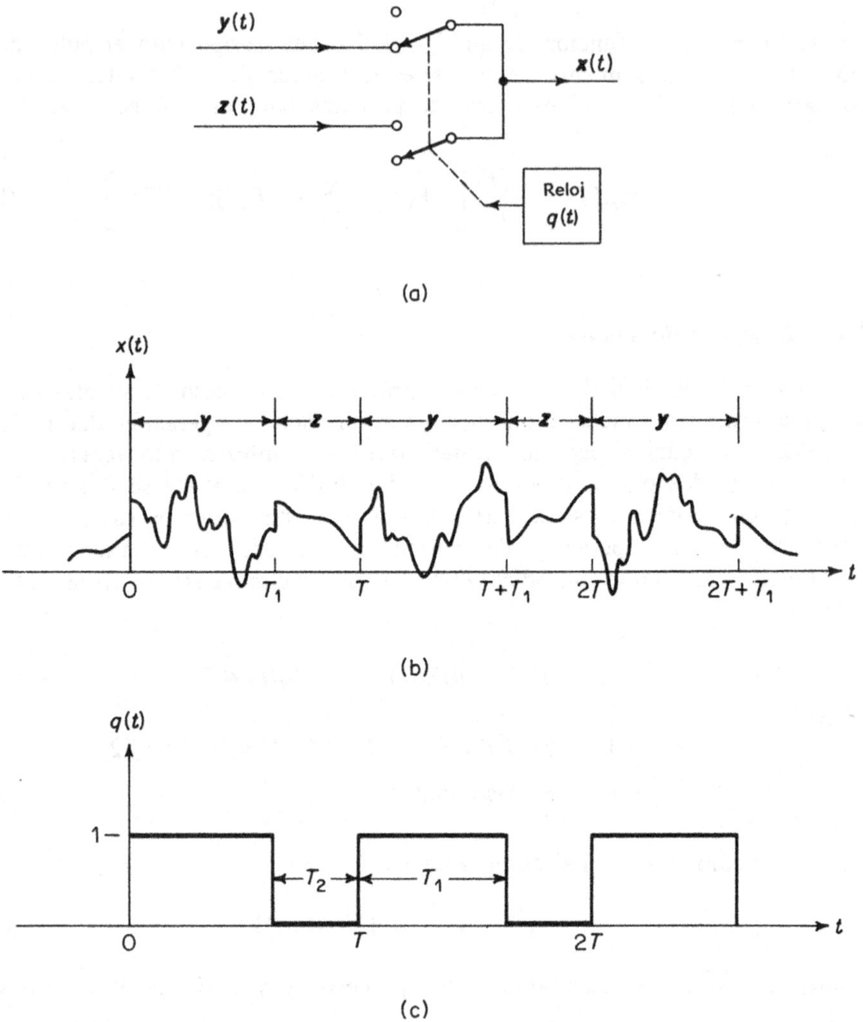

Figura 8.9. (a) Múltiplex de señales. (b) Realización típica de una señal compuesta. (c) Función indicador periódica

También puede acomodarse la correlación entre los procesos. Se han tratado casos en los que la función de conmutación es un proceso estocástico.[7] En algunos casos de interés práctico, uno de los procesos puede no ser estocástico. Por ejemplo, al hacer el modelo para una señal de televisión, la señal $z(t)$ podría ser periódica a fin de representar la inserción periódica de los pulsos de sincronismo y vídeo.[8]

Por último, como en los ejemplos anteriores, si estuviera totalmente indeterminada la fase del cronómetro, podemos considerar la señal compuesta como proceso estacionario,

$$\mathbf{x}(t) = q(t - \boldsymbol{\delta})\mathbf{y}(t - \boldsymbol{\delta}) + [1 - q(t - \boldsymbol{\delta})]\mathbf{z}(t - \boldsymbol{\delta}) \tag{8.74}$$

donde $\boldsymbol{\delta}$ tiene una densidad uniforme en el intervalo $0 \leqslant \delta < T$. En este caso, tenemos

$$\begin{aligned} \bar{\mathbf{x}} &= \bar{\mathbf{y}} \frac{1}{T} \int_0^T q(t - \sigma)\, d\sigma + \bar{\mathbf{z}} \frac{1}{T} \int_0^T [1 - q(t - \sigma)]\, d\sigma \\ &= \frac{T_1}{T} \bar{\mathbf{y}} + \frac{T_2}{T} \bar{\mathbf{z}} \end{aligned} \tag{8.75}$$

y

$$k_{xx}(\tau) = \frac{T_1}{T} w(\tau) k_{yy}(\tau) + \left\{ \frac{T_2}{T} - \frac{T_1}{T} [1 - w(\tau)] \right\} k_{zz}(\tau) + 2\bar{\mathbf{y}}\bar{\mathbf{z}} \frac{T_1}{T} [1 - w(\tau)] \tag{8.76}$$

donde

$$w(\tau) \triangleq \frac{1}{T_1} \int_0^T q(t) q(t + \tau)\, dt$$

La función formadora periódica $w(\tau)$ tiene la forma representada en la figura 8.10.

Como comentario final acerca de los procesos cicloestacionarios, debe recalcarse que la aleatorización de la fase introducida en estos ejemplos sólo es adecuada para ciertas consideraciones. Un ejemplo de dónde puede utilizarse el proceso de aleatorización de la fase lo tenemos en el cálculo de la potencia de interferencia acoplada en otro canal de transmisión. En cualquier situación

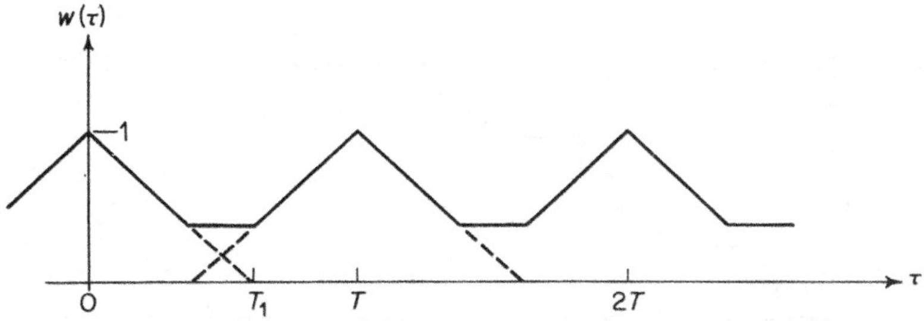

Figura 8.10. Función formadora periódica apropiada para el cálculo de la función de autocorrelación de la señal compuesta

en la que no se observe la señal sincronizada con el reloj generador, será normalmente válido el método de aleatorización de la fase. En cambio, cuando se calculen los efectos que sobre el proceso de la señal originen las subsiguientes operaciones periódicas de proceso habrá que tener en cuenta la variación periódica de las medias estadísticas. Por ejemplo, se demodula una señal PAM recibida muestreando la señal cada T segundos. Se ajusta la fase del reloj receptor para reducir al mínimo la interferencia intersímbolos. Las cantidades de interés serán las diversas esperanzas en los instantes de muestreo y no una versión promediada en el tiempo de ellas.

8.7 *Procesos de señal relacionados con el proceso de Poisson*

En contraste con los procesos de señal más o menos sincrónicos descritos en los apartados anteriores, nos encontramos a menudo con procesos en los que sólo se conoce lá frecuencia media de las ocurrencias de pulsos. En tales casos, donde las ocurrencias de pulsos son totalmente aleatorias, para construir un modelo puede resultar muy útil el proceso de *Poisson*. Este proceso constituye una forma particular de *proceso numerable*,[1] es decir, un proceso de valores enteros con incrementos unidad. En la figura 8.11 puede verse una realización típica de proceso numerable.

Se puede describir este tipo de proceso por la sucesión aleatoria de puntos $\{\mathbf{t}_k\}$ a lo largo del eje de tiempos:

$$\mathbf{N}(t) = \sum_{k=1}^{\infty} w(t - \mathbf{t}_k); \qquad 0 \leqslant t_1 \leqslant t_2 \leqslant \cdots \tag{8.77}$$

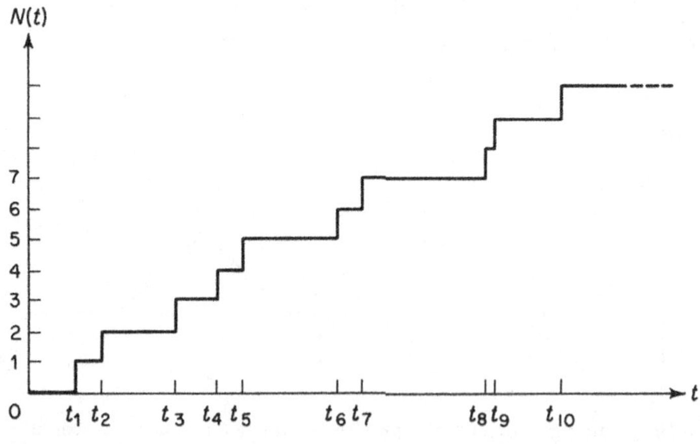

Figura 8.11. Realización típica del proceso de Poisson, $\mathbf{N}(t)$

donde $w(t)$ es la función escalón unidad, $w(t) = \frac{1}{2}(1 + \text{sgn}\, t)$. Así, pues, la variable aleatoria $\mathbf{N}(t)$ es igual al número de ocurrencias de puntos entre 0 y t. El proceso se puede caracterizar por las probabilidades asociadas a los sucesos $[N(t) = n]$ para todo $t \geqslant 0$ y $n = 0, 1, 2, \ldots$ Así pues, definimos

$$P_n(t) = \Pr [N(t) = n] \tag{8.78}$$

Aun cuando existen formas más generales del proceso de Poisson,[1] sólo consideraremos el caso particular que satisfaga las condiciones siguientes:

$$\begin{aligned} \text{a.}\quad & \Pr [N(t) - N(s) = n \;\; \text{y} \quad N(u) - N(v) = m] \\ & \qquad = P_n(t-s)P_m(u-v); \qquad t \geqslant s \geqslant u \geqslant v \geqslant 0 \end{aligned} \tag{8.79}$$

$$\left.\begin{aligned} \text{b.}\quad & P_1(\Delta t) = \lambda\, \Delta t \\ \text{c.}\quad & P_0(\Delta t) = 1 - \lambda\, \Delta t \end{aligned}\right\} \text{cuando} \Delta t \to 0$$

La condición (a) de (8.79) impone a las ocurrencias de puntos la condición de ser estacionarias; es decir, la probabilidad de un número particular de ocurrencias sólo depende de la longitud del intervalo, independientemente de cuál sea su posición sobre el eje de tiempos. Esta condición establece también que el número de ocurrencias en intervalos de tiempo que no se solapen son variables aleatorias estadísticamente independientes. Las condiciones (b) y (c) establecen que para un intervalo Δt suficientemente pequeño, la probabilidad de una ocurrencia es proporcional a la longitud del intervalo y la ocurrencia de dos o más puntos en éste puede considerarse imposible. De estas condiciones, podemos deducir expresiones de $P_n(t)$ que sólo dependan de n, t y del parámetro λ. Para deducir estas expresiones, observemos quc

$$P_n(t+s) = \sum_{m=0}^{n} P_m(t)P_{n-m}(s) \tag{8.80}$$

En (8.80) podemos sustituir s por Δt; entonces, para Δt pequeño tenemos $P_k(\Delta t) = 0$ para $k \geqslant 2$, y la (8.80) queda en la forma

$$\begin{aligned} P_n(t+\Delta t) &= P_n(t)P_0(\Delta t) + P_{n-1}(t)P_1(\Delta t) \\ &= P_n(t)(1 - \lambda\, \Delta t) + P_{n-1}(t)\lambda\, \Delta t \end{aligned}$$

$$\frac{P_n(t+\Delta t) - P_n(t)}{\Delta t} = -\lambda P_n(t) + \lambda P_{n-1}(t) \tag{8.81}$$

Haciendo tender a cero Δt en (8.81), obtenemos una ecuación diferencial de primer orden en $P_n(t)$:

$$\frac{d}{dt} P_n(t) = -\lambda P_n(t) + \lambda P_{n-1}(t) \tag{8.82}$$

Utilizando la condición inicial $P_n(0) = 0$, hallamos

$$P_n(t) = \lambda \int_0^t e^{-\lambda(t-\tau)} P_{n-1}(\tau)\, d\tau \quad \text{para } n \geqslant 1 \tag{8.83}$$

Para $n = 0$, la (8.82) es una ecuación homogénea con la condición inicial $P_0(0) = 1$; luego

$$P_0(t) = e^{-\lambda t}; \qquad t \geqslant 0 \tag{8.84}$$

Utilizando (8.83) y (8.84), podemos establecer por inducción que

$$P_n(t) = \frac{(\lambda t)^n}{n!} e^{-\lambda t}; \qquad t \geqslant 0 \tag{8.85}$$

El parámetro λ es igual al número medio de ocurrencias de puntos en un intervalo unidad. Para demostrarlo, sea T un intervalo arbitrario; entonces

$$\begin{aligned} E[\mathbf{N}(t+T) - \mathbf{N}(t)] &= \sum_{n=0}^{\infty} n P_n(T) \\ &= \sum_{n=0}^{\infty} n \frac{(\lambda T)^n}{n!} e^{-\lambda T} = \lambda T e^{-\lambda T} \sum_{m=0}^{\infty} \frac{(\lambda T)^m}{m!} \\ &= \lambda T \end{aligned} \tag{8.86}$$

Al construir modelos para procesos de señal, utilizaremos de diversas maneras la sucesión de variables aleatorias $\{\mathbf{t}_k\}$. Diremos que las $\{\mathbf{t}_k\}$ están distribuidas según un proceso de Poisson con parámetro λ. Al calcular la media y la autocorrelación para el proceso, se necesitarán las funciones densidad de probabilidad para las variables aleatorias. La función densidad de probabilidad para $\mathbf{t}_k$ está relacionada con la probabilidad de que el punto k-ésimo ocurra en un pequeño intervalo en el punto arbitrario t; es decir, para Δt pequeño,

$$\begin{aligned} p_{t_k}(t)\,\Delta t &= \Pr\,[t < t_k \leqslant t + \Delta t] \\ &= \Pr\,[N(t) = k-1]\,\Pr\,[N(t+\Delta t) - N(t) = 1] \\ &= P_{k-1}(t)\lambda\,\Delta t \end{aligned}$$

Así pues, tenemos

$$p_{t_k}(t) = \lambda P_{k-1}(t); \qquad t \geqslant 0 \tag{8.87}$$

También necesitaremos la función densidad de probabilidad conjunta para pares de puntos $\mathbf{t}_k$ y $\mathbf{t}_j$. Razonando análogamente, podemos escribir (suponiendo $j < k$)

$$\begin{aligned} p_{t_k t_j}(t, s)\, \Delta t\, \Delta s &= \Pr\,[t < t_k \leqslant t + \Delta t \text{ y } s < t_j \leqslant s + \Delta s] \\ &= \Pr\,[N(s) = j - 1]\, \Pr\,[N(s + \Delta s) - N(s) = 1] \\ &\quad \times \Pr\,[N(t) - N(s) = k - j - 1]\, \Pr\,[N(t + \Delta t) - N(t) = 1] \end{aligned}$$

Así pues, tenemos

$$p_{t_k t_j}(t, s) = \lambda^2 P_{j-1}(s) P_{k-j-1}(t - s); \qquad k > j, \quad t > s > 0 \tag{8.88}$$

Ejercicio 8.8. Para el proceso numerable descrito por (8.77), calcular la media $\overline{\mathbf{N}(t)}$ y la autocorrelación $k_{NN}(t_1, t_2)$. Suponer que las ocurrencias en escalón están distribuidas según un proceso de Poisson con parámetro λ.

Señal facsímil aleatoria

Se obtiene una señal facsímil explorando ópticamente una figura blanca y negra con un explorador de velocidad constante. Para una figura aleatoria, la salida del explorador $\mathbf{x}(t)$ será un proceso estocástico bivalente, por ejemplo $x(t) = 1$ para las partes negras y $x(t) = 0$ para las blancas. El tiempo que transcurre entre transiciones sucesivas de negro a blanco y de blanco a negro será una variable aleatoria. Ordinariamente, el proceso puede estar fuertemente polarizado hacia principalmente negro o principalmente blanco. A este proceso le podríamos asignar el modelo siguiente. Sea $\{\mathbf{t}_k;\ k = 0, \pm 1, \pm 2, \ldots\}$ una sucesión ordenada de variables aleatorias distribuidas sobre todo el eje real según un proceso de Poisson con parámetro λ. Aquí hemos suprimido la restricción de (8.77) de que los puntos se hallen en el semieje real positivo. Ello no introduce ninguna dificultad por ser estacionarias las ocurrencias de puntos. El origen de tiempos se puede tomar arbitrariamente. En los intervalos definidos por puntos consecutivos, decimos que $\mathbf{x}$ es constante sobre el intervalo, suponiendo el valor 1 o 0 con probabilidad p o $1 - p$, respectivamente. Además, los valores de $\mathbf{x}$ en intervalos diferentes son estadísticamente independientes. Ello nos da un modelo para la señal facsímil aleatoria que está caracterizada por sólo dos parámetros, p y λ. En la figura 8.12 pueden verse realizaciones ordinarias.

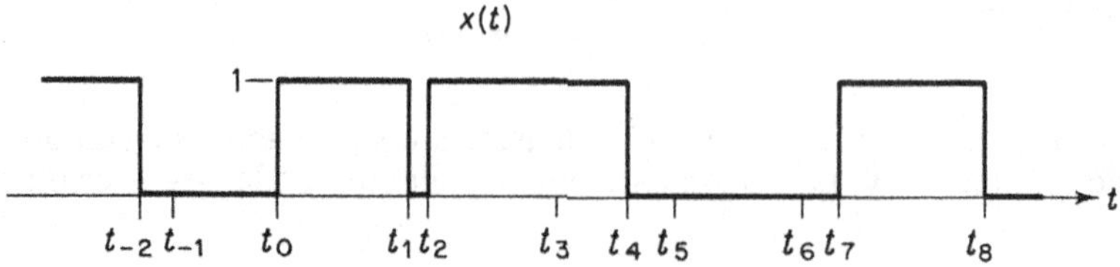

Figura 8.12. Realización ordinaria de señal facsímil aleatoria. Las $\{\mathbf{t}_k\}$ están distribuidas según un proceso de Poisson con parámetro λ

El valor medio del proceso se obtiene tomando un t arbitrario y calculando

$$E[\mathbf{x}(t)] = \Pr\,[x(t) = 1] = p \tag{8.89}$$

El valor medio es constante, $\bar{\mathbf{x}} = p$, ya que no importa en qué intervalo caiga t. La función de autocorrelación es

$$\begin{aligned} k_{xx}(t+\tau, t) &= E[\mathbf{x}(t+\tau)\mathbf{x}(t)] \\ &= \Pr\,[x(t+\tau) = 1 \quad \mathbf{y}\ x(t) = 1] \end{aligned} \tag{8.90}$$

La probabilidad conjunta de (8.90) sólo depende de si t y $t + \tau$ están en el mismo intervalo o no:

$$\begin{aligned} \Pr\,[x(t+\tau) = 1 \ \ \mathbf{y} \ \ x(t) = 1] &= p \qquad \text{si } t \ \text{ y } t+\tau \text{ caen en el mismo intervalo} \\ &= p^2 \qquad \text{si } t \ \text{ y } t+\tau \text{ caen en intervalos diferentes} \end{aligned} \tag{8.91}$$

La probabilidad de que t y $t + \tau$ estén en el mismo intervalo es simplemente $P_0(|\tau|)$, independiente de t. Utilizando (8.84) y (8.91), la (8.90) queda en la forma

$$\begin{aligned} k_{xx}(\tau) &= pe^{-\lambda|\tau|} + p^2[1 - e^{-\lambda|\tau|}] \\ &= p(1-p)e^{-\lambda|\tau|} + p^2 \end{aligned} \tag{8.92}$$

Está claro que el proceso es estacionario en sentido amplio y que la densidad espectral de potencia es

$$K_{xx}(f) = \frac{2\lambda p(1-p)}{(2\pi f)^2 + \lambda^2} + p^2\,\delta(f) \tag{8.93}$$

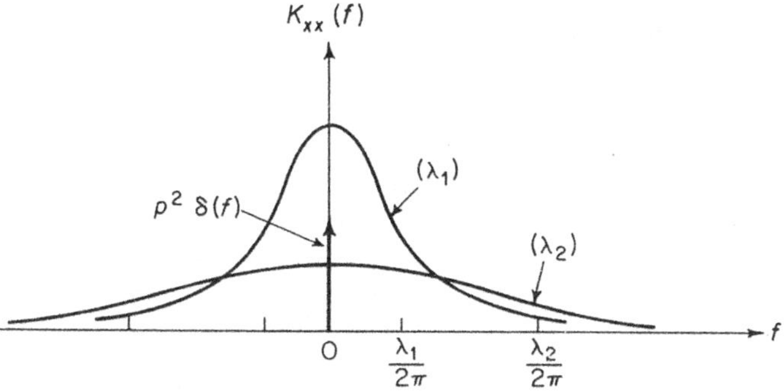

Figura 8.13. Densidad espectral de potencia para una señal facsímil aleatoria

representada gráficamente en la figura 8.13. Se ve que λ puede también interpretarse como un parámetro de anchura de banda para el proceso.

En vez de ser bivalente el proceso, podemos hacer que **x** tome un valor real cualquiera comprendido entre 0 y 1 (niveles grises) en un intervalo de acuerdo con una función densidad de probabilidad arbitraria. La función de autocorrelación tiene, en este caso, la misma forma que (8.92) (v. ejercicio 8.10). Este modelo ha resultado útil para representar señales de televisión.[8] Otro proceso mencionado frecuentemente es la *señal telegráfica aleatoria,*[1],[3] en la cual las transiciones entre 0 y 1 tienen lugar en cada uno de los puntos aleatorios. Este proceso es equivalente a la señal facsímil aleatoria con $p = 1/2$ y λ incrementada en un factor 2.

Ejercicio 8.9. Calcular, para la señal facsímil aleatoria, el intervalo medio de tiempo entre las transiciones negro a blanco y blanco a negro. Calcular también la frecuencia media de transición.

Ejercicio 8.10. Al generalizar la señal facsímil aleatoria partiendo de un proceso bivalente, hacemos $x(t) = a_k;\ t_k \leqslant t < t_{k+1}$, donde $\{\mathbf{a}_k\}$ es una sucesión de variables aleatorias estadísticamente independientes, cada una con función densidad de probabilidad $p_a(\xi)$. A este proceso se le ha denominado *función aleatoria escalonada.*[11] Calcular la media y la autocorrelación para **x**.

Ejercicio 8.11. En la función aleatoria escalonada descrita en el ejercicio 8.10, podemos hacer que $\{\mathbf{a}_k\}$ sea una sucesión de Markoff estacionaria en sentido amplio como en el ejercicio 8.7 en vez de una sucesión estadísticamente independiente. Demostrar que, por lo que se refiere a la media y a la autocorrelación, esta modificación equivale a un cambio en el parámetro λ. Sea $\tilde{\lambda}$ el nuevo parámetro en una función aleatoria escalonada con niveles independientes y poner de manifiesto la relación existente entre $\tilde{\lambda}$, λ y ρ.

Sucesión de pulsos aleatorios

Para una utilización más general del proceso de Poisson, consideremos el modelo para una sucesión de pulsos de forma arbitraria cuyas amplitudes y tiempos de ocurrencia sean aleatorios:

$$\mathbf{x}(t) = \sum_{k=-\infty}^{\infty} \mathbf{a}_k s(t - \mathbf{t}_k); \qquad k \neq 0 \tag{8.94}$$

donde $\{\mathbf{a}_k\}$ es una sucesión estacionaria estadísticamente independiente de $\{\mathbf{t}_k\}$ que es una sucesión ordenada distribuida según un proceso de Poisson con parámetro λ. En el estudio que sigue se explicará la razón de haber omitido en (8.94) el término $k = 0$. Para calcular la media y la autocorrelación de $\mathbf{x}$, tomemos un valor arbitrario de t y luego indiquemos las $\{\mathbf{t}_k\}$ en una realización ordinaria de manera que t_1 sea el primer punto a la derecha de t y t_{-1} el primero a su izquierda, según se indica en la figura 8.14.

Puede parecer raro en un principio, pero la longitud del intervalo comprendido entre t_{-1} y t_1 es estadísticamente diferente de las longitudes de los intervalos comprendidos entre las demás ocurrencias de pulsos consecutivos. La razón de ello estriba en que el intervalo entre t_{-1} y t_1 está obligado a contener un punto dado t, mientras que a los demás intervalos no se les impone tal restricción. La función densidad de probabilidad para la longitud de tiempo $\boldsymbol{\tau}$ desde un punto *cualquiera* sobre el eje de tiempos hasta la siguiente ocurrencia de punto viene dada por $p_{\tau}(\sigma) = \lambda e^{-\lambda\sigma}$. Así pues, si hacemos $t_0 = t$ y definimos la variable aleatoria $\boldsymbol{\tau}_k = \mathbf{t}_k - \mathbf{t}_{k-1}$, las $\boldsymbol{\tau}_k$ estarán idénticamente distribuidas para cada k (incluido el cero). En vista de esto, podremos escribir la (8.94) más correctamente en la forma

$$\mathbf{x}(t) = \sum_{k=-\infty}^{\infty} \mathbf{a}_k s(t - \mathbf{t}_k); \qquad \begin{cases} t_{-1} < t_0 = t < t_1 \\ a_0 = 0 \end{cases} \tag{8.95}$$

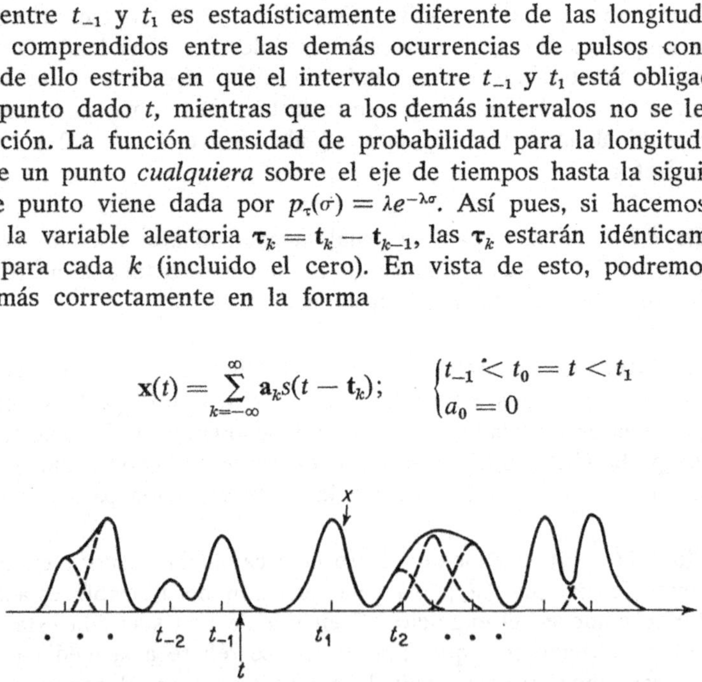

Figura 8.14. Realización ordinaria de una sucesión de pulsos aleatorios mostrando el esquema de indicación de las ocurrencias de pulsos

Otra manera de considerar esto es tomar como origen de tiempos el punto arbitrario t; entonces las variables aleatorias $\mathbf{t}_k - t$ para $k > 0$ y $t - \mathbf{t}_k$ para $k < 0$ estarán descritas por las funciones densidad de probabilidad dadas en (8.87) y (8.88). Podemos ahora escribir

$$
\begin{aligned}
E[\mathbf{x}(t)] &= \sum_{k=-\infty}^{\infty} E[\mathbf{a}_k]E[s(t-\mathbf{t}_k)] \\
&= \sum_{k=1}^{\infty} \bar{\mathbf{a}} \int_0^{\infty} s(\sigma)\lambda P_{k-1}(\sigma)\,d\sigma + \sum_{k=-\infty}^{-1} \bar{\mathbf{a}} \int_0^{\infty} s(-\xi)P_{-k-1}(\xi)\,d\xi \\
&= \lambda\bar{\mathbf{a}} \int_0^{\infty} s(t)e^{-\lambda t}\sum_{k=1}^{\infty} \frac{(\lambda t)^{k-1}}{(k-1)!}\,dt + \lambda\bar{\mathbf{a}} \int_{-\infty}^{0} s(t)e^{\lambda t}\sum_{\ell=1}^{\infty} \frac{(-\lambda t)^{\ell-1}}{(\ell-1)!}\,dt \\
&= \lambda\bar{\mathbf{a}} \int_{-\infty}^{\infty} s(t)\,dt = \lambda\bar{\mathbf{a}}q
\end{aligned} \tag{8.96}
$$

Al calcular la función de autocorrelación, supondremos que las $\{\mathbf{a}_k\}$ son estadísticamente independientes, con lo que

$$
\begin{aligned}
E[\mathbf{a}_k\mathbf{a}_j] &= \overline{\mathbf{a}^2} \quad \text{para } k = j \neq 0 \\
&= \bar{\mathbf{a}}^2 \quad \text{para } k \neq j \\
&= 0 \quad \text{para } k \text{ o } j = 0
\end{aligned} \tag{8.97}
$$

Tenemos entonces

$$
\begin{aligned}
k_{xx}(t+\tau, t) &= E[\mathbf{x}(t+\tau)\mathbf{x}(t)] \\
&= \sum_{k=-\infty}^{\infty} \sum_{j=-\infty}^{\infty} E[\mathbf{a}_k\mathbf{a}_j]E[s(t-\mathbf{t}_k+\tau)s(t-\mathbf{t}_j)]
\end{aligned} \tag{8.98}
$$

La suma de (8.98) se calcula considerando por separado los términos para los cuales $k = j > 1$; $k = j < -1$; $k > j > 1$; $j > k > 1$; $j < k < -1$; $k < j < -1$; $k > 1$, $j < -1$; $j > 1$, $k < -1$. Tras algunas transformaciones, obtenemos el sencillo resultado

$$
k_{xx}(\tau) = \lambda\overline{\mathbf{a}^2}r(\tau) + (\lambda\bar{\mathbf{a}}q)^2 \tag{8.99}
$$

donde

$$
r(\tau) = \int_{-\infty}^{\infty} s(t+\tau)s(t)\,dt
$$

$$
q = \int_{-\infty}^{\infty} s(t)\,dt
$$

Por último, observemos la equivalencia entre este proceso y el descrito en § 8.2, en el que las ocurrencias de pulsos estaban distribuidas uniformemente e independientemente sobre todo el eje de tiempos. Véanse las ecuaciones (8.10) y (8.11).

Ejercicio 8.12. Efectuar los pasos que faltan en la deducción de (8.99).

REFERENCIAS

1. E. Parzen, *Stochastic Processes,* Holden-Day, 1962.
2. W. R. Bennett, "Statistics of Regenerative Digital Transmission", *Bell Sys. Tech. Jour.,* Vol. 37, pp. 1501-42 (noviembre, 1958).
3. A. Papoulis, *Probability, Random Variables, and Stochastic Processes,* McGraw-Hill, 1965.
4. M. R. Aaron, "PCM Transmission in the Exchange Plant", *Bell Sys. Tech. Jour.,* Vol. 41, pp. 99-141 (enero, 1962).
5. A. Lender, "Correlative Digital Communication Techniques", *Trans. IEEE,* Vol. COM-12, pp. 128-35 (diciembre, 1964).
6. E. R. Kretzmer, "Binary Data Communication by Partial Response Transmission", Comunicación n.° CP65-419 en la 1965 Communications Convention, Boulder, Colorado.
7. M. V. Johns, jr., "Spectral Analysis of a Process of Randomly Delayed Pulses", *Trans. IEEE,* Vol. IT-6, n.° 4, pp. 440-44 (septiembre, 1960).
8. L. E. Franks, "A Model for the Random Video Process", *Bell Sys. Tech. Jour.,* Vol. 45, pp. 609-30 (abril, 1966).
9. F. B. Hildebrand, *Methods of Applied Mathematics,* Prentice-Hall, 1952.
10. A. Lender, "The Duobinary Technique for High-Speed Data Transmissión", *IEEE Trans. on Communication and Electronics,* Vol. 82, pp. 214-18 (mayo, 1963).
11. J. H. Laning, jr., y R. H. Battin, *Random Processes in Automatic Control,* McGraw-Hill, 1956.

Filtrado óptimo de procesos de señal

9

9.1 *Introducción*

Utilizando las técnicas descritas en los dos capítulos anteriores para caracterizar procesos estocásticos, nos hallamos en condiciones de aplicar un método mucho más realista al diseño de sistemas óptimos de proceso de señales. Ello se debe a que podemos caracterizar las propiedades de elementos del sistema tanto deterministas como aleatorios por medio de funcionales lineales y cuadráticos. Descritos por éstos diversos aspectos del funcionamiento del sistema, podremos aplicar los métodos variacionales del capítulo 6 al problema de hallar los elementos deterministas que den mejor funcionamiento. Como ejemplos de elementos deterministas a optimizar podríamos citar las formas de pulso utilizadas en un sistema de modulación de amplitud de los pulsos o la respuesta al impulso de un filtro procesador de señales destinado a extraer las señales interesantes de un fondo de ruido. En este capítulo limitaremos nuestra atención al problema del filtrado de señales. Podemos tratar una amplia clase de problemas que llevan consigo el hallar el filtro lineal óptimo tomando como criterio de buen funcionamiento el error cuadrático. La interpretación física de estos resultados se verá muy auxiliada por los conceptos relativos al espacio de señales introducidos en los capítulos anteriores.

En el apartado siguiente se presenta una formulación generalizada del problema del filtrado lineal en la estimación de parámetros de la señal. Se deduce una condición general referente a la respuesta del filtro al impulso para minimizar el error cuadrático de la estimación del parámetro en cuestión. El resto del capítulo se dedica a hallar funciones que satisfagan dicha condición en problemas específicos de filtrado. Varios de los ejemplos son muy conocidos y han sido tratados muy extensamente en la literatura relativa a sistemas de mando y de comunicación. Otros ejemplos han sido mucho menos estudiados pero pueden resolverse en esencia por las mismas técnicas. Los ejemplos se han idealizado un tanto por razón de sencillez y para dar una comprensión básica de cómo afectan a la forma del filtro óptimo ciertas circunstancias concretas. Para aplicaciones prácticas, podría formularse un problema que combinase las características de varios de los ejemplos presentados.

En muchos problemas podría argüirse que la operación óptima del proceso de la señal, no es lineal. Independientemente de este hecho, el tratamiento del problema del filtrado lineal tiene una importancia práctica considerable porque las técnicas de realización de filtros lineales están mucho más desarrolladas que las de los alineales. Dicho de otro modo, podemos considerar la linealidad, como la realizabilidad física (respuesta no anticipativa), como una limitación práctica impuesta por el diseñador. Con respecto a la cuestión de la realizabilidad física, los ejemplos se formulan inicialmente sin hacer referencia a esta limitación. Creemos que este método, además de por su sencillez, es válido por dos razones: (1) En la mayoría de casos, la respuesta del filtro óptimo puede aproximarse muchísimo a la de un filtro realizable físicamente, usualmente permitiendo un tiempo de retardo suficientemente largo en la operación de filtrado. (2) El funcionamiento del sistema utilizando el filtro óptimo no sometido a limitaciones proporciona al diseñador una útil guía para evaluar el funcionamiento no óptimo resultante de los filtros que se hallen obligados a ser realizables físicamente. Sin embargo, en otros casos la realizabilidad física constituye una severa limitación y es importante que se efectúe la optimización sometida a dicha limitación. En § 9.6 se trata este problema.

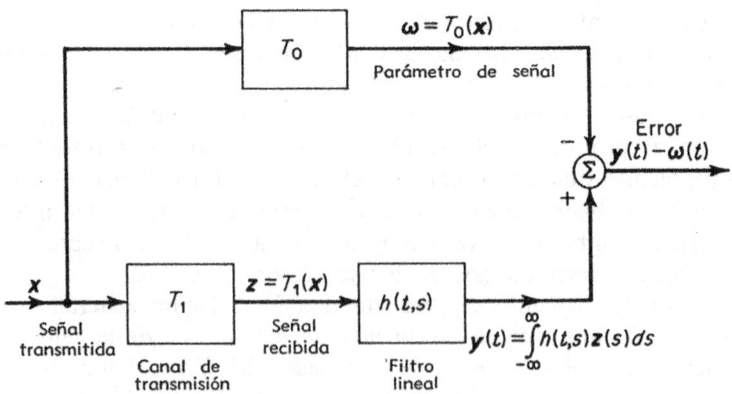

Figura 9.1. Estimación de un parámetro de la señal

9.2 *Estimación del error cuadrático mínimo*

Es conveniente plantear los problemas de estimación de parámetros dentro del contexto de transmisión de la señal, como se indica en la figura 9.1. El proceso de señal transmitido $\mathbf{x}(t)$ está sometido a una aplicación T_1 que caracteriza al canal de transmisión. La imagen de $\mathbf{x}(t)$ bajo esta aplicación es la señal recibida $\mathbf{z}(t)$ que hay que procesar mediante una operación de filtrado con respuesta al impulso $h(t, s)$. La respuesta al impulso se elige de manera que la salida (en el instante t) sea una estimación de error cuadrático mínimo del parámetro de la señal $\boldsymbol{\omega}(t)$. El parámetro de la señal que se quiere estimar puede estar caracterizado por la aplicación T_0. Resulta útil a veces considerar T_0 como representativa de un canal ideal y el problema consiste en hallar el filtro lineal que, conectado en cascada con el canal verdadero T_1, proporcione una aplicación que se ajuste muy estrechamente a la de T_0.

Suponiendo que los procesos de señal sean reales, el funcional I error cuadrático en el instante t viene dado por

$$\begin{aligned} I &= E[|\mathbf{y}(t) - \boldsymbol{\omega}(t)|^2] \\ &= E[|\mathbf{y}(t)|^2] - 2E[\mathbf{y}(t)\boldsymbol{\omega}(t)] + E[|\boldsymbol{\omega}(t)|^2] \end{aligned} \tag{9.1}$$

Utilizando la relación entrada-salida

$$\mathbf{y}(t) = \int_{-\infty}^{\infty} h(t, s)\mathbf{z}(s)\, ds \tag{9.2}$$

en (9.1), podremos expresar el funcional I como suma de funcionales, uno cuadrático, otro lineal y otro constante, de $h(t, s)$, donde $h(t, s)$ se considera como función de s siendo t un parámetro fijo.

$$I = \iint_{-\infty}^{\infty} k_{zz}(s, \sigma)h(t, \sigma)h(t, s)\, d\sigma\, ds - 2\int_{-\infty}^{\infty} h(t, s)k_{z\omega}(s, t)\, ds + k_{\omega\omega}(t,t) \tag{9.3}$$

Estos funcionales están completamente caracterizados por la autocorrelación y la correlación cruzada de los procesos $\mathbf{z}(t)$ y $\boldsymbol{\omega}(t)$. Observando que el funcional cuadrático corresponde a un operador autoadjunto, los puntos estacionarios de I respecto a variaciones de $h(t, s)$ vendrán dados por las soluciones de la expresión

$$\int_{-\infty}^{\infty} k_{zz}(s, \sigma)h(t, \sigma)\, d\sigma = k_{z\omega}(s, t) \tag{9.4}$$

obtenida igualando a cero el gradiente de I. En la mayoría de casos de interés, $h(t, s)$ será una función $L^2(-\infty, \infty)$ de s, aun cuando ocasionalmente tendremos que ampliar el espacio de funciones a fin de incluir las soluciones de (9.4).

Principio de ortogonalidad[1]

Tendremos otro punto de vista del filtrado óptimo considerando el funcional error como un funcional en el espacio de variables aleatorias. Sea $\mathscr{L}_0$ el operador lineal para el filtro que satisfaga la condición (9.4). Ésta podrá escribirse en la forma equivalente

$$E[\{\mathscr{L}_0 \cdot \mathbf{z}(t) - \boldsymbol{\omega}(t)\}\mathbf{z}(s)] = 0 \tag{9.5}$$

Esto nos dice que habrá que elegir $\mathscr{L}_0$ de manera que la variable aleatoria error $\mathbf{y}(t) - \boldsymbol{\omega}(t)$ sea ortogonal a todas las variables aleatorias $\{\mathbf{z}(s); -\infty < s < \infty\}$ en el proceso señal recibida $\mathbf{z}$. Este resultado es intuitivamente satisfactorio, ya que parece razonable que si hubiera correlación entre error y datos recibidos, con un ulterior proceso se podría extraer una estimación mejor. Utilizando (9.5), podemos establecer independientemente que (9.4) es la condición requerida para optimalidad. Sea $\mathscr{L}$ otro operador lineal cualquiera, entonces

$$\begin{aligned} I &= E[|\mathscr{L} \cdot \mathbf{z}(t) - \boldsymbol{\omega}(t)|^2] \\ &= E[|\{\mathscr{L} \cdot \mathbf{z}(t) - \mathscr{L}_0 \cdot \mathbf{z}(t)\} + \{\mathscr{L}_0 \cdot \mathbf{z}(t) - \boldsymbol{\omega}(t)\}|^2] \\ &= E[|\mathscr{L}_0 \cdot \mathbf{z}(t) - \boldsymbol{\omega}(t)|^2] + 2E[(\mathscr{L} - \mathscr{L}_0) \cdot \mathbf{z}(t)\{\mathscr{L}_0 \cdot \mathbf{z}(t) - \boldsymbol{\omega}(t)\}] \\ &\quad + E[|(\mathscr{L} - \mathscr{L}_0) \cdot \mathbf{z}(t)|^2] \end{aligned} \tag{9.6}$$

Debido a (9.5) se anula el término central del último miembro de (9.6). El último término es no negativo, por lo que $\mathscr{L}$ no puede dar un error cuadrático menor que el de $\mathscr{L}_0$. Incidentalmente, esto prueba la suficiencia, así como la necesidad, de la condición (9.4).

Se calcula el error cuadrático mínimo observando que

$$I = E[\{\boldsymbol{\omega}(t) - \mathbf{y}(t)\}\boldsymbol{\omega}(t)] + E[\{\mathbf{y}(t) - \boldsymbol{\omega}(t)\}\mathbf{y}(t)] \tag{9.7}$$

Para el filtro óptimo, se anula el último término y tenemos

$$\begin{aligned} I_{\min} &= E[\{\boldsymbol{\omega}(t) - \mathbf{y}(t)\}\boldsymbol{\omega}(t)] \\ &= k_{\omega\omega}(t, t) - \int_{-\infty}^{\infty} k_{z\omega}(s, t)h(t, s)\, ds \end{aligned} \tag{9.8}$$

En los apartados que sigan, formularemos problemas especificando aplicaciones T_0 y T_1 que correspondan a casos de interés práctico. Al sacar las características del filtro óptimo, suele ser más conveniente utilizar una versión de la condición (9.4) en el conjunto de definición de la frecuencia.

9.3 *Estimación continua de la forma de onda*

En lo que pudiéramos considerar como problema de filtrado clásico, se desea reproducir con buena fidelidad la forma de onda transmitida. Si es $\mathbf{x}$ un proceso estocástico, queremos que la variable aleatoria $\mathbf{y}(t)$ esté muy próxima a la variable aleatoria $\mathbf{x}(t)$ para todos los valores de t. A menudo se desea reproducir una versión trasladada en el tiempo de la señal transmitida. En este caso, hagamos T_0: $\boldsymbol{\omega}(t) = \mathbf{x}(t - T)$. El parámetro de retardo T (que puede ser positivo o negativo) tendrá muy poco efecto sobre la solución cuando no se considere la realizabilidad física.

Para esta clase de problemas supondremos que $\mathbf{x}$ es un proceso estocástico estacionario en sentido amplio. También supondremos que T_1 es una aplicación estacionaria, en el sentido de que la imagen de todo proceso estacionario en sentido amplio a la entrada es también un proceso estacionario en sentido amplio. Con estas hipótesis, $\mathbf{z}$ y $\boldsymbol{\omega}$ son conjuntamente estacionarios en sentido amplio. Además, a causa de la estacionariedad, la ponderación óptima por $h(t, s)$ de los datos recibidos pasados y futuros $\mathbf{z}(s)$ deberían ser independientes de t; es decir, el filtro óptimo es invariante en el tiempo y la respuesta al impulso puede expresarse en la forma $h(t-s)$. Utilizando (7.25) y (7.28) para los procesos estacionarios, la condición (9.4) se puede escribir en la forma

$$\int_{-\infty}^{\infty} k_{zz}(s - \sigma)h(t - \sigma)\, d\sigma = k_{z\omega}(s - t) \tag{9.9}$$

Efectuando los cambios de variable $\tau = t - s$ y $\eta = \sigma - s$, y utilizando (7.27), hallamos

$$\int_{-\infty}^{\infty} k_{zz}(\eta)h(\tau - \eta)\, d\eta = k_{\omega z}(\tau) \tag{9.10}$$

La función de transferencia del filtro óptimo se obtiene inmediatamente tomando la transformada de Fourier de (9.10):

$$H(f) = \frac{K_{\omega z}(f)}{K_{zz}(f)} \tag{9.11}$$

La expresión, en el conjunto de definición de la frecuencia, del error cuadrático mínimo correspondiente a (9.8) será

$$I_{\min} = \int_{-\infty}^{\infty} \frac{K_{\omega\omega}(f)K_{zz}(f) - |K_{\omega z}(f)|^2}{K_{zz}(f)} df \tag{9.12}$$

Perturbación por ruido aditivo

El problema de filtrado más conocido es el que se refiere a una aplicación del canal que caracteriza una dispersión $G(f)$ del canal lineal invariante en el tiempo y un ruido estacionario en sentido amplio, aditivo, con media nula, expresado en función de un generador de ruido equivalente a la entrada del receptor, como se indica en la figura 9.2. Luego con

$$\begin{aligned} T_0&: \boldsymbol{\omega}(t) = \mathbf{x}(t - T) \\ T_1&: \mathbf{z}(t) = \int_{-\infty}^{\infty} g(t - \sigma)\mathbf{x}(\sigma)\, d\sigma + \mathbf{u}(t) \end{aligned} \tag{9.13}$$

y suponiendo que señal y ruido sean estadísticamente independientes, obtenemos

$$\begin{aligned} k_{zz}(\tau) &= \iint_{-\infty}^{\infty} g(t + \tau - \sigma)g(t - \eta)k_{xx}(\sigma, \eta)\, d\sigma\, d\eta + k_{uu}(\tau) \\ k_{\omega z}(\tau) &= E[\mathbf{x}(t + \tau - T)\mathbf{z}(t)] = k_{xz}(\tau - T) \end{aligned} \tag{9.14}$$

donde

$$k_{xz}(\tau) = \int_{-\infty}^{\infty} k_{xx}(\tau + \sigma)g(\sigma)\, d\sigma$$

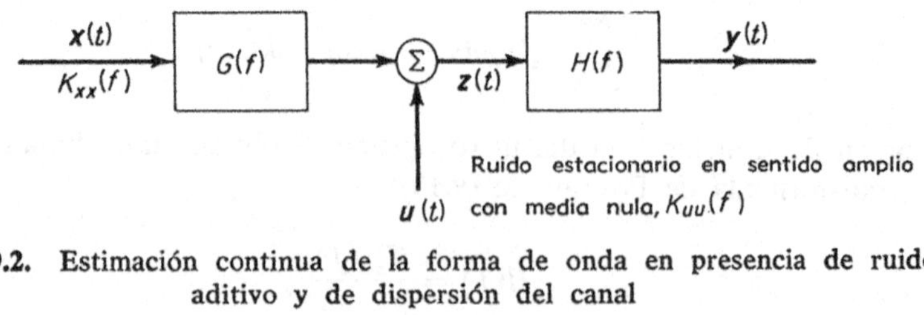

Figura 9.2. Estimación continua de la forma de onda en presencia de ruido aditivo y de dispersión del canal

Tomando transformadas de Fourier,

$$K_{zz}(f) = |G(f)|^2 K_{xx}(f) + K_{uu}(f)$$
$$K_{xz}(f) = \int_{-\infty}^{\infty} K_{xx}(f) g(\sigma) e^{j2\pi f\sigma}\, d\sigma = K_{xx}(f) G^*(f) \tag{9.15}$$

El filtro óptimo, frecuentemente llamado *filtro de Wiener,* según (9.11) tiene una función de transferencia dada por

$$H(f) = \frac{K_{xx}(f) G^*(f) e^{-j2\pi Tf}}{|G(f)|^2 K_{xx}(f) + K_{uu}(f)} \tag{9.16}$$

Para interpretar físicamente este resultado, podemos examinar la expresión del funcional I en el conjunto de definición de la frecuencia (suponiendo $T = 0$):

$$I = \int_{-\infty}^{\infty} K_{xx}(f)\, |1 - G(f)H(f)|^2\, df + \int_{-\infty}^{\infty} K_{uu}(f)\, |H(f)|^2\, df \tag{9.17}$$

El primer término de (9.17) representa el error debido a una compensación imperfecta de la dispersión del canal, mientras que el segundo término representa el error debido al ruido filtrado que queda a la salida. En los dominios de frecuencia en donde la densidad de señal recibida $K_{xx}(f)\, |G(f)|^2$ es grande frente a la densidad de ruido $K_{uu}(f)$, el filtro óptimo se concentra en compensar la dispersión del canal: $H(f) \cong G^{-1}(f)$. En los dominios donde sea grande la densidad de ruido, el filtro óptimo introduce una atenuación adicional. Si la densidad de ruido tendiera a ser pequeña frente a la densidad de señal a todas las frecuencias, el filtro óptimo será esencialmente el inverso de la característica de dispersión $G(f)$ y a dicho filtro suele llamársele *ecualizador.* Estando presente cualquier ruido, el ecualizador no será, desde luego, óptimo. Utilizando el ecualizador, tenemos

$$I = \int_{-\infty}^{\infty} \frac{K_{uu}(f)}{|G(f)|^2}\, df \tag{9.18}$$

mientras que, sustituyendo (9.16) en (9.17), hallamos

$$I_{\min} = \int_{-\infty}^{\infty} \frac{K_{uu}(f)\, df}{|G(f)|^2 + [K_{uu}(f)/K_{xx}(f)]} \tag{9.19}$$

Ejemplo 9.1. *Ecualizador con limitación ganancia-anchura de banda:* Incluso en el caso en que no haya ruido o sea muy pequeño, existe un interesante problema de optimización en relación con el diseño de un ecualizador. En la realización de una función de transferencia inversa de $G(f)$, puede exigirse una ganancia extraordinariamente elevada en intervalos algo grandes del conjunto de definición de la frecuencia. Ello puede resultar prohibitivo por caro y el diseñador podrá necesitar imponer al filtro óptimo cierta limitación del tipo *producto ganancia-anchura de banda.* Una versión de esta limitación podríamos expresarla en la forma

$$I_1 = \int_{-\infty}^{\infty} |H(f)|^2 \, df = \int_{-\infty}^{\infty} h^2(t) \, dt = \text{constante} \tag{9.20}$$

Los puntos estacionarios de $I + \lambda I_1$, donde λ es un multiplicador de Lagrange, vienen dados por

$$\int_{-\infty}^{\infty} k_{zz}(\sigma) h(t - \sigma) \, d\sigma - k_{\omega z}(t) + \lambda h(t) = 0 \tag{9.21}$$

para un filtro invariante en el tiempo. En el conjunto de definición de la frecuencia, la (9.21) toma la forma

$$H(f) = \frac{K_{\omega z}(f)}{K_{zz}(f) + \lambda} = \frac{K_{xx}(f) G^*(f) e^{-j2\pi Tf}}{K_{xx}(f) \, |G(f)|^2 + \lambda} \tag{9.22}$$

Vemos que para valores suficientemente grandes de λ puede lograrse cualquier limitación del producto ganancia-anchura de banda. Si dicha limitación fuese muy restrictiva, el ecualizador podría ser sustancialmente diferente del ecualizador exento de limitación. Nótese que el ecualizador óptimo tiene la misma forma que el filtro óptimo para ruido blanco aditivo. Además, a diferencia de lo que sucede en el caso en que no hay limitaciones, el ecualizador óptimo dependerá de la densidad espectral de potencia de la señal transmitida. ❙

Ejemplo 9.2. *Optimización conjunta de filtros transmisor y receptor:* Vemos que el funcionamiento del filtro óptimo del problema representado en la figura 9.2 depende mucho de la característica de dispersión $G(f)$. Ello nos lleva a considerar la posibilidad de mejorar el funcionamiento modificando $G(f)$ con «preecualización» en el transmisor como se indica en la figura 9.3. Consideremos ahora el problema de hallar el mejor par de funciones de transferencia, $H(f)$ y $G(f)$, para minimizar el error cuadrático en una estimación continua de

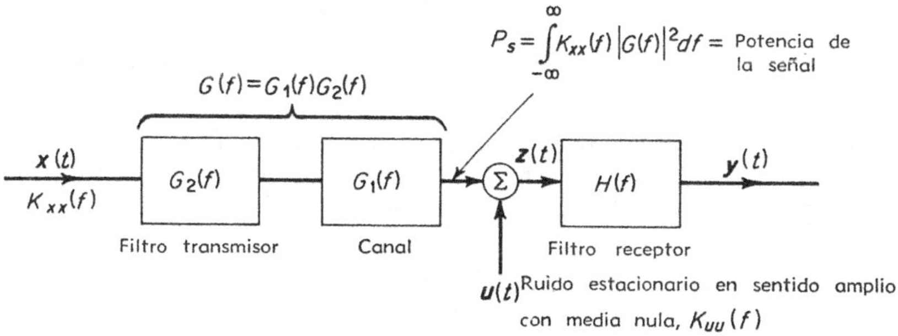

Figura 9.3. Filtrado óptimo con filtros de pretransmisión y postransmisión

la forma de onda. Por conveniencia, supondremos $T = 0$. Sería solución evidente hacer muy grande $G(f)$; entonces, con $H(f) = G^{-1}(f)$, el error de dispersión será nulo y el ruido filtrado tendrá un valor cuadrático muy pequeño. Ello equivale a «ahogar» el ruido con una gran cantidad de potencia de señal. Más a menudo, como sucede en el caso de un canal con capacidad limitada de manejo de potencia, existe una limitación impuesta a la potencia permisible de la señal. Con esta limitación o ligadura, obtenemos un significativo problema de optimización. Queremos hallar los puntos estacionarios de $I + \lambda P_S$ respecto a las variaciones de $G(f)$ y $H(f)$ simultáneamente, donde

$$P_S = \int_{-\infty}^{\infty} K_{xx}(f)\,|G(f)|^2\,df \tag{9.23}$$

especifica la ligadura impuesta a la potencia de la señal recibida.

Utilizando (9.17) y (9.23), queda claro qué términos son cuadráticos, lineales y constantes en $G(f)$ y $H(f)$:

$$\begin{aligned} I + \lambda P_S = {} & \int_{-\infty}^{\infty} K_{xx}(f)\,df - 2\int_{-\infty}^{\infty} K_{xx}(f)G^*(f)H^*(f)\,df \\ & + \int_{-\infty}^{\infty} K_{xx}(f)\,|G(f)|^2\,|H(f)|^2\,df \\ & + \int_{-\infty}^{\infty} K_{uu}(f)\,|H(f)|^2\,df + \lambda\int_{-\infty}^{\infty} K_{xx}(f)\,|G(f)|^2\,df \end{aligned} \tag{9.24}$$

Anulando el gradiente de $I + \lambda P_S$ respecto a $H(f)$, tenemos

$$2K_{xx}(f)\,|G(f)|^2\,H(f) - 2K_{xx}(f)G^*(f) + 2K_{uu}(f)H(f) = 0 \tag{9.25}$$

mientras que la anulación del gradiente respecto a $G(f)$ da

$$2K_{xx}(f)\,|H(f)|^2\,G(f) - 2K_{xx}(f)H^*(f) + 2\lambda K_{xx}(f)G(f) = 0 \quad (9.26)$$

Para hallar las soluciones simultáneas del sistema formado por las ecuaciones (9.25) y (9.26), multiplicaremos primeramente (9.25) por $H^*(f)$ y (9.26) por $G^*(f)$, y luego restaremos para obtener la relación

$$K_{uu}(f)\,|H(f)|^2 = \lambda K_{xx}(f)\,|G(f)|^2 \quad (9.27)$$

En (9.27) se ve que λ es positivo. De (9.26) se deduce que $G^*(f)H^*(f)$ es real y no negativo. Ello significa que $G(f)H(f) = |G(f)H(f)| = |G(f)|\,|H(f)|$, luego se puede combinar (9.27) con (9.25) o (9.26) para obtener las soluciones

$$\left.\begin{aligned} |H(f)|^2 &= \left[\frac{\lambda K_{xx}(f)}{K_{uu}(f)}\right]^{\frac{1}{2}} - \lambda \\ |G(f)|^2 &= \left[\frac{K_{uu}(f)}{\lambda K_{xx}(f)}\right]^{\frac{1}{2}} - \frac{K_{uu}(f)}{K_{xx}(f)} \end{aligned}\right\} \quad \text{para } f \in B$$

$$|H(f)| = |G(f)| = 0 \quad \text{para } f \in B' \quad (9.28)$$

donde B es el conjunto de frecuencias para las cuales la razón de la densidad de potencia de la señal a la densidad de potencia del ruido supera un cierto umbral. B' es el complemento de B; es decir, $B \cup B' = R$ y $B \cap B' = \varnothing$.

$$B = \left\{f;\ \frac{K_{xx}(f)}{K_{uu}(f)} > \lambda\right\} \quad (9.29)$$

La interpretación física de este resultado es que vale más no gastar potencia disponible de la señal en bandas de frecuencia en donde sea demasiado baja la razón señal-ruido. También es fácil de interpretar físicamente por qué en las ecuaciones sólo intervienen los módulos de las funciones de transferencia de los filtros. La parte del error cuadrático debida a la distorsión de la señal

$$\int_{-\infty}^{\infty} K_{xx}(f)\,|1 - G(f)H(f)|^2\,df$$

se hace mínima por rotación de fase nula de $G(f)H(f)$; en tanto que el error debido al ruido no depende de la rotación de fase de $H(f)$. Sacamos la conclusión de que $H(f)$ puede tener una fase arbitraria con tal que $G(f)$ tenga la fase complementaria.

Tomando λ de manera que satisfaga la ligadura (9.23) impuesta a la potencia de la señal, hallamos

$$\lambda^{\frac{1}{2}} = \frac{\int_B [K_{xx} f)K_{uu}(f)]^{\frac{1}{2}}\, df}{P_S + P_N} \tag{9.30}$$

donde

$$P_N = \int_B K_{uu}(f)\, df$$

es la potencia de ruido del canal contenida en la banda pasante de los filtros. Combinando (9.30) y (9.28) con (9.17), el error cuadrático mínimo vendrá dado por

$$I_{\min} = \frac{\{\int_B [K_{xx}(f)K_{uu}(f)]^{\frac{1}{2}}\, df\}^2}{P_S + P_N} + \int_{B'} K_{xx}(f)\, df \tag{9.31}$$

Si la razón señal-ruido del canal fuese moderadamente grande, λ sería pequeño y de (9.28) vemos que los filtros transmisor y receptor serían esencialmente inversos uno de otro. Si hubiéramos impuesto inicialmente la ligadura $G(f) = H^{-1}(f)$ y hubiésemos optimizado respecto a $H(f)$ solamente, habríamos obtenido

$$|H(f)|^2 = \left[\frac{\lambda K_{xx}(f)}{K_{uu}(f)}\right]^{\frac{1}{2}}$$

y

$$I_{\min} = \frac{\{\int_{-\infty}^{\infty} [K_{xx}(f)K_{uu}(f)]^{\frac{1}{2}}\, df\}^2}{P_S} \tag{9.32}$$

Estos resultados difieren poco de los óptimos, (9.28) y (9.31), cuando la razón señal-ruido sea moderadamente elevada. ∎

Ejemplo 9.3. Podemos ilustrar la ventaja que se tiene con la optimización conjunta de $G(f)$ y $H(f)$ descrita en el ejemplo 9.2 considerando procesos concretos de señal y de ruido. Sea la interferencia aditiva un ruido blanco con densidad espectral de N_0 watt/Hz. Sea la señal un proceso facsímil aleatorio de varianza unidad (§ 8.7) con parámetro $2\pi f_0$ y al que se ha restado su valor medio. Tenemos entonces

$$\begin{aligned} K_{xx}(f) &= \frac{1}{\pi f_0}\frac{1}{1+(f/f_0)^2} \\ K_{uu}(f) &= N_0 \end{aligned} \tag{9.33}$$

Para hacer comparaciones, supongamos que el canal no tiene dispersión, con lo que cuando no se utilice ningún filtro transmisor tendremos $G(f) = 1$ y el filtro receptor óptimo vendrá dado por (9.16). Cuando se utilicen ambos filtros, las funciones de transferencia óptimas vendrán dadas por (9.28). En este último caso, el error cuadrático mínimo, llamémosle I_2, resultará ser en virtud de (9.31)

$$\begin{aligned} I_2 &= \frac{\dfrac{f_0 N_0}{\pi}\left[\displaystyle\int_{-f_B}^{f_B}\frac{df}{f_0\sqrt{1+(f/f_0)^2}}\right]^2}{1+\int_{-f_B}^{f_B} N_0\, df} + \frac{1}{\pi}\int_{B'}\frac{df}{f_0[1+(f/f_0)^2]} \\ &= \frac{\dfrac{f_0 N_0}{\pi}\left[\log\left(\dfrac{\sqrt{1+\xi_B^2}+\xi_B}{\sqrt{1+\xi_B^2}-\xi_B}\right)\right]^2}{1+2f_0N_0\xi_B} + 1 - \frac{2}{\pi}\arctan\xi_B \end{aligned} \tag{9.34}$$

donde la banda pasante normalizada $\xi_B = f_B/f_0$ de los filtros, según (9.29), debe satisfacer la relación

$$\frac{1}{\sqrt{1+\xi_B^2}} = \frac{f_0 N_0 \log\left(\dfrac{\sqrt{1+\xi_B^2}+\xi_B}{\sqrt{1+\xi_B^2}-\xi_B}\right)}{1+2f_0N_0\xi_B} \tag{9.35}$$

En cambio, utilizando un solo filtro en el receptor, la (9.19) es aplicable y el error cuadrático mínimo es

$$I_1 = \frac{1}{\pi f_0}\int_{-\infty}^{\infty}\frac{df}{1+(1/\pi N_0 f_0)+(f/f_0)^2} = \left[\frac{1}{1+(1/\pi N_0 f_0)}\right]^{\frac{1}{2}} \tag{9.36}$$

En la figura 9.4 pueden verse los valores relativos de I_1 e I_2 correspondientes a diversos valores del parámetro f_0N_0. Estos resultados indican que la combina-

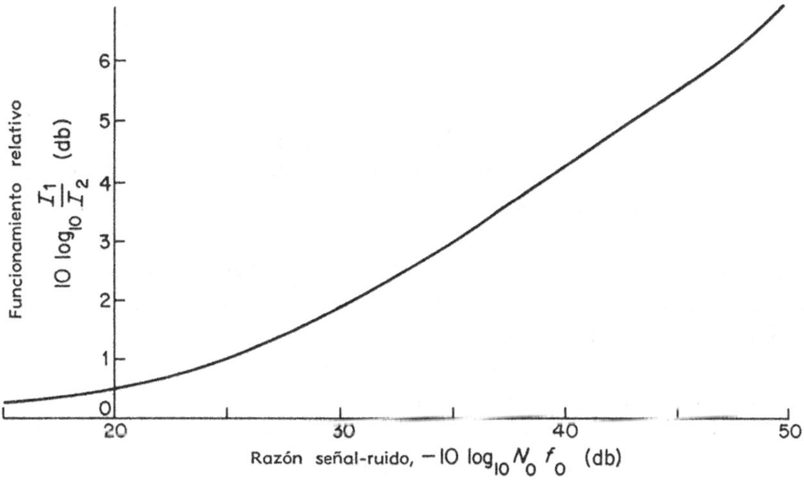

Figura 9.4. Comparación del mejor funcionamiento de los filtros combinados de transmisión y recepción (I_2) con el filtro de recepción solo (I_1)

ción de filtrados de pretransmisión y postransmisión sólo presentan una ventaja apreciable cuando sea grande la razón señal-ruido en el canal (cuando sea pequeño $N_0 f_0$). Parece ser que los resultados correspondientes a este ejemplo se presentaron por primera vez en la Referencia [2]. ▮

Ejercicio 9.1. Supóngase que se desea estimar continuamente una versión "alisada" de la señal transmitida; es decir, hallar el filtro óptimo para el problema

$$T_0: \boldsymbol{\omega}(t) = \int_{-\infty}^{\infty} h_0(t - \tau)\mathbf{x}(\tau - T)\, d\tau$$

$$T_1: \mathbf{z}(t) = \int_{-\infty}^{\infty} g(t - \tau)\mathbf{x}(\tau)\, d\tau + \mathbf{u}(t)$$

donde **x** y **u** son procesos estocásticos estacionarios en sentido amplio, con media nula, estadísticamente independientes.

Ejercicio 9.2. En la situación representada en la figura 9.2, supongamos que la señal transmitida $x(t)$ sea una señal conocida de energía finita y que queremos que la salida $\mathbf{y}(t)$ del filtro receptor sea una reproducción exacta de esta forma de onda. Una manera de abordar este problema consiste en exigir que la norma $L^2(-\infty, \infty)$ del error medio

$$E[x(t) - \mathbf{y}(t)]$$

no supere una cota especificada. Hallar la función del filtro óptima para un filtro invariante en el tiempo que cumpla con esta ligadura y además haga mínima la varianza del error $x(t) - \mathbf{y}(t)$.

Ejercicio 9.3. En el caso del problema que entraña el diseño de los filtros transmisor y receptor descritos en el ejemplo 9.2, comprobar los resultados (9.32), bajo la ligadura $G(f) = H^{-1}(f)$.

Ejercicio 9.4. En la optimización conjunta de los filtros transmisor y receptor, suponer que la limitación de la potencia de señal se impone a la salida del filtro transmisor; es decir, en la figura 9.3, $G_1(f)$ está prefijada y la ligadura es

$$P_{S_0} = \int_{-\infty}^{\infty} K_{xx}(f)\, |G_2(f)|^2\, df$$

Hallar las funciones óptimas $G_2(f)$ y $H(f)$.

Perturbación por ruido multiplicativo

En algunos sistemas de transmisión de señales, algunas influencias perturbadoras se caracterizan más precisamente mediante un proceso multiplicativo (fluctuaciones de la ganancia) que por medio de un proceso aditivo. Consideremos el problema simplificado que se representa en la figura 9.5, donde **w** es

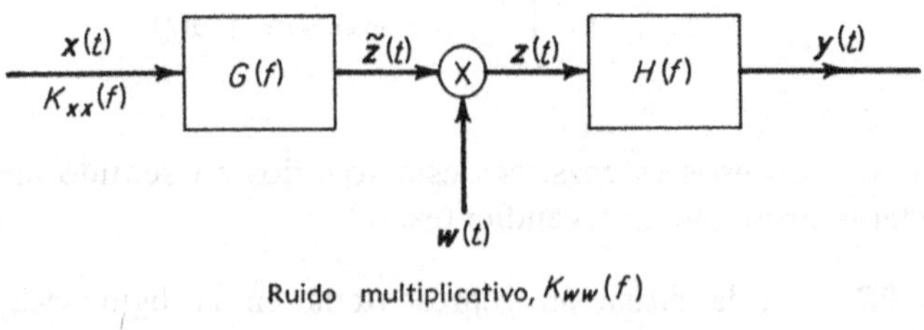

Figura 9.5. Filtrado de una señal con ruido multiplicativo estacionario

un proceso estacionario en sentido amplio estadísticamente independiente de la señal **x**. Así, con

$$\begin{aligned} T_0&: \boldsymbol{\omega}(t) = \mathbf{x}(t) \\ T_1&: \mathbf{z}(t) = \mathbf{w}(t)\int_{-\infty}^{\infty} g(t-\sigma)\mathbf{x}(\sigma)\, d\sigma \triangleq \mathbf{w}(t)\tilde{\mathbf{z}}(t) \end{aligned} \tag{9.37}$$

z y **ω** serán conjuntamente estacionarios en sentido amplio y las funciones de correlación vendrán dadas por

$$\begin{aligned} k_{zz}(s, \sigma) &= E[\mathbf{w}(s)\tilde{\mathbf{z}}(s)\mathbf{w}(\sigma)\tilde{\mathbf{z}}(\sigma)] \\ &= E[\mathbf{w}(s)\mathbf{w}(\sigma)]E[\tilde{\mathbf{z}}(s)\tilde{\mathbf{z}}(\sigma)] \\ &= k_{ww}(s-\sigma)k_{\tilde{z}\tilde{z}}(s-\sigma) \end{aligned} \tag{9.38}$$

$$\begin{aligned} k_{\omega z}(t, s) &= E[\mathbf{x}(t)\mathbf{w}(s)\tilde{\mathbf{z}}(s)] \\ &= \overline{\mathbf{w}}k_{x\tilde{z}}(t-s) \end{aligned} \tag{9.39}$$

Tomando transformadas de Fourier,

$$\begin{aligned} K_{zz}(f) &= K_{ww}(f) \otimes K_{\tilde{z}\tilde{z}}(f) \\ &= K_{ww}(f) \otimes K_{xx}(f)\, |G(f)|^2 \end{aligned} \tag{9.40}$$

$$K_{\omega z}(f) = \overline{\mathbf{w}}K_{x\tilde{z}}(f) = \overline{\mathbf{w}}K_{xx}(f)G^*(f) \tag{9.41}$$

La función de transferencia del filtro óptimo es, según (9.11),

$$H(f) = \frac{\overline{\mathbf{w}}K_{xx}(f)G^*(f)}{K_{ww}(f) \otimes K_{xx}(f)\, |G(f)|^2} \tag{9.42}$$

Si el ruido multiplicativo tiene media nula, la mejor estimación será, simplemente, cero. En casos de interés práctico, **w** tendrá un valor medio apreciable respecto al tamaño de las fluctuaciones en torno a la media. Escribiendo la autocorrelación de **w** como suma de la autocovarianza $m_{ww}(\tau)$ más el cuadrado de la media, la expresión para el filtro óptimo resulta parecida a la correspondiente al caso del ruido aditivo:

$$\begin{aligned} & k_{ww}(\tau) = m_{ww}(\tau) + (\overline{\mathbf{w}})^2 \\ & \quad \Rightarrow K_{ww}(f) = M_{ww}(f) + (\overline{\mathbf{w}})^2\, \delta(f) \\ & \quad \Rightarrow K_{zz}(f) = M_{ww}(f) \otimes K_{xx}(f)\, |G(f)|^2 + (\overline{\mathbf{w}})^2 K_{xx}(f)\, |G(f)|^2 \end{aligned} \tag{9.43}$$

Podemos ahora escribir (9.42) en la forma

$$H(f) = \frac{(1/\overline{\mathbf{w}})K_{xx}(f)G^*(f)}{K_{xx}(f)\,|G(f)|^2 + \dfrac{1}{(\overline{\mathbf{w}})^2} M_{ww}(f) \otimes K_{xx}(f)\,|G(f)|^2} \qquad (9.44)$$

Como era de esperar, si la covarianza de **w** es muy pequeña frente al cuadrado de la media, $H(f)$ será aproximadamente la inversa de la característica $G(f)$ del canal con un factor de ganancia constante e igual a $1/\overline{\mathbf{w}}$. Para tener cierta idea del efecto de la covarianza $m_{ww}(\tau)$ sobre las características del filtro óptimo, hagamos $G(f) = 1$ y consideremos los casos extremos de ruido multiplicativo que fluctúa muy rápidamente y muy lentamente al compararlo con el proceso de la señal. Si **w** fluctúa mucho más rápidamente que **x**, $M_{ww}(f)$ será ancha frente a $K_{xx}(f)$ y la convolución de estas funciones será aproximadamente proporcional a $M_{ww}(f)$:

$$M_{ww}(f) \otimes K_{xx}(f) \cong M_{ww}(f)\int_{-\infty}^{\infty} K_{xx}(f)\,df = \overline{\mathbf{x}^2}\, M_{ww}(f) \qquad (9.45)$$

En este caso, el filtro óptimo se parece mucho al correspondiente al ruido aditivo (9.16), teniendo una densidad espectral de potencia proporcional a $M_{ww}(f)$:

$$H(f) \cong \frac{(1/\overline{\mathbf{w}})K_{xx}(f)}{K_{xx}(f) + (\overline{\mathbf{x}^2}/(\overline{\mathbf{w}})^2)M_{ww}(f)} \qquad (9.46)$$

En cambio, si las fluctuaciones de **w** fueran muy lentas frente a las de **x**, la convolución de $M_{ww}(f)$ y $K_{xx}(f)$ sería aproximadamente proporcional a $K_{xx}(f)$:

$$M_{ww}(f) \otimes K_{xx}(f) \cong \sigma_w^2 K_{xx}(f) \qquad (9.47)$$

y el filtro óptimo tiene una ganancia aproximadamente constante dada por

$$H(f) \cong \frac{\overline{\mathbf{w}}}{(\overline{\mathbf{w}})^2 + \sigma_w^2} = \frac{\overline{\mathbf{w}}}{\overline{\mathbf{w}^2}} \qquad (9.48)$$

Ejemplo 9.4. *Canal con fluctuaciones de ganancia sinusoidales:* Muy a menudo, las fluctuaciones aleatorias de ganancia tienen carácter periódico. En

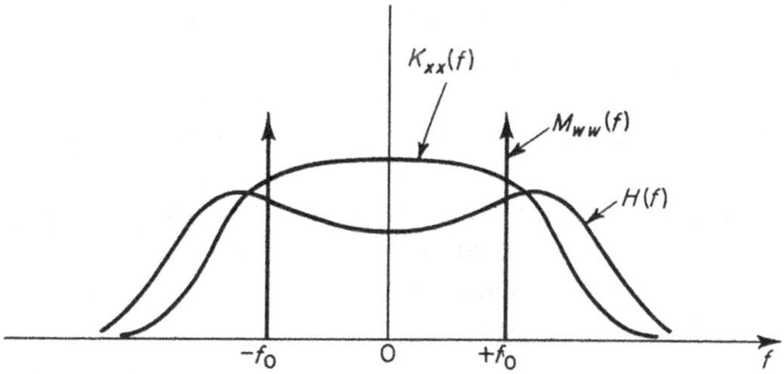

Figura 9.6. Filtro óptimo para ruido multiplicativo sinusoidal

este ejemplo vamos a hacer $G(f) = 1$ y que $\mathbf{w}$ sea una interferencia multiplicativa sinusoidal de frecuencia f_0.

$$\mathbf{w}(t) = w_0 + \mathbf{a} \cos (2\pi f_0 t + \boldsymbol{\theta}) \tag{9.49}$$

donde $\mathbf{a}$ y $\boldsymbol{\theta}$ son variables aleatorias independientes con $\boldsymbol{\theta}$ distribuida uniformemente sobre $0 \leqslant \theta < 2\pi$. En este caso, $\mathbf{w}$ es estacionaria en sentido amplio y

$$\begin{aligned} k_{ww}(\tau) &= w_0^2 + \tfrac{1}{2}\overline{\mathbf{a}^2} \cos 2\pi f_0 \tau \\ \Rightarrow K_{ww}(f) &= w_0^2\, \delta(f) + \tfrac{1}{4}\overline{\mathbf{a}^2}[\delta(f - f_0) + \delta(f + f_0)] \end{aligned} \tag{9.50}$$

El filtro óptimo viene dado, según (9.44), por

$$H(f) = \frac{(1/w_0) K_{xx}(f)}{K_{xx}(f) + \frac{1}{4}(\overline{\mathbf{a}^2}/w_0^2)[K_{xx}(f - f_0) + K_{xx}(f + f_0)]} \tag{9.51}$$

En la figura 9.6 se ha representado una función de transferencia típica para este caso. ∎

Dispersión del canal aleatorio

En la solución del problema de filtrado con ruido aditivo ilustrado en la figura 9.2, observamos que el filtro óptimo depende mucho de la característica $G(f)$ de dispersión del canal. En muchos casos, no se conoce exactamente $G(f)$. Puede suceder que $G(f)$ sea una cualquiera de un gran conjunto de funciones de transferencia. El filtro óptimo para un elemento del conjunto no sería, desde luego, óptimo para los demás elementos del conjunto. Una manera de resolver este problema sería considerar $G(f)$ como realización de un proceso estocástico y podríamos hallar la función $H(f)$ del filtro que diera el mínimo valor medio [para el conjunto de las $G(f)$] del error cuadrático. Como cada realización del proceso es una transformación invariante en el tiempo, la señal recibida $\mathbf{z}(t)$, indicada en la figura 9.7, será aún un proceso estacionario en sentido amplio.

La dispersión del canal está caracterizada por el conjunto de variables aleatorias $\{\mathbf{G}(f); -\infty < f < \infty\}$ o, lo que es equivalente, por las variables aleatorias $\{\mathbf{g}(t); -\infty < t < \infty\}$, donde $g(t)$ es la respuesta al impulso de una realización típica del canal. Así, para el problema

$$
\begin{aligned}
T_0 &: \boldsymbol{\omega}(t) = \mathbf{x}(t) \\
T_1 &: \mathbf{z}(t) = \int_{-\infty}^{\infty} \mathbf{x}(t-\sigma)\mathbf{g}(\sigma)\, d\sigma + \mathbf{u}(t)
\end{aligned} \tag{9.52}
$$

las funciones de correlación requeridas serán

$$
\begin{aligned}
k_{zz}(\tau) &= E[\mathbf{z}(t+\tau)\mathbf{z}(t)] \\
&= \iint_{-\infty}^{\infty} E[\mathbf{x}(t+\tau-\sigma)\mathbf{x}(t-\xi)]E[\mathbf{g}(\sigma)\mathbf{g}(\xi)]\, d\sigma\, d\xi + k_{uu}(\tau) \\
&= \iint_{-\infty}^{\infty} E[\mathbf{g}(\sigma)\mathbf{g}(\xi)]k_{xx}(\tau-\sigma+\xi)\, d\sigma\, d\xi + k_{uu}(\tau)
\end{aligned} \tag{9.53}
$$

$$
\begin{aligned}
k_{\omega z}(\tau) &= E[\mathbf{x}(t+\tau)\mathbf{z}(t)] \\
&= \int_{-\infty}^{\infty} k_{xx}(\tau+\sigma)E[\mathbf{g}(\sigma)]\, d\sigma
\end{aligned} \tag{9.54}
$$

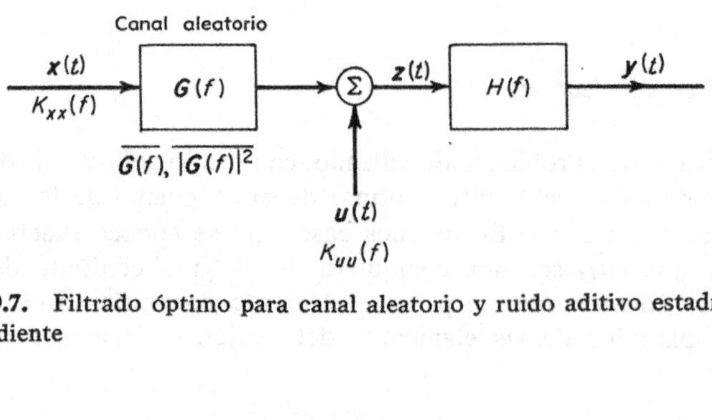

Figura 9.7. Filtrado óptimo para canal aleatorio y ruido aditivo estadísticamente independiente

Tomando la transformada de Fourier de (9.53),

$$K_{zz}(f) = \iint_{-\infty}^{\infty} E[\mathbf{g}(\sigma)\mathbf{g}(\xi)]K_{xx}(f)e^{-j2\pi f(\sigma-\xi)}\, d\sigma\, d\xi + K_{uu}(f) \tag{9.55}$$

Intercambiando las operaciones de esperanza e integración y efectuando después las integraciones, la (9.55) queda en la forma

$$K_{zz}(f) = E[|\mathbf{G}(f)|^2]K_{xx}(f) + K_{uu}(f) \tag{9.56}$$

Análogamente, de (9.54) hallamos

$$K_{\omega z}(f) = E[\mathbf{G}^*(f)]K_{xx}(f) \tag{9.57}$$

Representando con raya encima las esperanzas de las variables del canal, la función de transferencia del filtro óptimo vendrá dada, según (9.11), por

$$H(f) = \frac{K_{xx}(f)[\overline{\mathbf{G}(f)}]^*}{K_{xx}(f)\,\overline{|\mathbf{G}(f)|^2} + K_{uu}(f)} \tag{9.58}$$

Ayudaremos a la interpretación física de este resultado expresando la ganancia cuadrática $\overline{|\mathbf{G}(f)|^2}$ del canal como suma de la *varianza del canal* $\sum^2(f)$ más el cuadrado del módulo de la característica media del canal $|\overline{\mathbf{G}(f)}|^2$. Entonces la (9.58) podrá escribirse en la forma

$$H(f) = \frac{K_{xx}(f)[\overline{\mathbf{G}(f)}]^*}{K_{xx}(f)\,|\overline{\mathbf{G}(f)}|^2 + K_{uu}(f) + K_{xx}(f)\sum^2(f)} \tag{9.59}$$

En esta forma, vemos que podemos considerar que el filtro óptimo es el diseñado para el canal medio utilizando (9.16), donde añadimos un proceso de ruido que tiene una densidad espectral de potencia $K_{xx}(f)\sum^2(f)$. De esta manera vemos que la varianza del canal tiene el mismo efecto que un ruido aditivo. Hagamos el comentario de que el método usual de tratar con funciones de transferencia del canal desconocidas ha sido estimar la función de transferencia media, o a veces la mediana, del canal y luego construir el filtro de Wiener correspondiente a esta función de transferencia. El error cometido en la utilización de este método puede ser importante si es grande la varianza del canal. En el ejemplo que sigue se ilustra una aplicación típica de estos resultados. Otros problemas de esta naturaleza se tratan en la Referencia [3].

Ejemplo 9.5. *Ecualización de un explorador de anchura aleatoria:* En § 5.4 notamos que la operación de exploración de una señal distribuida espacialmente con una función «ventana» $k(t)$ que se mueva a velocidad constante era equivalente a una operación de filtrado invariante en el tiempo con respuesta al impulso $k(-t)$. En muchos dispositivos de proceso de señales, la ventana tiene forma rectangular. En la fabricación de dispositivos tales como cabezas de lectura magnética y rendijas ópticas deberá existir cierta variabilidad de la anchura entre bordes. Frecuentemente, estos dispositivos van seguidos de ecualizadores que compensen hasta cierto punto la pérdida de componentes de alta frecuencia debida a una anchura no nula del explorador. Interesa determinar el filtro que minimice el error cuadrático medio a la salida cuando la anchura del explorador se halle sometida a variaciones aleatorias. Esto corresponderá al problema del canal aleatorio si hacemos que $g(t)$ sea una función rectangular con anchura aleatoria $\boldsymbol{\tau}$, tal como se indica en la figura 9.8. La función de transferencia correspondiente es

$$G(f) = \frac{\operatorname{sen} \pi \boldsymbol{\tau} f}{\pi f} \tag{9.60}$$

Asignando una función densidad de probabilidad $p_\tau(\xi)$ a la variable aleatoria hallamos

$$\begin{aligned} \overline{G(f)} &= \int_{-\infty}^{\infty} \frac{\operatorname{sen} \pi \xi f}{\pi f} p_\tau(\xi)\, d\xi \\ &= \frac{1}{2j\pi f}\left[P_\tau\left(-\frac{f}{2}\right) - P_\tau\left(\frac{f}{2}\right)\right] \end{aligned} \tag{9.61}$$

y

$$\begin{aligned} \overline{|G(f)|^2} &= \int_{-\infty}^{\infty} \frac{\operatorname{sen}^2 \pi \xi f}{(\pi f)^2} p_\tau(\xi)\, d\xi \\ &= \frac{1}{2(\pi f)^2}\left[1 - \tfrac{1}{2}P_\tau(f) - \tfrac{1}{2}P_\tau(-f)\right] \end{aligned} \tag{9.62}$$

En (9.62) hemos utilizado el hecho de que $P_\tau(0) = 1$ [$P_\tau(f)$ es la transformada de Fourier de $p_\tau(\xi)$].

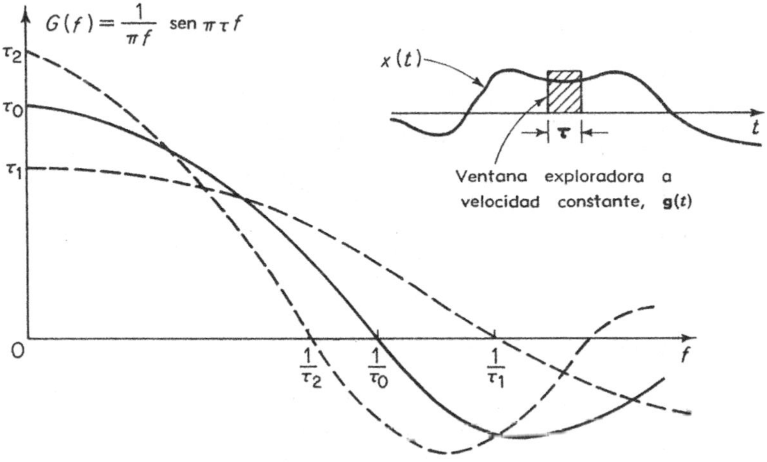

Figura 9.8. Realizaciones típicas de la función de transferencia correspondiente a un explorador de anchura aleatoria

En el caso de razón señal-ruido elevada, en (9.58) podemos despreciar $K_{uu}(f)$ y la expresión para el filtro óptimo queda en la forma

$$H(f) = \frac{[\overline{\mathbf{G}(f)}]^*}{\overline{|\mathbf{G}(f)|^2}} = \frac{j\pi f[P_\tau(f/2) - P_\tau(-f/2)]}{1 - \frac{1}{2}[P_\tau(f) + P_\tau(-f)]} \tag{9.63}$$

En la figura 9.9 puede verse este resultado para el caso de anchuras distribuidas uniformemente sobre $0{,}5\tau_0 < \tau < 1{,}5\tau_0$. También pueden verse, a efectos de comparación, los ecualizadores (filtros inversos) del canal medio $\overline{\mathbf{G}(f)}$ y de la función canal $G_{\tau_0}(f)$ correspondiente a la anchura media del explorador. La ganancia del ecualizador óptimo es sustancialmente diferente de éstas a frecuencias elevadas, a consecuencia de tener en cuenta la varianza del canal. ❙

Ejercicio 9.5. En el problema del canal invariante en el tiempo, aleatorio, ilustrado en la figura 9.7, supongamos que el canal tenga una característica pasa-baja ideal con frecuencia de corte aleatoria **W**; es decir,

$$\mathbf{G}(f) = \tfrac{1}{2}[1 + \mathrm{sgn}\,(\mathbf{W} - |f|)]$$

donde **W** está uniformemente distribuida sobre el intervalo $0 < f_a \leqslant W \leqslant f_b$. Suponiendo que $K_{uu}(f)/K_{xx}(f) = 0{,}01$, hallar y seleccionar la $H(f)$ óptima para estimación continua de la forma de onda de un proceso **x** estacionario en sentido amplio.

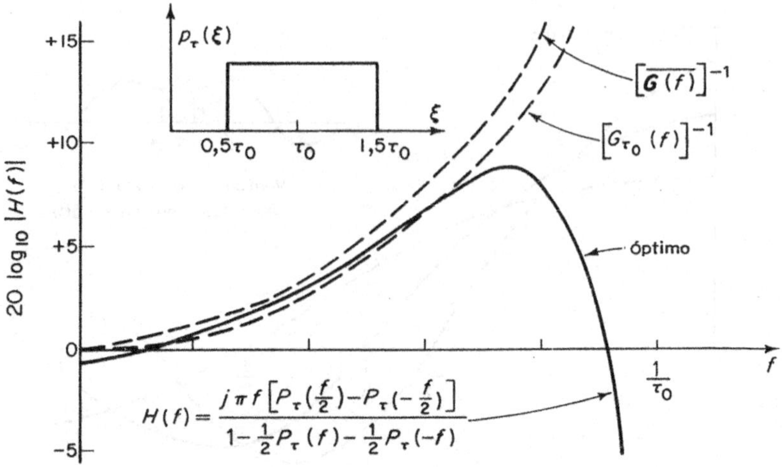

Figura 9.9. Características del ecualizador para el explorador de anchura aleatoria

Ejercicio 9.6. Hallar el filtro óptimo para estimación continua de la forma de onda para un canal con ruido multiplicativo seguido de una transformación aleatoria invariante en el tiempo seguida de ruido aditivo; es decir,

$$T_0: \boldsymbol{\omega}(t) = \mathbf{x}(t - T)$$

$$T_1: \mathbf{z}(t) = \int_{-\infty}^{\infty} \mathbf{g}(t - \tau)\mathbf{w}(\tau)\mathbf{x}(\tau)\, d\tau + \mathbf{u}(t)$$

donde $\mathbf{w}(t)$, $\mathbf{g}(t)$, $\mathbf{u}(t)$ y $\mathbf{x}(t)$ son variables aleatorias estadísticamente independientes.

9.4. Estimación de la amplitud de pulso

En casos tales como el radar y la transmisión de datos PAM, en donde la información deseada es la amplitud de pulso, está un tanto fuera de lugar el efectuar una estimación continua de la forma de onda. De hecho, el hacer tal cosa podría llevar a resultados muy inferiores al óptimo por lo que respecta a la estimación cuadrática de la amplitud de pulso. En este apartado vamos a estudiar la posibilidad de hallar el filtro óptimo tal que cuando se muestree su salida en $t = t_0$, obtengamos un número que sea una estimación con error cuadrático mínimo de la amplitud de pulso transmitida $\mathbf{a}$. En la figura 9.10 se

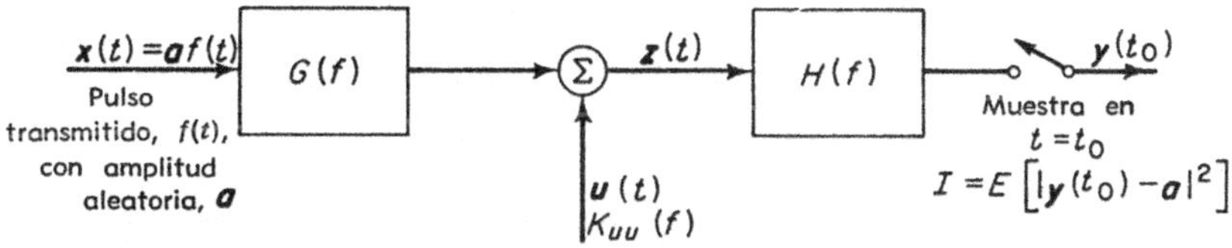

Figura 9.10. Estimación de la amplitud de pulso

ilustra el problema, habiendo supuesto invariante en el tiempo el filtro óptimo. Esto no impone restricción alguna porque sólo nos importa cómo responde el filtro, en $t = t_0$, a los datos recibidos. La respuesta en otros instantes carece de importancia, por lo que no habrá necesidad de considerar filtros variables en el tiempo. Así pues, con

$$T_0\colon \boldsymbol{\omega}(t_0) = \mathbf{a} \tag{9.64}$$

la condición de optimalidad (9.4) impuesta a $h(t)$ será

$$\int_{-\infty}^{\infty} k_{zz}(s, \sigma) h(t_0 - \sigma)\, d\sigma = k_{z\omega}(s, t_0) \tag{9.65}$$

Aun cuando el proceso de la señal no será estacionario en sentido amplio, como lo era en los problemas anteriores, suele ser conveniente emplear un método de solución de (9.65) en el conjunto de definición de la frecuencia. La condición equivalente en el conjunto de definición de la frecuencia se obtiene sustituyendo en primer lugar

$$h(t_0 - \sigma) = \int_{-\infty}^{\infty} H^*(\nu) e^{-j2\pi\nu(t_0 - \sigma)}\, d\nu \tag{9.66}$$

en (9.65) y tomando luego la transformada de Fourier respecto a la variable s. Ello da

$$\int_{-\infty}^{\infty} H^*(\nu) e^{-j2\pi\nu t_0} B_{zz}(f, \nu)\, d\nu = C_{z\omega}(f, t_0) \tag{9.67}$$

donde hemos definido

$$B_{zz}(f, \nu) \triangleq \iint_{-\infty}^{\infty} k_{zz}(s, \sigma) e^{-j2\pi(fs - \nu\sigma)}\, ds\, d\sigma \tag{9.68}$$

y

$$C_{z\omega}(f, t_0) \triangleq \int_{-\infty}^{\infty} k_{z\omega}(s, t_0) e^{-j2\pi fs}\, ds \tag{9.69}$$

Filtro adaptado

El problema clásico en la estimación de la amplitud de un pulso aislado lleva consigo un pulso de forma y tiempo de llegada conocidos, contaminado con ruido estacionario en sentido amplio, aditivo y con media nula. En la figura 9.10 vemos que

$$\begin{aligned} T_1\colon \mathbf{z}(t) &= \mathbf{a}\int_{-\infty}^{\infty} f(t-\sigma) g(\sigma)\, d\sigma + \mathbf{u}(t) \\ &\triangleq \mathbf{a}r(t) + \mathbf{u}(t) \end{aligned} \tag{9.70}$$

Evaluando las funciones de correlación,

$$\begin{aligned} k_{zz}(s, \sigma) &= E[\mathbf{a}r(s)\mathbf{a}r(\sigma)] + k_{uu}(s-\sigma) \\ &= \overline{\mathbf{a}^2} r(s) r(\sigma) + k_{uu}(s-\sigma) \\ k_{z\omega}(s, t_0) &= E[\mathbf{a}\cdot \mathbf{a}r(s)] = \overline{\mathbf{a}^2} r(s) \end{aligned} \tag{9.71}$$

Utilizando ahora (9.68) y (9.69),

$$\begin{aligned} B_{zz}(f, \nu) &= \overline{\mathbf{a}^2} R(f) R^*(\nu) + K_{uu}(f)\, \delta(f-\nu) \\ C_{z\omega}(f, t_0) &= \overline{\mathbf{a}^2} R(f) \end{aligned}$$

La condición (9.67) impuesta a la función de transferencia del filtro óptimo se convierte en

$$\overline{\mathbf{a}^2} R(f) \int_{-\infty}^{\infty} R^*(\nu) H^*(\nu) e^{-j2\pi\nu t_0}\, d\nu + H^*(f) K_{uu}(f) e^{-j2\pi f t_0} = \overline{\mathbf{a}^2} R(f) \tag{9.72}$$

Utilizando α como constante de proporcionalidad, la solución queda en la forma

$$H(f) = \frac{\alpha R^*(f) e^{-j2\pi f t_0}}{K_{uu}(f)} \tag{9.73}$$

Sustituyendo (9.73) en (9.72), hallamos que

$$\alpha = \frac{\overline{\mathbf{a}^2}}{1 + \overline{\mathbf{a}^2} \displaystyle\int_{-\infty}^{\infty} \frac{|R(f)|^2}{K_{uu}(f)}\, df} \tag{9.74}$$

A este filtro se le conoce por el nombre de *filtro adaptado*[4]-[6] para el pulso recibido $r(t)$ en ruido con densidad espectral de potencia $K_{uu}(f)$. Vemos que se trata de una versión generalizada del filtro adaptado obtenido en el ejemplo 6.3, en el que hallábamos el filtro que hacía máxima la salida en $t = t_0$ correspondiente a una señal de entrada de energía unidad. Podría sospecharse que dicho filtro fuese óptimo para la estimación de la amplitud de pulso. Lo es en el caso de ruido blanco, si bien (9.73) muestra que resultará ventajoso hacer resaltar aquellas frecuencias en las que sea menor la densidad de ruido, si ésta no es una función constante de la frecuencia. En el ejemplo siguiente veremos cuán ventajoso resulta esto en un caso particular.

Ejemplo 9.6. *Pulso triangular en ruido correlacionado exponencialmente:* Sea $r(t)$ el pulso triangular representado en la figura 9.11 y sea

$$K_{uu}(f) = \frac{N_0}{1 + (f/f_0)^2} \tag{9.75}$$

la densidad espectral de potencia del ruido aditivo.

La función de transferencia para el filtro adaptado es, según (9.73),

$$\begin{aligned} H(f) &= \frac{\alpha}{N_0}\left[1 + \left(\frac{f}{f_0}\right)^2\right] R^*(f) e^{-j2\pi f t_0} \\ &= \frac{\alpha}{N_0}\left[1 + \left(\frac{f}{f_0}\right)^2\right] \frac{\text{sen}^2\, \pi T f}{(\pi f)^2}\, e^{-j2\pi f t_0} \end{aligned} \tag{9.76}$$

Haciendo $T = t_0$ y desarrollando sen $\pi T f$ en funciones exponenciales, la función de transferencia puede expresarse en la forma

$$H(f) = \frac{\alpha}{N_0}\left[\left(\frac{1}{j2\pi f}\right)^2 - \left(\frac{1}{2\pi f_0}\right)^2\right](1 - 2e^{-j2\pi T f} + e^{-j2\pi(2T)f}) \tag{9.77}$$

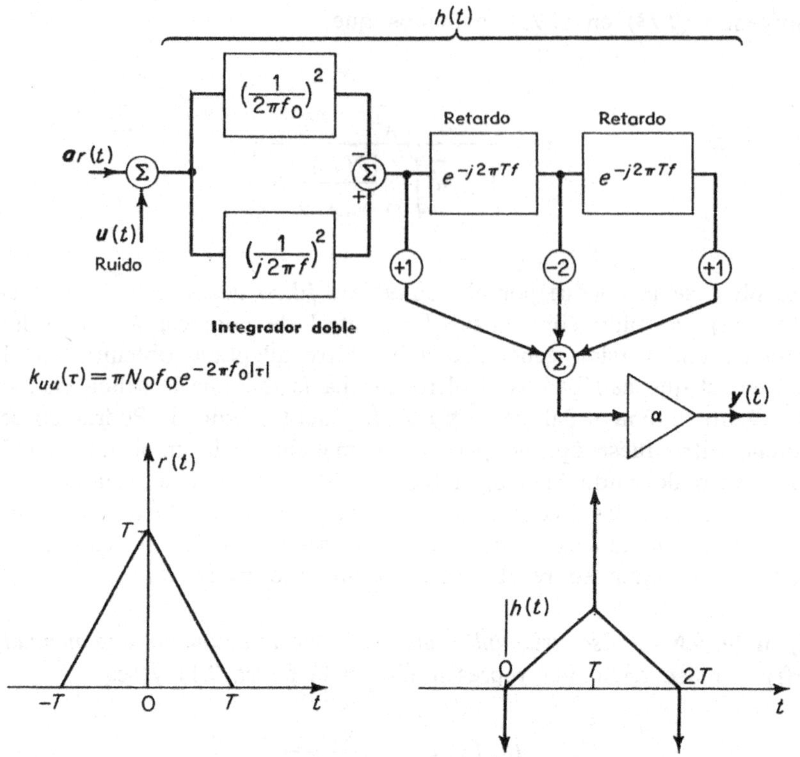

Figura 9.11. Realización del filtro adaptado para pulso triangular en ruido con autocorrelación exponencial

La inspección de (9.77) nos lleva directamente a la realización del filtro representado en la figura 9.11.

Según (9.8), el error cuadrático resultante en la estimación de la amplitud de pulso viene dado por

$$\begin{aligned} I_{\min} &= k_{\omega\omega}(t_0, t_0) - \int_{-\infty}^{\infty} k_{z\omega}(s, t_0)h(t_0 - s)\, ds \\ &= \overline{\mathbf{a}^2} - \overline{\mathbf{a}^2}\alpha \int_{-\infty}^{\infty} \frac{|R(f)|^2}{K_{uu}(f)}\, df \\ &= \frac{\overline{\mathbf{a}^2}}{1 + \overline{\mathbf{a}^2}\displaystyle\int_{-\infty}^{\infty} \frac{|R(f)|^2}{K_{uu}(f)}\, df} \end{aligned} \tag{9.78}$$

A fines de comparación, consideremos el funcionamiento que resultaría al utilizar para este pulso el filtro adaptado para ruido blanco. Dicho filtro se obtiene suprimiendo el elemento $(1/2\pi f_0)^2$ de la figura 9.11 y reajustando la ganancia α a su valor óptimo. Hecho esto, el error cuadrático medio (v. ejercicio 9.9) resulta ser

$$I_W = \frac{\overline{\mathbf{a}^2}}{1 + \dfrac{\overline{\mathbf{a}^2}[\int |R(f)|^2 \, df]^2}{\int |R(f)|^2 K_{uu}(f) \, df}} \tag{9.79}$$

Para una razón señal-ruido moderadamente elevada ($\overline{\mathbf{a}^2}/N_0$ grande), la razón del funcionamiento no óptimo al óptimo podrá expresarse aproximadamente en la forma

$$\frac{I_W}{I_{\min}} \cong \frac{\left[\displaystyle\int \frac{|R(f)|^2}{K_{uu}(f)} \, df\right][\int |R(f)|^2 K_{uu}(f) \, df]}{[\int |R(f)|^2 \, df]^2} \tag{9.80}$$

En la figura 9.12 puede verse gráficamente esta razón en función del parámetro $c = 2\pi f_0 T$. Resulta evidente que la ventaja del filtro óptimo sólo es im-

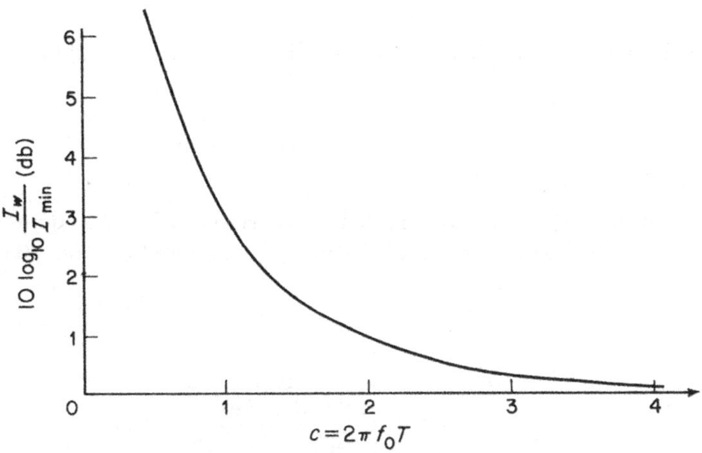

Figura 9.12. Comparación entre los funcionamientos de los filtros adaptados óptimo y no óptimo a razones señal-ruido elevadas

portante cuando la anchura de banda del ruido es igual o menor que la del pulso. ∎

Ejercicio 9.7. Resolver el problema del filtro adaptado (fig. 9.10) sometido a una limitación del producto ganancia-anchura de banda expresada por

$$I_1 = \int_{-\infty}^{\infty} |H(f)|^2 \, df$$

Ejercicio 9.8. Demostrar que el filtro (en fig. 9.10) que hace máxima la respuesta al pico del pulso

$$I_1 = E[\mathbf{y}(t_0)]$$

sometido a una ligadura impuesta a la potencia de ruido a la salida del filtro

$$I_2 = \int_{-\infty}^{\infty} K_{uu}(f) \, |H(f)|^2 \, df$$

tiene una función de transferencia proporcional a la del filtro adaptado para este caso. El filtro adaptado se interpreta a menudo en este sentido de hacer máxima la «señal de pico al ruido eficaz» en vez de en el sentido de estimación de la amplitud de pulso.

Ejercicio 9.9. Si el filtro adaptado diseñado para un pulso $r(t)$ en ruido blanco

$$H(f) = \alpha R^*(f) e^{-j2\pi f t_0}$$

se utiliza en una situación de densidad de ruido diferente, demostrar que el mínimo error cuadrático en la estimación de la amplitud de $r(t)$ viene dado por

$$I_W = \frac{\overline{\mathbf{a}^2}}{1 + \dfrac{\overline{\mathbf{a}^2}[\int |R(f)|^2 \, df]^2}{\int K_{uu}(f) \, |R(f)|^2 \, df}}$$

donde la constante de ganancia α se ajusta a su valor óptimo.

Filtro adaptado para pulsos con distorsión aleatoria

Si no se conoce con precisión la forma del pulso recibido $r(t)$, el funcionamiento del filtro adaptado no será el óptimo. Podríamos considerar $r(t)$ como una realización de un proceso estocástico y luego hallar el filtro que haga mínimo el error cuadrático de la estimación por término medio de la amplitud de pulso. El problema puede formularse en función de una forma conocida $f(t)$ de pulso transmitido y de la función de dispersión $G(f)$ del canal aleatorio utilizada anteriormente en relación con la estimación continua de la forma de onda. Así pues, el problema es el mismo que el representado en la figura 9.10 sustituyendo $G(f)$ por la variable aleatoria $\mathbf{G}(f)$.

$$\begin{aligned} T_0&: \boldsymbol{\omega}(t_0) = \mathbf{a} \\ T_1&: \mathbf{z}(t) = \mathbf{a}\int_{-\infty}^{\infty} f(t-\xi)\mathbf{g}(\xi)\, d\xi + \mathbf{u}(t) \end{aligned} \tag{9.81}$$

Las funciones de correlación requeridas son

$$\begin{aligned} k_{zz}(s,\sigma) &= \overline{\mathbf{a}^2}\int_{-\infty}^{\infty} f(s-\xi)f(\sigma-\eta)E[\mathbf{g}(\xi)\mathbf{g}(\eta)]\, d\xi\, d\eta + k_{uu}(s-\sigma) \\ k_{z\omega}(s,t_0) &= \overline{\mathbf{a}^2}\int_{-\infty}^{\infty} f(s-\xi)E[\mathbf{g}(\xi)]\, d\xi \end{aligned} \tag{9.82}$$

Tomando transformadas de Fourier de acuerdo con (9.68) y (9.69),

$$\begin{aligned} B_{zz}(f,\nu) &= \overline{\mathbf{a}^2}E[\mathbf{G}(f)\mathbf{G}^*(\nu)]F(f)F^*(\nu) + K_{uu}(f)\,\delta(f-\nu) \\ C_{z\omega}(f,t_0) &= \overline{\mathbf{a}^2}E[\mathbf{G}(f)]F(f) \end{aligned} \tag{9.83}$$

Luego, la condición (9.67) queda en la forma

$$\overline{\mathbf{a}^2}\int_{-\infty}^{\infty} E[\mathbf{G}(f)\mathbf{G}^*(\nu)]F(f)F^*(\nu)H^*(\nu)e^{-j2\pi\nu t_0}\, d\nu + K_{uu}(f)H^*(f)e^{-j2\pi f t_0} = \overline{\mathbf{a}^2}F(f)E[\mathbf{G}(f)] \tag{9.84}$$

Esta ecuación puede ponerse en forma más conveniente cambiando la función variable incógnita de la manera siguiente:

$$W(f) \triangleq F^*(f)H^*(f)e^{-j2\pi f t_0} \tag{9.85}$$

Sustituyendo (9.85) en (9.84) y dividiendo por $\overline{\mathbf{a}^2 F(f)}$, obtenemos la forma normal de una ecuación integral no homogénea de Fredholm:

$$\int_{-\infty}^{\infty} E[\mathbf{G}(f)\mathbf{G}^*(\nu)]W(\nu)\,d\nu + \frac{K_{uu}(f)}{\overline{\mathbf{a}^2}\,|F(f)|^2}\,W(f) = \overline{\mathbf{G}(f)} \tag{9.86}$$

El núcleo de esta ecuación integral es simplemente la *función de autocorrelación* $E[\mathbf{G}(f)\mathbf{G}^*(\nu)]$ para el canal aleatorio. Como era de esperar, en este caso se precisa de una información estadística más detallada acerca del canal que en el caso de la estimación continua de la forma de onda en donde sólo se necesitaban la varianza y la media del canal. Las soluciones exactas de (9.86) son difíciles de obtener, en general, si bien existen ciertos problemas específicos de interés práctico en los cuales se simplifica mucho la ecuación.[3] El ejemplo que sigue ilustra una aplicación típica de este problema

Ejemplo 9.7. *Filtro adaptado para pulso con tiempo de llegada aleatorio:* A menudo existen circunstancias en las que se conoce la forma del pulso salvo en lo que se refiere a su posición sobre el eje de tiempos. Para tratar el problema del tiempo de llegada aleatorio del pulso, podemos hacer corresponder $\mathbf{G}(f)$ a un operador retardo donde el retardo $\boldsymbol{\tau}$ sea una viariable aleatoria. Supongamos que a $\boldsymbol{\tau}$ se le asigna una función de densidad de probabilidad $p_\tau(\xi)$; tendremos entonces,

$$\mathbf{G}(f) = e^{-j2\pi\boldsymbol{\tau}f}$$

$$E[\mathbf{G}(f)] = \int_{-\infty}^{\infty} p_\tau(\xi)e^{-j2\pi\xi f}\,d\xi = P_\tau(f) \tag{9.87}$$

$$E[\mathbf{G}(f)\mathbf{G}^*(\nu)] = \int_{-\infty}^{\infty} p_\tau(\xi)e^{-j2\pi\xi(f-\nu)}\,d\xi = P_\tau(f-\nu) \tag{9.88}$$

donde $P_\tau(f)$ es la transformada de Fourier de $p_\tau(\xi)$. Utilizando estas expresiones en (9.86), obtenemos

$$\int_{-\infty}^{\infty} P_\tau(f-\nu)W(\nu)\,d\nu + \frac{K_{uu}(f)}{\overline{\mathbf{a}^2}\,|F(f)|^2}\,W(f) = P_\tau(f) \tag{9.89}$$

Podemos poner de manifiesto una solución exacta de (9.89) formulando la hipótesis (no del todo desprovista de realismo) de que $|F(f)|^2$ es proporcional a

$K_{uu}(f)$. Tiene sentido hablar de

$$\rho = \frac{\overline{\mathbf{a}^2}\,|F(f)|^2}{K_{uu}(f)} \tag{9.90}$$

como de un parámetro de razón señal-ruido. Utilizando esta relación y tomando la transformada inversa de Fourier de (9.89), obtenemos una solución sencilla del problema en el conjunto de definición del tiempo:

$$p_\tau(t)w(t) + \frac{1}{\rho}\,w(t) = p_\tau(t)$$

con lo que

$$w(t) = \frac{\rho p_\tau(t)}{1 + \rho p_\tau(t)} \tag{9.91}$$

Se aclara la interpretación física de este resultado examinando la respuesta al pulso del filtro, no la respuesta al impulso $h(t)$. Sea $Y_0(f) = F(f)H(f)$, entonces de (9.85) tenemos

$$w(t) = y_0(t_0 - t) \tag{9.92}$$

donde $y_0(t)$ es la respuesta sin ruido del filtro a un pulso $f(t)$ de retardo nulo y amplitud unidad. En la figura 9.13 pueden verse estas respuestas al pulso

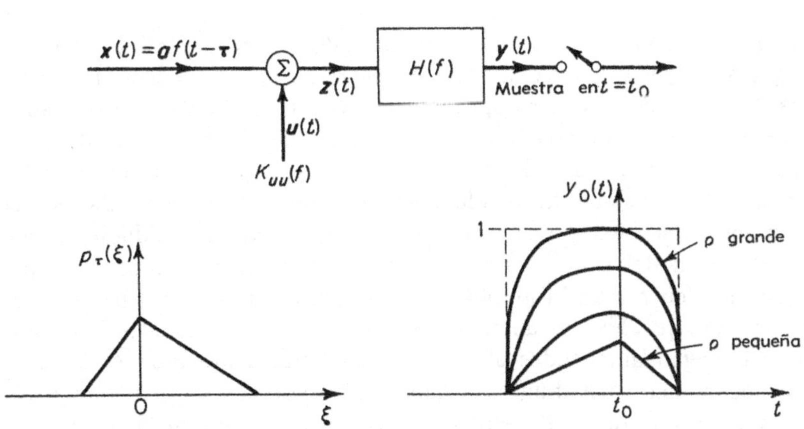

Figura 9.13. Filtro adaptado para un pulso de tiempo de llegada aleatorio para diversos valores de la razón señal-ruido ρ. $y_0(t)$ es la respuesta del filtro a un pulso de amplitud unidad con $\tau = 0$

para una función de densidad de probabilidad particular de la variable retardo. Al hacerse pequeña la razón señal-ruido, el pulso óptimo de salida tiende a una versión invertida en el tiempo de la función de densidad de probabilidad. Dicho de otro modo, el filtro sólo «mira» a las regiones del tiempo donde es más probable que esté el pulso. A razones señal-ruido elevadas, el ruido no es problema y el pulso de salida óptimo tiende a un pulso de amplitud unidad y cumbre aplanada que da una respuesta fuerte independientemente de cuando llegue el pulso de entrada. ∎

Ejercicio 9.10. Para un pulso recibido sobre un canal aleatorio invariante en el tiempo $\mathbf{G}(f)$ con ruido aditivo $\mathbf{u}(t)$ a la salida del canal, hallar el filtro que haga máxima la respuesta al pico del pulso sometida a una ligadura impuesta a la potencia de ruido de salida; es decir, hallar $H(f)$ para hacer máxima

$$I_1 = E[\mathbf{y}(t_0)]$$

sometida a

$$I_2 = \int_{-\infty}^{\infty} K_{uu}(f)\,|H(f)|^2\,df$$

Interpretar el resultado en función de una operación de filtrado adaptado. Nótese que éste es uno de los pocos problemas en donde no hay que considerar la varianza del canal.

Interferencia de pulsos contiguos

Surge un problema algo diferente cuando el pulso recibido no es aislado, sino que se encuentra en una sucesión en el tiempo de pulsos de formas semejantes. En este caso, el filtro óptimo no sólo debe combatir el ruido aditivo sino también la interferencia debida a las "colas" de los pulsos contiguos a aquel cuya amplitud se estima. El filtro óptimo representará el mejor compromiso entre una gran anchura de banda para producir pulsos de salida estrechos que puedan separarse bien y anchura de banda estrecha para reducir los efectos de la interferencia del ruido. Para concretar el problema, supongamos que queremos estimar (en $t = t_0$) la amplitud de un pulso que ocurra en $t = t_0$. Supongamos también que los restantes pulsos de la sucesión tengan la misma forma pero que tengan amplitudes aleatorias estadísticamente independientes y tiempos de ocurrencia distribuidos según un proceso de Poisson con parámetro λ a uno y otro lado de t_0. Podemos plantear el problema en la forma

$$T_0: \boldsymbol{\omega}(t_0) = \mathbf{a}_0$$
$$T_1: \mathbf{z}(t) = \mathbf{a}_0 f(t - t_0) + \mathbf{v}(t) + \mathbf{u}(t) \tag{9.93}$$

donde

$$\mathbf{v}(t) = \sum_{k=-\infty}^{\infty} \mathbf{a}_k f(t - \mathbf{t}_k); \qquad k \neq 0 \tag{9.94}$$

es estadísticamente independiente de $\mathbf{a}_0$ y $\mathbf{u}(t)$. El proceso de interferencia de pulsos $\mathbf{v}(t)$ es el mismo proceso descrito en § 8.7. Vimos que el proceso es estacionario en sentido amplio y dimos las expresiones (8.96) y (8.99) para la media y la autocorrelación, respectivamente.

Evaluando las funciones de correlación,

$$\begin{aligned} k_{zz}(s, \sigma) &= \overline{\mathbf{a}_0^2} f(s - t_0) f(\sigma - t_0) + \bar{\mathbf{a}}_0 \bar{\mathbf{v}} f(s - t_0) + \bar{\mathbf{a}}_0 \bar{\mathbf{v}} f(\sigma - t_0) \\ &\quad + k_{vv}(s - \sigma) + k_{uu}(s - \sigma) \end{aligned} \tag{9.95}$$

$$k_{z\omega}(s, t_0) = \overline{\mathbf{a}_0^2} f(s - t_0) + \bar{\mathbf{a}}_0 \bar{\mathbf{v}} \tag{9.96}$$

Tomando transformadas de Fourier y utilizando (8.99),

$$\begin{aligned} B_{zz}(f, \nu) &= \overline{\mathbf{a}_0^2} F(f) F^*(\nu) e^{-j2\pi t_0 (f-\nu)} \\ &\quad + \bar{\mathbf{a}}_0 \bar{\mathbf{v}} F(f) e^{-j2\pi f t_0} \delta(\nu) + \bar{\mathbf{a}}_0 \bar{\mathbf{v}} F^*(\nu) e^{+j2\pi \nu t_0} \delta(f) \\ &\quad + [\lambda \overline{\mathbf{a}^2} \, |F(f)|^2 + (\bar{\mathbf{v}})^2 \, \delta(f) + K_{uu}(f)] \, \delta(f - \nu) \end{aligned} \tag{9.97}$$

$$C_{z\omega}(f, t_0) = \overline{\mathbf{a}_0^2} F(f) e^{-j2\pi f t_0} + \bar{\mathbf{a}}_0 \bar{\mathbf{v}} \, \delta(f) \tag{9.98}$$

Podemos prescindir de los términos de (9.97) y (9.98) en los que figuren $\delta(f)$ y $\delta(\nu)$, ya que pertenecen al valor medio de la interferencia de pulsos. En la práctica, esta componente de la interferencia se eliminaría por bloqueo de la corriente continua. Matemáticamente, esto equivale a hacer $H(0) = 0$ sin afectar sustancialmente sus valores a otras frecuencias y ello no afecta al buen funcionamiento en la estimación de $\mathbf{a}_0$. Utilizando (9.97) y (9.98) en la condición (9.67), el filtro óptimo tendrá una función de transferencia dada por

$$H(f) = \frac{\alpha \overline{\mathbf{a}_0^2} F^*(f)}{\lambda \overline{\mathbf{a}^2} \, |F(f)|^2 + K_{uu}(f)}; \qquad H(0) = 0 \tag{9.99}$$

donde puede calcularse la constante de proporcionalidad α sustituyendo (9.99) en (9.67). La forma del filtro óptimo es intuitivamente satisfactoria, ya que si los pulsos tienden a estar aislados a causa de la pequeñez de λ (frecuencia media de ocurrencia), o si el ruido es relativamente grande, el término $K_{uu}(f)$ pre-

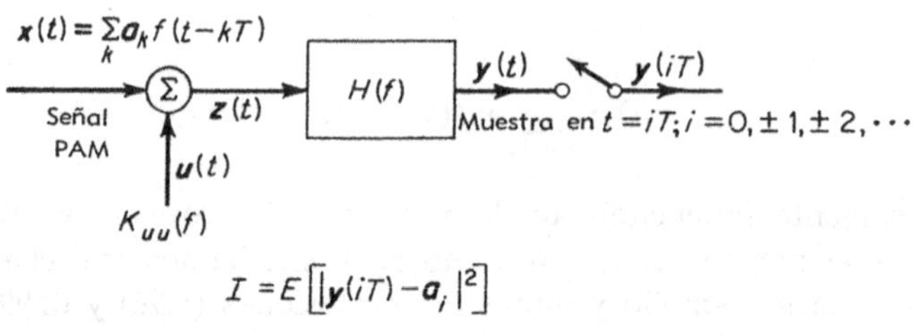

Figura 9.14. Estimación periódica de una señal de datos PAM

dominará en el denominador y el filtro óptimo será aproximadamente igual al filtro adaptado para el pulso aislado. En cambio, si el ruido fuese relativamente poco importante, debido a un valor grande de λ o de $\overline{\mathbf{a}^2}$, se podría despreciar el término $K_{uu}(f)$ y el filtro óptimo tendería a $F^{-1}(f)$, produciendo así pulsos de salida muy estrechos.

9.5 Estimación periódica de la forma de onda

La transmisión de datos PAM constituye un caso típico en donde no nos interesa ni una estimación continua de la forma de onda ni una estimación en un instante único. Lo que se desea es la estimación periódica de la señal recibida a fin de extraer la información transportada en las amplitudes de la sucesión sincrónica de pulsos. Según puede verse en la figura 9.14, el filtro óptimo proporciona una señal de salida que, muestreada sincrónicamente cada T segundos, dé estimaciones de la sucesión de datos $\{\mathbf{a}_k\}$ con error cuadrático mínimo. En § 8.3 vimos que la señal PAM era un proceso cicloestacionario si la sucesión de datos era estacionaria en sentido amplio, (8.26). Como la señal recibida es estadísticamente la misma en cada instante de muestreo, se deduce que el filtro óptimo puede ser invariante en el tiempo.

Para este problema,

$$T_0\colon \boldsymbol{\omega}(iT) = \mathbf{a}_i; \qquad i = 0, \pm 1, \pm 2, \ldots \tag{9.100}$$

$$T_1\colon \mathbf{z}(t) = \sum_{k=-\infty}^{\infty} \mathbf{a}_k f(t - kT) + \mathbf{u}(t) \tag{9.101}$$

Utilizando (8.27), las funciones de correlación vendrán dadas por

$$k_{zz}(s, \sigma) = \sum_m \alpha_m \sum_k f(s - kT) f(\sigma - kT - mT) + k_{uu}(s - \sigma) \tag{9.102}$$

$$k_{z\omega}(s, iT) = \sum_k \alpha_{i-k} f(s - kT) \tag{9.103}$$

donde $\alpha_m = E[\mathbf{a}_k \mathbf{a}_{k+m}]$ caracteriza la correlación en la sucesión de datos. Tomando ahora transformadas de Fourier según (9.68) y (9.69),

$$B_{zz}(f, \nu) = \sum_m \alpha_m \sum_k F(f) e^{-j2\pi kTf} F^*(\nu) e^{j2\pi(k+m)T\nu} + K_{uu}(f)\, \delta(f - \nu) \tag{9.104}$$

$$C_{z\omega}(f, iT) = F(f) \sum_k \alpha_{i-k} e^{-j2\pi kTf} \tag{9.105}$$

Como en § 8.4 representaremos por una función periódica $M(f)$ la correlación de la sucesión de datos en el conjunto de definición de la frecuencia:

$$M(f) = \sum_m \alpha_m e^{j2\pi mTf} \tag{9.106}$$

Podemos ahora expresar (9.104) y (9.105) en la forma

$$B_{zz}(f, \nu) = F(f) F^*(\nu) M(\nu) \frac{1}{T} \sum_\ell \delta\left(f - \nu - \frac{\ell}{T}\right) + K_{uu}(f)\, \delta(f - \nu) \tag{9.107}$$

$$C_{z\omega}(f, iT) = F(f) M(f) e^{-j2\pi iTf} \tag{9.108}$$

donde hemos utilizado el hecho de que

$$\sum_k e^{-j2\pi kTf} = \frac{1}{T} \sum_\ell \delta\left(f - \frac{\ell}{T}\right)$$

(v. ejercicio 4.4).

Sustituidas (9.107) y (9.108) en (9.67), la condición impuesta a la función de transferencia del filtro óptimo se convierte en

$$\frac{1}{T} F(f) \sum_\ell M\left(f - \frac{\ell}{T}\right) F^*\left(f - \frac{\ell}{T}\right) H^*\left(f - \frac{\ell}{T}\right) + K_{uu}(f) H^*(f) = F(f) M(f) \tag{9.109}$$

Notando que $M(f)$ es periódica, y haciendo la sustitución $W(f) = F^*(f) H^*(f)$, la (9.109) puede ponerse en la forma

$$\frac{M(f)}{T} \sum_\ell W\left(f - \frac{\ell}{T}\right) + \frac{W(f)}{R(f)} = M(f) \tag{9.110}$$

donde hemos definido

$$R(f) \triangleq \frac{|F(f)|^2}{K_{uu}(f)} \tag{9.111}$$

Afortunadamente, la ecuación en diferencias de orden infinito (9.110) tiene una solución sencilla. Ello se debe a que el segundo miembro y el primer término del primer miembro son periódicos con período $1/T$. Se deduce que $W(f)/R(f)$ debe ser también periódico. Sea $W(f) = R(f)Q(f)$, donde $Q(f)$ es una función periódica. En tal caso

$$\frac{1}{T}\sum_{\ell} W\left(f - \frac{\ell}{T}\right) = L(f)Q(f)$$

donde hemos definido

$$L(f) \triangleq \frac{1}{T}\sum_{\ell} R\left(f - \frac{\ell}{T}\right) \tag{9.112}$$

Sustituyendo en (9.110), hallamos que

$$W(f) = \frac{R(f)M(f)}{1 + L(f)M(f)} \tag{9.113}$$

Por último, la función de transferencia del filtro viene dada por

$$H(f) = \frac{F^*(f)}{K_{uu}(f)}\left[\frac{M(f)}{1 + L(f)M(f)}\right] \tag{9.114}$$

En esta expresión vemos que el filtro óptimo es la combinación en cascada del filtro adaptado para $f(t)$ en ruido con densidad espectral de potencia $K_{uu}(f)$ y un filtro que tiene una función de transferencia periódica [$L(f)$ y $M(f)$ son periódicas]. Si aproximamos el segundo factor de (9.114) por una serie de Fourier finita, el filtro (con un retardo adicional de nT segundos) se podrá realizar en forma de filtro transversal con líneas de retardo derivadas, como se indica en la figura 9.15.[7]-[10] Los factores de ganancia de las diversas derivaciones vienen dados por los coeficientes de Fourier de $D(f)$, donde

$$\begin{aligned} D(f) &\triangleq \frac{M(f)}{1 + L(f)M(f)} = \sum_{k} d_k e^{j2\pi kTf} \\ &\simeq \sum_{k=-n}^{n} d_k e^{j2\pi kT}; \qquad d_k = d_{-k} \end{aligned} \tag{9.115}$$

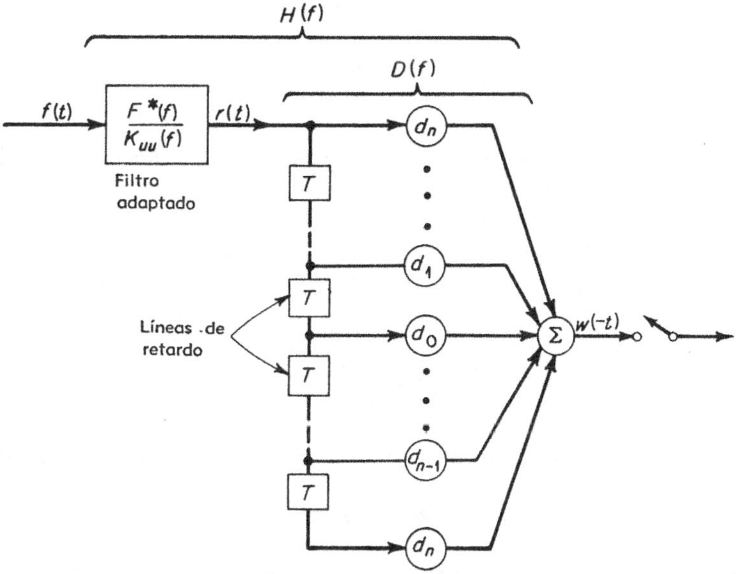

Figura 9.15. Filtro óptimo para una señal PAM sincrónica. Las señales indicadas son las respuestas a un pulso de datos único de amplitud unidad

El funcionamiento de este filtro tiene una expresión sencilla en función de $D(f)$. Cuando se utiliza (9.114) en (9.8), hallamos

$$I_{\min} = \alpha_0 - \int_{-\infty}^{\infty} R(f)M(f)D(f)\,df \tag{9.116}$$

Podemos profundizar algo en la operación del filtro óptimo considerando el caso particular en que $r(t)$, que es la respuesta de la parte de filtro adaptada a un pulso de datos individual, satisfaga al criterio de Nyquist (6.123) para la no existencia de interferencia intersímbolos. En este caso, de (9.112) tenemos $L(f) = r(0)$. Como a la salida del filtro adaptado no hay interferencia intersímbolos, podríamos esperar que la parte de filtro con líneas de retardo derivadas debiera ser eliminada, ya que introduciría interferencias intersímbolos. Ello es cierto cuando no estén correlacionadas las amplitudes de pulso, ya que entonces $M(f) = \alpha_0$ y $D(f)$ es una constante. Sin embargo, si hubiese correlación en la sucesión de datos, el filtro óptimo se aprovecha de ella reduciendo la interferencia de ruido a expensas de una pequeña interferencia intersímbolos. Este efecto sólo será apreciable cuando el ruido sea relativamente grande.

Cuando es grande la señal, tendemos a la condición

$$D(f) = \frac{M(f)}{1 + r(0)M(f)} \cong \frac{1}{r(0)} \tag{9.117}$$

en la cual se eliminaría el filtro de líneas de retardo derivadas en este caso particular en donde $r(t)$ no origina interferencia intersímbolos.

Ejercicio 9.11. En la estimación periódica de una señal PAM, supongamos que la señal tenga una inestabilidad de tiempo como la descrita en § 8.5. En este caso,

$$\mathbf{x}(t) = \sum_k \mathbf{a}_k f(t - \mathbf{t}_k)$$

donde los tiempos de llegada aleatorios de los pulsos vienen dados por

$$\mathbf{t}_k = kT + \boldsymbol{\delta}_k; \qquad k = 0, \pm 1, \pm 2, \ldots$$

Supongamos que las $\boldsymbol{\delta}_k$ son variables aleatorias estadísticamente independientes con función densidad de probabilidad $p(\xi)$. Deducir la condición para el filtro óptimo $H(f)$ en forma análoga a la de (9.110).

9.6 *La ligadura de la realizabilidad física*

Cuando el diseñador deba instrumentar los diversos filtros óptimos estudiados en los apartados anteriores, tropieza con numerosas limitaciones en la realizabilidad de las funciones de filtro que pudiera no haber incorporado al problema de optimización en forma de ligaduras. Estas limitaciones hacen que no se cumpla el funcionamiento prefijado. Muchas limitaciones, tales como un número restringido de elementos de circuito permisibles y la presencia de elementos parásitos inevitables, no son verdaderamente fundamentales para el problema del filtrado y pueden obviarse con un mayor gasto de material y de esfuerzo en el diseño. En contraste con ello, la característica de respuesta no anticipativa constituye una restricción fundamental impuesta a todos los filtros realizables físicamente. En este apartado vamos a considerar realizabilidad física en este último sentido, la cual puede enunciarse como restricción impuesta a la respuesta al impulso $h(t, s)$ del filtro. Es necesario y suficiente que se anule $h(t, s)$ para todo $t < s$. Al igual que en el caso de las ligaduras limitativas de la duración visto en los problemas de optimización de la señal del capítulo 6, suele ser más fácil incorporar la ligadura de la realizabilidad física por el método directo que por el de los multiplicadores de Lagrange. En consecuencia, introduzcamos la condición auxiliar

$$h(t, s) = w(t - s)h(t, s) \tag{9.118}$$

donde

$$\begin{aligned} w(t) &= 1 \quad \text{para } t \geqslant 0 \\ &= 0 \quad \text{para } t < 0 \end{aligned}$$

En el problema de filtrado de mínimo error cuadrático formulado en § 9.2, el funcional I, (9.3), se modifica en la forma

$$I = \iint\limits_{-\infty}^{\infty} w(t-s)w(t-\sigma)h(t, s)h(t, \sigma)k_{zz}(s, \sigma)\, ds\, d\sigma - 2\int_{-\infty}^{\infty} w(t-s)h(t, s)k_{z\omega}(s, t)\, ds + k_{\omega\omega}(t, t) \tag{9.119}$$

Anulando el gradiente de (9.119) respecto a $h(t, s)$ se tiene la condición necesaria de mínimo:

$$\int_{-\infty}^{\infty} w(t-s)w(t-\sigma)h(t, \sigma)k_{zz}(s, \sigma)\, d\sigma = w(t-s)k_{z\omega}(s, t) \tag{9.120}$$

Observando la forma de $w(t)$ en (9.118), podemos escribir la ecuación (9.120) de la manera siguiente:

$$\int_{-\infty}^{t} h(t, \sigma)k_{zz}(s, \sigma)\, d\sigma = k_{z\omega}(s, t) \quad \textbf{para } t \geqslant s \tag{9.121}$$

Esta ecuación sólo se ha resuelto en circunstancias muy particulares. En cambio, cuando $\mathbf{z}$ y $\boldsymbol{\omega}$ son conjuntamente estacionarias y se sustituyen $k_{zz}(s, \sigma)$ y $k_{z\omega}(s, t)$ por $k_{zz}(s - \sigma)$ y $k_{z\omega}(s - t)$, respectivamente, la (9.121) se reduce a la ecuación de *Wiener-Hopf* que ha sido estudiada muy ampliamente. En este caso,

$$\int_{-\infty}^{t} h(t - \sigma)k_{zz}(s - \sigma)\, d\sigma = k_{z\omega}(s - t) \quad \textbf{para } t \geqslant s$$

o, haciendo un cambio de variables,

$$\int_0^\infty h(\tau)k_{zz}(t-\tau)\,d\tau = k_{\omega z}(t) \quad \textbf{para } t \geqslant 0 \tag{9.122}$$

En muchos textos referentes a sistemas de comunicación y de control se presentan métodos de solución de la ecuación de Wiener-Hopf, particularmente en el caso en que $K_{zz}(f)$ y $K_{\omega z}(f)$ sean funciones racionales de f.[11]–[15] Vamos a considerar un método presentado por BODE y SHANNON[16],[17] que, además de no limitarse a funciones racionales, tiene la ventaja de proporcionar una visión física de las operaciones de filtrado óptimo. Comenzaremos observando que si la señal recibida $z(t)$ correspondiera a un ruido blanco de varianza unidad $k_{zz}(s-\sigma) = \delta(s-\sigma)$, la (9.122) tendrá una solución especialmente sencilla:

$$\begin{aligned} h(t) &= k_{\omega z}(t) \quad \text{para } t \geqslant 0 \\ &= w(t)k_{\omega z}(t) \end{aligned} \tag{9.123}$$

Luego, en este caso particular, el filtro realizable óptimo tiene simplemente una versión truncada (en $t = 0$) de la respuesta al impulso del filtro óptimo sin la ligadura de la realizabilidad física. La simplicidad del método de Bode y Shannon se debe a que, en la mayoría de casos de interés, se puede hacer pasar la señal **z** a través de un filtro invariante en el tiempo y realizable físicamente tal que la autocorrelación a la salida sea equivalente a la de un ruido blanco de varianza unidad. Queda ahora por colocar en cascada con este filtro *preblanqueador,* un filtro realizable físicamente que corresponda al caso particular anterior, (9.123), operando sobre la señal $\tilde{\mathbf{z}}$ como se indica en la figura 9.16.

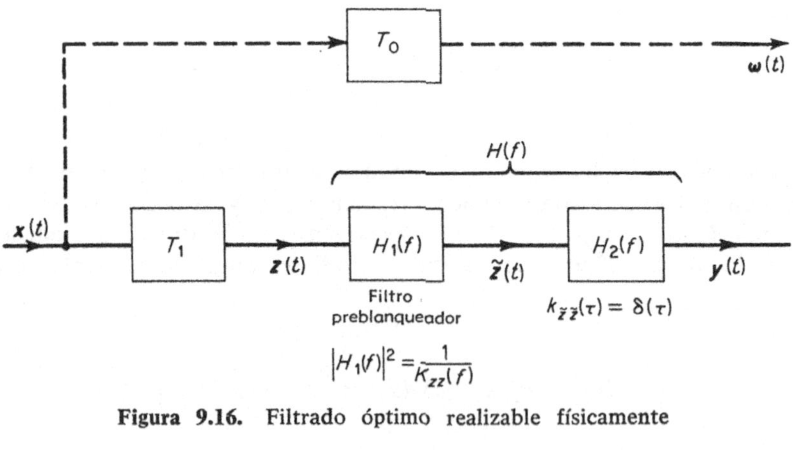

Figura 9.16. Filtrado óptimo realizable físicamente

El filtro realizable óptimo que opera sobre $\tilde{z}$ tiene una respuesta al impulso, según (9.123), dada por

$$\begin{aligned} h_2(t) &= w(t)k_{\omega\tilde{z}}(t) \\ &= w(t)\int_0^\infty h_1(\tau)k_{\omega z}(t+\tau)\,d\tau \end{aligned} \qquad (9.124)$$

Para una función arbitraria $x(t)$, se conviene en representar por $[X(f)]^+$ la transformada de Fourier de $w(t)x(t)$, versión truncada de $x(t)$. Tenemos entonces

$$H_2(f) = [K_{\omega\tilde{z}}(f)]^+ = [H_1^*(f)K_{\omega z}(f)]^+ \qquad (9.125)$$

La función de transferencia de la parte preblanqueadora del filtro suele hallarse por medio de un proceso denominado *factorización del espectro.*[11] Si podemos factorizar $K_{zz}(f)$ en la forma

$$K_{zz}(f) = K(f)K^*(f) \qquad (9.126)$$

donde $K(f)$ tiene una fase asociada tal que $K^{-1}(f)$ sea realizable físicamente, el filtro óptimo total tendrá la forma

$$H(f) = \frac{1}{K(f)}\left[\frac{K_{\omega z}(f)}{K^*(f)}\right]^+ \qquad (9.127)$$

Esta factorización resulta siempre posible si es racional $K_{zz}(f)$. Más generalmente, si se puede desdoblar $k_{zz}(\tau)$ en una suma de funciones singularidad en el origen (funciones δ y sus derivadas de orden par) más un resto $k'_{zz}(\tau)$ que sea de cuadrado integrable y satisfaga la condición de *Paley-Wiener,*[18]

$$\int_{-\infty}^{\infty} \frac{|\log K'_{zz}(f)|}{1+f^2}\,df < \infty \qquad (9.128)$$

la factorización indicada seguirá siendo posible.

El mínimo error cuadrático utilizando un filtro realizable puede evaluarse expresando $h_2(t)$ en la forma

$$h_2(t) = k_{\omega\tilde{z}}(t) - g(t) \qquad (9.129)$$

donde $g(t) = [1 - w(t)]k_{\omega\tilde{z}}(t)$ corresponde a la parte de la respuesta del filtro óptimo eliminada por la ligadura de la realizabilidad física. Expresando el error cuadrático (9.3) en función de funciones en el conjunto de definición de la frecuencia,

$$I = \int_{-\infty}^{\infty} |H_1(f)|^2 \, |H_2(f)|^2 \, K_{zz}(f) \, df$$
$$- 2\int_{-\infty}^{\infty} H_1(f)H_2(f)K^*_{\omega z}(f) \, df + \int_{-\infty}^{\infty} K_{\omega\omega}(f) \, df \quad (9.130)$$

y utilizando

$$|H_1(f)|^2 K_{zz}(f) = 1$$
$$H_2(f) = K_{\omega\tilde{z}}(f) - G(f) = H_1^*(f)K_{\omega z}(f) - G(f)$$

el mínimo error cuadrático resulta ser

$$I_{\min} = \int_{-\infty}^{\infty} \frac{K_{zz}(f)K_{\omega\omega}(f) - |K_{\omega z}(f)|^2}{K_{zz}(f)} \, df + \int_{-\infty}^{\infty} |G(f)|^2 \, df \quad (9.131)$$

Comparando este resultado con el (9.12) correspondiente al filtro sin ligadura, vemos que la realizabilidad física ha introducido un error cuadrático adicional dado por

$$\int_{-\infty}^{\infty} |G(f)|^2 \, df$$

Así pues, la degradación del funcionamiento se evalúa fácilmente en función de la cantidad $h_2(t)$ del óptimo que se suprime en el truncamiento antes mencionado.

Ejemplo 9.8. *Señal facsímil aleatoria en ruido blanco:* Vamos a considerar como ejemplo el problema de la estimación continua de la señal con un retraso T; es decir, $\boldsymbol{\omega}(t) = \mathbf{x}(t - T)$ y $K_{\omega z}(f) = K_{xx}(f)e^{-i2\pi fT}$. Supongamos que la señal es un proceso facsímil aleatorio de varianza unidad (del que se ha restado su media) que está contaminado por un ruido blanco aditivo con media nula cuya densidad espectral es N_0 watt/Hz:

$$K_{xx}(f) = \frac{1}{\pi f_0} \frac{1}{1 + (f/f_0)^2}$$
$$K_{uu}(f) = N_0 \quad (9.132)$$

entonces

$$\begin{aligned} K_{zz}(f) &= K_{xx}(f) + K_{uu}(f) \\ &= N_0 \frac{(f/f_0)^2 + \alpha^2}{(f/f_0)^2 + 1} \end{aligned} \tag{9.133}$$

donde

$$\alpha^2 \triangleq \left(1 + \frac{1}{\pi f_0 N_0}\right)$$

El filtro preblanqueador realizable viene dado por

$$H_1(f) = \frac{1}{N_0^{\frac{1}{2}}} \left[\frac{j(f/f_0) + 1}{j(f/f_0) + \alpha}\right] \tag{9.134}$$

mientras que, según (9.125), $H_2(f)$ viene dado por

$$\begin{aligned} H_2(f) &= [H_1^*(f) K_{xx}(f) e^{-j2\pi fT}]^+ \\ &= \frac{1}{\pi f_0 N_0^{\frac{1}{2}}} \left\{\left[\frac{-j(f/f_0) + 1}{-j(f/f_0) + \alpha}\right]\left[\frac{e^{-j2\pi fT}}{1 + (f/f_0)^2}\right]\right\}^+ \\ &= \frac{1}{\pi f_0 N_0^{\frac{1}{2}}} \left\{\frac{e^{-j2\pi fT}}{[-j(f/f_0) + \alpha][j(f/f_0) + 1]}\right\}^+ \end{aligned} \tag{9.135}$$

La función de transferencia $H_2(f)$ puede determinarse desarrollando (9.135) en fracciones simples:

$$H_2(f) = \frac{1}{\pi f_0 N_0^{\frac{1}{2}}(1 + \alpha)} \left[\frac{e^{-j2\pi fT}}{-j(f/f_0) + \alpha} + \frac{e^{-j2\pi fT}}{j(f/f_0) + 1}\right]^+ \tag{9.136}$$

Como $[1 + j(f/f_0)]^{-1}$ es la transformada de Fourier de $2\pi f_0 w(t) e^{-2\pi f_0 t}$ y $[\alpha - j(f/f_0)]^{-1}$ es la transformada de Fourier de $2\pi f_0 w(-t) e^{2\pi\alpha f_0 t}$, la respuesta al impulso $h_2(t)$ viene dada por

$$\begin{aligned} h_2(t) &= 0 \quad \text{para } t < 0 \\ &= \frac{2}{N_0^{\frac{1}{2}}(1 + \alpha)} e^{2\pi\alpha f_0 (t-T)} \qquad \text{para } 0 \leqslant t < T \\ &= \frac{2}{N_0^{\frac{1}{2}}(1 + \alpha)} e^{-2\pi f_0 (t-T)} \qquad \text{para } t \geqslant T \end{aligned} \tag{9.137}$$

representada gráficamente en la figura 9.17.

En el caso de un filtro de retraso nulo, sólo se utiliza el segundo término de (9.136) y el filtro total es

$$H(f) = H_1(f)H_2(f) = \frac{1}{\pi f_0 N_0(1+\alpha)}\left[\frac{1}{j(f/f_0)+\alpha}\right] \tag{9.138}$$

que no es más que un filtro *RC* pasa-baja simple con punto de — 3 db en $f = \alpha f_0$. Sin embargo, con retraso nulo el filtro óptimo no es tan fácil de realizar y se precisará de una aproximación que lleve consigo muchos elementos de circuito.

Para evaluar el error cuadrático con el filtro realizable óptimo, evaluaremos el error del filtro no sometido a ligaduras, a veces llamado error inmutable,[2] y sumaremos el cuadrado de la norma $L^2(-\infty, \infty)$ de la parte de $h_2(t)$ suprimida por truncamiento como se indica en (9.131). De (9.137) vemos que

$$g(t) = \frac{2}{N_0^{\frac{1}{2}}(1+\alpha)}\, e^{2\pi\alpha f_0(t-T)} \qquad \text{para } t < 0$$

Luego

$$\int_{-\infty}^{\infty} |G(f)|^2\, df = \int_{-\infty}^{0} g^2(t)\, dt$$
$$= \frac{4}{N_0(1+\alpha)^2}\int_{-\infty}^{0} e^{4\pi\alpha f_0(t-T)}\, dt$$
$$= \frac{e^{-4\pi\alpha f_0 T}}{\pi f_0 N_0 \alpha(1+\alpha)^2} = \frac{1}{\alpha}\left(\frac{\alpha-1}{\alpha+1}\right)e^{-4\pi\alpha f_0 T} \tag{9.139}$$

Por último,

$$I_{\min} = \frac{1}{\pi f_0}\int_{-\infty}^{\infty}\frac{df}{(f/f_0)^2+\alpha^2} + \frac{1}{\alpha}\left(\frac{\alpha-1}{\alpha+1}\right)e^{-4\pi\alpha f_0 T}$$
$$= \frac{1}{\alpha}\left[1 + \left(\frac{\alpha-1}{\alpha+1}\right)e^{-4\pi\alpha f_0 T}\right] \tag{9.140}$$

donde

$$\alpha \triangleq \left(1 + \frac{1}{\pi f_0 N_0}\right)^{\frac{1}{2}}$$

Está claro que el filtro realizable de retraso infinito se adapta al funcionamiento del filtro óptimo sin ligaduras. Para un ruido aditivo de bajo nivel (α grande), el filtro de retraso nulo resulta unos 3 db más pobre que el filtro de retraso infinito; no obstante, sólo se requieren retrasos relativamente pequeños para aproximarse al funcionamiento óptimo. Con un nivel de ruido ele-

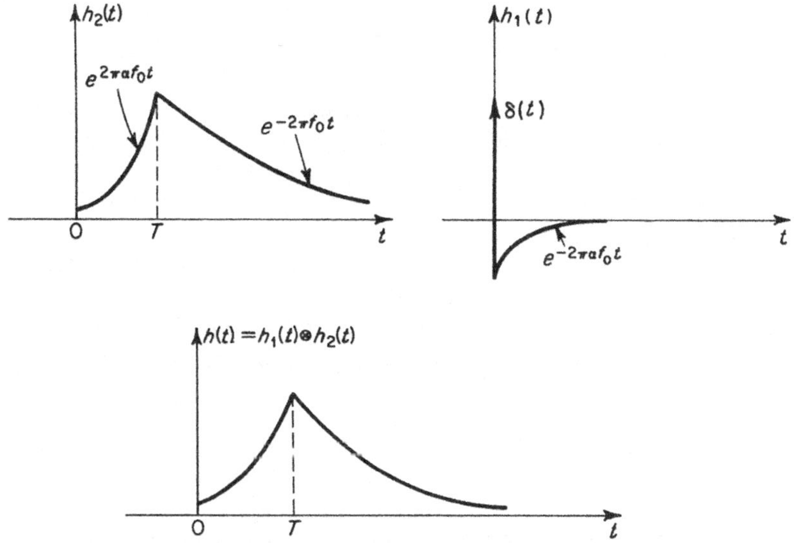

Figura 9.17. Respuesta al impulso de filtro realizable óptimo

vado (α próximo a la unidad) la diferencia entre funcionamiento con retraso nulo y con retraso infinito resulta ser pequeña y para aproximarse al funcionamiento óptimo se precisan retrasos relativamente largos. En la figura 9.18 se indica este comportamiento. ■

La característica de funcionamiento casi óptimo con grandes retrasos es común a la mayoría de problemas de filtrado, ya que en tal caso el truncamiento de $h_2(t)$ suele ser una modificación secundaria de la respuesta del filtro. Esto justifica el estudio de problemas de filtrado más sencillos sin la ligadura de la realizabilidad física, ya que la inclusión de un tiempo de retardo moderado no tiene, a menudo, efecto sobre el funcionamiento del sistema. Por ejemplo, en muchos canales de comunicación, el retraso temporal que se necesita para apro-

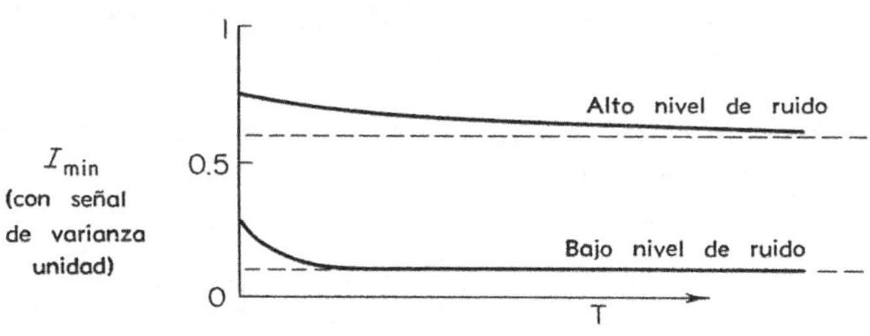

Figura 9.18. Funcionamiento de filtros realizables con diversos retrasos

ximarse mucho al filtro óptimo puede ser muy pequeño frente al tiempo de tránsito de señales por el canal. Un método muy empleado para la aproximación de filtros óptimos en este caso consiste en diseñar independientemente un filtro físicamente realizable cuya magnitud se aproxime a la de la característica óptima. Luego se pone este filtro en cascada con una serie de filtros pasa-todo con una rotación de fase diseñada para aproximar la diferencia entre la fase deseada y la fase del filtro formador de la magnitud dentro de una cierta componente de fase lineal (retardo constante). Sin embargo, en los sistemas que llevan consigo cierta forma de realimentación de señal, suele ser importante de manera crítica limitar el retardo de tiempo introducido por las operaciones de filtrado. En estos casos resulta esencial que la ligadura impuesta a la realizabilidad física se incorpore originalmente al problema de optimización.

Filtro realizable físicamente con ligadura ganancia-anchura de banda

El método del preblanqueado resulta también útil en los problemas en los que se imponen ligaduras de realizabilidad adicionales. Por ejemplo, consideremos la ligadura del producto ganancia-anchura de banda estudiada en el ejemplo 9.1. Suponiendo z y $\boldsymbol{\omega}$ conjuntamente estacionarias, hagamos mínimo I, (9.3), sometido a las ligaduras de realizabilidad

$$h(t) = w(t)h(t) \tag{9.141a}$$

$$I_1 = \int_{-\infty}^{\infty} |H(f)|^2 \, df = \int_{-\infty}^{\infty} h^2(t) \, dt = \text{constante} \tag{9.141b}$$

Incorporando directamente (9.141a) y (9.141b) por el método de los multiplicadores de Lagrange, para un punto estacionario de $I + \lambda I_1$, exigimos

$$\int_0^{\infty} h(\tau)k_{zz}(t - \tau) \, d\tau + \lambda h(t) = k_{\omega z}(t) \quad \text{para } t \geqslant 0 \tag{9.142}$$

Esta ecuación se resuelve utilizando un *pseudo preblanqueador* $H_1(f)$, como se indica en la figura 9.19, donde

$$|H_1(f)|^2 = \frac{1}{K_{zz}(f) + \lambda} \triangleq L(f) \tag{9.143}$$

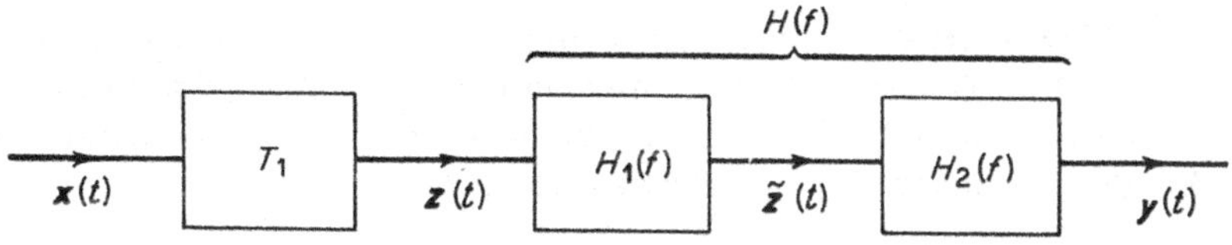

$$|H_1(f)|^2 = \frac{1}{K_{zz}(f) + \lambda}$$

Figura 9.19. Filtrado óptimo con realizabilidad física y ligaduras ganancia-anchura de banda

El problema estriba ahora en hallar una $h_2(t)$ que haga mínimo I sometido a

$$h_2(t) = w(t)h_2(t) \tag{9.144a}$$

$$I_1 = \int_{-\infty}^{\infty} L(f)\,|H_2(f)|^2\,df$$

$$= \int\int_{\infty}^{-\infty} \ell(t-\tau)h_2(\tau)h_2(t)\,dt\,d\tau = \text{constante} \tag{9.144b}$$

La condición para un punto estacionario de $I + \lambda I_1$ respecto a $h_2(t)$ resulta ser

$$\int_0^{\infty} h_2(\tau)k_{\tilde{z}\tilde{z}}(t-\tau)\,d\tau + \lambda\int_0^{\infty} \ell(t-\tau)h_2(\tau)\,d\tau = k_{\omega\tilde{z}}(t) \qquad \text{para} \geqslant 0 \tag{9.145}$$

Puesto que

$$K_{\tilde{z}\tilde{z}}(f) + \lambda L(f) = |H_1(f)|^2 K_{zz}(f) + \lambda\,|H_1(f)|^2 = 1$$

entonces $k_{\tilde{z}\tilde{z}}(t-\tau) + \lambda\ell(t-\tau) = \delta(t-\tau)$ y la solución de (9.145) será simplemente

$$h_2(t) = w(t)k_{\omega\tilde{z}}(t) \tag{9.146}$$

y el filtro óptimo total tendrá una función de transferencia dada por

$$H(f) = H_1(f)H_2(f) = \frac{1}{K_\lambda(f)}\left[\frac{K_{\omega z}(f)}{K_\lambda^*(f)}\right]^+ \tag{9.147}$$

donde $|K_\lambda(f)|^2 = K_{zz}(f) + \lambda$ indica el proceso de factorización del espectro descrito por (9.126). Tomando λ suficientemente grande, se podrá lograr la ligadura ganancia-anchura de banda (9.141b) para un valor de I_1 arbitrariamente prefijado. Para demostrarlo, observemos que

$$\begin{aligned} I_1 &= \int_{-\infty}^{\infty} |H(f)|^2\, df = \int_{-\infty}^{\infty} \left|\frac{1}{K_\lambda(f)}\right|^2 \left|\left[\frac{K_{\omega z}(f)}{K_\lambda^*(f)}\right]^+\right|^2 df \\ &\leqslant \frac{1}{\lambda}\int_{-\infty}^{\infty} \left|\left[\frac{K_{\omega z}(f)}{K_\lambda^*(f)}\right]^+\right|^2 df \leqslant \frac{1}{\lambda}\int_{-\infty}^{\infty} \frac{|K_{\omega z}(f)|^2}{|K_\lambda(f)|^2}\, df \\ &\leqslant \frac{1}{\lambda}\int_{-\infty}^{\infty} \frac{|K_{\omega z}(f)|^2}{K_{zz}(f)}\, df \leqslant \frac{1}{\lambda}\int_{-\infty}^{\infty} K_{\omega\omega}(f)\, df \\ &= \frac{1}{\lambda} k_{\omega\omega}(0) = \frac{1}{\lambda} E[\boldsymbol{\omega}^2] \end{aligned} \tag{9.148}$$

Por tanto, si $E[\boldsymbol{\omega}^2]$ es finito, I_1 estará acotado por un número que puede hacerse arbitrariamente pequeño tomando λ suficientemente grande.

Filtro adaptado realizable físicamente

A fin de ilustrar una vez más la versatilidad del método del preblanqueado, reconsideremos el problema del filtro adaptado sometido a la ligadura de la realizabilidad física. En este caso, la señal recibida no es un proceso aleatorio estacionario, ya que la señal tiene una forma determinista $r(t)$ con un factor de escala aleatorio $\mathbf{a}$ que ha de ser estimado en el instante $t = t_0$ por la salida de un filtro invariante en el tiempo. Incorporando la ligadura de la realizabilidad física, la condición necesaria impuesta a $h(t)$ se modifica, dando

$$\int_{-\infty}^{t_0} h(t_0 - \sigma)[\overline{\mathbf{a}^2} r(s) r(\sigma) + k_{uu}(s - \sigma)]\, d\sigma = \overline{\mathbf{a}^2} r(s) \quad \text{para } t_0 \geqslant s \tag{9.149}$$

Consideremos primeramente el caso en que el ruido aditivo $\mathbf{u}$ sea blanco, $k_{uu}(s - \sigma) = N_0\, \delta(s - \sigma)$, y la solución de (9.149) será

$$N_0 h(t_0 - s) = \overline{\mathbf{a}^2} r(s)\left[1 - \int_{-\infty}^{t_0} h(t_0 - \sigma) r(\sigma)\, d\sigma\right] \quad \text{para } t_0 \geqslant s$$

o, por cambio de variables,

$$h(t) = \alpha w(t) r(t_0 - t) \tag{9.150}$$

Comparando esto con (9.73), correspondiente al caso del ruido blanco, vemos que $h(t)$ no es más que una versión truncada de la respuesta al impulso del filtro óptimo sin ligaduras. Es más, si fuese t_0 suficientemente grande de manera que $r(t) = 0$ para $t > t_0$, el truncamiento no tendría efecto. Dicho de otro modo, si le dejamos al filtro tiempo suficiente para «ver» todo el pulso de señal, el filtro óptimo no ligado será realizable físicamente.

En el caso en que el ruido aditivo tenga densidad espectral arbitraria, emplearemos un filtro $H_1(f)$ de ruido blanco realizable físicamente, como el indicado en la figura 9.20, donde

$$|H_1(f)|^2 = \frac{1}{K_{uu}(f)} \tag{9.151}$$

Pasemos a hallar la $h_2(t)$ realizable físicamente que haga mínimo $I = E[\{\mathbf{y}(t_0) - \mathbf{a}\}^2]$:

$$\begin{aligned} \tilde{\mathbf{z}}(t) &= \mathbf{a}\int_0^\infty h_1(\tau) r(t-\tau)\, d\tau + \tilde{\mathbf{u}}(t) \\ &= \mathbf{a}q(t) + \tilde{\mathbf{u}}(t) \end{aligned} \tag{9.152}$$

Luego

$$\begin{aligned} k_{\tilde{z}\tilde{z}}(s, \sigma) &= E[\mathbf{a}^2 q(s) q(\sigma)] + k_{\tilde{u}\tilde{u}}(s-\sigma) \\ &= \overline{\mathbf{a}^2} q(s) q(\sigma) + \delta(s-\sigma) \end{aligned}$$

y (9.153)

$$\begin{aligned} k_{\tilde{z}w}(s, t_0) &= E[\{\mathbf{a}q(s) + \tilde{u}(s)\}\mathbf{a}] \\ &= \overline{\mathbf{a}^2} q(s) \end{aligned}$$

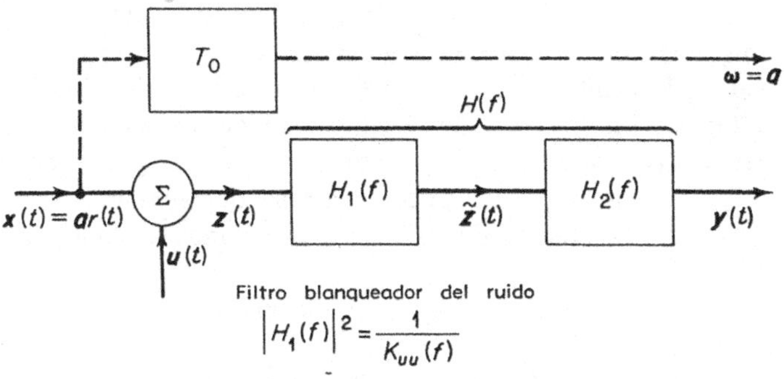

Figura 9.20. Filtro adaptado realizable físicamente

Utilizando (9.149) para la condición equivalente impuesta a $h_2(t)$, hallamos

$$\int_{-\infty}^{t_0} h_2(t_0 - \sigma)[\overline{\mathbf{a}^2}q(s)q(\sigma) + \delta(s - \sigma)]\, d\sigma = \overline{\mathbf{a}^2}q(s) \qquad \text{para } t_0 \geqslant s$$

Luego

$$h(t_0 - s) = \overline{\mathbf{a}^2}q(s)\left[1 - \int_{-\infty}^{t_0} h_2(t_0 - \sigma)q(\sigma)\, d\sigma\right] \qquad \text{para } t_0 \geqslant s$$

o sea

$$h_2(t) = \alpha w(t) q(t_0 - t) \tag{9.154}$$

Utilizando una factorización de espectro $K_{uu}(f) = K(f)K^*(f)$ tal que sea realizable físicamente $K^{-1}(f)$, la función de transferencia total del filtro adaptado realizable será

$$H(f) = H_1(f)H_2(f) = \frac{1}{K(f)}\left[\frac{R^*(f)e^{-j2\pi f t_0}}{K^*(f)}\right]^+ \tag{9.155}$$

Ligadura de la memoria finita

Como comentario final acerca de las condiciones de realizabilidad, mencionemos la ligadura del tiempo de memoria finito para operaciones de filtrado. La memoria finita, junto con la realizabilidad física, implica que $h(t, s) = 0$ para $t < s$ y $t > s + T$, donde a T se le denomina *tiempo de memoria* del filtro. La ligadura de la memoria finita es importante en casos en los que la estimación lineal, en vez de instrumentarse mediante un filtro invariante en el tiempo, la realiza un dispositivo multiplicador-integrador en el cual se integra el producto de la señal incidente por una señal de referencia almacenada para formar la estimación del parámetro de señal. Las limitaciones prácticas a la duración de la señal de referencia son equivalentes a las limitaciones impuestas al tiempo de memoria de la instrumentación del filtro. Análogamente, en los casos en los cuales hay que instrumentar las operaciones de filtrado con una calculadora digital, las limitaciones de la capacidad de almacenamiento de ésta son equivalentes a las limitaciones del tiempo de memoria. La incorporación de la ligadura de la memoria finita puede tratarse de igual manera que la ligadura de la realizabilidad física. En este caso prefijamos la condición auxiliar

$$h(t, s) = w_1(t - s)h(t, s) \tag{9.156}$$

donde

$$w_1(t) = 1 \quad \text{para } 0 \leqslant t \leqslant T$$
$$= 0 \text{ en caso contrario}$$

El error cuadrático con esta ligadura viene dado por (9.119) con w sustituida por w_1 y el filtro óptimo debe satisfacer la condición

$$\int_{t-T}^{t} h(t, \sigma) k_{zz}(s, \sigma)\, d\sigma = k_{z\omega}(s, t) \quad \text{para } s \leqslant t \leqslant s + T \qquad (9.157)$$

Los diversos procedimientos de solución de la ecuación de Wiener-Hopf son aplicables a (9.157) con modificaciones secundarias. Varios autores[12],[13],[17],[19] describen métodos de solución de ecuaciones de este tipo, particularmente en el caso estacionario en sentido amplio, en donde $K_{zz}(f)$ y $K_{\omega z}(f)$ son racionales.

REFERENCIAS

1. A. Papoulis, *Probability, Random Variables and Stochastic Processes,* McGraw-Hill, 1965.
2. J. P. Costas, "Coding with Linear Systems", *Proc. IRE,* Vol. 40, pp. 1101-103 (septiembre, 1952).
3. R. E. Maurer, "The Optimal Equalization of Random Channels", Communication Theory Group Report n.° 9, Northeastern University, junio, 1968.
4. J. H. Van Vleck y D. Middleton, "A Theoretical Comparison of the Visual, Aural, and Meter Reception of Pulsed Signals in the Presence of Noise", *Jour. Appl. Phys.,* Vol. 17, pp. 940-71 (noviembre, 1946).
5. B. M. Dwork, "Detection of a Pulse Superimposed on Fluctuation Noise", *Proc. IRE,* Vol. 38, pp. 771-74 (julio, 1950).
6. G. L. Turin, "An Introduction to Matched Filters", *IRE Trans. on Information Theory,* Vol. IT-6, pp. 311-29 (junio, 1960).
7. D. W. Tufts, "Nyquist's Problem - The Joint Optimization of Transmitter and Receiver in Pulse Amplitude Modulation", *Proc. IEEE,* Vol. 53, pp. 248-59 (marzo, 1965).
8. M. R. Aaron y D. W. Tufts, "Intersymbol Interference and Error Probability", *IEEE Trans. on Information Theory,* Vol. IT-12, pp. 26-34 (enero, 1966).
9. R. W. Lucky, "Automatic Equalization for Digital Communication", *Bell Sys. Tech. Jour.,* Vol. 44, pp. 547-88 (abril, 1965).
10. R. W. Lucky, "Techniques for Adaptive Equalization of Digital Communication Systems", *Bell. Sys. Tech. Jour.,* Vol. 45, pp. 225-86 (febrero, 1966).
11. Y. W. Lee, *Statistical Theory of Communication,* John Wiley & Sons, 1960.
12. J. H. Laning, jr., y R. H. Battin, *Random Processes in Automatic Control,* McGraw-Hill, 1956.

13. W. B. Davenport, jr., y W. L. Root, *An Introduction to the Theory of Random Signals and Noise,* McGraw-Hill, 1958.

14. D. Middleton, *An Introduction to Statistical Communication Theory,* McGraw-Hill, 1960.

15. H. L. Van Trees, *Detection, Estimation, and Modulation Theory,* Part. I, John Wiley & Sons, 1968.

16. H. W. Bode y C. E. Shannon, "A Simplifies Derivation of Linear Least Square Smoothing and Prediction Theory", *Proc. IRE,* Vol. 38, pp. 417-25 (abril, 1950).

17. S. Darlington, "Linear Least-Squares Smoothing and Prediction, with Applications", *Bell Sys. Tech. Jour,* Vol. 37, pp. 1221-94 (septiembre, 1958).

18 A. Papoulis, *The Fourier Integral and Its Applications,* McGraw-Hill, 1962.

19 L. A. Zadeh y J. R. Ragazzini, "Optimum Filters for the Detection of Signals in Noise", *Proc. IRE,* Vol. 40, pp. 1223-31 (octubre, 1952).

Detección de la señal

10

10.1 Introducción

En este capítulo vamos a considerar otro tipo de operación de proceso de la señal en donde juegan un papel especialmente importante los conceptos correspondientes al espacio de señales. La teoría de la detección de la señal también toca problemas de estimación de los parámetros de señal, pero desde un punto de vista diferente del descrito en el capítulo 9. Los problemas del filtrado óptimo se formulaban en el capítulo 9 con referencia a un criterio de error cuadrático mínimo. En muchas aplicaciones, particularmente cuando los parámetros de la señal forman un conjunto finito, podrá tener una importancia práctica mucho mayor un tipo de criterio de *probabilidad de error*. Consideremos, por ejemplo, un sistema de transmisión de información que utilice un alfabeto m-ario.[1],[2] En este sistema, el transmisor sólo produce una de las m señales posibles del conjunto $\{s_i(t);\ i = 1, 2, \ldots, m\}$. Supongamos que se transmite la señal por un canal que introduzca una perturbación aleatoria en forma de proceso de ruido aditivo $\mathbf{u}$. El receptor debe decidir, basándose en observaciones de *una realización particular* de la salida del canal $y(t) = s_i(t) + u(t)$, cuál de las m señales es más probable que esté presente. Este problema, y los problemas de detección análogos, los podemos encajar en un contexto de estimación de parámetros expresando la señal en función de dos variables reales, $s = s(t, \theta)$. En este ejemplo, pues, $s_i(t) = s(t, \theta_i);\ i = 1, 2, \ldots, m$ ($\theta_i \neq \theta_j$ para $i \neq j$). En respuesta a la señal particular $y(t) = s_i(t) + u(t)$, el receptor da una estimación $\hat{\theta}$ del valor verdadero θ del parámetro. Si se conocen las estadísticas del ruido, el receptor podrá calcular las m probabilidades *a posteriori* [probabilidades condicionadas a la señal recibida $y(t)$], $\Pr[\theta = \theta_i \mid y(t)]$; $i = 1, 2, \ldots, m$. La decisión $[\hat{\theta} = \theta_k]$ puede basarse en la relación

$$\Pr[\theta = \theta_k \mid y(t)] \geqslant \Pr[\theta = \theta_i \mid y(t)]; \qquad i = 1, 2, \ldots, m \quad (10.1)$$

Este receptor, además de elegir el valor más probable del parámetro, también puede calcular la certeza relativa de su decisión; es decir, puede calcular la probabilidad de equivocar el verdadero valor del parámetro para cualquiera de sus restantes $m - 1$ valores. Estos resultados tan netos quedarían enmascarados al considerar solamente el error cuadrático $E[(\boldsymbol{\theta} - \hat{\boldsymbol{\theta}})^2]$. Sin embargo, puede muy bien resultar que este receptor, (10.1), sea también el que haga mínimo al error cuadrático.[2] En los problemas de filtrado óptimo considerados anteriormente, sólo necesitábamos ciertas medias estadísticas, media y correlación, de los procesos de señal y ruido para llegar a un receptor de error cuadrático mínimo. El precio que pagamos para diseñar un receptor de mínima probabilidad de error es que necesitamos una información estadística más completa acerca de los procesos de señal y de ruido. El diseño del receptor se basará en representaciones de los procesos mediante funciones densidad de probabilidad.

En algunos casos, convendrá tentar la estrategia de decisión del receptor de acuerdo con probabilidades $\Pr[\theta_i]$ de la señal transmitida conocidas *a priori* o de acuerdo con la asignación de costes desiguales a diferentes tipos de errores. En tales casos, el receptor podrá no elegir el valor más probable del parámetro de la señal, si bien la estrategia de decisión seguirá basándose en el cálculo de las probabilidades *a posteriori* $\Pr[\theta_i \mid y(t)]$. En los dos apartados que siguen presentaremos métodos sistemáticos para la formulación de la estrategia del receptor que tienen en cuenta estas consideraciones. Para simplificar el estudio, sólo consideraremos el caso binario, en el cual el parámetro de la señal toma uno de dos valores posibles. La extensión de los métodos a casos en los que el número de valores posibles sea mayor, es inmediata. A continuación, aplicaremos dichos métodos a ciertos problemas clásicos de detección de la señal, obteniendo resultados fácilmente interpretables suponiendo que las señales se hallan perturbadas por un proceso de ruido gaussiano aditivo. Afortunadamente, estos resultados más restrictivos tienen una importancia práctica considerable porque, en muchos sistemas físicos, la interferencia tiende a ser aditiva y de naturaleza fuertemente gaussiana. En § 10.2 y § 10.3 se da un breve resumen de algunos conceptos de la teoría de la decisión estadística a fin de proporcionar una base a las aplicaciones que sigan. Para un tratado mucho más detallado, desde el punto de vista de la detección de la señal, el lector puede consultar las Referencias [2] y [5].

10.2 *Contrastes de razón de verosimilitudes*

En el problema de la detección de una señal binaria, queremos decidir, basándonos en medidas del receptor, cuál de las dos hipótesis H_0 o H_1 es verdad:

$$\begin{aligned} H_0 &: \text{ la señal } s_0(t) \text{ está presente} \\ H_1 &: \text{ la señal } s_1(t) \text{ está presente} \end{aligned} \tag{10.2}$$

Atendiendo a la estimación paramétrica, podemos hacer

$$s(t, \theta) = (1 - \theta)s_0(t) + \theta s_1(t) \tag{10.3}$$

y el receptor debe decidir, basándose en los datos recibidos, si el verdadero valor del parámetro θ es igual a cero o a uno. En muchos casos, por ejemplo en radar, es adecuado hacer $s_0(t) = 0$, con lo que la hipótesis H_0 será "no hay señal presente". Gran parte de la notación empleada surge de esta situación, si bien nuestra generalización a dos señales posibles no presente dificultad alguna. Para cada decisión hay cuatro resultados posibles. Los indicamos en la tabla siguiente:

Decisión \ Estado real	H_0 es verdad	H_1 es verdad
Aceptar H_0	correcta	Error de 2.º tipo (ausencia)
Aceptar H_1	Error de 1.er tipo (falsa alarma)	correcta

Como las pérdidas asociadas a cometer uno u otro de los dos tipos de error pueden ser muy diferentes, asignaremos *costes* C_f y C_m a los errores de 1.º y 2.º tipo, respectivamente. Podemos ahora basar la estrategia de decisión en los valores de las probabilidades *a posteriori* $\Pr[H_0 \mid \mathbf{y}]$ y $\Pr[H_1 \mid \mathbf{y}]$ ponderadas por estos costes: [1]

$$\begin{aligned} C(H_0 \mid \mathbf{y}) &= C_m \Pr[H_1 \mid \mathbf{y}] \\ C(H_1 \mid \mathbf{y}) &= C_f \Pr[H_0 \mid \mathbf{y}] \end{aligned} \tag{10.3}$$

[1] Utilizaremos **y** para representar $y(t)$ como elemento del espacio de funciones del tiempo ($L^2(T)$ en aplicaciones posteriores). En este capítulo, **y** no deberá interpretarse como proceso estocástico, sino como *realización particular* de un proceso estocástico.

Las cantidades $C(H_0 \mid \mathbf{y})$ y $C(H_1 \mid \mathbf{y})$ son los *riesgos a posteriori* asociados a una decisión particular; es decir, $C(H_0 \mid \mathbf{y})$ es el riesgo asociado a tomar la decisión de que H_0 es cierta basándose en la señal recibida **y**. Un receptor que siempre seleccione las hipótesis que den el menor riesgo *a posteriori* se denomina *receptor de Bayes*. Vamos a demostrar que el receptor de Bayes proporciona el mínimo riesgo medio [promediado sobre el conjunto de señales recibidas (10.14)].

Para evaluar el funcionamiento del receptor de Bayes, deberemos poder relacionar probabilidades *a posteriori* con las características del transmisor (probabilidades *a priori)* y con las características del canal (probabilidades asociadas a las perturbaciones aleatorias). Para ello, utilizaremos conceptos inherentes a los espacios de señales. Consideremos un espacio de señales S que contenga todas las señales recibidas posibles y una partición [v. (1.9)] de S en muchos subconjuntos pequeños $\{S_i;\ i = 1, 2, \dots\}$. Aplicando ahora la *regla de Bayes* para los sucesos que se excluyen mutuamente,[3] podemos escribir

$$\Pr[H_0 \mid \mathbf{y} \in S_i] = \frac{q \Pr[\mathbf{y} \in S_i \mid H_0]}{p \Pr[\mathbf{y} \in S_i \mid H_1] + q \Pr[\mathbf{y} \in S_i \mid H_0]}$$

y

$$\Pr[H_1 \mid \mathbf{y} \in S_i] = \frac{p \Pr[\mathbf{y} \in S_i \mid H_1]}{p \Pr[\mathbf{y} \in S_i \mid H_1] + q \Pr[\mathbf{y} \in S_i \mid H_0]} \tag{10.4}$$

donde

$$\begin{aligned} p &= \Pr[H_1] \\ q &= \Pr[H_0] = 1 - p \end{aligned} \tag{10.5}$$

son las probabilidades *a priori* de las dos hipótesis. Podemos expresar simbólicamente las probabilidades condicionales $\Pr[\mathbf{y} \in S_i \mid H_0]$ y $\Pr[\mathbf{y} \in S_i \mid H_1]$ mediante las dos funciones de densidad $\ell(\boldsymbol{\sigma} \mid H_0)$ y $\ell(\boldsymbol{\sigma} \mid H_1)$ en la forma

$$\begin{aligned} \Pr[\mathbf{y} \in S_i \mid H_0] &= \int_{S_i} \ell(\boldsymbol{\sigma} \mid H_0)\, d\boldsymbol{\sigma} \\ \Pr[\mathbf{y} \in S_i \mid H_1] &= \int_{S_i} \ell(\boldsymbol{\sigma} \mid H_1)\, d\boldsymbol{\sigma} \end{aligned} \tag{10.6}$$

Si es S un espacio real n-dimensional, las integrales (10.6) representarán integrales de volumen n-dimensionales convencionales y $\ell(\boldsymbol{\sigma} \mid H_0)$ y $\ell(\boldsymbol{\sigma} \mid H_1)$ serán simplemente densidades de probabilidad conjuntas de orden n. A estas funciones se las denomina *funciones de verosimilitud* y proporcionan la caracterización necesaria del canal (son independientes de las probabilidades *a priori).*

Si efectuamos la partición de S de manera que las regiones puedan hacerse infinitamente pequeñas, las probabilidades *a posteriori* y las funciones de verosimilitud podrán considerarse esencialmente constantes sobre cada región y podremos escribir (10.4) en función de puntos de S individuales en vez de en función de subconjuntos:

$$\Pr[H_0 \mid \mathbf{y}] = \frac{q\ell(\mathbf{y} \mid H_0)}{p\ell(\mathbf{y} \mid H_1) + q\ell(\mathbf{y} \mid H_0)} \tag{10.7}$$

$$\Pr[H_1 \mid \mathbf{y}] = \frac{p\ell(\mathbf{y} \mid H_1)}{p\ell(\mathbf{y} \mid H_1) + q\ell(\mathbf{y} \mid H_0)} \tag{10.8}$$

Combinando (10.3) con (10.7) y (10.8), vemos que la razón de riesgos *a posteriori* es proporcional a la razón de funciones de verosimilitud:

$$\frac{C(H_0 \mid \mathbf{y})}{C(H_1 \mid \mathbf{y})} = \frac{pC_m\ell(\mathbf{y} \mid H_1)}{qC_f\ell(\mathbf{y} \mid H_0)} \triangleq \left[\frac{pC_m}{qC_f}\right]\lambda(\mathbf{y}) \tag{10.9}$$

donde a $\lambda(\mathbf{y})$ se le llama *razón de verosimilitudes* del canal. El receptor de Bayes acepta H_0 siempre que la razón total de (10.9) sea inferior a la unidad. (La ambigüedad de la situación en la que los riesgos sean iguales carece de importancia práctica, ya que en las aplicaciones corrientes esta situación ocurre con probabilidad nula). Esta estrategia equivale a aceptar H_0 siempre que la razón de verosimilitudes esté por debajo de un valor umbral λ_0 dado por

$$\lambda_0 = \frac{qC_f}{pC_m} \tag{10.10}$$

La relación $\lambda(\mathbf{y}) = \lambda_0$ define una superficie en el espacio de señales que realiza la partición de éste en dos subconjuntos R_0 y R_1 tales que

$$\begin{aligned} \lambda(\mathbf{y}) &< \lambda_0 \quad \text{para } \mathbf{y} \in R_0 \\ \lambda(\mathbf{y}) &> \lambda_0 \quad \text{para } \mathbf{y} \in R_1 \end{aligned} \tag{10.11}$$

En resumen, el receptor de Bayes calcula el valor de la razón de verosimilitudes de la señal recibida y la compara con un valor umbral determinado por costes asignados y probabilidades *a priori.* Aceptará entonces H_0 si la razón de verosimilitudes se halla por debajo del umbral y en caso contrario aceptaría H_1. En la figura 10.1 se ha intentado representar esto gráficamente.

Si la perturbación del canal es suficiente para hacer que la señal transmitida $s_0(t)$ aparezca en el receptor en la región R_1, se producirá un error de pri-

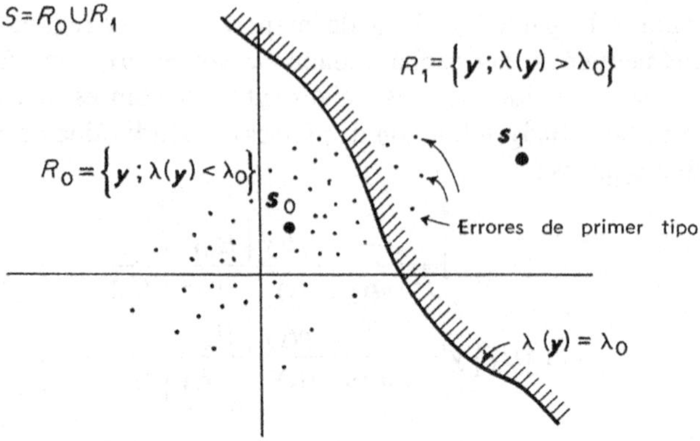

Figura 10.1. Representación en el espacio de señales de contrastes de razón de verosimilitudes. Los puntos que se agrupan en torno a s_0 representan realizaciones diversas de la señal recibida cuando se transmite s_0. Los puntos a la derecha del límite de la decisión dan lugar a errores de primer tipo

mer tipo. Para caracterizar el funcionamiento del canal, representemos por P_f la probabilidad de un error de primer tipo, dado que sea verdad H_0. Utilizando (10.6), podremos expresar P_f por medio de una de las funciones de verosimilitud:

$$P_f = \int_{R_1} \ell(\boldsymbol{\sigma} \mid H_0)\, d\boldsymbol{\sigma} \tag{10.12}$$

Análogamente, representemos por P_m la probabilidad de un error de segundo tipo, dado que sea verdad H_1,

$$P_m = \int_{R_0} \ell(\boldsymbol{\sigma} \mid H_1)\, d\boldsymbol{\sigma} \tag{10.13}$$

Teniendo en cuenta las probabilidades *a priori* y los costes asignados, podemos definir un *riesgo medio* $\bar{C}$ en la forma

$$\bar{C} = pC_m P_m + qC_f P_f \tag{10.14}$$

El riesgo medio es diferente para diferentes elecciones de las regiones de decisión R_0 y R_1 a causa de que P_m y P_f dependen de R_0 y R_1. Parece intuitivamente evidente que el receptor de Bayes, que siempre decide basándose en un mínimo riesgo *a posteriori*, debería dar el mínimo riesgo medio. Para demostrarlo, podemos elegir una estrategia arbitraria representada por regiones de decisión

R_0' y R_1' ($S = R_0' \cup R_1'$; $R_0' \cap R_1' = \emptyset$) y comparar el riesgo medio resultante $\overline{C}'$ con el $\overline{C}_B$ para las regiones de Bayes dadas por (10.11).

$$\bar{C}' - \bar{C}_B = pC_m\left[\int_{R_0'} \ell(\boldsymbol{\sigma} \mid H_1)\, d\boldsymbol{\sigma} - \int_{R_0} \ell(\boldsymbol{\sigma} \mid H_1)\, d\boldsymbol{\sigma}\right] + qC_f\left[\int_{R_1'} \ell(\boldsymbol{\sigma} \mid H_0)\, d\boldsymbol{\sigma} - \int_{R_1} \ell(\boldsymbol{\sigma} \mid H_0)\, d\boldsymbol{\sigma}\right]$$

Restando las regiones comunes de integración (v. fig. 10.2), tenemos

$$\bar{C}' - \bar{C}_B = pC_m\left[\int_{R_0' \cap R_1} \ell(\boldsymbol{\sigma} \mid H_1)\, d\boldsymbol{\sigma} - \int_{R_0 \cap R_1'} \ell(\boldsymbol{\sigma} \mid H_1)\, d\boldsymbol{\sigma}\right] + qC_f\left[\int_{R_1' \cap R_0} \ell(\boldsymbol{\sigma} \mid H_0)\, d\boldsymbol{\sigma} - \int_{R_1 \cap R_0'} \ell(\boldsymbol{\sigma} \mid H_0)\, d\boldsymbol{\sigma}\right] \quad (10.15)$$

Reagrupando términos en (10.15), tenemos

$$\bar{C}' - \bar{C}_B = \int_{R_0' \cap R_1} \{pC_m \ell(\boldsymbol{\sigma} \mid H_1) - qC_f \ell(\boldsymbol{\sigma} \mid H_0)\}\, d\boldsymbol{\sigma} + \int_{R_1' \cap R_0} \{qC_f \ell(\boldsymbol{\sigma} \mid H_0) - pC_m \ell(\boldsymbol{\sigma} \mid H_1)\}\, d\boldsymbol{\sigma} \quad (10.16)$$

De la definición (10.11) de R_0 y R_1, resulta que los integrandos de (10.16) son siempre positivos en la región de integración; luego

$$\bar{C}' - \bar{C}_B \geqslant 0 \quad (10.17)$$

y $\overline{C}_B$ es el mínimo riesgo medio.

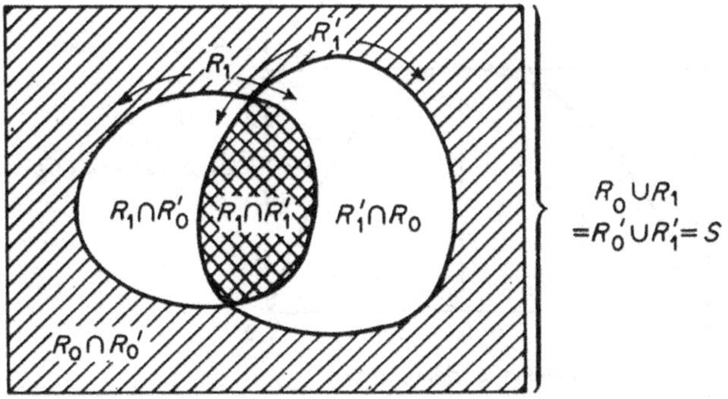

Figura 10.2. Identificación del solapamiento de regiones de decisión para dos estrategias de decisión diferentes

Algunos casos particulares del receptor de Bayes revisten un interés especial. Si asignamos costes iguales de manera que $C_m = C_f = 1$, la $\overline{C}$ de (10.14) será simplemente la probabilidad de error total. En este caso, $\lambda_0 = q/p$ y se dice que el receptor es el *observador ideal.* Si, además, se suponen equiprobables las dos hipótesis, será $\lambda_0 = 1$ y el receptor será un receptor de *máxima verosimilitud.* En la figura 10.3 puede verse una forma típica de la dependencia entre el riesgo de Bayes $\overline{C}_B$ y la probabilidad *a priori* p. Para cada valor de p se requiere una λ_0 diferente. Interesa examinar cómo depende de p el riesgo medio cuando se utiliza una estrategia fija (un valor particular de λ_0). En este caso, P_m y P_f son fijas y

$$\begin{aligned} \bar{C} &= pC_m P_m + (1-p)C_f P_f \\ &= \{C_m P_m - C_f P_f\}p + C_f P_f \end{aligned} \tag{10.18}$$

Luego $\overline{C}$ será una recta de pendiente $C_m P_m - C_f P_f$, según se indica en la figura 10.3.

En la figura 10.3 vemos que es posible encontrar riesgos muy grandes con una estrategia fija si varían apreciablemente las probabilidades *a priori.* Cuando haya un alto grado de incertidumbre respecto a las probabilidades *a priori,* la estrategia favorita es el *criterio de minimax* que elige una estrategia fija que haga mínimo al máximo riesgo medio. Ello corresponde, evidentemente, a una línea de estrategia fija con pendiente nula; es decir, $C_m P_m = C_f P_f$, y los

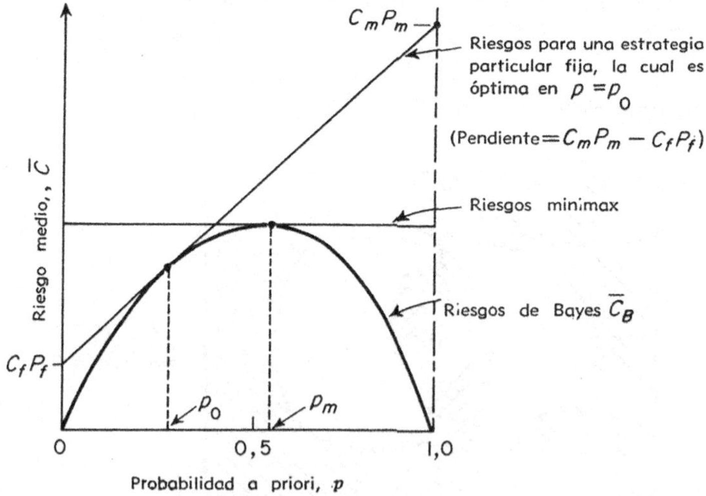

Figura 10.3. Dependencia típica entre el riesgo medio y las probabilidades *a priori*

riesgos minimax serán independientes de p. La estrategia minimax establece el umbral en

$$\lambda_0 = \frac{1 - p_m}{p_m} \cdot \frac{C_f}{C_m} \tag{10.19}$$

donde p_m es la probabilidad *a priori* para la cual $\overline{C}_B$ presenta un máximo.

10.3 Teoría de Neyman-Pearson

Al elegir una estrategia de decisión para un problema particular de detección de la señal, puede resultar que nos ocupe más el ejercer un control directo sobre las probabilidades de error condicionales P_m y P_f que el minimizar los riesgos. Éste es el método estadístico clásico para problemas de contraste de hipótesis. Pasamos a presentar parte de la terminología normal:

Hipótesis nula: H_0
Hipótesis alternativa: H_1
Región crítica: R_1 = región de exclusión de H_0
Nivel de significación: P_f = probabilidad del error de primer tipo
Potencia de un contraste: $1 - P_m$ = probabilidad de *no* cometer un error de segundo tipo

Una región crítica de un nivel de significación dado P_f se dirá que es *la más potente* si es mínima P_m.

El *lema de Neyman-Pearson* dice que el más potente es un contraste de razón de verosimilitud. Dicho de otro modo, para una probabilidad prefijada P_f de falsa alarma, la estrategia que hace mínima la probabilidad de ausencia P_m es la que decide si la razón de verosimilitudes $\lambda(\mathbf{y})$ supera o no un valor umbral λ_0. La demostración es análoga a la desarrollada para demostrar que el riesgo de Bayes es mínimo. En el espacio de señales S definamos una región crítica $R_1 = \{\mathbf{y};\ \lambda(\mathbf{y}) > \lambda_0\}$. Sea R_1' otra región crítica de igual nivel de significación; es decir,

$$P_f = \int_{R_1'} \ell(\boldsymbol{\sigma} \mid H_0)\, d\boldsymbol{\sigma} = \int_{R_1} \ell(\boldsymbol{\sigma} \mid H_0)\, d\boldsymbol{\sigma} \tag{10.20}$$

Entonces (v. fig. 10.2) se deduce que

$$\int_{R_1 \cap R_0'} \ell(\boldsymbol{\sigma} \mid H_0)\, d\boldsymbol{\sigma} = \int_{R_1' \cap R_0} \ell(\boldsymbol{\sigma} \mid H_0)\, d\boldsymbol{\sigma} \tag{10.21}$$

Para la estrategia sin acento,

$$1 - P_m = \int_{R_1} \ell(\boldsymbol{\sigma} \mid H_1)\, d\boldsymbol{\sigma}$$

$$= \int_{R_1 \cap R_1'} \ell(\boldsymbol{\sigma} \mid H_1)\, d\boldsymbol{\sigma} + \int_{R_1 \cap R_0'} \ell(\boldsymbol{\sigma} \mid H_1)\, d\boldsymbol{\sigma} \qquad (10.22)$$

pero de la definición de R_1 resulta que el segundo término de (10.22) satisface la desigualdad

$$\int_{R_1 \cap R_0'} \ell(\boldsymbol{\sigma} \mid H_1)\, d\boldsymbol{\sigma} > \lambda_0 \int_{R_1 \cap R_0'} \ell(\boldsymbol{\sigma} \mid H_0)\, d\boldsymbol{\sigma} \qquad (10.23)$$

Combinando (10.22) y (10.23) y aprovechando el hecho de que

$$\ell(\mathbf{y} \mid H_1) < \lambda_0 \ell(\mathbf{y} \mid H_0)$$

para $\mathbf{y} \in R_0$, hallamos

$$\int_{R_1 \cap R_0'} \ell(\boldsymbol{\sigma} \mid H_1)\, d\boldsymbol{\sigma} > \lambda_0 \int_{R_1 \cap R_0'} \ell(\boldsymbol{\sigma} \mid H_0)\, d\boldsymbol{\sigma}$$

$$= \lambda_0 \int_{R_1' \cap R_0} \ell(\boldsymbol{\sigma} \mid H_0)\, d\boldsymbol{\sigma} > \int_{R_1' \cap R_0} \ell(\boldsymbol{\sigma} \mid H_1)\, d\boldsymbol{\sigma} \qquad (10.24)$$

Luego

$$1 - P_m = \int_{R_1} \ell(\boldsymbol{\sigma} \mid H_1)\, d\boldsymbol{\sigma} > \int_{R_1'} \ell(\boldsymbol{\sigma} \mid H_1)\, d\boldsymbol{\sigma} \qquad (10.25)$$

y la región crítica R_1 hace máxima a $1 - P_m$.

Un dispositivo conveniente para expresar estos resultados y mostrar también su relación con las soluciones de Bayes y minimax es la *característica de operaciones del receptor*. Ésta es la gráfica de P_f y el máximo valor de $1 - P_m$ que se representan en la figura 10.4. La gráfica sólo depende de las funciones de verosimilitud y no de las probabilidades *a priori* y costes asignados. Un punto particular de la gráfica es una solución particular de Bayes, que depende de probabilidades *a priori* y de costes asignados. Cada punto representa un valor diferente de λ_0. Además, la pendiente de la gráfica en un punto cualquiera es igual al valor de λ_0 para la solución de Bayes en dicho punto. Para demostrarlo, notemos que la recta de estrategia fija de la figura 10.3 es tangente a la gráfica del riesgo de Bayes; luego

$$\frac{d\bar{C}_B}{dp} = pC_m \frac{dP_m}{dp} + qC_f \frac{dP_f}{dp} + C_m P_m - C_f P_f = C_m P_m - C_f P_f$$

y

$$\frac{d}{dP_f}(1 - P_m) = -\frac{dP_m}{dP_f} = \frac{qC_f}{pC_m} = \lambda_0 \qquad (10.26)$$

El punto de trabajo minimax se obtiene hallando la intersección de la característica de operación del receptor con la recta dada por $C_m P_m = C_f P_f$.

10.4 Detección de señales binarias en ruido blanco gaussiano

La aplicación práctica más simple de la anterior teoría de la detección basada en contrastes de razón de verosimilitudes se encuentra en el diseño de

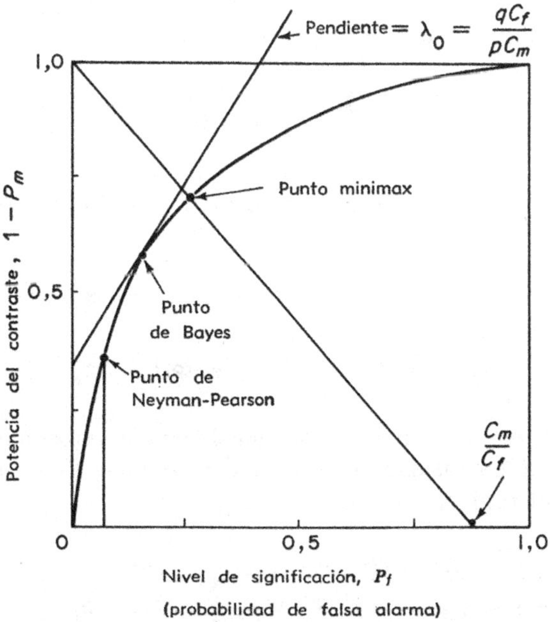

Figura 10.4. Característica de operación del receptor

un receptor para decidir cuál de dos señales conocidas se halla presente en un fondo de ruido blanco gaussiano aditivo con media nula. Supondremos que las observaciones del receptor pueden efectuarse en un intervalo finito de tiempo T y que se ha realizado la sincronización en el tiempo de manera que pueda seleccionarse el intervalo para tener una detectabilidad óptima. Más adelante veremos que el intervalo debe tomarse de manera que contenga la máxima energía de pulso de señal posible.

$$\begin{aligned} H_0: y(t) &= s_0(t) + u(t); \qquad t \in T \\ H_1: y(t) &= s_1(t) + u(t); \qquad t \in T \end{aligned} \tag{10.27}$$

donde $u(t)$ es una realización de un proceso estocástico de media nula con una función de autocorrelación dada por $k_{uu}(t, s) = m_{uu}(t, s) = N_0\delta(t - s)$.

Nuestro método consistirá en suponer que el receptor puede formar una proyección ortogonal de la señal recibida sobre un subespacio n-dimensional S de $L^2(T)$ con n arbitraria. Sea $\{\boldsymbol{\varphi}_k; k = 1, 2, \ldots, n\}$ una base ortonormal real de S. La decisión se basará en el valor de la razón de verosimilitudes para la n-pla real $\{y_k\}$.

$$\begin{aligned} y(t) &= \sum_{k=1}^{n} y_k \varphi_k(t); \qquad t \in T \\ &= \sum_{k=1}^{n} (a_k + u_k)\varphi_k(t) \qquad \text{si } H_0 \text{ es verdad} \\ &= \sum_{k=1}^{n} (b_k + u_k)\varphi_k(t) \qquad \text{si } H_1 \text{ es verdad} \end{aligned} \tag{10.28}$$

donde

$$y_k = \int_T y(t)\varphi_k(t)\, dt = (\mathbf{y}, \boldsymbol{\varphi}_k)$$

$$u_k = (\mathbf{u}, \boldsymbol{\varphi}_k); \qquad a_k = (\mathbf{s}_0, \boldsymbol{\varphi}_k); \qquad b_k = (\mathbf{s}_1, \boldsymbol{\varphi}_k) \tag{10.29}$$

Para el caso de ruido aditivo, las funciones de verosimilitud (10.6) vienen dadas por la función densidad de probabilidad conjunta $p_{u_1 u_2 \cdots u_n}(\sigma_1, \sigma_2, \ldots, \sigma_n)$ para la n-pla del ruido $\{u_k\}$.

$$\begin{aligned} u(t) = y(t) - s_0(t) &\Rightarrow \ell(y \mid H_0) = p_{u_1 u_2 \cdots u_n}(y_1 - a_1, y_2 - a_2, \ldots, y_n - a_n) \\ u(t) = y(t) - s_1(t) &\Rightarrow \ell(y \mid H_1) = p_{u_1 u_2 \cdots u_n}(y_1 - b_1, y_2 - b_2, \ldots, y_n - b_n) \end{aligned} \tag{10.30}$$

Función densidad de probabilidad para variables conjuntamente aleatorias gaussianas

Para un proceso de ruido gaussiano con media nula, se puede obtener fácilmente esta densidad de probabilidad conjunta. Primero, vamos a definir qué se entiende por *proceso estocástico gaussiano.* Si las variables aleatorias $\mathbf{x}_i = \mathbf{x}(t_i)$; $i = 1, 2, ..., r$ para todo conjunto $\{t_i\}$ y todo r son variables aleatorias gaussianas, de media nula, conjuntamente distribuidas, $\mathbf{x}(t)$ será un proceso estocástico gaussiano con media nula. Esto significa (por definición) que la función característica conjunta (7.11) es una exponencial cuyo exponente es una forma cuadrática.[3]

$$Q_{x_1x_2\cdots x_r}(\nu_1, \nu_2, \ldots, \nu_r) = E\left[\exp\left(j\sum_{i=1}^{r}\mathbf{x}_i\nu_i\right)\right]$$
$$= \exp\left(-\tfrac{1}{2}\sum_{i=1}^{r}\sum_{j=1}^{r}m_{ij}\nu_i\nu_j\right) \tag{10.31}$$

donde

$$m_{ij} = E[\mathbf{x}_i\mathbf{x}_j] = m_{xx}(t_i, t_j)$$

Observamos que tal proceso está caracterizado completamente por su función de autocovarianza.

Vamos a deducir una expresión para la función característica conjunta de las n variables aleatorias

$$\mathbf{a}_i = (\mathbf{x}, \boldsymbol{\varphi}_i) = \int_T \mathbf{x}(t)\varphi_i(t)\,dt; \qquad i = 1, 2, \ldots, n \tag{10.32}$$

donde se supone que las $\{\boldsymbol{\varphi}_i\}$ son reales y $\{\mathbf{x}(t);\ t \in T\}$ es un proceso estocástico gaussiano con media nula. Un enunciado conocido dice que una transformación lineal sobre un proceso estocástico gaussiano da otro proceso gaussiano. Para nuestros fines, podemos demostrarlo de la manera siguiente. Para la n-pla real $\{\mu_i\}$ y la n-pla aleatoria $\{\mathbf{a}_i\}$, podemos escribir la variable aleatoria $(\mathbf{a}, \boldsymbol{\mu})$ en la forma

$$(\mathbf{a}, \boldsymbol{\mu}) = \sum_{i=1}^{n}\mu_i\int_T \mathbf{x}(t)\varphi_i(t)\,dt = (\mathbf{x}, \boldsymbol{\xi}) \tag{10.33}$$

donde

$$\xi(t) = \sum_{i=1}^{n}\mu_i\varphi_i(t); \qquad t \in T$$

Para un valor suficientemente grande de r, podemos aproximar $(\mathbf{x}, \boldsymbol{\xi})$ a una suma finita subdividiendo T en r intervalos iguales. Entonces

$$(\mathbf{x}, \boldsymbol{\xi}) = \int_T \mathbf{x}(t)\xi(t)\,dt \cong \frac{T}{r}\sum_{k=1}^{r} \mathbf{x}(t_k)\xi(t_k); \qquad t_k \in T \tag{10.34}$$

Utilizando ahora (10.34) en (10.31), podemos escribir

$$E[e^{j(\mathbf{a},\boldsymbol{\mu})}] = E[e^{j(\mathbf{x},\boldsymbol{\xi})}] \cong \exp\left[-\frac{1}{2}\left(\frac{T}{r}\right)^2 \sum_{i=1}^{r}\sum_{j=1}^{r} m_{ij}\xi(t_i)\xi(t_j)\right] \tag{10.35}$$

Pero

$$\left(\frac{T}{r}\right)^2 \sum_{i=1}^{r}\sum_{j=1}^{r} m_{ij}\xi(t_i)\xi(t_j) \cong \iint_T m_{xx}(t, s)\xi(s)\xi(t)\,ds\,dt = (\mathbf{C}\boldsymbol{\mu}, \boldsymbol{\mu}) \tag{10.36}$$

donde $\mathbf{C}$ es una matriz $n \times n$ de elementos dados por

$$c_{ij} = \iint_T m_{xx}(t, s)\varphi_j(s)\varphi_i(t)\,ds\,dt; \qquad i, j = 1, 2, \ldots, n \tag{10.37}$$

Luego, como podemos hacer r arbitrariamente grande, hemos demostrado que

$$Q_{a_1a_2\cdots a_n}(\mu_1, \mu_2, \ldots, \mu_n) = E[e^{j(\mathbf{a},\boldsymbol{\mu})}] = e^{-\frac{1}{2}(\mathbf{C}\boldsymbol{\mu},\boldsymbol{\mu})} \tag{10.38}$$

y $\mathbf{a} = \{\mathbf{a}_i\}$ son variables aleatorias conjuntamente gaussianas con covarianzas $E[\mathbf{a}_i\mathbf{a}_j] = c_{ij}$ dadas por (10.37).

Si sucede que las $\{\mathbf{a}_i\}$ no están correlacionadas, $\mathbf{C}$ será una matriz diagonal y

$$Q_{a_1a_2\cdots a_n}(\mu_1, \mu_2, \ldots, \mu_n) = \prod_{i=1}^{n} Q_{a_i}(\mu_i) \tag{10.39}$$

donde

$$Q_{a_i}(\mu_i) \triangleq e^{-\frac{1}{2}\sigma_i^2\mu_i^2}; \qquad \sigma_i^2 \triangleq E[\mathbf{a}_i^2]$$

La función densidad de probabilidad conjunta se puede obtener tomando la transformada de Fourier de cada una de las

$$p_{a_1a_2\cdots a_n}(\xi_1, \xi_2, \ldots, \xi_n) = \prod_{i=1}^{n} p_{a_i}(\xi_i) \tag{10.40}$$

donde

$$p_{a_i}(\xi_i) = \frac{1}{\sqrt{2\pi}\,\sigma_i} e^{-\frac{1}{2}\left(\frac{\xi_i}{\sigma_i}\right)^2}$$

También observamos que si no están correlacionadas las variables aleatorias gaussianas $\{\mathbf{a}_i\}$, se deducirá que son estadísticamente independientes, (7.17).

Funciones de verosimilitud para ruido gaussiano aditivo

Volviendo a la evaluación de funciones de verosimilitud (10.30) para el proceso de ruido blanco gaussiano $\mathbf{u}$, tenemos, de (10.37),

$$E[\mathbf{u}_i\mathbf{u}_j] = \iint_T m_{uu}(t, s)\varphi_i(s)\varphi_j(t)\, ds\, dt \tag{10.41}$$

pero como $m_{uu}(t, s) = N_0\delta(t-s)$, la (10.41) queda en la forma

$$\begin{aligned} E[\mathbf{u}_i\mathbf{u}_j] &= N_0 \iint_T \delta(t - s)\varphi_i(s)\varphi_j(t)\, ds\, dt \\ &= N_0 \int_T \varphi_i(t)\varphi_j(t)\, dt = N_0\, \delta_{ij} \end{aligned} \tag{10.42}$$

Vemos, pues, que para toda base ortonormal de S, la representación del ruido blanco gaussiano tiene coeficientes no correlacionados con igual varianza N_0. Sustituyendo (10.40) en (10.30), tenemos

$$\begin{aligned} \ell(\mathbf{y} \mid H_0) &= \frac{1}{(2\pi N_0)^{\frac{n}{2}}} \exp\left(-\frac{1}{2N_0}\sum_{k=1}^{n}(y_k - a_k)^2\right) \\ \ell(\mathbf{y} \mid H_1) &= \frac{1}{(2\pi N_0)^{\frac{n}{2}}} \exp\left(-\frac{1}{2N_0}\sum_{k=1}^{n}(y_k - b_k)^2\right) \end{aligned} \tag{10.43}$$

La razón de verosimilitudes queda en la forma

$$\lambda(\mathbf{y}) = \exp\left(-\frac{1}{2N_0}\sum_{k=1}^{n}(y_k - b_k)^2 - (y_k - a_k)^2\right) \tag{10.44}$$

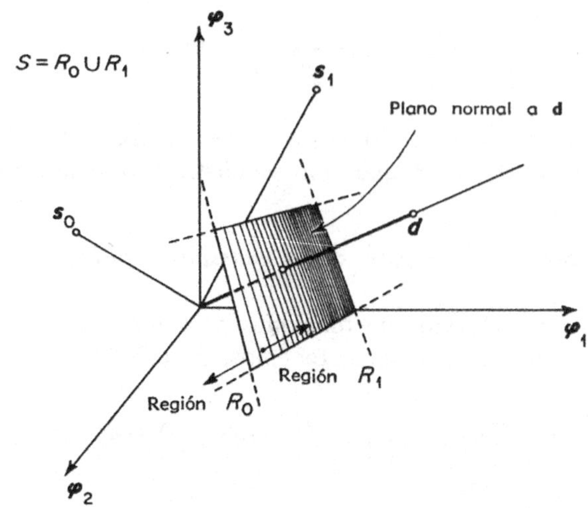

Figura 10.5. Superficie de decisión para el contraste de razón de verosimilitudes. R_0 y R_1 están separados por una superficie plana normal al vector **d** señal diferencia

Como la función exponencial es monótona en su variable, un contraste de umbral en $\lambda(\mathbf{y})$ equivale a un contraste de umbral en el exponente y la regla de decisión resulta ser

$$\text{Aceptar } H_0 \text{ si} -\frac{1}{2N_0}\sum_{k=1}^{n}(y_k - b_k)^2 - (y_k - a_k)^2 < \ln \lambda_0$$

O lo que es equivalente,

$$\text{Aceptar } H_0 \text{ si } 2\sum_{k} y_k(b_k - a_k) < 2N_0 \ln \lambda_0 + \sum_{k=1}^{n} b_k^2 - \sum_{k=1}^{n} a_k^2 \qquad (10.45)$$

Para simplificar la expresión, definamos una *señal diferencia*

$$\begin{aligned} d(t) &= s_1(t) - s_0(t); \qquad t \in T \\ d_k &= b_k - a_k \end{aligned} \qquad (10.46)$$

Ahora la ecuación

$$\sum_{k=1}^{n} y_k\, d_k = \text{constante} \qquad (10.47)$$

representa una superficie plana en S que es normal a **d** y que divide a S en las dos regiones de decisión R_0 y R_1. En la figura 10.5 podemos ver una representación gráfica de esto.

Si se eligen las $\{\boldsymbol{\varphi}_k; k = 1, 2, \ldots, n\}$de tal manera que, para n suficientemente grande, $s_0(t)$ y $s_1(t)$ estén contenidas en S, los productos escalares de n-plas serán equivalentes a productos escalares en $L^2(T)$ [v. (2.49)]. De aquí obtenemos directamente una regla de decisión "sin coordenadas" correspondiente a (10.45).

$$\text{Aceptar } H_0 \text{ si } (\mathbf{y}, \mathbf{d}) < N_0 \ln \lambda_0 + \tfrac{1}{2}(\mathbf{s}_1, \mathbf{s}_1) - \tfrac{1}{2}(\mathbf{s}_0, \mathbf{s}_0) \qquad (10.48)$$

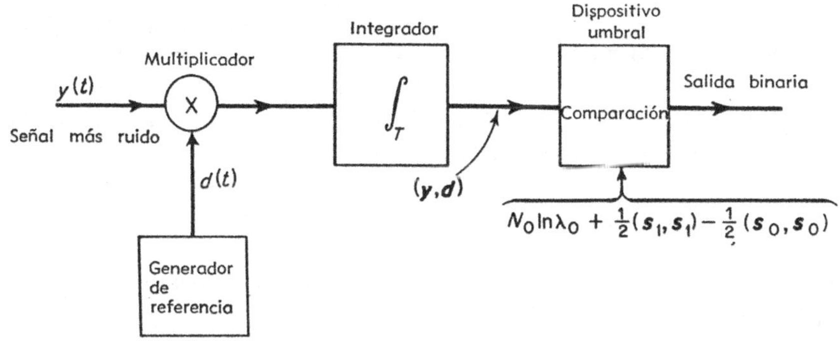

Figura 10.6. Instrumentación multiplicador-integrador del receptor de razón de verosimilitudes para señales binarias

Instrumentación del receptor

De (10.48) queda claro que al receptor sólo se le pide que forme el producto escalar de la señal recibida por la diferencia de señales transmitidas (por tanto, en el receptor deberá haber una señal de referencia) y que compare este valor con un umbral prefijado determinado por λ_0 y con la diferencia de energías de las señales transmitidas. Las instrumentaciones de esta operación pueden realizarse mediante los métodos vistos en § 2.6. El producto escalar puede formarse con la combinación multiplicador-integrador representada en la figura 10.6 o con la combinación filtro-muestreador representada en la figura 10.7.

En la instrumentación filtro-muestreador, la respuesta del filtro al impulso es $h(t) = d(t_0 - t)$, por lo que vemos que el filtro es en realidad el filtro adaptado para la señal diferencia en ruido blanco (v. § 9.4). Esto pone de manifiesto la equivalencia, en el caso de ruido blanco, existente entre la estimación de la amplitud del pulso por mínimo error cuadrático y el contraste de hipótesis por razón de verosimilitudes. Podemos ver que el problema del contraste de hipótesis es equivalente a un problema de estimación de la amplitud del pulso

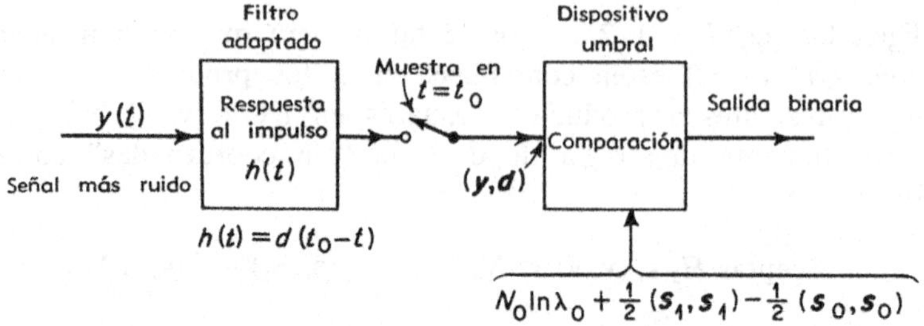

Figura 10.7. Instrumentación muestreador-filtro adaptado del receptor de razón de verosimilitudes. La señal de referencia puede considerarse almacenada en los valores de los componentes y en la configuración de componentes del filtro

escribiendo (10.3) en función de la señal diferencia, con lo que la señal recibida se expresará mediante las variables aleatorias

$$\mathbf{y}(t) = \boldsymbol{\theta}\, d(t) + s_0(t) + \mathbf{u}(t); \qquad t \in T \tag{10.49}$$

y la estimación de la amplitud de pulso $\boldsymbol{\theta}$ equivale a determinar si está presente $s_0(t)$ o $s_1(t)$.

Otro aspecto de estos resultados, importante desde un punto de vista conceptual, es que S no tiene que ser un subespacio de muchas dimensiones. Podríamos hacer que S fuese el subespacio unidimensional que contiene a **d**. El receptor rechaza, como datos insignificantes,[1] toda componente de la señal recibida que sea ortogonal a **d**. Ello se debe a que, en el caso del ruido blanco gaussiano, dichas componentes no dependen estadísticamente de cuál señal esté presente. Al evaluar el funcionamiento del receptor, sólo tiene importancia la proyección ortogonal del ruido sobre S.

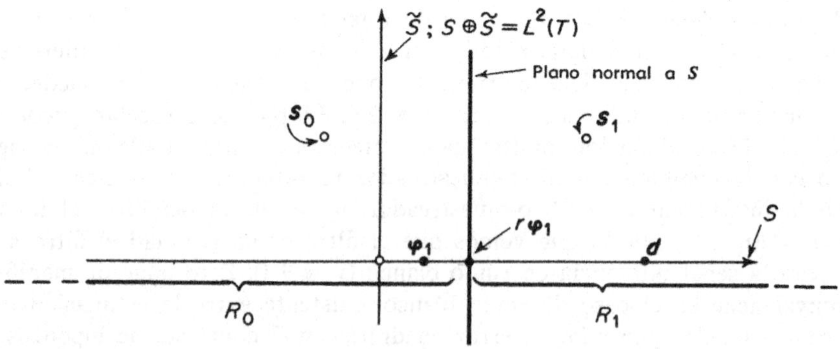

Figura 10.8. Regiones de decisión en el espacio de señales para contrastes de razón de verosimilitudes

Prosiguiendo como se indicó anteriormente, sea S el subespacio engendrado por $\varphi_1(t) = \|\mathbf{d}\|^{-1} d(t)$ como se indica en la figura 10.8. La representación de la proyección de la señal recibida sobre S viene dada por

$$y_1 = (\mathbf{y}, \boldsymbol{\varphi}_1) = \frac{1}{\|\mathbf{d}\|}(\mathbf{y}, \mathbf{d}) \tag{10.50}$$

y la regla de decisión (10.48) se convierte en

$$\text{Aceptar } H_0 \text{ si } y_1 < \frac{2N_0 \ln \lambda_0 + (\mathbf{s}_1, \mathbf{s}_1) - (\mathbf{s}_0, \mathbf{s}_0)}{2\,\|\mathbf{d}\|} \triangleq r \tag{10.51}$$

Las funciones de verosimilitud (10.43) son ahora funciones densidad de primer orden y se podrá evaluar el funcionamiento del receptor a partir de (10.12) y (10.13).

$$\begin{aligned} P_m &= \Pr\,[y_1 < r \mid H_1] = \int_{R_0} \ell(\boldsymbol{\sigma} \mid H_1)\, d\boldsymbol{\sigma} \\ &= \frac{1}{\sqrt{2\pi N_0}} \int_{-\infty}^{r} e^{-\frac{1}{2N_0}(\sigma - b_1)^2}\, d\sigma; \qquad b_1 = (\mathbf{s}_1, \boldsymbol{\varphi}_1) \end{aligned} \tag{10.52}$$

Cambiando la variable de integración en (10.52), podemos expresar P_m por medio de la *función de distribución cumulativa* $\Phi(\alpha)$, para una variable aleatoria gaussiana, con media nula y varianza unidad. Los valores de $\Phi(\alpha)$ se hallan fácilmente en las tablas.[2]

$$P_m = \frac{1}{\sqrt{2\pi}} \int_{-\infty}^{\alpha_1} e^{-\frac{\omega^2}{2}}\, d\omega \triangleq \Phi(\alpha_1) \tag{10.53}$$

donde hemos hecho

$$\omega = \frac{\sigma - b_1}{\sqrt{N_0}}; \qquad \alpha_1 = \frac{r - b_1}{\sqrt{N_0}} = \frac{\ln \lambda_0}{2\rho} - \rho \tag{10.54}$$

y

$$\rho \triangleq \frac{\|\mathbf{d}\|}{2\sqrt{N_0}}$$

[2] Una aproximación conveniente para situaciones de baja probabilidad de error viene dada por [1] $\Phi(-\alpha) \cong \frac{1}{\sqrt{2\pi}\alpha} e^{-\frac{\alpha^2}{2}}$. El error de la aproximación es inferior al 10 % para α mayor que 3.

Análogamente,

$$P_f = \Pr[y_1 > r \mid H_0] = \int_{R_1} \ell(\boldsymbol{\sigma} \mid H_0)\, d\boldsymbol{\sigma}$$

$$= \frac{1}{\sqrt{2\pi N_0}} \int_r^{\infty} e^{-\frac{1}{2N_0}(\sigma - a_1)^2}\, d\sigma; \qquad a_1 = (\mathbf{s}_0, \boldsymbol{\varphi}_1)$$

y hagamos

$$\omega = \frac{\sigma - a_1}{\sqrt{N_0}}; \qquad \alpha_2 = \frac{\ln \lambda_0}{2\rho} + \rho \tag{10.55}$$

Tenemos entonces

$$P_f = \frac{1}{\sqrt{2\pi}} \int_{\alpha_2}^{\infty} e^{-\frac{\omega^2}{2}}\, d\omega = 1 - \Phi(\alpha_2) = \Phi(-\alpha_2) \tag{10.56}$$

Utilizando (10.53) y (10.56) y valores tabulados de $\Phi(\alpha)$, se puede construir la característica de operación del receptor para diversos valores de ρ, como se indica en la figura 10.9. Está claro que al aumentar ρ mejora el funcionamiento. A este parámetro se le denomina *razón señal-ruido.* Como ρ es proporcional a $\|\mathbf{d}\|$, el funcionamiento del receptor dependerá de cuanta energía de la señal diferencia pueda concentrarse en el intervalo de observación T. En algunas aplicaciones, las energías de los pulsos transmitidos $(\mathbf{s}_0, \mathbf{s}_0)$ y $(\mathbf{s}_1, \mathbf{s}_1)$ se fijan a un cierto nivel máximo. En este caso, $(\mathbf{d}, \mathbf{d}) = (\mathbf{s}_1, \mathbf{s}_1) + (\mathbf{s}_0, \mathbf{s}_0) - 2(\mathbf{s}_1, \mathbf{s}_0)$, que se hace máxima haciendo $s_0(t) = -s_1(t)$ para $t \in T$, con lo cual $(\mathbf{d}, \mathbf{d}) = 4(\mathbf{s}_1, \mathbf{s}_1)$ y

$$\rho^2 = \frac{(\mathbf{s}_1, \mathbf{s}_1)}{N_0} \tag{10.57}$$

En un sistema de comunicación de datos binarios, podrían transmitirse pulsos de datos cada T segundos. La potencia de la señal sería $(1/T)(\mathbf{s}_1, \mathbf{s}_1)$. Para evitar una interferencia intersímbolos apreciable, la anchura de banda del canal deberá ser al menos igual a $1/2T$. La potencia de ruido en esta anchura de banda sería N_0/T (N_0 es una densidad espectral bilateral). En virtud de este razonamiento, vemos que ρ^2 tiene una interpretación sensible como razón de potencias señal-ruido. En un sistema de comunicación de datos corrientes, se asignan costes iguales a los dos tipos de errores y podría suponerse que las dos hipótesis son equiprobables. En este caso, el receptor es de máxima verosimilitud; $\lambda_0 = 1 \Rightarrow \alpha_2 = -\alpha_1 = \rho$ y la probabilidad total de error P_e será, simplemente,

$$P_e = \tfrac{1}{2}(P_m + P_f) = \Phi(-\rho) \tag{10.58}$$

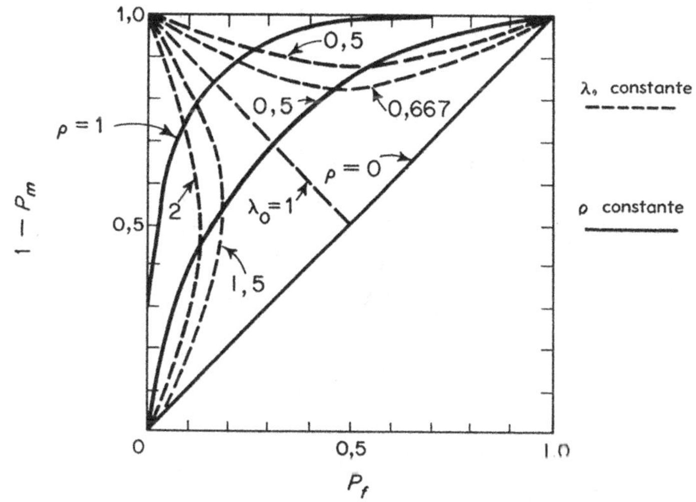

Figura 10.9. Característica de operación del receptor para detección de una señal binaria

En el caso de sistemas de datos de muy buen funcionamiento, por ejemplo para $P_e \leqslant 10^{-6}$, la característica de operación del receptor constituye un mecanismo muy pobre para exhibir el funcionamiento, ya que los puntos de trabajo se agruparán todos en el vértice superior izquierdo. El medio convencional de presentación del funcionamiento de estos sistemas es una gráfica de los logaritmos de la probabilidad del error y de la razón señal-ruido[4] como se indica en la figura 10.10. La gráfica correspondiente a (10.58) representa el funcionamiento idealizado del sistema de datos. El funcionamiento real será algo más pobre a causa de la interferencia intersímbolos, el error en tiempos, etcétera. Estos empeoramientos adicionales se caracterizan convenientemente en la gráfica del funcionamiento en forma de un *empeoramiento de ruido* equivalente, es decir, por el incremento de la razón señal-ruido necesario para mantener una probabilidad de error dada en la gráfica del funcionamiento idealizado.

Ejercicio 10.1. Un receptor efectúa proyecciones ortogonales sobre un subespacio pentadimensional de $L^2(T)$. Las componentes de $s_0(t)$ y $s_1(t)$, relativas a una base ortonormal, son

$$s_0(t): \{0{,}5;\ 1{,}0;\ 1{,}0;\ 1{,}0;\ 0{,}5\}$$

$$s_1(t): \{-0{,}5;\ -1{,}0;\ -1{,}0;\ -1{,}0;\ -0{,}5\}$$

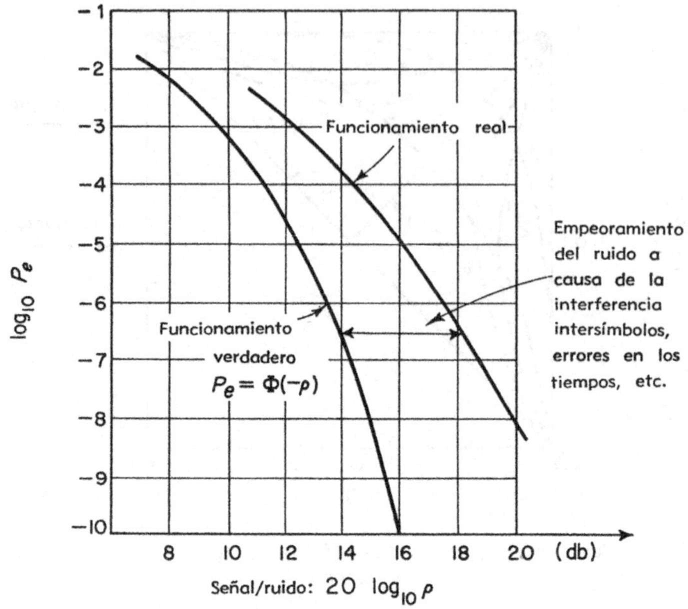

Figura 10.10. Funcionamiento en error de un receptor de máxima verosimilitud para señales binarias en ruido gaussiano

Una señal recibida particular $y(t)$ en ruido blanco gaussiano aditivo tiene las componentes

$$y(t): \{0{,}3;\ 0{,}8;\ -0{,}6;\ -1{,}5;\ 0{,}2\}$$

Supongamos que $s_1(t)$ tenga una probabilidad *a priori* de 0,6 y que el coste de equivocar $s_0(t)$ por $s_1(t)$ sea doble que el de equivocar $s_1(t)$ por $s_0(t)$. Suponiendo que los coeficientes de ruido tengan una varianza de 0,6, ¿qué decisión se hará por medio de una regla de decisión de Bayes? Para esta $y(t)$ particular, ¿cuál es la probabilidad de que la decisión sea errónea?

Ejercicio 10.2. Se diseña un receptor de Neyman-Pearson para detectar la presencia o ausencia de una señal $s(t)$ en ruido blanco gaussiano con $N_0 = 1$ watt/Hz. Sea $s(t)$ un pulso rectangular de altura $4T^{-1/2}$ y anchura T. Suponer que se establece el umbral de decisión para dar $P_f = 0{,}01$. Calcular P_m.

10.5 Detección de señales binarias en ruido gaussiano de color

Al generalizar el problema de la detección binaria para incluir ruido que no tenga una densidad espectral de potencia plana (ruido de color), tropezamos en seguida con la dificultad de que las componentes de la señal recibida ortogonales a **d** están correlacionadas con componentes proporcionales a **d**. En el caso del ruido blanco, los coeficientes de ruido $\{\mathbf{u}_k\}$ no estaban correlacionados *cualquiera* que fuese la base ortonormal y podríamos hacer que una versión normalizada de **d** fuese uno de los vectores de la base. Recordando el desarrollo de § 7.5, observamos que existe un conjunto ortonormal *particular* que haga que no estén correlacionados los coeficientes del desarrollo de un proceso arbitrario con media nula. Esto constituye la base del desarrollo de Karhunen-Loève, donde las funciones de la base son las funciones propias del operador integral cuyo núcleo es la función de autocovarianza del proceso; es decir,

$$\int_T k_{uu}(t, s)\varphi_i(s)\, ds = \lambda_i \varphi_i(t); \qquad t \in T, \quad i = 1, 2, \ldots \tag{10.59}$$

De (7.51), con $\mathbf{u}_i = (\mathbf{u}, \boldsymbol{\varphi}_i)$, tenemos

$$E[\mathbf{u}_i \mathbf{u}_j^*] = \lambda_i\, \delta_{ij} \tag{10.60}$$

con lo cual no están correlacionadas las componentes y la varianza de $\mathbf{u}_i$ es λ_i. Utilizando esta base, podemos deducir un receptor de razón de verosimilitudes por el mismo método empleado en el apartado anterior. Obsérvese que en esta deducción no exigimos que el ruido sea un proceso estacionario. La densidad de probabilidad conjunta de las $\mathbf{u}_k$; $k = 1, 2, \ldots, n$ viene dada por (10.40) con $\sigma_k^2 = \lambda_k$; luego las funciones de verosimilitud de la señal recibida proyectadas sobre un subespacio n-dimensional de $L^2(T)$ vendrán dadas por

$$\begin{aligned} \ell(\mathbf{y} \mid H_0) &= \frac{1}{\left(\sqrt{2\pi}\right)^n \prod_{k=1}^{n} \lambda_k^{\frac{1}{2}}} \exp\left(-\frac{1}{2}\sum_{k=1}^{n} \frac{(y_k - a_k)^2}{\lambda_k}\right) \\ \ell(\mathbf{y} \mid H_1) &= \frac{1}{\left(\sqrt{2\pi}\right)^n \prod_{k=1}^{n} \lambda_k^{\frac{1}{2}}} \exp\left(-\frac{1}{2}\sum_{k=1}^{n} \frac{(y_k - b_k)^2}{\lambda_k}\right) \end{aligned} \tag{10.61}$$

donde $\{y_k\}$, $\{a_k\}$ y $\{b_k\}$ son las n-plas que representan señales recibidas y transmitidas como en (10.28). La razón de verosimilitudes es

$$\begin{aligned} \lambda(\mathbf{y}) &= \frac{\ell(\mathbf{y} \mid H_1)}{\ell(\mathbf{y} \mid H_0)} \\ &= \exp\left(-\frac{1}{2}\sum_{k=1}^{n} \frac{1}{\lambda_k}\{(y_k - b_k)^2 - (y_k - a_k)^2\}\right) \end{aligned} \tag{10.62}$$

A causa de la monotonía de la función exponencial, una decisión umbral sobre $\lambda(\mathbf{y})$ equivale a una decisión umbral sobre el exponente y la regla de decisión queda en la forma

$$\text{Aceptar } H_0 \text{ si } -\frac{1}{2}\sum_{k=1}^{n}\frac{1}{\lambda_k}\{(y_k-b_k)^2-(y_k-a_k)^2\}<\ln\lambda_0$$

o, lo que es equivalente,

$$\text{Aceptar } H_0 \text{ si } \sum_{k=1}^{n} y_k\frac{(b_k-a_k)}{\lambda_k}=\sum_{k=1}^{n} y_k\frac{d_k}{\lambda_k}<\ln\lambda_0+\sum_{k=1}^{n}\frac{b_k^2}{2\lambda_k}-\sum_{k=1}^{n}\frac{a_k^2}{2\lambda_k} \quad (10.63)$$

El espacio n-dimensional queda separado en regiones de decisión R_0 y R_1 por el hiperplano definido por

$$\sum_{k=1}^{n} y_k\frac{d_k}{\lambda_k}=\sum_{k=1}^{n} y_k f_k=\text{constante} \quad (10.64)$$

Como las $\{\boldsymbol{\varphi}_k\}$ vienen dadas por (10.59), la suma (10.64), para n suficientemente grande, podrá expresarse en la forma $(\mathbf{y},\mathbf{f})$ donde $f(t)$ es la solución de una ecuación integral de Fredholm de primera especie.[8]

$$\int_T k_{uu}(t,s)f(s)\,ds=d(t); \qquad t\in T \quad (10.65)$$

La descripción de la regla de decisión sin emplear coordenadas es

$$\text{Aceptar } H_0 \text{ si } (\mathbf{y},\mathbf{f})<\ln\lambda_0+\tfrac{1}{2}(\mathbf{s}_1,\mathbf{g}_1)-\tfrac{1}{2}(\mathbf{s}_0,\mathbf{g}_0)=r \quad (10.66)$$

donde hemos hecho $\mathbf{g}_1-\mathbf{g}_0=\mathbf{f}$, y

$$\begin{aligned}\int_T k_{uu}(t,s)g_1(s)\,ds&=s_1(t); \qquad t\in T\\ \int_T k_{uu}(t,s)g_0(s)\,ds&=s_0(t); \qquad t\in T\end{aligned} \quad (10.67)$$

La ecuación (10.65) presenta ciertas dificultades, ya que la existencia de solución es dudosa a menos que $d(t)$ o $k_{uu}(t,s)$ tengan ciertos tipos de comportamiento singular o a menos que se haga infinito el intervalo T de integración. Un procedimiento práctico para la solución de (10.65) consiste en suponer **d** aproximada por una combinación lineal de funciones propias; entonces **f** será una combinación lineal de estas mismas funciones propias con coeficientes $f_k = d_k/\lambda_k$. Otro método[5] consiste en introducir una singularidad en el núcleo suponiendo que el ruido tiene una componente blanca; es decir,

$$k_{uu}(t, s) = k'_{uu}(t, s) + N_0\, \delta(t - s) \tag{10.68}$$

donde $k'_{uu}(t, s)$ es la autocovarianza de un proceso de varianza finita. En este caso, la (10.65) se convierte en una ecuación de Fredholm de segunda especie,[8]

$$\int_T k'_{uu}(t, s) f(s)\, ds + N_0 f(t) = d(t); \qquad t \in T \tag{10.69}$$

y generalmente existirá solución. Otra posibilidad que no debe pasarse por alto, en situaciones en donde las señales transmitidas pueden modificarse algo, es seleccionar primeramente la característica del receptor $f(t)$, y luego tomar $d(t)$ de acuerdo con (10.65).

Una vez determinada $f(t)$, se podrá realizar la instrumentación del receptor en la forma indicada en las figuras 10.6 o 10.7, sustituyendo $d(t)$ por $f(t)$. Se obtiene una interesante correspondencia con la solución antigua cuando sea estacionario el proceso de ruido y sea largo el intervalo de observación. Hagamos que en (10.65) sea $k_{uu}(t - s)$ la función de autocovarianza y supongamos que el intervalo finito de integración se pueda sustituir por $(-\infty, \infty)$ sin que se modifique apreciablemente la solución. Tomando transformadas de Fourier,

$$F(f) \cong \frac{D(f)}{K_{uu}(f)} \quad \text{para } T \text{ grande} \tag{10.70}$$

En la instrumentación filtro-muestreador, la función de transferencia del filtro será en este caso

$$H(f) \cong \frac{D^*(f)}{K_{uu}(f)}\, e^{-j2\pi f t_0} \quad \text{para } T \text{ grande} \tag{10.71}$$

que es el filtro adaptado para la señal **d** en ruido con densidad espectral de potencia $K_{uu}(f)$ (v. § 9.4).

Funcionamiento del receptor

El desarrollo de Karhunen-Loève fue muy útil para determinar el receptor de razón de verosimilitudes, pero la evaluación del funcionamiento del receptor resulta difícil con un espacio de señales definido de esta manera a causa de la naturaleza tan complicada de los límites de integración en (10.12) y (10.13). Podemos hallar un subespacio unidimensional tal que podamos prescindir de las componentes de la señal recibida exteriores a este espacio. Así pues, el problema de la detección se convierte en unidimensional, igual que ocurría en el caso del ruido blanco.[6] Por analogía con el problema del ruido blanco, nos sentimos tentados de entrada a hacer que este espacio sea el engendrado por $f(t)$. Sin embargo, conceptualmente es más revelador hacer que S sea el espacio unidimensional engendrado por $\chi_1(t) = \|\mathbf{d}\|^{-1} d(t)$ como hicimos anteriormente. En el caso del ruido de color, utilizaremos un tipo diferente de proyección de $\mathbf{y}$ sobre S (no una proyección ortogonal). Sea $\tilde{S}$ el subespacio de todos los vectores ortogonales a $f(t)$. El espacio total podrá ahora expresarse unívocamente como suma directa de S y $\tilde{S}$, es decir, toda señal podrá expresarse unívocamente como suma de una señal de S más una señal de $\tilde{S}$ (v. ejercicio 3.2).

$$\mathbf{y} = (\mathbf{y}, \boldsymbol{\psi}_1)\boldsymbol{\chi}_1 + \tilde{\mathbf{y}}; \qquad \tilde{\mathbf{y}} \in \tilde{S}, \quad (\tilde{\mathbf{y}}, \boldsymbol{\psi}_1) = 0$$

donde [3]

$$(\boldsymbol{\chi}_1, \boldsymbol{\psi}_1) = 1 \Rightarrow \boldsymbol{\psi}_1 = \frac{\|\mathbf{d}\|}{(\mathbf{d}, \mathbf{f})}\mathbf{f} \tag{10.72}$$

Las proyecciones sobre S de las señales transmitidas vienen dadas por

$$\begin{aligned} a_1 &= (\mathbf{s}_0, \boldsymbol{\psi}_1) = \frac{\|\mathbf{d}\|}{(\mathbf{d}, \mathbf{f})}(\mathbf{s}_0, \mathbf{f}) \\ b_1 &= (\mathbf{s}_1, \boldsymbol{\psi}_1) = \frac{\|\mathbf{d}\|}{(\mathbf{d}, \mathbf{f})}(\mathbf{s}_1, \mathbf{f}) \end{aligned} \tag{10.73}$$

como se indica en la figura 10.11. El hiperplano umbral normal a **f**, (10.64), corta a S en

$$\frac{\|\mathbf{d}\| \, r}{(\mathbf{d}, \mathbf{f})}\boldsymbol{\chi}_1$$

[3] Es útil considerar $\boldsymbol{\psi}_1$ como primer vector de la base recíproca a $\{\boldsymbol{\chi}_1, \boldsymbol{\chi}_2, \boldsymbol{\chi}_3, \ldots\}$ que engendra $S \oplus \tilde{S}$.

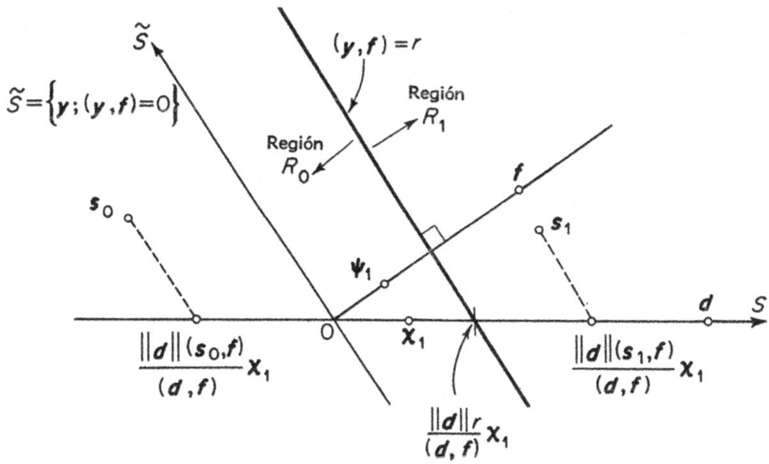

Figura 10.11. Representación en el espacio de señales del contraste de razón de señales con ruido aditivo de color. Obsérvese que $\tilde{S}$ no es ortogonal a S

Las componentes del ruido en S no están correlacionadas con (y por tanto son estadísticamente independientes de) las componentes correspondientes en $\tilde{S}$ (ejercicio 10.3). La varianza del coeficiente de la proyección del ruido es

$$E[\mathbf{u}_1^2] = \iint_T k_{uu}(t,s)\psi_1(s)\psi_1^*(t)\,ds\,dt$$
$$= \frac{\|\mathbf{d}\|^2}{(\mathbf{d},\mathbf{f})^2}\iint_T k_{uu}(t,s)f(s)f^*(t)\,ds\,dt = \frac{\|\mathbf{d}\|^2}{(\mathbf{d},\mathbf{f})} \tag{10.74}$$

Las funciones de verosimilitud para $y_1 = (\mathbf{y},\boldsymbol{\psi}_1)$ vienen dadas, pues, por

$$\ell(y_1 \mid H_0) = \frac{(\mathbf{d},\mathbf{f})^{\frac{1}{2}}}{\sqrt{2\pi}\,\|\mathbf{d}\|}\,e^{-\frac{(\mathbf{d},\mathbf{f})}{2(\mathbf{d},\mathbf{d})}(y_1-a_1)^2}$$
$$\ell(y_1 \mid H_1) = \frac{(\mathbf{d},\mathbf{f})^{\frac{1}{2}}}{\sqrt{2\pi}\,\|\mathbf{d}\|}\,e^{-\frac{(\mathbf{d},\mathbf{f})}{2(\mathbf{d},\mathbf{d})}(y_1-b_1)^2} \tag{10.75}$$

y el funcionamiento del receptor, según (10.12) y (10.13), será

$$P_m = \int_{R_0}\ell(\sigma \mid H_1)\,d\sigma = \frac{(\mathbf{d},\mathbf{f})^{\frac{1}{2}}}{\sqrt{2\pi}\,\|\mathbf{d}\|}\int_{-\infty}^{\frac{r\|\mathbf{d}\|}{(\mathbf{d},\mathbf{f})}} e^{-\frac{(\mathbf{d},\mathbf{f})}{2(\mathbf{d},\mathbf{d})}(\sigma-b_1)^2}\,d\sigma$$
$$= \frac{1}{\sqrt{2\pi}}\int_{-\infty}^{\alpha_1} e^{-\frac{\omega^2}{2}}\,d\omega = \Phi(\alpha_1)$$

donde, utilizando (10.66) y la sugerencia del ejercicio 10.4,

$$\alpha_1 = \frac{\ln \lambda_0}{2\rho} - \rho \tag{10.76}$$

Análogamente,

$$P_f = \int_{R_1} \ell(\sigma \mid H_0)\, d\sigma = \frac{(\mathbf{d}, \mathbf{f})^{\frac{1}{2}}}{\sqrt{2\pi}\,\|\mathbf{d}\|} \int_{\frac{r\|\mathbf{d}\|}{(\mathbf{d},\mathbf{f})}}^{\infty} e^{-\frac{(\mathbf{d},\mathbf{f})}{2(\mathbf{d},\mathbf{d})}(\sigma-\alpha_1)^2}\, d\sigma$$

$$= \frac{1}{\sqrt{2\pi}} \int_{\alpha_2}^{\infty} e^{-\frac{\omega^2}{2}}\, d\omega = 1 - \Phi(\alpha_2) = \Phi(-\alpha_2)$$

donde

$$\alpha_2 = \frac{\ln \lambda_0}{2\rho} + \rho \tag{10.77}$$

y hemos definido

$$\rho \triangleq \tfrac{1}{2}(\mathbf{d}, \mathbf{f})^{\frac{1}{2}} \tag{10.78}$$

De estas relaciones vemos que la caracterización del funcionamiento del receptor es exactamente igual que en el caso del ruido blanco con la diferencia de que el parámetro ρ, razón señal-ruido, viene dado por $\frac{1}{2}(\mathbf{d}, \mathbf{f})^{1/2}$ en vez de por $\|\mathbf{d}\|/2\sqrt{N_0}$. En el caso del ruido blanco, el funcionamiento del receptor no depende de la forma de las ondas de señal, sino solamente de la cantidad de energía en el intervalo T. En el caso del ruido de color, el funcionamiento depende de la forma de las ondas de señal. En vez de elaborar la solución de ejemplos particulares, podemos poner esto de manifiesto de manera más eficaz en el caso general tomando $d(t)$ igual a una de las funciones propias de (10.59). Si $d(t) = \varphi_k(t)$, de (10.65) será $f(t) = (1/\lambda_k)\varphi_k(t)$. En este caso, $\mathbf{f} \in S$ y las proyecciones sobre S son proyecciones ortogonales (v. fig. 10.11). El parámetro razón señal-ruido será simplemente

$$\rho = \frac{1}{2}\left(\frac{1}{\lambda_k}\right)^{\frac{1}{2}} \tag{10.79}$$

Evidentemente, el funcionamiento será mejor cuando $d(t)$ sea una función propia correspondiente a un valor propio menor. Esto es intuitivamente atractivo, ya que las mejores señales son las que menos se parecen al ruido aditivo.

Ejercicio 10.3. Para un ruido con función de autocorrelación $k_{uu}(t, s)$, sea $\mathbf{u}_1$ la proyección de $\mathbf{u}$ sobre S según la dirección de $\tilde{S}$ y $\mathbf{u}_2$ la de $\mathbf{u}$ sobre $\tilde{S}$ según la dirección de S como se indica en la figura 10.11. Demostrar que

$$E[\mathbf{u}_1(t)\mathbf{u}_2(s)] = 0; \qquad t, s \in T$$

Ejercicio 10.4. Deducir las ecuaciones (10.76) y (10.77). *Sugerencia:* Demostrar que $(\mathbf{s}_0, \mathbf{g}_1) = (\mathbf{s}_1, \mathbf{g}_0)$.

Ejercicio 10.5. Sean $s_0(t)$ y $s_1(t)$, con $s_0(t) = - s_1(t)$, pulsos rectangulares equiprobables de energía unidad, en ruido gaussiano con densidad espectral $K_{uu}(f)$ de naturaleza pasa-baja. Mostrar la instrumentación para el receptor de máxima verosimilitud en el caso límite en que la anchura del pulso se hace muy pequeña frente al recíproco de la anchura de banda del ruido. Expresar el funcionamiento en error para este caso.

10.6 Señales del tipo de banda pasante - Detección no coherente

Según vimos en el capítulo 4, muchos sistemas físicos utilizan señales de naturaleza de banda pasante. Éstas pueden deberse, por ejemplo, a la modulación de amplitud de una onda portadora sinusoidal de frecuencia f_0 mediante ondas de señal cuyas componentes de frecuencia más elevadas sean considerablemente inferiores a f_0 (v. fig. 10.12).

Los métodos de detección de señales anteriores son, desde luego, aplicables a este tipo de señal, si bien existe un problema especial que hace que valga la pena efectuar un tratamiento separado. Dicho problema es el de la incertidumbre de la fase de la portadora y puede surgir de la manera siguiente. El receptor de razón de verosimilitudes forma el producto escalar $(\mathbf{y}, \mathbf{d})$ de la señal recibida $y(t)$ por una señal de referencia $d(t)$. Cuando $y(t)$ y $d(t)$ tengan un carácter muy oscilatorio como se ilustra en la figura 10.12, el tiempo de llegada de la señal deberá conocerse con mucha precisión si $(\mathbf{y}, \mathbf{d})$ debe tener alguna significación en el contraste de hipótesis. Podemos poner esto de manifiesto de la manera siguiente (v. ejercicio 4.8).

$$(\mathbf{y}, \mathbf{d}) - (\mathbf{y}', \mathbf{d}) = \tfrac{1}{2} \operatorname{Re} [(1 - e^{j\theta})(\boldsymbol{\omega}, \boldsymbol{\gamma})] \qquad (10.80)$$

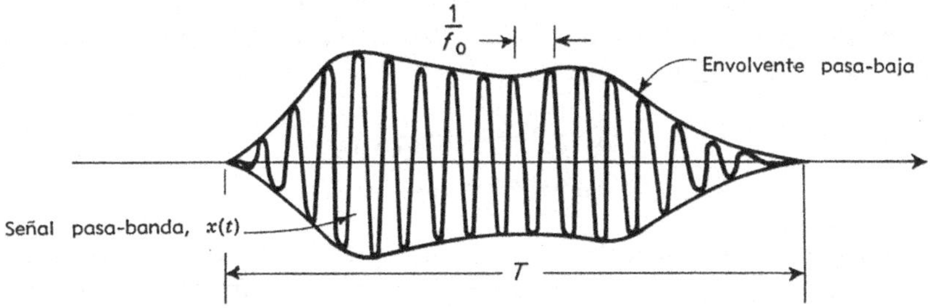

Figura 10.12. Pulso de señal del tipo de banda pasante

donde $\omega(t)$ y $\gamma(t)$ son las envolventes complejas de $y(t)$ y $d(t)$ e $y'(t)$ es una versión de $y(t)$ desfasada en una cantidad θ. Ahora, si a $y(t)$ (o $d(t)$) la desplazamos en el tiempo una cantidad Δ pequeña frente a T, el factor $(\boldsymbol{\omega}, \boldsymbol{\gamma})$ no será apreciablemente diferente, si bien el factor $1 - e^{j\theta}$ puede variar mucho. Para un valor de $\Delta = 1/2f_0$ se invierte totalmente la polaridad de la salida del receptor. Queda claro que los tiempos deben tenerse con una precisión de una pequeña fracción de $1/2f_0$ y no de una pequeña fracción de T como sería necesario en el caso pasa-baja. En la práctica, podrá no ser factible establecer tal precisión en los tiempos y deberemos utilizar otra forma de detección. Un receptor que no haga uso de información alguna de la fase de la portadora se denomina detector *no coherente*. En este apartado vamos a tratar el desarrollo de un tal receptor basado en contrastes de razón de verosimilitudes.

Supongamos que las señales transmitidas $s_0(t)$ y $s_1(t)$ estén sometidas a una rotación de fase θ y a un ruido blanco gaussiano aditivo, con media nula, que tenga una densidad espectral de N_0 watt/Hz. Basándonos en la señal recibida $y(t)$ queremos decidir entre H_0 y H_1, donde

$$\begin{aligned} H_0&: y(t) = s_0'(t) + u(t); \qquad t \in T \\ H_1&: y(t) = s_1'(t) + u(t); \qquad t \in T \end{aligned} \tag{10.81}$$

y donde $s_0'(t)$ y $s_1'(t)$ son las versiones desfasadas de las señales transmitidas. En función de las envolventes complejas relativas a f_0, la (10.81) se escribirá

$$\begin{aligned} H_0&: \omega(t) = e^{j\theta}\alpha(t) + \eta(t); \qquad t \in T \\ H_1&: \omega(t) = e^{j\theta}\beta(t) + \eta(t); \qquad t \in T \end{aligned} \tag{10.82}$$

Procederemos de igual manera que en el anterior problema de ruido blanco (§ 10.4) haciendo las proyecciones ortogonales de las envolventes complejas de las señales recibidas sobre un subespacio S (complejo) de dimensiones finitas engendrado por el conjunto ortonormal $\{\varphi_k(t);\ k = 1, 2, \ldots, n\}$.

Existe una relación sencilla entre las partes real e imaginaria de los productos escalares complejos y los productos escalares correspondientes de las señales pasa-banda reales. Como dicha relación va a utilizarse a menudo, vamos a escribirla a continuación:

$$\begin{aligned} (\mathbf{x}_1, \mathbf{x}_2) &= \tfrac{1}{2}\,\mathrm{Re}\,(\boldsymbol{\gamma}_1, \boldsymbol{\gamma}_2) \\ (\mathbf{x}_1, \hat{\mathbf{x}}_2) &= -\tfrac{1}{2}\,\mathrm{Im}\,(\boldsymbol{\gamma}_1, \boldsymbol{\gamma}_2) \end{aligned} \tag{10.83}$$

donde $x_1(t)$ y $x_2(t)$ son señales pasa-banda reales con envolventes complejas $\gamma_1(t)$ y $\gamma_2(t)$ y $\hat{x}_2(t)$ es una versión de $x_2(t)$ desfasada 90°; es decir, $\hat{x}_2(t) = \mathrm{Re}\,\gamma_2(t)e^{-j\pi/2}e^{j2\pi f_0 t}$ (v. ejercicio 4.8).

Utilizando los subíndices R e I para indicar las componentes real e imaginaria, hagamos

$$\begin{aligned}(\boldsymbol{\omega}, \boldsymbol{\varphi}_k) &= w_k = w_{R_k} + jw_{I_k} \\ (\boldsymbol{\alpha}, \boldsymbol{\varphi}_k) &= a_k = a_{R_k} + ja_{I_k} \\ (\boldsymbol{\beta}, \boldsymbol{\varphi}_k) &= b_k = b_{R_k} + jb_{I_k} \\ (\boldsymbol{\eta}, \boldsymbol{\varphi}_k) &= n_k = n_{R_k} + jn_{I_k}\end{aligned} \tag{10.84}$$

Utilizando (10.83) y $k_{uu}(t, s) = N_0\, \delta(t - s)$ para la autocovarianza del ruido en la banda pasante, fácil es ver que las componentes del ruido reales e imaginarias están todas sin correlacionar y cada componente tiene una varianza $2N_0$. Se deduce, análogamente a (10.30), que la función de verosimilitud de $\boldsymbol{\omega}$ condicional sobre H_0 y para una θ dada, es

$$\ell(\boldsymbol{\omega} \mid H_0 \;\; \mathbf{y} \;\; \theta) = \frac{1}{(4\pi N_0)^n} \exp\left(-\frac{1}{4N_0}\left\{\sum_{k=1}^{n}(w_{R_k} - a_{R_k}\cos\theta + a_{I_k}\operatorname{sen}\theta)^2 + (w_{I_k} - a_{R_k}\operatorname{sen}\theta - a_{I_k}\cos\theta)^2\right\}\right) \tag{10.85}$$

Desarrollando el exponente de (10.85), reagrupando términos, y escribiendo en forma polar los términos en que interviene θ, obtenemos

$$\ell(\boldsymbol{\omega} \mid H_0 \;\; \mathbf{y} \mid \theta) = \frac{1}{(4\pi N_0)^n} \exp\left(-\frac{1}{4N_0}\{A_0 + B_0 - 2C_0\cos(\theta + \xi)\}\right)$$

donde

$$\begin{aligned}A_0 &= \sum_{k=1}^{n} w_{R_k}^2 + w_{I_k}^2 \\ B_0 &= \sum_{k=1}^{n} a_{R_k}^2 + a_{I_k}^2 \\ C_0^2 &= \left(\sum_{k=1}^{n} w_{R_k}a_{R_k} + w_{I_k}a_{I_k}\right)^2 + \left(\sum_{k=1}^{n} w_{R_k}a_{I_k} - w_{I_k}a_{R_k}\right)^2\end{aligned} \tag{10.86}$$

Queremos ahora interpretar la rotación de fase como una perturbación aleatoria introducida por el canal. También podría interpretarse como un parámetro aleatorio asociado al transmisor o como una incertidumbre en los tiempos de las señales de referencia en el receptor. Interpretando $\boldsymbol{\theta}$ como parámetro aleatorio del canal, caracterizaremos su efecto sobre el problema de detección modificando las funciones de verosimilitud del canal. Se hace esto suponiendo una densidad de probabilidad para $\boldsymbol{\theta}$, después de lo cual,

$$\ell(\boldsymbol{\omega} \mid H_0) = \int_0^{2\pi} \ell(\boldsymbol{\omega} \mid H_0 \,.\, \mathbf{y} \,.\, \theta = \sigma) p_{\theta}(\sigma)\, d\sigma \tag{10.87}$$

Se han elaborado expresiones de funciones de verosimilitud correspondientes a varias funciones densidad para $\boldsymbol{\theta}$. [2] El caso que más frecuentemente es de interés práctico es el caso no coherente con $\boldsymbol{\theta}$ distribuida uniformemente entre 0 y 2π. Existen otras densidades que llevan a receptores llamados *parcialmente coherentes.* Utilizando la densidad uniforme, la (10.87) se convierte en

$$\ell(\boldsymbol{\omega} \mid H_0) = \frac{1}{(4\pi N_0)^n} e^{-\frac{1}{4N_0}(A_0+B_0)} \int_0^{2\pi} e^{\frac{C_0}{2N_0}\cos(\sigma+\xi)} \frac{d\sigma}{2\pi} \tag{10.88}$$

La integral de (10.88) puede expresarse como función conocida de la variable $C_0/2N_0$. Dicha función es $I_0(x)$, llamada *función modificada de Bessel de primera especie, orden cero.* Repitiendo los mismos pasos para la función de verosimilitud condicional sobre H_1, podemos escribir la razón de verosimilitudes.

$$\lambda(\boldsymbol{\omega}) = \frac{\ell(\boldsymbol{\omega} \mid H_1)}{\ell(\boldsymbol{\omega} \mid H_0)} = e^{\frac{1}{4N_0}(B_0-B_1)} \cdot \frac{I_0(C_1/2N_0)}{I_0(C_0/2N_0)} \tag{10.89}$$

donde B_1 y C_1 son las cantidades correspondientes a B_0 y C_0 en (10.86) sustituyendo b_{R_k} y b_{I_k} a a_{R_k} y a_{I_k}. Estas cantidades pueden expresarse en forma de productos escalares en $L^2(T)$ con tal que n sea suficientemente grande de manera que S contenga las señales transmitidas $\alpha(t)$ y $\beta(t)$. (Si se eligieran adecuadamente las funciones de la base, bastaría $n = 2$.)

$$B_0 = \sum_{k=1}^{n} a_{R_k}^2 + a_{I_k}^2 = \sum_{k=1}^{n} |a_k|^2 = (\boldsymbol{\alpha}, \boldsymbol{\alpha})$$

$$B_1 = (\boldsymbol{\beta}, \boldsymbol{\beta})$$

$$\sum_{k=1}^{n} w_{R_k} a_{R_k} + w_{I_k} a_{I_k} = \operatorname{Re}(\boldsymbol{\omega}, \boldsymbol{\alpha})$$

$$\sum_{k=1}^{n} w_{R_k} a_{I_k} - w_{I_k} a_{R_k} = -\operatorname{Im}(\boldsymbol{\omega}, \boldsymbol{\alpha})$$

Luego,

$$C_0^2 = |(\boldsymbol{\omega}, \boldsymbol{\alpha})|^2; \qquad C_1^2 = |(\boldsymbol{\omega}, \boldsymbol{\beta})|^2 \tag{10.90}$$

Utilizando estas relaciones, vemos que el receptor de razón de verosimilitudes no coherente debe evaluar la magnitud de los productos escalares de las señales recibidas por las versiones de referencia de las señales transmitidas. La regla de decisión, según (10.89) y (10.90), será

$$\text{Aceptar } H_0 \text{ si } \left(\frac{|(\boldsymbol{\omega}, \boldsymbol{\beta})|}{2N_0}\right) < \lambda_0 e^{\frac{1}{4N_0}[(\boldsymbol{\beta},\boldsymbol{\beta})-(\boldsymbol{\alpha},\boldsymbol{\alpha})]} I_0\left(\frac{|(\boldsymbol{\omega}, \boldsymbol{\alpha})|}{2N_0}\right) \tag{10.91}$$

La regla de decisión se simplifica mucho en el caso que puede ser de máximo interés en la comunicación de datos binarios. En este caso, probablemente utilizaríamos señales de igual energía y asignaríamos costes y probabilidades *a priori* iguales. Entonces $\lambda_0 = 1$; $(\boldsymbol{\beta}, \boldsymbol{\beta}) - (\boldsymbol{\alpha}, \boldsymbol{\alpha}) = 0$; y como $I_0(x)$ es función monótona de su variable, la regla de decisión será

$$\text{Aceptar } H_0 \text{ si } |(\boldsymbol{\omega}, \boldsymbol{\beta})| - |(\boldsymbol{\omega}, \boldsymbol{\alpha})| < 0 \tag{10.92}$$

En la figura 10.13 puede verse una forma conceptual del receptor que utiliza envolventes complejas. Para presentar una instrumentación real del receptor, utilizaremos las relaciones (10.83).

$$\begin{aligned} \text{Re}\,(\boldsymbol{\omega}, \boldsymbol{\alpha}) &= 2(\mathbf{y}, \mathbf{s}_0) \\ \text{Im}\,(\boldsymbol{\omega}, \boldsymbol{\alpha}) &= -2(\mathbf{y}, \hat{\mathbf{s}}_0) \end{aligned} \tag{10.93}$$

Luego

$$C_0^2 = |(\boldsymbol{\omega}, \boldsymbol{\alpha})|^2 = 4[(\mathbf{y}, \mathbf{s}_0)^2 + (\mathbf{y}, \hat{\mathbf{s}}_0)^2]$$

y

$$C_1^2 = |(\boldsymbol{\omega}, \boldsymbol{\beta})|^2 = 4[(\mathbf{y}, \mathbf{s}_1)^2 + (\mathbf{y}, \hat{\mathbf{s}}_1)^2] \tag{10.94}$$

De la (10.94) se deduce directamente una instrumentación multiplicador-integrador, junto con cuadradores y desfasadores en 90°. Podemos verla en la figura 10.14.

La forma de envolvente compleja de la figura 10.13 sugiere una instrumentación filtro-muestreador que podría ser preferible, desde un punto de vista práctico, porque los detectores de envolvente se pueden instrumentar de manera muy sencilla. Como la magnitud de una envolvente compleja es la envolvente de la correspondiente señal pasa-banda [v. (4.40) y (4.46)], las cantidades

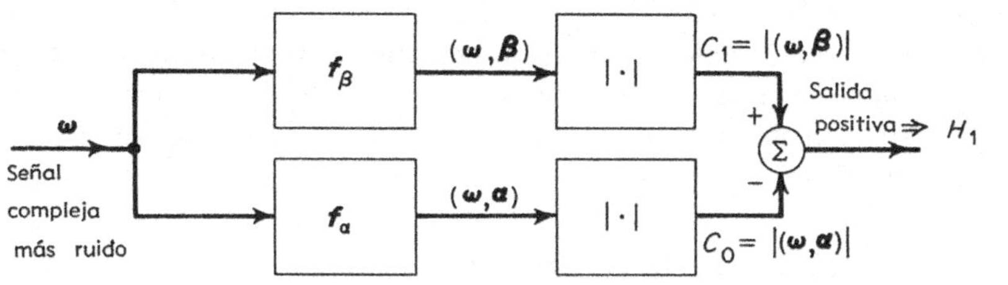

Figura 10.13. Representación por envolvente compleja de un receptor de verosimilitud máxima no coherente para señales binarias de igual energía en ruido blanco

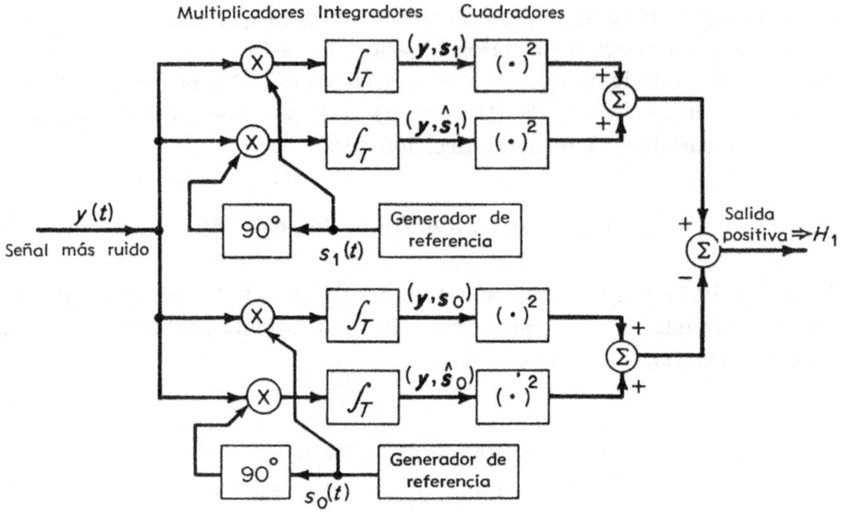

Figura 10.14. Instrumentación multiplicador-integrador de un receptor de máxima verosimilitud

buscadas C_1 y C_0 se podrán obtener por muestreo de las salidas de los detectores de envolvente del receptor de la figura 10.15. De (4.57) podemos escribir

$$\begin{aligned}\gamma_1(t_0) &= \tfrac{1}{2} \int_{-\infty}^{\infty} \omega(\tau)\lambda(t_0 - \tau)\, d\tau \\ &= \tfrac{1}{2}(\boldsymbol{\omega}, \boldsymbol{\beta}) \qquad \text{si } \lambda(t) = \beta(t_0 - t)\end{aligned} \tag{10.95}$$

donde $\lambda(t)$ es la envolvente compleja de la respuesta al impulso de un filtro de banda pasante real. La respuesta al impulso del filtro pasa-banda del camino de arriba es $s_1(t_0 - t)$; por tanto será el filtro adaptado para una de las señales transmitidas.

Al seleccionar señales fijas para comunicación binaria, parece razonable que queramos tener la máxima diferencia entre las dos señales a la salida del receptor si no hay ruido. Con $\eta(t) = 0$, la diferencia de salidas de la configuración de la figura 10.13 es

$$\begin{aligned}(C_1 - C_0 \mid H_1, \eta = 0) &- (C_1 - C_0 \mid H_0, \eta = 0) \\ &= |(\boldsymbol{\beta}, \boldsymbol{\beta})| - |(\boldsymbol{\beta}, \boldsymbol{\alpha})| - |(\boldsymbol{\alpha}, \boldsymbol{\beta})| + |(\boldsymbol{\alpha}, \boldsymbol{\alpha})| \\ &= 2\,\|\boldsymbol{\alpha}\|^2 - 2\,|(\boldsymbol{\alpha}, \boldsymbol{\beta})|\end{aligned} \tag{10.96}$$

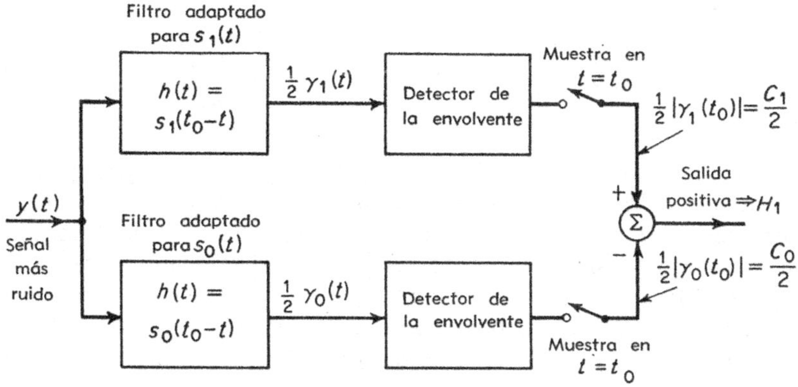

Fig. 10.15. Instrumentación por filtro-muestreador de un receptor de máxima verosimilitud

La cantidad (10.96) se hace claramente máxima utilizando envolventes complejas ortogonales, $(\boldsymbol{\alpha}, \boldsymbol{\beta}) = 0$. Esto se halla en contraste con el caso completamente coherente de § 10.4, en donde la diferencia de salidas se hacía máxima para $s_0(t) = -s_1(t)$. Este esquema de señalización por inversión de la polaridad resulta evidentemente inadecuado para el receptor no coherente, ya que una rotación de fase de 180° de una señal la haría exactamente igual que la otra. También debe notarse que la ortogonalidad de las señales pasa-banda no es suficiente, ya que $(s_0, s_1) = 0$ no implica que $(\boldsymbol{\alpha}, \boldsymbol{\beta}) = 0$, aun cuando sea cierto el recíproco. La ortogonalidad de las envolventes complejas puede lograrse de muchas maneras. En particular, es posible obtener envolventes complejas ortogonales mientras se mantienen envolventes constantes de la señal pasa-banda, es decir, por modulación de fase pura. Esto tienc importancia práctica en las situaciones en las cuales las ligaduras de la energía de la señal se imponen en función del valor de pico de dicha señal. Además, en los sistemas de modulación de fase, con limitadores del pico de la señal en el receptor puede obtenerse un cierto grado de inmunidad contra la interferencia de tipo impulsivo.

Ejemplo 10.1. *Manipulación por desplazamiento de frecuencia:* Una manera sencilla de obtener envolventes complejas ortogonales con señales pasa-banda que tengan envolvente constante consiste en hacer

$$\begin{aligned} \alpha(t) &= e^{-j2\pi\nu t}; \qquad 0 \leqslant t < T \\ \beta(t) &= e^{+j2\pi\nu t}; \qquad 0 \leqslant t < T \end{aligned} \tag{10.97}$$

En este caso,

$$(\boldsymbol{\alpha}, \boldsymbol{\beta}) = \int_0^T e^{-j2\pi(2\nu)t}\, dt = e^{-j2\pi\nu t} \cdot \frac{\operatorname{sen} 2\pi\nu T}{2\pi\nu} \tag{10.98}$$

Estas envolventes complejas no hacen más que introducir desplazamientos positivo y negativo de la frecuencia respecto a f_0 y al esquema de señalización se le denomina *manipulación por desplazamiento de frecuencia.* El menor valor de ν que haga ortogonales las envolventes complejas es, según (10.98), $\nu = 1/2T$. En la figura 10.16 puede verse la magnitud de las funciones de transferencia en la instrumentación filtro adaptado-muestreador. Puede verse que el receptor funciona como forma grosera de discriminador de frecuencias.

Buen funcionamiento del receptor

Para evaluar el buen funcionamiento del receptor en el caso de señales de envolventes complejas ortogonales de igual energía, conviene utilizar versiones normalizadas de las señales como funciones de la base de S. Por tanto $\varphi_1(t) = \|\boldsymbol{\alpha}\|^{-1}\alpha(t)$ y $\varphi_2(t) = \|\boldsymbol{\beta}\|^{-1}\beta(t)$. Entonces $a_1 = (\boldsymbol{\alpha}, \boldsymbol{\varphi}_1) = \|\boldsymbol{\alpha}\|$ y $a_2 = (\boldsymbol{\alpha}, \boldsymbol{\varphi}_2) = 0$ y, según (10.88), la función de verosimilitud condicional sobre H_0 para las proyecciones ortogonales sobre S de señales recibidas viene dada por

$$\ell(w_{R_1}, w_{I_1}, w_{R_2}, w_{I_2} \mid H_0) = \frac{e^{-\frac{\|\alpha\|^2}{N4_0}}}{(4\pi N_0)^2} e^{-\frac{1}{4N_0}[(w_{R_1}{}^2 + w_{I_1}{}^2) + (w_{R_2}{}^2 + w_{I_2}{}^2)]} I_0\left(\frac{\|\boldsymbol{\alpha}\| \sqrt{w_{R_1}^2 + w_{I_1}^2}}{2N_0}\right) \tag{10.99}$$

Pasando a coordenadas polares

$$\begin{aligned} w_{R_1} &= z_0 \cos\mu;\ w_{I_1} = z_0 \operatorname{sen}\mu \Rightarrow dw_{R_1}\, dw_{I_1} = z_0\, dz_0\, d\mu \\ w_{R_2} &= z_1 \cos\nu;\ w_{I_2} = z_1 \operatorname{sen}\nu \Rightarrow dw_{R_2}\, dw_{I_2} = z_1\, dz_1\, d\nu \end{aligned} \tag{10.100}$$

podremos escribir una nueva función de verosimilitud con dos de las variables, z_0 y z_1, proporcionales a las salidas del receptor en cada uno de los dos caminos de la configuración representada en la figura 10.13. Esta función de verosimilitud será, según (10.99) y (10.100),

$$\ell(z_0, z_1, \mu, \nu \mid H_0) = \frac{1}{(4\pi N_0)^2} e^{-\frac{\|\alpha\|^2}{4N_0}} e^{-\frac{1}{4N_0}(z_0{}^2 + z_1{}^2)} I_0\left(\frac{\|\boldsymbol{\alpha}\|\, z_0}{2N_0}\right) \tag{10.101}$$

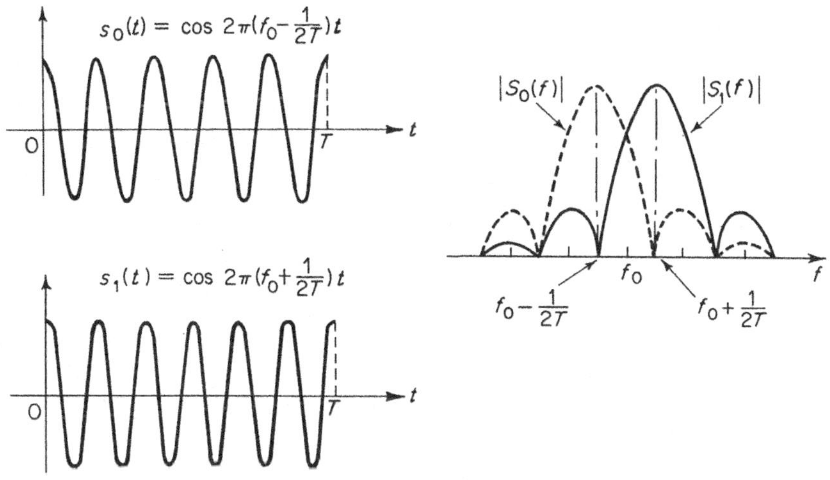

Figura 10.16. Funciones de las ondas de señalización y del filtro de banda pasante para manipulación por desplazamiento de frecuencia

La probabilidad de un error de primer tipo (aceptar H_1 cuando es cierta H_0) viene dada integrando la función de verosimilitud sobre la región crítica R_1, (10.12).

$$P_f = \underbrace{\int\int\int\int}_{R_1} \ell(z_0, z_1, \mu, \nu \mid H_0) z_0 z_1 \, dz_0 \, dz_1 \, d\mu \, d\nu \qquad (10.102)$$

El receptor acepta H_1 siempre que $z_1 > z_0$; por tanto se define R_1 fácilmente. En la figura 10.17 puede verse la porción del espacio de salida del receptor bidimensional correspondiente a R_1.

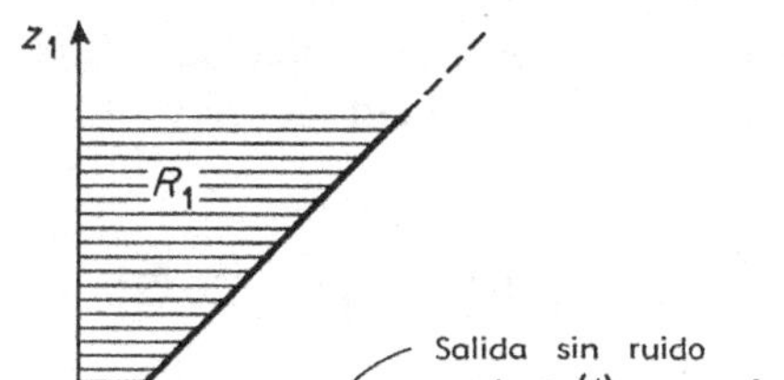

Figura 10.17. Región crítica en el espacio de salida del receptor para el caso de un receptor no coherente de máxima verosimilitud

Sustituyendo (10.101) en (10.102), tenemos

$$P_f = \Pr[z_1 > z_0 \mid H_0]$$
$$= \frac{1}{(4\pi N_0)^2} e^{-\frac{\|\boldsymbol{\alpha}\|^2}{4N_0}} \int_0^{2\pi} d\mu \int_0^{2\pi} d\nu \int_0^{\infty} z_0\, dz_0 e^{-\frac{z_0^2}{4N_0}} I_0\left(\frac{z_0 \|\boldsymbol{\alpha}\|}{2N_0}\right) \int_{z_0}^{\infty} z_1 e^{-\frac{z_1^2}{4N_0}} dz_1 \tag{10.103}$$

La integración sobre μ, ν y z_1 resulta fácil. Una vez efectuada tenemos

$$P_f = \frac{1}{2N_0} e^{-\frac{\|\boldsymbol{\alpha}\|^2}{4N_0}} \int_0^{\infty} z_0 e^{-\frac{z_0^2}{2N_0}} I_0\left(\frac{z_0 \|\boldsymbol{\alpha}\|}{2N_0}\right) dz_0 \tag{10.104}$$

Haciendo el cambio de variables, $z^2 = z_0^2/N_0$ y $a^2 = \|\boldsymbol{\alpha}\|^2/4N_0$, la (10.104) podrá ponerse en la forma

$$\begin{aligned} P_f &= \tfrac{1}{2} e^{-\frac{\|\alpha\|^2}{8N_0}} \int_0^{\infty} z e^{-\frac{1}{2}(z^2+a^2)} I_0(az)\, dz \\ &= \tfrac{1}{2} e^{-\frac{\|\alpha\|^2}{8N_0}} Q(a, 0) = \tfrac{1}{2} e^{-\frac{\|\alpha\|^2}{8N_0}} \end{aligned} \tag{10.105}$$

En los estudios de detección de señales aparece frecuentemente la integral de (10.105) con límite inferior variable.[2],[5] Se la suele llamar *función Q de Marcum* y se dispone de valores suyos tabulados.[7]

$$Q(a, b) \triangleq \int_b^{\infty} z e^{-\frac{1}{2}(z^2+a^2)} I_0(az)\, dz$$

y

$$Q(a, 0) = 1; \qquad Q(0, b) = e^{-\frac{b^2}{2}} \tag{10.106}$$

A causa de la simetría de este problema, la función de verosimilitud condicional sobre H_1 tiene la misma forma que (10.101) con z_0 y z_1 permutadas. Luego $P_m = P_f = P_e$ en el caso de señales equiprobables. Teniendo en cuenta que $\|\boldsymbol{\alpha}\|^2 = 2(\mathbf{s}_0, \mathbf{s}_0) = 2(\mathbf{s}_1, \mathbf{s}_1)$, la probabilidad de error total adquiere la sencilla expresión

$$P_e = \tfrac{1}{2} e^{-\frac{1}{4}\rho^2}; \qquad \rho^2 = \frac{(\mathbf{s}_0, \mathbf{s}_0)}{N_0} \tag{10.107}$$

donde el parámetro razón señal-ruido ρ es el cociente entre la energía del pulso de señal y la densidad espectral de potencia de ruido como en (10.57). De (10.107) puede construirse la gráfica de funcionamiento atendiendo al error y hacerse las comparaciones con el caso coherente en fase (fig. 10.10). Una manera de adscribir valores de empeoramiento por ruido al canal de fase aleatoria podría consistir en comparar el buen funcionamiento con un caso coherente utilizando señales ortogonales, ya que el caso no coherente se evalúa para envolventes complejas ortogonales. Para señales ortogonales, $(\mathbf{d}, \mathbf{d}) = (\mathbf{s}_0, \mathbf{s}_0) + (\mathbf{s}_1, \mathbf{s}_1) = 2(\mathbf{s}_0, \mathbf{s}_0)$ y $P_e = \Phi(-\rho/\sqrt{2})$ en el caso coherente, donde ρ se define como en (10.107). En la figura 10.18 pueden verse estos funcionamientos atendiendo al error. A razones señal-ruido grandes, el empeoramiento de ruido introducido por el canal de fase aleatoria se hace despreciable. Para probabilidades de error próximas a 10^{-7}, el empeoramiento es sólo de unos 0,6 db. En estos casos de razones señal-ruido elevadas, sacamos la conclusión de que la principal pérdida de la operación no coherente se halla en la caída de 3 db de la razón señal-ruido que resulta de la necesidad de utilizar señales ortogonales en vez de señales de polaridad opuesta.

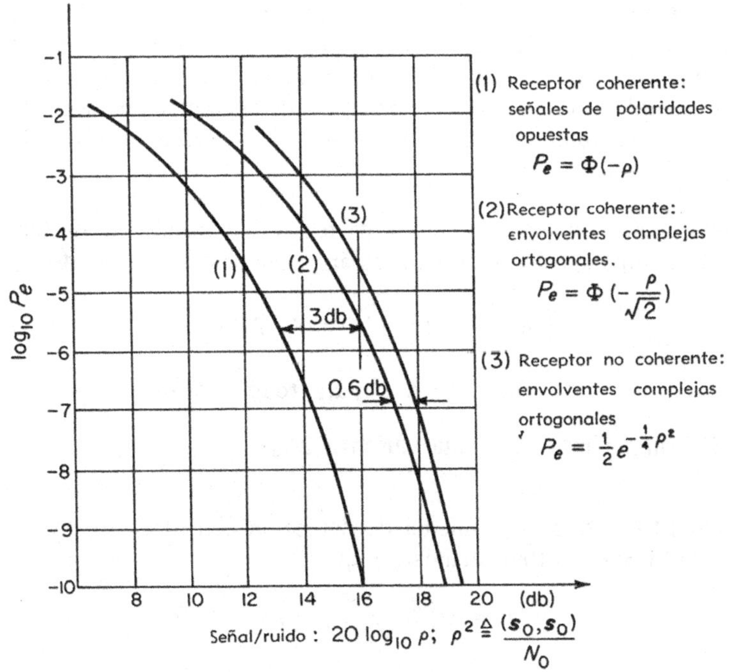

Figura 10.18. Funcionamiento atendiendo al error para receptores coherentes y no coherentes. (Señales de igual energía.)

Para los problemas de detección de radar y sonar, reviste gran importancia la situación en que $s_0(t) = 0$. En este caso, según (10.89), la razón de verosimilitudes es

$$\lambda(\boldsymbol{\omega}) = e^{-\frac{\|\boldsymbol{\beta}\|^2}{4N_0}} I_0\left(\frac{|(\boldsymbol{\omega}, \boldsymbol{\beta})|}{2N_0}\right) \tag{10.108}$$

A causa de la monotonía de $I_0(x)$, un contraste de razón de verosimilitudes es equivalente a un ensayo umbral sobre $|(\boldsymbol{\omega}, \boldsymbol{\beta})|$ y la regla de decisión es

$$\text{Aceptar } H_0 \text{ si } |(\boldsymbol{\omega}, \boldsymbol{\beta})| < r;$$

donde r viene dado implícitamente por

$$I_0\left(\frac{r}{2N_0}\right) = \lambda_0 e^{\frac{\|\boldsymbol{\beta}\|^2}{4N_0}} \tag{10.109}$$

El receptor es el mismo que se mostró anteriormente (fig. 10.13-10.15), faltando la mitad inferior y teniendo a la salida un dispositivo umbral establecido al valor r, determinado a partir de costes asignados y probabilidades *a priori* o bien de una probabilidad prefijada P_f de falsa alarma. Las expresiones del funcionamiento no son tan sencillas como en el caso de dos señales de igual energía (v. ejercicio 10.7). La característica de operación del receptor, obtenida por evaluación numérica de las funciones Q, se presenta en las Referencias [2] y [5].

Ejercicio 10.6. Demostrar que las partes real e imaginaria de los coeficientes de ruido complejos de (10.84) no están correlacionadas; es decir,

$$E[\mathbf{n}_{R_k}\mathbf{n}_{R_j}] = E[\mathbf{n}_{I_k}\mathbf{n}_{I_j}] = 0 \quad \text{para } k \neq j$$

y

$$E[\mathbf{n}_{R_k}\mathbf{n}_{I_j}] = 0 \quad \text{para todo } k \text{ y } j$$

y que cada componente tiene una varianza $2N_0$.

Ejercicio 10.7. Para el problema de detección con $s_0(t) = 0$ y un umbral de decisión r dado por (10.109), demostrar que

$$P_f = Q\left(0, \frac{r}{\sqrt{2N_0}\,\|\boldsymbol{\beta}\|}\right) = e^{-\frac{r^2}{4N_0\|\boldsymbol{\beta}\|^2}}$$

$$1 - P_m = Q\left(\frac{\|\boldsymbol{\beta}\|}{\sqrt{2N_0}}, \frac{r}{\sqrt{2N_0}\,\|\boldsymbol{\beta}\|}\right)$$

donde $Q(a, b)$ está definida en (10.106).

REFERENCIAS

1. J. M. WOZENCRAFT e I. M. JACOBS, *Principles of Communication Engineering*, John Wiley & Sons, 1965.
2. H. L. VAN TREES, *Detection, Estimation, and Modulation Theory*, Part. I, John Wiley & Sons, 1968.
3. A. PAPOULIS, *Probability, Random Variables and Stochastic Processes*, McGraw-Hill, 1965.
4. W. R. BENNETT y J. R. DAVEY, *Data Transmission*, McGraw-Hill, 1965.
5. C. W. HELSTROM, *Statistical Theory of Signal Detection*, Pergamon Press, 1960.
6. T. KAILATH, "A Projection Method for Signal Detection in Colored Gaussian Noise", *Trans. IEEE*, Vol. IT-13, n.° 3, pp. 441-47 (julio, 1967).
7. J. I. MARCUM, "Table of Q-functions", Rand Corporation Rpt. RM-339, enero, 1950.
8. R. COURANT y D. HILBERT, *Methods of Mathematical Physics*, Vol. 1, Interscience, 1953.

Índice alfabético

D

E

F

P

R

Made in the USA
Monee, IL
18 October 2026

66048469R00216